David Barash

# Das Flüstern in uns

## Menschliches Verhalten im Lichte der Soziologie

Aus dem Amerikanischen
von Joachim A. Frank

S. Fischer

Die amerikanische Originalausgabe erschien 1979 unter dem Titel
›The Whisperings Within; Evolution and the Origin of Human Nature‹
bei Harper & Row, New York, Hagerstown, San Francisco

Umschlagentwurf: Rambow, Lienemeyer, van de Sand
Satz und Druck: G. Wagner, Nördlingen
Einband: Hans Klotz, Augsburg
Printed in Germany 1981
ISBN 3-10-004005-8

Für Genevieve, Waldeau und The Lump –
nun als Ilona Anne erkannt

*Dank des Autors*

Eine erste Fassung dieses Buches wurde niedergeschrieben, während ich (1977 bis 1978) Stipendiat am *Center for Advanced Study in the Behavioral Sciences* in Stanford, Kalifornien, war. Ich danke dem Direktor, Gardner Lindzey, und meinen Mitstipendiaten dafür, daß sie eine ideale persönliche und intellektuelle Umgebung schufen. Mrs. Irene Bickenbach besorgte freundlich und sachkundig die Reinschrift. Ich danke auch den folgenden Personen für die Lektüre des Manuskripts und für wertvolle Vorschläge: Richard N. Adams, William Bernds, Warren Holmes, Eric Charnov und Pierre van den Berghe. Nach Waxman, mein Redakteur bei Harper & Row, verlangte Klarheit in zahlreichen Punkten und machte dadurch das Endprodukt viel besser, als es ohne ihn geworden wäre.

Schließlich danke ich Judith E. Lipton, der Freundin, Vertrauten, Psychiaterin, Geliebten und Teilhaberin meiner Tauglichkeit, für alles.

# Inhalt

Wenn unser Intellekt sich der Wirklichkeit der Dinge nicht anpaßt oder taub ist für die Welt der Natur, schweift er in der Illusion von Träumen und jagt einem Phantom nach. Zwischen Gott und uns steht die Natur.

*Papst Pius XII.*

Das Grundziel aller Wissenschaft ist es, die größte Anzahl empirischer Tatsachen durch logische Deduktionen aus der kleinstmöglichen Anzahl von Hypothesen zu erfassen.

*Albert Einstein*

Vom Affen sollen wir abstammen? Mein Lieber, wir wollen hoffen, daß das nicht wahr ist! Aber wenn es wahr ist, wollen wir hoffen, daß es sich nicht herumspricht!

*Die Frau des Bischofs von Worcester*
(19. Jahrhundert)

# 1
# Einleitung: Hottentottengötter und der seltsame Fall des gerupften Ozelots

Es mag sein, daß wir mit der Gabe geboren werden, tausend verschiedene Leben zu leben, aber Tatsache ist, daß wir sterben und nur eines gelebt haben. Wie viele verschiedene Leben könnten wir wirklich leben, wenn wir die Gelegenheit dazu hätten? Tausend? Zehntausend? Eine Million? Paradoxerweise sind wir alle darin gleich, daß wir die Fähigkeit haben, wunderbar verschieden voneinander zu sein. Aber wir sind auch darin gleich, daß sich dank unserem gemeinsamen Menschsein keiner allzu sehr von allen anderen unterscheidet.

Ob wir emporgestiegene Affen oder gefallene Engel sind, unser Potential als Menschen ist unleugbar sehr groß, aber es ist nicht unbegrenzt. Wir könnten das Leben nie als Regenwürmer, Langusten oder Giraffen kennenlernen. Ob Stahlarbeiter in Pittsburgh, irakischer Bauer oder japanischer Fischer: der Stoff unseres Lebens besteht aus dem Stoff des Menschseins. Auf den folgenden Seiten wollen wir die Zusammensetzung dieses Stoffs betrachten, die Natur der menschlichen Natur untersuchen.

Mehr als hundert Jahre sind vergangen, sei Charles Darwin unser Bild von der lebendigen Welt revolutionierte, und nun beginnen wir endlich, unser Wissen über die Evolution zu gebrauchen, um das Verhalten zu verstehen. Diese neue Beschäftigung mit einem alten Thema ist die »Soziobiologie«, die Anwendung der Prinzipien der Evolution auf das Sozialverhalten von Tieren – und ebenso auch Menschen. Es ist ein völlig neues, sehr weites Gebiet, auf dem täglich große Entdeckungen gemacht werden. Die Soziobiologie bietet dramatische Einsichten in unser eigenes Verhalten, Einsichten, die manche erschreckend und andere ungeheuer anregend finden werden. Dieses Buch ist eine Einladung, die neuesten Entdeckungen der Genetik und der Ökologie, angewandt auf das menschliche Verhalten, zu betrachten. Es ist eine spekulative Exkursion in die Soziobiologie des Menschen.

Im Laufe dieser Reise werde ich viele Tiergeschichten erzählen und vielleicht ein neues, anderes Bild von den Vögeln und den Bienen entwerfen – Geschichten von Vergewaltigung bei Enten, Ehebruch bei Hüttensängern, Prostitution bei Kolibris, Scheidung bei Möwen und sogar homosexueller Notzucht bei Parasitenwürmern. Wir werden auch davon sprechen, warum Gorillas kleine Hoden haben und Schimpansen sehr große, und wir werden sehen, wie Korallenfische vorgeben, wilder zu sein, als sie wirklich sind, nur um auf die Damen Eindruck zu machen. Aber wenn diese Dinge an sich unterhaltsam sind, so ist es nicht einfach meine Absicht, ein pikanter moderner Äsop zu sein; ebensowenig geht es darum, über die Tiere um ihrer selbst willen zu sprechen, obwohl das gewiß ein durchaus achtenswertes Unternehmen wäre.

Was ich hoffe, ist, daß die Tiere, denen Sie auf den folgenden Seiten begegnen werden, Ihnen helfen, sich selbst besser kennenzulernen. beber mißverstehen Sie mich nicht. Ich will nicht behaupten( daß, nur weil Wombats mit haarigen Nasen dieses oder jenes tun, wir ebenso bereit sein sollten, das gleiche zu tun. Die btiere, die wir antreffen, können uns helfen zu zeigen, wie sich die Evolution auf das Verhalten auswirkt, ohne notwendigerweise die genaue Form vorzuschreiben, die das Verhalten annehmen wird. Beispielsweise werben männliche Kaninchen um die Weibchen, indem sie sie mit ihrem Harn benetzen. Sie tun es teilweise, weil es dazu dient, das Weibchen mit dem Geruch des Männchens zu imprägnieren und damit die soziale Bindung zwischen dem Paar zu verstärken. Offensichtlich wenden Menschen andere Techniken an, um den häuslichen Frieden zu wahren, und niemand verlangt, daß wir uns wie die Kaninchen benehmen sollten, ganz gewiß jedenfalls nicht in dieser Hinsicht. Aber wenn wir über die spezifischen Dinge hinausblicken, die Kaninchen tun, und uns fragen, warum sie sie tun, lernen wir einiges Interessante. Zum Beispiel: männliche Kaninchen konkurrieren mit anderen Männchen um die sexuelle Aufmerksamkeit der Weibchen, und sie wenden an, was in ihrem Kaninchen-Repertoire an Erfolgversprechendem zur Verfügung steht. Wenn sich Menschen in einer vergleichbaren Lage befinden, können wir erwarten, daß sie anwenden werden, was immer aus dem menschlichen Repertoire verfügbar ist, um ihre Bedürfnisse zu befriedigen. Dieses Repertoire entwickelte sich im Laufe der Zeit, und das Ergebnis ist eine Reihe von einzigartigen menschlichen Verhaltensweisen. Durch die Beobachtung, wie die Evolution auf das Verhalten von Tieren wirkt, wird es uns möglich, nach und nach allgemeine Prinzipien zu erkennen. Dann können wir natürlich diese Prinzipien an uns selbst erproben, und wenn der Schuh paßt . . .

Der eigentliche Gegenstand dieses Buches ist also das menschliche Verhalten, gesehen aus der Perspektive der Soziobiologie. Wir werden den biologischen Unterbau des menschlichen Altruismus und

Nepotismus erforschen, die ebenso die Grundlage der Familie wie ein überraschendes und todsicheres Rezept für Konflikte sind. Wir werden die Verhaltensweisen von Eltern analysieren ebenso wie die unserem Verhalten anderen, auch unseren Kindern, gegenüber zugrunde liegende Selbstsucht, und wir werden einen nüchternen (und zweifellos unpopulären) Blick auf die Evolutionsbiologie der Unterschiede zwischen Mann und Frau werfen, der eine Theorie über die biologische Grundlage der doppelten Moral einschließt. Wir werden uns mit Aggression und Konkurrenzkampf, Geschlecht und Geschenkemachen beschäftigen und uns fragen, warum nur Frauen Wechseljahre durchmachen und warum Männer nicht stillen, und ob Freud recht hatte mit der Behauptung, daß wir tief im Innersten alle unseren Vater töten und mit der Mutter schlafen möchten. Oder umgekehrt. Manche Leser werden vielleicht ihr Vergnügen an alldem haben, andere werden daran Anstoß nehmen. Ich hoffe, niemand wird sich langweilen.

Der Biologe Joel Cohen weist darauf hin, daß viele Wissenschaften an einem »Physik-Neid« leiden, insofern, als sie wünschen, ihre Disziplinen wären ebensofest wie die Physik auf die harmonische Wechselwirkung von Tatsache und Theorie gegründet. Das gilt besonders für die Spezialfächer, die sich seit jeher um das Verständnis des menschlichen Verhaltens bemühten: die Psychologie, Anthropologie und Soziologie. Diese Sozialwissenschaften neigten dazu anzunehmen, daß Menschen bei der Geburt leere Schiefertafeln seien und daß die zunehmende Erfahrung auf diesen Tafeln schreibt und damit eine Person hervorbringt. Man ändere die Schrift, und man ändert die Person. So sahen die Sozialwissenschaften ihre Rolle darin, den Wert der Erfahrung bei der Bestimmung menschlichen Verhaltens zu verstehen, und wenn sie auch Erfolge zu verzeichnen hatten, so waren ihre Leistungen im allgemeinen doch beschränkt. Irgendwie entzog sich das »Wesen« des Menschen ihrer Analyse, und tatsächlich waren die Sozialwissenschaften nie imstande, sich auch nur über die elementarsten Prinzipien zu einigen, die ihre Arbeit leiteten. Sie haben viel an der Physik zu beneiden.
Die eigentliche Stärke der Physik und in geringerem Maße der anderen Naturwissenschaften liegt in ihrer geistigen Klarheit. In den meisten Fällen beruht gute Wissenschaft auf einer kleinen Anzahl vergleichsweise einfacher, aber enorm wirksamer Grundregeln. Es ist tatsächlich bemerkenswert, wie Einfachheit und Erklärungskraft oft Hand in Hand gehen. Im Gegensatz dazu haben die Sozialwissenschaften einen unglaublich komplizierten, aber wackeligen Turm zu Babel errichtet. Die Theorien wucherten in beinahe dem gleichen

Übermaß wie ihre Verfechter, und so gab es im Laufe der Jahre nacheinander Spencerianer, Durkheimianer, Weberianer, Marxisten, Freudianer, Adlerianer, Jungianer, Piagetianer, Skinnerianer – und zahllose andere.

Es mag unfair erscheinen, die Sozialwissenschaften im Gegensatz zur Physik als konfus zu schildern, da die Physik eine einzige Wissenschaft ist, während die Sozialwissenschaften viele sind. Doch ebendas ist der springende Punkt: die Physik betreibt das Studium von Materie und Energie, ein unglaublich weites Arbeitsfeld, aber dennoch besitzt sie eine große begriffliche Einheit. Die Wissenschaften vom menschlichen Verhalten dagegen befassen sich nur mit einem sehr kleinen Teil der Physik – der Materie und Energie, die in Gestalt des *Homo sapiens* zusammengesetzt sind –, und dennoch scheinen sie außerstande zu sein, sich über irgend etwas zu einigen.

Vielleicht ist aber gerade diese Uneinigkeit geeignet für das Studium von etwas so Kompliziertem wie dem menschlichen Verhalten, und ich will gewiß nicht sagen, wir sollten alle unsere Ketzereien aufgeben und uns ganz der Evolution verschreiben. Die Wahrheit ist nie so einfach. Will Durant schreibt: »Wir sind solche mikroskopische Teilchen in einem so ungeheuren Universum, daß keiner von uns imstande ist, die Welt zu verstehen, geschweige denn, Dogmen über sie aufzustellen. Wir wollen vorsichtig sein, wenn wir unsere armseligen Verallgemeinerungen der unendlichen Vielfalt, Größe und Subtilität der Welt gegenüberstellen.« Nichtsdestoweniger gibt es einige besonders wertvolle Verallgemeinerungen, die dazu beitragen, in dem kaleidoskopischen Wirrwarr, den die Welt darstellt, einen Sinn zu entdecken. Manchmal helfen sie uns sogar zu sehen, daß nicht jede Vielfalt wirklich »unendlich« ist. Die Evolution durch natürliche Auslese oder Selektion ist eine solche Verallgemeinerung.

Die natürliche Auslese liefert nicht nur eine vereinheitlichende Methode, die lebendige Welt zu betrachten, sie erklärt auch die außerordentliche Gleichheit, die sich oft unter einem oberflächlichen Chaos verbirgt. Von der unvorstellbaren Anzahl möglicher Anordnungen der Moleküle verwendet das Leben nur einen kleinen Teil. Praktisch alle Lebewesen gebrauchen die gleiche Art von Molekül, DNS, für ihr genetisches Material, so wie beinahe alle von ihnen Energie in der gleichen molekularen Form, ATP (Adenosintriphosphorsäure) genannt, speichern. Ähnlich würden wir, wenn wir jede menschliche Gesellschaft beobachteten, die heute lebt oder jemals existierte, nur einen kleinen Teil aller theoretisch möglichen Interaktionen zwischen Menschen vorfinden. Stellen wir uns einen neuen Garten Eden vor und fangen wir noch einmal mit Adam und Eva und allen Pflanzen und Tieren an. Was für eine Art von Welt würden sie, sobald sie von der Schlange beraten wurden, schaffen? Gewiß eine andere als die unsere mit anderen Menschengruppen an anderen Orten, die andere Dinge tun. Aber wahrscheinlich nicht grundsätzlich andere Dinge.

Menschen sind schließlich immer Menschen, und als solche werden sie Verhaltensweisen zeigen, die in einen bestimmten Bereich fallen. Sie können andere Bräuche in bezug auf Kleidung und Schmuck entwikkeln, vielleicht an einem Ort Papageienfedern tragen, sich an einem anderen Ort die Kopfbehaarung nach seltsamen Mustern ausrasieren und wieder woanders tiefe rituelle Narben in die Wangen und die Stirn schneiden, aber irgendein Schema von Kleidung und Schmuck wird man immer finden. Ebenso könnte die Ehe geschlossen werden durch die gemeinsame zeremonielle Nahrungsaufnahme oder vielleicht durch die Vermischung von Menstruationsblut mit Sperma oder durch die Zahlung einer Geldsumme an den Partner oder durch die Unterzeichnung eines Dokuments und die Äußerung offiziell anerkannter Worte – aber irgendeine ritualisierte Weihe der Vereinigung von Mann und Frau würde beinahe immer stattfinden. Dazu könnten wir irgendein Verfahren erwarten, durch das die Menschen, auch in völliger Unkenntnis einer wissenschaftlichen Genetik, ihre Verwandten erkennen, und außerdem würden sie sich gegenüber Verwandten entgegenkommender verhalten als gegenüber Nichtverwandten. Die Bewohner unserer Welt der »zweiten Runde« würden beinahe mit Sicherheit zwischen männlichen und weiblichen Rollen unterscheiden, wenn auch etwas, was in der einen Kultur als männlich gilt, in einer anderen als weiblich betrachtet werden könnte.

Was wir in diesem Buch unter anderem versuchen wollen, ist die Aufdeckung einiger dieser menschlichen Grundschemata. Denn wenn es zutrifft, daß die Kultur Menschen macht, so machen auch Menschen Kultur, und es ist viel zu gewinnen durch die Betrachtung dessen, was an den Menschen jenseits ihrer Bräuche und Gewohnheiten gleich bleibt.

Die meisten Erforscher des menschlichen Verhaltens sind sich sehr stark dessen bewußt, wie unterschiedlich dieses Verhalten sein kann, und zwar sowohl wenn sie verschiedenen Kulturen angehörende Individuen miteinander vergleichen, als auch wenn sie die Veränderung eines Individuums im Laufe der Zeit beobachten. Beeindruckt von der Mannigfaltigkeit und Anpassungsfähigkeit der Verhaltensweisen, neigen sie zu der Ansicht, daß es so etwas wie eine angeborene menschliche Natur nicht geben kann. Andererseits läßt für den Biologen, der den Menschen lediglich als eine andere tierische Spezies betrachtet, der *Homo sapiens* ein übereinstimmendes Schema erkennen. Wir bilden Gesellschaften, in denen, zum Beispiel, Alter und

Macht eng miteinander verbunden sind, in denen Verwandte von Nichtverwandten unterschieden werden, in denen Männer und Frauen voraussagbar verschiedene Dinge tun, in denen es gesellschaftlichen Verkehr, Tauschhandel und Glücksspiele gibt und in denen eine Art von formalisierter Verbindung zwischen Männern und Frauen üblich ist. Einige dieser Dinge zeigen unsere Ähnlichkeit mit anderen Tieren, andere, wie, zum Beispiel, der Gebrauch der Sprache und unsere Fähigkeit, einen raschen kulturellen Wechsel zu vollziehen, zeigen unsere Einzigartigkeit. Aber wie man es auch betrachtet: die menschliche Natur, so unterschiedlich sie ist, wirkt scharf abgegrenzt in dem größeren Kontext der Mannigfaltigkeit der Lebewesen.

Kein anderes Tier tut alles, was wir tun, und jede tierische Spezies tut Dinge, die wir nicht tun. Uns fehlen die stabile Monogamie der Gibbons, der programmierte Selbstmord der stechenden Biene, die soziale Gleichgültigkeit des Seesterns. So groß die Unterschiede zwischen Lappen, Arabern, Zulus und Bayern sein mögen, sie sind nicht so groß wie die zwischen irgendeinem Menschen und einer Viper oder auch nur einem Schimpansen. Wenn er in Betracht zieht, wie verschieden wir sein könnten, es aber nicht sind, muß der Biologe zu dem Schluß gelangen, daß wir eine eindeutig bestimmte »Natur« haben.

Die wahre Natur der menschlichen Natur – das ist kein kleines Thema, und sie ist nicht nur von Bedeutung in der Biologie und in den Sozialwissenschaften, sondern auch ein traditionelles Problem der Philosophie. So war Aristoteles der Ansicht, daß die Gesellschaft das Produkt der Natur der Menschen sei, während Platon behauptete, die Menschen seien das Produkt der Gesellschaft. Die Soziobiologie hält es mehr mit Aristoteles, wenngleich jede Evolutionstheorie des menschlichen Verhaltens zweifellos eine Wechselwirkung zwischen der Natur jedes Individuums und der Natur seiner Gesellschaft anerkennen muß.

Durch die Betonung der inneren, biologischen Einflüsse auf die menschliche Natur scheint eine soziobiologische Betrachtung der Menschheit einigen unserer üblichen Methoden, uns selbst zu sehen, zu widersprechen. Simone de Beauvoir behauptete, wir seien *»l'être dont l'être est de n'être pas«* – das Wesen, dessen Wesen es ist, nicht zu sein. Und Jean-Paul Sartres Credo »Existenz kommt vor Essenz« sagt uns, daß es, wie immer unsere innere Natur – unser Wesen, unsere Essenz – beschaffen sein mag, unsere Verantwortlichkeit als Menschen ist, uns durch unsere Handlungen – unsere Existenz – zu definieren. Tun wir das, so können wir diese Essenz transzendieren, und wir werden unsere volle Menschlichkeit erleben. Ein Adler kann in großen Höhen schweben, was eine Meise nicht kann, aber sosehr das unsere Bewunderung erregen mag, ein Adler kann deshalb doch nicht mehr tun als ein Adler sein. Unsere Frage lautet daher: Was sind wir, und was können wir sein, wenn wir Menschen sind?

Im Zoo von Seattle gab es einmal einen Ozelot, der sich buchstäblich in Stücke riß. Er saß in seinem Käfig, riß sich Fell- und Hautfetzen von den Lenden, verwandelte sich in ein zerrupftes, blutiges Etwas und trieb seine Wärter zur Verzweiflung. Nichts schien dieser schönen, selbstzerstörerischen Raubkatze helfen zu können – keine Vitamine, kein größerer Käfig und nicht einmal ein Ozelotweibchen. Wir wußten natürlich, daß die Hauptnahrung der Ozelots in freier Wildbahn Vögel sind, und endlich bemerkte jemand, daß das arme Tier dieselben Rupfbewegungen, die freilebende Tiere an ihrer frisch gefangenen Beute ausführen, an sich selbst vollzog. Daher gab man dem Ozelot ein Huhn statt der üblichen Pferdefleischmischung, und er begann augenblicklich, das Huhn und nicht mehr sich selbst zu rupfen!
Ozelots haben augenscheinlich ein angeborenes Bedürfnis zu rupfen, und wenn es nicht befriedigt wird, weil man ihnen beispielsweise *Alpo* statt ganzer Hühner gibt, kommt das unterdrückte Verhalten auf andere Weise zum Ausbruch. Es ist unwahrscheinlich, daß wir Menschen ein angeborenes Verhaltensmuster haben, das so spezifisch und präzise ist wie das des Ozelots. Aber wie der Ozelot eine Ozelot-Natur hat, so haben wir eine Menschen-Natur. Wir sind vielleicht die anpassungsfähigsten Tiere der Welt, aber Mensch zu sein, ist dennoch etwas Besonderes, und die Evolution gewährt uns einen Blick darauf, was dieses Etwas sein könnte.
Für manche Menschen ist der Gedanke, daß wir das menschliche Verhalten auf die Biologie reduzieren könnten, unannehmbar, aber wir behaupten nicht, daß die Biologie das Verhalten erklärt, sondern nur, daß sie uns einige eindrucksvolle Einsichten vermittelt.
Wir neigen dazu, uns als etwas Besonderes zu sehen, Gottes Augapfel, außerordentliche Geschöpfe, die die Welt beherrschen und nicht umgekehrt von ihr beherrscht werden. Tatsächlich haben wir den größten Teil unserer Geschichte gebraucht und nicht wenig Schmerz gelitten, um lediglich zu erkennen, daß wir ein Teil der Welt sind. Die moderne Wissenschaft brachte eine lange Reihe von Kränkungen für unsere längst hinfällige Vorstellung von unserer Einzigartigkeit, wobei der Trupp mit der Devise *Homo sapiens über alles* bei jedem Schritt erbittert Widerstand leistete. Dieser Prozeß begann mit Männern wie Kopernikus, Kepler und Galilei und der schockierenden Enthüllung, daß die Erde – und damit als natürliche Folge unsere Spezies – nicht den Brennpunkt des Universums darstellt. Wir wurden aus der Mitte der Bühne vertrieben und auf einen kleinen Planeten

verbannt, der in einem fernen Winkel einer entlegenen Galaxis um einen unbedeutenden Stern kreist. Das war schmerzlich, aber immer noch kaum eine Vorbereitung auf das, was um die Mitte des 19. Jahrhunderts geschehen sollte, als Charles Darwin darlegte, daß die natürliche Auslese einen Mechanismus evolutiver Veränderung darstellt, und das Wirken dieses Mechanismus in den meisten der zu beobachtenden Fakten der Biologie nachwies. In seiner *Entstehung der Arten* vermied Darwin geflissentlich jeden Hinweis auf den Menschen, aber die Folgerungen waren klar.

Das Buch wurde augenblicklich zum Bestseller. Wieder wurde die tröstliche Anschauung des Menschen von sich selbst erschüttert, da unsere Abstammung mit affenähnlichen Primaten und letzten Endes mit der Gesamtheit des Lebens in Verbindung gebracht wurde. Darwin schrieb, es sei »etwas Erhabenes an dieser Anschauung vom Leben«, daß alle Lebewesen, vom bescheidensten Protozoon bis zum *Homo sapiens* durch denselben allgemeinen Prozeß hervorgebracht wurden. Aber viele seiner Zeitgenossen sahen das anders. Für uns heute, die wir in einer mit dem evolutionistischen Denken großgewordenen Epoche leben, ist es schwierig, sich die geistigen Qualen vorzustellen, die Darwins Ideen auslösten. Ein Protestgeschrei erhob sich allenthalben. Der Premierminister Disraeli erklärte, in der Sache Affen gegen Engel stehe er fest auf der Seite der Engel. Und dann debattierte in einer der berühmtesten persönlichen Konfrontationen der Geistesgeschichte Thomas Huxley, ein kühner und brillanter Verteidiger Darwins, mit dem Bischof Samuel Wilberforce, und zwar im Jahre 1860 bei einer Versammlung der Britischen Vereinigung zur Förderung der Wissenschaft. Gegen Ende der Debatte und nach einer besonders hinreißenden Rede wandte sich Wilberforce an den viel jüngeren Huxley und fragte mit ausgesuchtem Sarkasmus, ob er durch seinen Großvater oder durch seine Großmutter vom Affen abzustammen behaupte. Huxley gab ihm die berühmte Antwort:

*»Wenn mir die Frage gestellt wird, ob ich einen armseligen Affen zum Großvater haben möchte oder lieber einen von Natur hochbegabten Mann, der große Mittel und großen Einfluß besitzt und dennoch diese Fähigkeiten und diesen Einfluß lediglich zu dem Zweck gebraucht, eine ernste wissenschaftliche Diskussion ins Lächerliche zu ziehen – dann beteuere ich ohne Zögern meine Vorliebe für den Affen!«*

Natürlich hatte Huxley nicht nur die Vorliebe auf seiner Seite, sondern ebenso auch die Tatsachen. Und diese Tatsachen wollten einfach nicht mehr weichen. Daher verloren wir viel von unserem selbstverkündeten Vorrang in der Tierwelt.

Doch wenngleich wir das Animalische unseres Körpers und die nicht ganz so göttliche Natur unserer Vergangenheit zugegeben hatten, besaßen wir immerhin noch unseren Intellekt, der uns über die Tiere erhob – das, was die Aufklärung des 19. Jahrhunderts als den »Kristallpalast« der Vernunft rühmte. Dann beschrieb zu Beginn des 20. Jahrhunderts Sigmund Freud die dem Denken zugrunde liegende Macht des Unbewußten, und plötzlich waren wir unserer zerebralen Schutzhülle beraubt und bloßgestellt als Sklaven der dunklen Triebe des Irrationalen und Unbewußten. So hatte also auch der »Kristallpalast« seine Sprünge.

Dennoch behielten wir die Vorstellung bei, daß wir weitgehend unter unserer eigenen Herrschaft lebten, als Produkte der jeweiligen Erfahrungen, die wir für uns selbst auswählten. Gewiß, unter der Oberfläche ging alles mögliche vor sich, aber wir trösteten uns mit der Überzeugung, daß wir durch eine kluge Kontrolle unserer Erfahrungen wenigstens bestimmen konnten, was da unter der Oberfläche vor sich ging. Und nun kommt die Soziobiologie und droht mit einem weiteren intellektuellen Erdbeben, indem sie zeigt, daß unsere leere Schiefertafel – diese eine Gewißheit, daß wir immerhin noch unser eigenes Stück inszenierten – letzten Endes doch schon ein wenig beschrieben sein könnte.

Seit Darwin haben die Biologen stets die Zusammenhänge der Evolution im Hinblick auf unser Verständnis des Lebens erforscht. Und so groß ist die Erklärungs- und Überzeugungskraft der Evolution durch natürliche Selektion, daß der mit dem Nobelpreis ausgezeichnete Immunitätsfocscher Sir Peter Medawar sich veranlaßt sah zu schreiben: »Für einen Biologen ist die Alternative zum Denken in Begriffen der Evolution, überhaupt nicht zu denken.« Aber während die Biologen in den Einsichten schwelgten, die die Evolutionstheorie auf den Gebieten Paläontologie, Anatomie, Genetik und Physiologie bot, wurde das Studium des Verhaltens immer noch weitgehend vernachlässigt. Nun jedoch haben die Biologen, ermutigt durch ihre anderen Erfolge, endlich begonnen, einen neuen Blick auf das Verhalten zu werfen. Entscheidend dafür war ein gewichtiges, höchst bedeutsames Buch, das Tatsache und Theorie in bezug auf Evolution und Verhalten zusammenfaßte. Dieses wahrhaft enzyklopädische Werk, *Sociobiology: The New Synthesis*, wurde von Edward O. Wilson von der Universität Harvard geschrieben und 1975 veröffentlicht.

Soziobiologie ist Wilsons Bezeichnung für etwas, was zuvor nur eine lose Mischung aus Evolutionstheorie, Ökologie und Verhaltensforschung in der Tierwelt gewesen war. Diese neue Disziplin hat bereits aufsehenerregende Erfolge im Hinblick auf unser Verständnis tierischen Verhaltens gezeitigt, aber das wahre Aufsehen und der wahre Meinungsstreit stehen uns noch bevor in dem Maße, in dem die

Soziobiologie auf einen sehr wichtigen, aber wenig verstandenen Primaten – uns selbst – angewandt werden kann. Die geistigen Traumata, die mit Kopernikus begannen, mögen unser Selbstvertrauen erschüttert haben, aber sie halfen uns auch, einen Prozeß der Selbstenthüllung einzuleiten. In derselben Tradition kann uns die Soziobiologie helfen, unsere eigene Natur zu entdecken, und uns gestatten, das Flüstern der Biologie in uns allen zu belauschen.

Für viele ist die Feststellung, daß ein Verhalten instinktiv sei, gleichbedeutend mit der Feststellung, daß es »biologisch« sei. Die offenkundige Alternative ist selbstverständlich, daß ein Verhalten durch die Kultur – das heißt: durch Lernen – erworben wurde und daher irgendwie »nicht biologisch« ist. Wie wir jedoch sehen werden, ist die Unterscheidung zwischen »kulturell« und »biologisch« nicht wirklich stichhaltig. Und »Instinkt«, der am häufigsten mißbrauchte Ausdruck von allen, diente oft nur als Ersatz für wirkliches Verstehen. Eine der tatsächlichen Stärken der Soziobiologie liegt eben darin, daß sie die Evolutionstheorie anwendet, um uns verstehen zu helfen, warum ein bestimmtes Verhalten auftritt, ohne lediglich den Nebelvorhang des »Instinkts« auszubreiten.
Vorstellungen vom Instinkt hat man schon seit langem, aber die meisten waren weder sehr einleuchtend noch sehr brauchbar. Im Jahre 1924 las Luther Bernard, ein Soziologe, 500 Bücher von Sozialwissenschaftlern und stellte daraus eine Liste von 5759 verschiedenen menschlichen Instinkten zusammen. Solche Berechnungen dienten nur dazu, die menschlichen »Instinkte« bei den Sozialwissenschaftlern um so rascher in Verruf zu bringen. In jüngerer Zeit fand der Gedanke der menschlichen Instinkte allmählich wieder mehr Anklang. Der Psychologe Salvadore Maddi unterschied bei der Bestimmung der menschlichen Persönlichkeit zwischen »Kernelementen« und »peripheren Elementen«. In seinem System resultieren periphere Elemente aus den Erfahrungen, und sie wirken auf den sich entwickelnden Menschen ein und verändern ihn auf komplexe Weise. Die Kernelemente sind die essentielle Person, eine Wesenheit, die jedem von uns von der Evolution vermacht wird; sie sind das *Wir*, auf das die Erfahrung einwirkt. Die große Stärke der Soziobiologie liegt darin, daß ihr Begriff des »Kerns« in der Evolution wurzelt und es uns ermöglicht, Verhalten nach dem stärksten einzelnen Prinzip zu deuten, das die Biologie zu bieten hat.
Obwohl es noch nicht dem Hauptstrom der heutigen Sozialwissenschaft angehört, fehlt es dem Denken in Begriffen der Evolution nicht gänzlich an Verbündeten. Seit den sechziger Jahren gab es eine ganze Anzahl gemeinverständlicher Darstellungen des menschlichen Ver-

haltens, unter anderen *African Genesis, The Territorial Imperative* (dt.: *Adam und sein Revier)* und *The Social Contract* von Robert Ardrey, *The Naked Ape* (dt.: *Der nackte Affe)* und *The Human Zoo* (dt.: *Der Menschen-Zoo*) von Desmond Morris und *Das sogenannte Böse – Zur Naturgeschichte der Aggression* von Konrad Lorenz. Diese Bücher sind untereinander und ebenso auch diesem Buch insofern ähnlich, als sie den *Homo sapiens* als ein Tier, wenn auch ein besonderes, betrachten. Die Soziobiologie löst sich jedoch von der Betrachtungsweise von Ardrey, Morris und Konrad insofern, als sie sich weniger mit dem verhaltensmäßigen Gepäck unserer Primatenvergangenheit befaßt und mehr mit der Anwendung der Prinzipien der Evolution und der natürlichen Selektion, um unsere Gegenwart zu analysieren und zu deuten.

Da das Verständnis menschlichen Verhaltens von zentralem Interesse ist – und nicht nur für Autoren, die Biologie gemeinverständlich darstellen wollen –, sollte es nicht überraschen, daß eine kleine Gruppe von Anthropologen und Soziologen nun begonnen hat, sich der Soziobiologie zu bedienen, um ihre alten Gegenstände mit neuen Augen zu betrachten. Pierre van den Berghe von der University of Washington, Napoleon Chagnon und Jeffrey Kurland von der Northwestern University und die passenderweise die Namen von Fleischfressern tragenden Herren Lionel Tiger und Robin Fox drückten die Ansicht aus, daß wir versuchen sollten, das angeborene Sortiment der von der Biologie gegebenen Regeln zu verstehen, die die Grenzen unseres Verhaltens bestimmen: das, was manche unsere »Biogrammatik« nennen. Ebenso wie es uns die Regeln unserer Grammatik ermöglichen, eine ungeheure Anzahl möglicher Sätze zu bilden, erlauben die durch die Evolution in unsere Biogrammatik eingesetzten Verhaltensregeln dem Menschen, an einer ungeheuren Anzahl möglicher Verhaltensweisen teilzuhaben. Und ebenso wie die Grammatik der Sprache Grenzen setzt (jeder Satz muß beispielsweise – von Imperativ-Sätzen abgesehen – ein Subjekt und ein Prädikat haben), so setzt unsere Biogrammatik unserem Verhalten Grenzen.

Es besteht kein Zweifel daran, daß Sprachen erlernt werden und nicht angeboren sind. Ein Buschmann aus der Kalahari, der von frühester Kindheit an am Hofe Ludwigs XIV. aufgewachsen wäre, würde ein makelloses Französisch gesprochen haben. Die *Fähigkeit* zu sprechen ist jedoch angeboren, und alle Sprachen stimmen in gewissen Grundmustern überein. Es ist nur allzu leicht, sich in den Einzelheiten des verschiedenartigen Verhaltens der Menschen zu verirren, so daß man zuletzt den Wald vor lauter Bäumen nicht mehr sieht. Entscheidend ist jedoch, daß diese Grundmuster allen Völkern gemeinsam sind, und ein großer Teil unseres Verhaltens besteht nur aus

Variationen über eine kleine Anzahl von Themen, die von der Evolution gegeben sind. Es ist, zum Beispiel, bemerkenswert, daß alle menschlichen Gesellschaften irgendeine Vorstellung vom Übernatürlichen hatten, wenngleich, soviel ich weiß, nur die Hottentotten glaubten, Gott sei eine Gottesanbeterin.

Die Soziobiologie bietet einige Hoffnung, über die Bäume hinauszugelangen, indem wir von unserem Wissen über die Natur der Bäume Gebrauch machen, um den Wald zu erkennen. Der in Harvard arbeitende Anthropologe und Soziologe Irven DeVore weist darauf hin, daß die Anthropologie durch ihre Betonung der Unterschiede zwischen den menschlichen Gesellschaften dazu neigt, nur den Überguß zu betrachten und die Torte darunter zu übersehen. Aber ebendiese Torte ist bemerkenswert gleich bei allen Völkern. Nicht nur das, sondern die Beschaffenheit der Torte könnte sehr gut die Möglichkeiten des Übergusses einschränken. Eine Schokoladenfüllung macht es unwahrscheinlich, daß obendrauf eine Tomatensoße das Passende wäre. Und der Prozeß der Evolution brachte, auf den Menschen einwirkend, ein Geschöpf hervor, für das gewisse Verhaltensweisen ganz und gar nicht, andere dagegen aber sehr gut passen.

Die Siriono-Indianer am oberen Amazonas scheinen sich nicht viel dabei zu denken, wenn sie sich offen vor den Augen anderer paaren, aber sie können vor Scham die Verbannung auf sich nehmen, wenn sie in der Öffentlichkeit beim Essen ertappt werden. Wir sind sehr komplexe Geschöpfe, und wenn wir uns nachdrücklich der Evolutionsbiologie bedienen, um menschliches Verhalten zu erklären, dürfen wir nicht außer acht lassen, welche Rolle die Kultur dabei spielt, uns zu dem zu machen, was wir sind. Ein vollständiges Bild des menschlichen Verhaltens sollte letzten Endes umweltmäßige und biologische Betrachtungen im rechten Maß gegeneinander abwägen. Aber dieses Buch kann nicht die ganze Arbeit leisten, und vor allem kann es nicht sowohl soziale als auch biologische Einflüsse ausführlich genug und gleichwertig behandeln. Zuletzt sollte eine ausgewogene Darstellung geschrieben werden, aber ich gebe mich hier damit zufrieden, für die Sache der Evolutionsbiologie einzutreten, in der Hoffnung, einem Zustand abzuhelfen, der zur Zeit dem einer Unausgewogenheit zu entsprechen scheint.

Diese Unausgewogenheit ist vielleicht bei den Naturwissenschaftlern größer als bei den Geisteswissenschaftlern, von denen viele unsere scharfsinnigsten Beobachter der menschlichen Natur sind. Samuel Johnson behauptete, daß Shakespeares geniale Begabung und der

nachhaltige Erfolg seines Werkes in seiner Berührung mit den Quellen des Menschseins über lokale Normen und Bräuche hinaus lägen: *»Seine Gestalten werden nicht beeinflußt von den Bräuchen besonderer Orte, die in der übrigen Welt nicht üblich sind; von den Eigenheiten gewisser Studien oder Berufe, die sich auf nur wenige auswirken können; oder von den Zufälligkeiten vergänglicher Moden oder zeitweiliger Meinungen.«*
Und der französische Dramatiker Racine schrieb:
*»... der Geschmack von Paris ... entspricht dem Athens; meine Zuschauer wurden von denselben Dingen gerührt, die, zu anderen Zeiten, den kultiviertesten Klassen Griechenlands die Tränen in die Augen trieben.«*
Über solches Denken schrieb der Anthropologe Clifford Geertz:
*»Das Problematische an Anschauungen dieser Art ... ist, daß das Bild einer konstanten menschlichen Natur, unabhängig von Zeit und Ort und Umständen, von Studien und Berufen, vergänglichen Moden und zeitweiligen Meinungen, eine Illusion sein könnte, daß das, was der Mensch ist, so eng damit verknüpft sein kann, wo er ist, wer er ist und was er glaubt, daß es von ihm untrennbar ist ... Menschen, die unbeeinflußt sind von den Bräuchen bestimmter Orte, gibt es tatsächlich nicht, es hat sie nie gegeben und, vor allem, es könnte sie der Natur der Sache nach nicht geben.«*
Nach der Ansicht von Geertz, die von den meisten Psychologen und Soziologen geteilt wird, gibt es einfach keine Garderoben hinter der Bühne, in denen wir die Schauspieler so sehen können, wie sie wirklich sind, als echte Menschen, die ihr eigenes Privatleben haben. Tatsächlich gibt es nämlich keine Schauspieler, die sich von den Rollen unterscheiden, die sie spielen.

In einer der ältesten und unfruchtbarsten Debatten der Geschichte der Wissenschaft wurde »Natur gegen Erziehung«, »Instinkt gegen Lernen« gestellt. Diese müßige Streitfrage wurde mittlerweile zur Befriedigung aller geklärt, indem man erkannte, daß sie von Anfang an eine bedeutungslose Unterscheidung betraf und ein Pseudoproblem war. Es gibt kein Verhalten ohne »Natur« (das heißt: es muß ein Organismus vorhanden sein), und es gibt kein Verhalten ohne »Erziehung« (alle Organismen wachsen und leben in einer Umwelt). Natur und Erziehung arbeiten ständig zusammen, und jegliches Verhalten ergibt sich aus der Wechselwirkung beider.

Das bedeutet jedoch nicht, daß Natur und Erziehung reine Erfindungen seien, nur weil wir nicht imstande sind, sie auseinanderzuhalten. Man stelle sich zwei Männer vor, die unter einem Teppich miteinander ringen. Es mag unmöglich sein zu sagen, wer gewinnt, und es mag sogar unmöglich sein, die beiden voneinander zu unterscheiden. Nichtsdestoweniger geht offensichtlich etwas vor.

Wenn wir behaupten, es gebe, abgesehen von unseren Gebräuchen, kein »Wir« in unserem Innern, laufen wir Gefahr, uns vollkommen zu verlieren. Jedem, dem es um die Menschenwürde geht, würde ich gern eine soziobiologische Erkenntnis der menschlichen Natur, die sich auf die Evolution stützt, eher empfehlen als die extreme sozialwissenschaftliche Ansicht, daß Menschen nur leere Hüllen sind, die darauf warten, von der Kultur gefüllt zu werden, gespenstische Schauspieler, die auf ihren Text warten.

Die Biologie ist nichts Absolutes. Jede Wahrheit, die sie enthält, bezieht sich immer auf besondere Umgebungen zu besonderen Zeiten, und wenn sie aufhört, wahr zu sein, ist Aussterben die unweigerliche Folge. Es ist ein ernüchternder Gedanke, daß mehr als 90% aller Spezies, die je lebten, heute ausgestorben sind. Aber auch die Kultur garantiert nicht den Erfolg. Man betrachte die folgenden Zeilen des Sozialwissenschaftlers Weston LaBarre:

»*Keine Moral ist etwas Absolutes, das sicher Erwiesene, der Vogel, den man eingefangen hat, indem man ihm Salz auf den Schwanz streute. Sie ist das Erwählte und Erhoffte, eine Verpflichtung, die die Bürde des Menschen, sein Ruhm und sein Kreuz ist. Denn im Grunde ist jede Kultur eine moralische Geometrie – ein System, das nicht ohne Alternativen in die physikalische Welt eingebettet ist, sondern ein ungewisses Mittel, einen Kurs durch die Wirklichkeit trigonometrisch abzustecken. Aber eine Kultur ist auch die Unsterblichkeit der Toten, ein Mittel, durch das ihre Urteile und Entscheidungen die Lebenden zwingen können. Dennoch können alle Menschen einschließlich der Toten unrecht haben.*«

Insofern alle Menschen die gleiche Biologie haben, sind wir alle eins, und es sollte eine fundamentale Empfindung geben, in der wir alle einander erkennen und jeder das Verhalten des anderen versteht. Die Kultur trägt dazu bei, indem sie die Kommunikation zwischen Menschen mit gleichen Erfahrungen fördert und ihnen hilft, dasselbe Vokabular zu entwickeln. Aber sie hat die gegenteilige Wirkung zwischen den Gruppen, indem sie die durch das Verhalten gegebene Entfernung vergrößert, die Menschen verschiedener Herkunft trennt.

Man wähle aufs Geratewohl zwei Menschen aus. Von eineiigen Zwillingen abgesehen, müssen sie verschieden sein und verschiedene Gene haben, auch wenn sie innerhalb derselben Kultur aufwuchsen. Stammen diese beiden Menschen aus verschiedenen Kulturen, so werden die Unterschiede noch größer sein, ja vielleicht sogar tödliche Folgen haben. Unglaublicherweise wurde die Atombombe über Japan vielleicht deshalb abgeworfen, weil eine Nachrichtenagentur das Wort *mokusatsu* fälschlich als »ignorieren« übersetzte anstatt als »Kommentar zurückhalten (um noch zu überlegen)«. Dies war die offizielle diplomatische Antwort des japanischen Ministerrats auf das Potsdamer Kapitulationsultimatum, und vermutlich bedeutete sie, daß man bald zu einer Entscheidung, womöglich einer günstigen, gelangen werde, während sie von Präsident Truman als offene Ablehnung ausgelegt wurde.

Biologie und Kultur arbeiten zweifellos zusammen, aber man fühlt sich versucht zu spekulieren, daß unsere Biologie irgendwie wirklicher ist; sie liegt unbemerkt in jedem von uns und manipuliert still, aber gewaltsam einen großen Teil unseres Verhaltens. Die Kultur, die eine überragende Bedeutung für die Formung der unzähligen Einzelheiten unseres Lebens hat, wird eher als ein dünner Firnis gesehen im Vergleich mit der darunterliegenden Grundsubstanz unserer Biologie.

In William Goldings *Lord of the Flies* fällt eine Gruppe englischer Jungen, die als Schiffbrüchige auf einer Insel gelandet sind, allmählich in primitive und gewalttätige Stammesbräuche zurück. Als dieses Buch verfilmt wurde, kam es interessanterweise unter den jungen Schauspielern zu Gewaltandrohungen, die ihre eigene Sicherheit ebenso wie die Fertigstellung des Films gefährdeten. In einem seltenen Fall von Anpassung der Wirklichkeit an die Kunst fürchtete der Junge, der »Piggy«, ein in der Erzählung ausersehenes Opfer, spielte, daß man ihn tatsächlich töten werde. Der Regisseur Peter Brook sagte dazu: »Meine Erfahrung zeigte mir, daß das einzige, was an Goldings Fabel nicht stimmt, die Länge der Zeit ist, die der Abstieg zur Wildheit dauert. Ich glaube, wenn man den Korken der ständigen Gegenwart Erwachsener aus der Flasche zöge, könnte die vollkommene Katastrophe innerhalb eines langen Wochenendes eintreten.«

Die Soziobiologie wird uns wahrscheinlich wenig darüber zu sagen haben, warum wir eine blaue oder eine rote Krawatte auswählen, aber sehr viel darüber, warum wir überhaupt unseren Körper schmücken wollen; sehr wenig darüber, warum wir die eine oder die andere Partei wählen, aber sehr viel darüber, warum wir überhaupt Führer haben wollen; sehr wenig über die Einzelheiten unseres Lebens, die weitgehend durch Lernen bestimmt werden, durch den Zufall oder durch Sitten und Gebräuche, aber sehr viel darüber, warum wir bei alldem als Menschen handeln.

Die Soziobiologie hat schon außerordentliche Erfolge erzielt, indem sie Evolutionsdenken auf das Verhalten von Tieren anwandte. Und wenn manche meinen, daß man sich damit begnügen sollte, könnte es sich doch lohnen, dieselben Werkzeuge im Hinblick auf das menschliche Verhalten zu gebrauchen. Kennen wir uns selbst denn wirklich so gut, daß keine weitere Hilfe vonnöten ist? Alle, denen es darum geht, unsere unendlich komplizierte Spezies zu verstehen, wissen sehr wohl, daß sie jede Hilfe brauchen, die sie bekommen können.

Wenn diejenigen, die die Soziobiologie auf den Menschen anwenden, anmaßend zu sein scheinen, so denke man an die noch größere Anmaßung, die darin läge, solche Hilfe abzulehnen. Selbstverständlich könnten wir zuletzt einige Dinge über uns hören, die wir lieber gar nicht wissen möchten. Daran ist dann aber nicht die Soziobiologie schuld. Ihre Rolle ist es, uns zu helfen, unsere Natur zu verstehen, nicht, unsere Schwächen zu legitimieren. Es wird nicht behauptet, daß das, was natürlich ist, deshalb auch gut sei. »Die Pocken sind natürlich«, sagte Ogden Nash, »Impfstoffe nicht.« Und es gibt sehr wenig Gutes, was irgend jemand an den Pocken sehen kann.

Obwohl die Wissenschaft im Idealfall wertfrei ist, sind die Motive der Wissenschaftler oft weniger rein. In den Jahren nach dem Zweiten Weltkrieg und der Atombombe wandten viele enttäuschte Physiker ihre Aufmerksamkeit der Biologie in der Hoffnung zu, ein weniger destruktives Betätigungsfeld für ihre Begabung zu finden. Max Delbruck, der später den Nobelpreis für Physiologie und Medizin bekam, sagte 1949 den Physikern voraus, daß sie bei der Enträtselung der lebenden Zelle wahrscheinlich weniger Erfolg haben würden als bei der Berechnung des Atoms, da »jede beliebige Zelle mit ihrer Verkörperung von einer Milliarde Jahren Evolution mehr ein historisches als ein physikalisches Ereignis darstellt . . . Man kann nicht erwarten, einen so weisen alten Vogel mit ein paar einfachen Worten zu erklären.« Wenn der zum Biologen gewordene Physiker Delbruck schon die komplexen Strukturen einzelner Zellen voll Ehrfurcht betrachtete, um wieviel ehrfurchtgebietender sind dann erst ganze Tiere, vom Menschen ganz zu schweigen? Und wie steht es dann mit dem Verhalten, das noch variabler und geheimnisvoller ist? Delbruck hatte recht: jedes Produkt der Evolution ist ein weiser alter Vogel, den man nicht leicht versteht. Und wir sind, obwohl unser Stammbaum gar nicht besonders alt ist, vielleicht die weisesten und kompliziertesten Vögel von allen.

Die Komplexheit ist jedoch kein Grund zur Verzweiflung. In den frühen fünfziger Jahren erklärte ein angesehener Biochemiker, es sei, da die Vererbung offensichtlich sehr kompliziert ist, sinnlos zu hoffen, daß eine einzige Art von Molekül *das* genetische Material darstelle. Keine anderthalb Jahre später veröffentlichten James Watson und Francis Crick die Struktur der DNS. Wir müssen, wie Delbruck sagte, mehr als nur »ein paar einfache Worte« gebrauchen, um über menschliches Verhalten zu sprechen, und wir wollen nicht einmal darangehen, es zu erklären – jedenfalls nicht ganz. Aber so wie Zellen den Gesetzen der Physik unterliegen und Physiker imstande waren, unser Verständnis des Lebens wesentlich zu bereichern, so sind alle Lebewesen einschließlich des Menschen den Gesetzen der Evolution unterworfen. Daher könnte es gut möglich sein, daß die Soziobiologie unser Selbstverständnis bereichern und erklären kann, warum wir viele der Dinge tun, die wir tun. Jedenfalls scheint sich der Versuch zu lohnen.

# 2
# Wo wir stehen: Trunksüchtige Mäuse und Warum Zucker süß ist

Am Anfang war das Gen.
Es trat vor etwa sechs Milliarden Jahren in Erscheinung und schwamm umher in der »organischen Suppe«, wie die Biologen sagen, einer an chemischen Verbindungen reichen Brühe, die man längs der Küsten der alten Meere der Erde fand. Nach den geologischen Befunden waren anfangs die Hauptbestandteile der »Ursuppe« Wasserstoff, Ammoniak, Methan und Wasserdampf. Keine sehr ansprechende Mischung, tatsächlich für die meisten heutigen Lebewesen sogar giftig. Aber aus diesen chemischen Verbindungen sind wir alle hervorgegangen. Experimente haben gezeigt, daß, wenn sie in einem Labor zusammengebracht, ultravioletten Strahlen (die die urzeitliche Sonne simulieren) ausgesetzt und von elektrischen Entladungen (Blitzen) getroffen werden, etwas Bedeutsames geschieht: es bilden sich organische Moleküle einschließlich einiger der wichtigen Aminosäuren, die die Bausteine der Proteine sind. Und unter gewissen Bedingungen entstanden sogar Purine und Pyrimidine, die Bestandteile der Nukleinsäuren – der Grundeinheiten der Vererbung.
In der Ursuppe stießen die ersten organischen Moleküle ständig zusammen, sie nahmen Energie von der Sonne, von Blitzen und möglicherweise Wärme von Vulkanen auf. Oft brachen sie auseinander, dann vereinigten sie sich wieder zu dem, was sie vorher gewesen waren. Aber gelegentlich gingen sie auch neue Verbindungen ein, vielleicht, indem sich Fragmente vereinigten, die vorher nie verbunden gewesen waren, und so entstand etwas Neues und unvergleichlich Kostbares – Leben. Es ist keineswegs klar, wann solche komplexe Moleküle »lebendig« wurden. Da sich jedoch alle Lebewesen fortpflanzen oder vermehren (und diese Fähigkeit geradezu eine der konsistenten Eigenschaften ist, die das Leben definieren), fing ein komplexes organisches Molekül tatsächlich in dem Augenblick an zu leben, in dem es sich zu vermehren begann.
Es gibt viele Methoden, nach denen das primitive Leben Kopien von sich selbst herstellen konnte. Betrachten wir eine davon. Stellen wir

uns ein komplexes Molekül vor als A-B-C-D, wobei jeder Buchstabe für einen anderen Bestandteil des Moleküls steht und die Striche Verbindungen (chemische Bindungen) zwischen ihnen darstellen. Einige der Bestandteile verbinden sich mit solchen ihrer eigenen Art. Sie haben jedoch eine noch stärkere Affinität zu gewissen anderen spezifischen Bestandteilen, die wir hier mit den im Alphabet folgenden Buchstaben wiedergeben wollen. Diese Affinitäten kommen teils durch die Formen der molekularen Bestandteile zustande und teils dadurch, daß ihre verschiedenen elektrischen Ladungen einander anziehen oder abstoßen.

Stellen wir uns nun also vor, ein Molekül A-B-C-D schwimmt in unserer Alphabetsuppe zusammen mit vielen anderen losen A, B und so fort. Einige der losen Bestandteile beginnen, sich mit anderen zu verbinden, und sie bilden vielleicht lange und langweilige Ketten wie A-A-A-A oder B-B-B-B. Gelegentlich aber kommt, sagen wir, ein loses C vorbei und wird von A-B-C-D eingefangen, das sich dadurch

C

in A-B-C-D verwandelt. Eine Weile später wird vielleicht ein loses A einverleibt, und es entsteht A-B-C-D. Zuletzt sind alle verfügbaren

A C

Stellen in unserem ursprünglichen klebrigen Molekül besetzt. Aus dem Molekül A-B-C-D ist daher A-B-C-D geworden.*

A B C D

Doch die Geschichte geht weiter, da alle Bestandteile eine sehr starke Affinität zu den jeweils nächsten in der Reihenfolge haben. Aus der Anordnung A-B-C-D wird A-B-C-D. Nun neigen aber, wie gesagt,

A-B-C-D A-B-C-D

die Komponenten dazu, stärkere Bindungen zu den nächsten in der Reihenfolge als zu Kopien ihrer selbst zu haben – das heißt, A verbindet sich fester mit B als mit einem anderen A. Wenn daher das System irgendeiner Erschütterung ausgesetzt wird – einer physikalischen Bewegung, vielleicht, oder einer ultravioletten Strahlung oder elektrischen Funken –, zerbrechen die schwächeren Bindungen A-A, B-B, C-C und D-D, und zurück bleiben zwei A-B-C-D-Moleküle anstelle des einen, das wir anfangs hatten. Im Diagramm dargestellt, geschieht also folgendes:

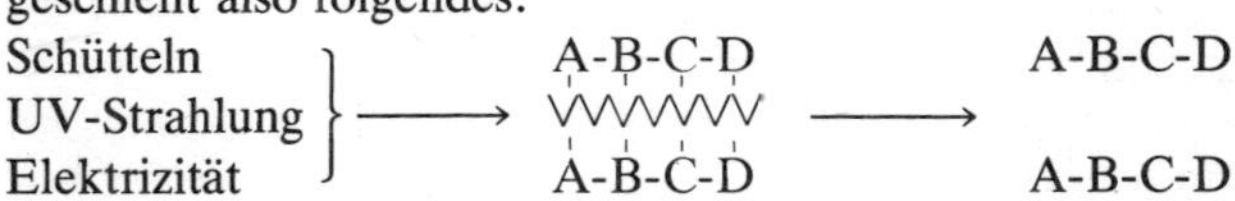


* Selbstverständlich könnten sich auch viele andere Anordnungen ergeben, zum Beispiel

A B C oder A-B-C-D.
A-B-C-D B C D
D

Damit hat sich etwas ungeheuer Aufregendes ereignet: Wir haben das wesentliche Ingrediens des Lebens. Der britische Zoologe Richard Dawkins nennt diese ersten Moleküle »Replikatoren«. Mit der Zeit zeigt es sich, daß manche dieser Replikatoren tüchtiger als andere bei der Herstellung von Kopien ihrer selbst sind, und daher nimmt ihre Anzahl in der Suppe zu. Natürlich kommt es von Zeit zu Zeit zu Veränderungen im Aufbau dieser Replikatoren, da bei den Zusammensetzungen unvermeidlich Irrtümer unterlaufen. Es gibt noch andere Komponenten, die frei umherschwimmen – E, F, G und so fort –, so daß etwa A-E-C-D erscheint, wenn ein sich replizierendes A-B-C-D einen Fehler macht und zufällig ein E statt eines zweiten B an sein B anhängt. Diese neue Kombination ist vielleicht weniger stabil als A-B-C-D, aber sie kann sich eine Weile halten. So entsteht Mannigfaltigkeit aus der Einfachheit. Manche der neuen Replikatoren sind erfolgreich, andere nicht. Die schlechten Kombinationen verschwinden, die besseren dominieren und sind evolutive »Erfolgs-Stories«. Wodurch wird ein Replikator besser? Eine brauchbare Annahme wäre: durch seine Fähigkeit, freie Moleküle anzuziehen, Bindungen auf passende Weise und relativ schnell aufzubrechen und wiederherzustellen und sich selbst genau zu kopieren.
Bis dahin funktioniert in unserer Geschichte jedes neue individuelle Molekül mehr oder weniger für sich allein; es verschlingt ein klein wenig von der organischen Suppe, um sich selbst zu kopieren. Aber von einem Gedränge war noch nicht viel zu bemerken. Mit der Zeit jedoch beginnt etwas Häßliches – aber nicht weniger Natürliches – in diese idyllische Szene einzudringen: der Konkurrenzkampf. In dem Maße, in dem freie Komponenten in die verschiedenen Moleküle aufgenommen werden, treten nach und nach Knappheiten auf. Unser alter Bekannter A-B-C-D, zum Beispiel, kann beginnen, mit B-C-D-E um den schwindenden Vorrat der Komponente C zu konkurrieren. Es braucht keinen aktiven Kampf darum zu geben, aber nichtsdestoweniger könnte der eine Typ ständig erfolgreicher sein als der andere. Wenn das der Fall ist, können wir sagen, daß eine natürliche Auslese stattfindet, und die Sieger – die Formen, die Bestand haben und sich mit der Zeit vermehren – sind die, die besser »angepaßt« sind.
Anpassung ist ein sehr wichtiger Begriff in der Evolutionsbiologie. Er bezieht sich auf die Fähigkeit eines Lebewesens, in seiner Umwelt gut zu funktionieren. Und das letzten Endes entscheidende Maß dieser Funktionstüchtigkeit ist darin zu sehen, wie erfolgreich sich ein Individuum selbst repliziert, während andere unabhängig davon das gleiche versuchen. Schließlich aber muß der Wettkampf direkter und weniger fair geworden sein. Wenn man ein Molekül vom Typ

A-B-C-D ist und C knapp wird – warum sollte man sich dann dieses C nicht von einem zufällig vorbeikommenden B-C-D-E oder C-D-E-F holen? Ein Molekül, das dies tut, repliziert sich erfolgreicher als eines, das es nicht tut.

Doch wir wollen uns nicht in einer symbolischen Buchstabenwelt verirren, denn dies ist kein trockenes, intellektuelles Spiel – es ist die blutvolle Wirklichkeit des Lebens selbst. Das soeben dargestellte Modell ist nur *ein* mögliches Szenario für den Ursprung des Lebens, aber wie immer es wirklich zuging: es scheint klar zu sein, daß sich unbelebte Moleküle auf irgendeine Weise miteinander verbanden und sich zu vermehren begannen. Ursprünglich lebten sie wie Sammler, die einfach die organische Suppe aufbrauchten, von der sie selbst ein ganz besonderer Teil waren. Dann, zu einem gewissen Zeitpunkt, als die Suppe immer dünner wurde, zeigte es sich, daß einige dieser Moleküle die Fähigkeit besaßen, andere Moleküle aufzubrechen und ihre chemischen Bestandteile zu verwenden – das heißt, sie zu »fressen«. Da wir es nun mit Lebewesen zu tun haben, können wir korrekterweise sagen, daß diese zerstörerischen Moleküle andere Moleküle »töteten«. Sie waren die ersten Tiere, denn sie verschafften sich ihre Grundmaterialien dadurch, daß sie andere Moleküle auflösten.

Selbstverständlich waren nicht alle potentiellen Beutetiere hilflos. Manche waren imstande, sich zu wehren, und nach den Begriffen der Evolution hatten die, die es konnten, einen Vorteil gegenüber denen, die es nicht konnten. Es gab viele Verteidigungstechniken, deren einfachste vielleicht die war, daß sich das Molekül in einer Schutzhülle einkapselte, die wahrscheinlich aus Protein bestand. Obwohl sie nun durch eine Wand von der Umwelt getrennt waren – die sie einst ernährt hatte, nun aber gefährlich geworden war –, mußten die Replikatoren weiterhin ihre Bedürfnisse der Ernährung und Reproduktion befriedigen. Diejenigen, denen es gelang, hatten deshalb Erfolg, weil sie nach und nach die nötigen Materialien und Überlebensmechanismen innerhalb ihrer Wände inkorporierten. Diese Moleküle neuen Stils hatten winzige Poren in ihren Hüllen, durch die Nährstoffe ein- und Abfallprodukte ausströmen konnten, Sensoren, um günstige oder ungünstige Aspekte der Umwelt zu erkennen, winzige Haare oder Peitschen, um die Fortbewegung zu ermöglichen, und sogar Vorrichtungen, die einige der Replikatoren befähigten, sich mit anderen zu verbinden und neue Individuen zu produzieren.

Die ersten Zellen wurden gebildet, und das Geschlecht mit all seiner Kompliziertheit trat in Erscheinung. Replikatoren konkurrierten mit anderen Replikatoren, um sich einzuhüllen und zu schützen und gelegentlich andere Replikatoren anzulocken. Schließlich verbanden sich diese individuellen einzelligen Überlebensmechanismen mit anderen, ähnlichen Einheiten, und diese mehrzelligen Pflanzen und Tiere waren oft noch erfolgreicher. In seinem Buch *The Selfish Gene* beschreibt Richard Dawkins die Folgen mit der entsprechenden Dramatik:

*»Sollte es irgendein Ende der allmählichen Verbesserung der Techniken und Listen geben, die von den Replikatoren angewandt wurden, um ihren Fortbestand in der Welt zu sichern? Es war noch genug Zeit für Verbesserungen. Was für unheimliche Mechanismen der Selbsterhaltung würden die Jahrtausende noch hervorbringen? Wie würde das Schicksal der alten Replikatoren vier Milliarden Jahre später aussehen? Sie starben nicht aus, denn sie sind Altmeister in den Künsten des Überlebens. Aber sucht sie nicht lose im Meer umherschwimmend; sie gaben diese ungezwungene Freiheit schon vor langer Zeit auf. Sie treten nun in großen Kolonien auf, sicher untergebracht in gigantischen, schwerfälligen Robotern, abgeschlossen von der Außenwelt, mit der sie auf gewundenen, indirekten Wegen verkehren und die sie durch Fernsteuerung manipulieren. Sie sind in dir und in mir, sie schufen uns, Körper und Geist; und ihre Erhaltung ist das eigentliche Grundprinzip unserer Existenz. Sie haben einen langen Weg zurückgelegt, diese Replikatoren. Jetzt treten sie unter dem Namen Gene auf, und wir sind ihre Überlebensmechanismen.«*

So begann das Leben wahrscheinlich mit einfachen Molekülen, die sich vereinigten, um komplexere Moleküle zu bilden, von denen manche schließlich anfingen, sich zu replizieren. In dem darauffolgenden Handgemenge (das wahrscheinlich mehrere Milliarden Jahre dauerte) waren gewisse sich replizierende Moleküle erfolgreich, weil sie sich in Schutzstrukturen einschlossen, die wir heute als Pflanzen oder Tiere identifizieren – auch als die ganz besondere Art von Tier: den Menschen. Und die Replikatoren heißen nun Gene.

Sie spielen natürlich immer noch ihr altes Spiel – sie stellen Kopien ihrer selbst her –, obwohl sich die Regeln ständig änderten, als sie im Laufe der Generationen in neueren und immer wieder neueren Modellen vom Fließband der Evolution kamen. Aber es gibt nichts Vollkommenes in der Natur, und manchmal, auch heute noch, macht eines dieser Gene einen Fehler, wenn es sich selbst kopiert. (So wie das A-B-C-D-Molekül, das zufällig eines vom Typ A-E-C-D produzierte.) Diese Art von Fehler ist eine Mutation, und sie ist in den meisten Fällen schädlich für die anderen Gene und für den Körper, von dem sie alle abhängen. Mutationen schaden im allgemeinen mehr, als daß sie nützen, weil Gene und ihre Körper in hohem Grade nicht-zufällig sind, denn sie stammen ja von Kombinationen von Elementen ab, die erwiesene Erfolge sind. Sie haben sich durchgesetzt trotz der vielen

Belastungen in Form von Konkurrenz und unbeabsichtigten Bemühungen der unbelebten Welt, sie zu zerstören. Führt man also eine zufällige Änderung in dieses hochorganisierte System ein, so ist das etwa so, als versetze man einem Fernsehapparat einen Fußtritt, um seine Leistung zu verbessern: ein Verfahren, das wohl kaum förderlich sein dürfte. Andererseits könnte freilich eine solche zufällige Handlung dazu beitragen, einen gelockerten Kontakt wieder zu schließen und das Bild schärfer zu machen. Ein erfolgreicher Organismus ist einer, der mit größerem Erfolg als andere seine Gene reproduziert. Die meisten Mutationen fördern die Reproduktion von Genen nicht, und wir sagen, sie werden ausgemerzt, aber manche sind gelegentlich nützlich, und sie werden ausgelesen oder selektiert.

Im Laufe der Zeit kämpfen die Lebewesen immer heftiger miteinander, um sich bei der Weitergabe von Genen auszuzeichnen. Oder, um es aus dem Blickwinkel der Gene zu beschreiben: Gene, die imstande sind, Körper mit Merkmalen aufzubauen, die sie erfolgreich machen, sind selbst erfolgreich. Neue Gene entstehen durch Mutation, werden durch die geschlechtliche Fortpflanzung mit anderen Genen neu gemischt und erscheinen in einer großen Vielfalt von Kombinationen, sooft ein neues Lebewesen entsteht. Manche dieser Lebewesen reproduzieren sich selbst mit größerem Erfolg als andere, und bis zu einem gewissen Grade sind die Erfolgsunterschiede zwischen diesen Individuen zurückzuführen auf die Unterschiede in den Genen, die sie beherbergen. So wie eine Baseball-Auswahlmannschaft aus den besten Spielern auf jedem Platz zusammengestellt wird, setzen sich Lebewesen schließlich aus individuellen Genen zusammen, von denen jedes in dem Spiel der Reproduktion beständig hohe Trefferdurchschnitte erzielt.

Das Sieben und Sichten, das im Laufe der Zeit vor sich geht, während manche Körper bei der Weitergabe ihrer Gene erfolgreicher als andere sind, nennen wir *natürliche Auslese.* Das Ergebnis dieses Prozesses ist eine Änderung der Natur der Gene und der Körper, in denen sie auftreten, von einer Generation zur nächsten. Diese Veränderung nennen wir *Evolution.*

Wie Samuel Butler bemerkt, ist ein Huhn nur die Methode eines Eis, mehr Eier zu machen. Mit einer moderneren Anschauung könnte man sagen, daß ein Huhn eine von Hühnergenen erfundene Vorrichtung ist, um die Wahrscheinlichkeit zu erhöhen, daß mehr Hühnergene in die Zukunft projiziert werden. Menschen sind ähnliche Vorrichtungen – zeitweilige, in Haut eingekapselte Ichs, die als komplexe Werkzeuge dienen, mit deren Hilfe ihre potentiell unsterblichen Gene sich replizieren.

Natürliche Auslese ist jedesmal am Werk, wenn einige Individuen erfolgreichere Nachkommen hervorbringen als andere, was nur eine andere Art ist zu sagen, daß manche Gene mehr Kopien ihrer selbst anfertigen als andere. Mit anderen Worten, Individuen und Gene unterscheiden sich von anderen Individuen und Genen durch ihre *Tauglichkeit** – das heißt dadurch, mit wieviel Erfolg sie Kopien ihrer selbst in zukünftige Generationen projizieren. Die Erfolgreicheren nennen wir »tauglich«.
Die Tauglichen – nicht die Sanftmütigen – haben längst die Erde geerbt. Das bedeutet nicht, daß man für einen Konkurrenzkampf auf Leben oder Tod oder für die brutale Devise »Jeder frißt jeden« eintreten soll. Tauglichkeit kann auf viele verschiedene Arten erreicht werden, von denen die wichtigsten vielleicht diejenigen sind, die am wenigsten ins Auge springen – den Körper gesund erhalten, Temperaturexzesse meiden, sich genug zu essen verschaffen und so fort. Obwohl Erfolg in all diesen Dingen sehr viel komplexe Organisation verlangt und obwohl ein deutlich abgestecktes Ziel – maximale Tauglichkeit – erreicht wird, brauchen weder die Gene noch ihre Träger eine Vorstellung davon zu haben, was sie tun oder warum sie es tun. Sie verrichten einfach ihre Arbeit, und die natürliche Selektion besorgt alles übrige. Ein Gen, das Kiemen schafft, wäre tauglicher in einem Fisch als in einem Menschen.
Es ist eine der neuen Einsichten der Soziobiologie, daß Tauglichkeit, durch natürliche Auslese vermittelt, sich nicht auf so einfache Dinge wie den Aufbau oder die Aktivität eines Körpers beschränkt. Sie schließt auch komplexe soziale Verhaltensweisen mit ein wie, zum Beispiel, Werbung um den Geschlechtspartner, Kampf, Zusammenschluß mit Freunden und Sorge für die Nachkommenschaft. Es zeigt sich im allgemeinen, daß Individuen, die sozial besser funktionieren, auch besser bei der Weitergabe ihrer Gene (das heißt: maximal tauglich) sind und von der natürlichen Auslese stärker bevorzugt werden als andere.
Man beachte, daß das Hauptthema aller unserer Erörterungen in hohem Grade die Selbstsucht betrifft und sich auf das Individuum, nicht die Art, konzentriert. Diese Betonung steht im Widerspruch zu der Vorstellung, die die meisten von der Evolution haben: nämlich

* Das Spencersche, von Darwin übernommene *survival of the fittest* wurde in der deutschsprachigen Literatur zunächst durch »Überleben des Tüchtigsten« wiedergegeben. Später wurde »tüchtig« oft als unzutreffende Übersetzung abgelehnt und durch »geeignet«, »tauglich«, »leistungsfähig« u. ä. ersetzt. In diesem Buch erweist sich in allen Zusammenhängen und in der vom Autor gewollten umfassenden Bedeutung »tauglich« als der passendste und verständlichste Ausdruck. Daher steht in der vorliegenden Übersetzung ausnahmslos »tauglich« (»Tauglichkeit«) für *fit (fitness)* im evolutionsbiologischen Sinne. (Anm. d. Übers.)

daß sie zugunsten der Erhaltung der Art wirkt. Dies ist ein entscheidender Punkt: sie tut nichts dergleichen. Sie schreitet fort, weil gewisse, in Individuen organisierte Gene sich mit größerem Erfolg reproduzieren als andere, in anderen Individuen organisierte Gene. Man stelle sich zwei Individuen vor, die sich in derselben gefährlichen Lage befinden – nehmen wir an, ein Raubtier ist erschienen und greift andere derselben Art an. Was werden unsere hypothetischen Individuen tun? Sie können ihren Artgenossen zu Hilfe eilen, oder sie können sich selbst helfen, indem sie in der entgegengesetzten Richtung davonlaufen. Da der Kampf mit einem Raubtier eine echte Gefahr bedeutet, sind Individuen, die ihn aufnehmen, im Durchschnitt betrachtet, weniger tauglich als die anderen, die selbstsüchtig nur an sich denken. Vom Standpunkt der Gene aus gesehen, werden diejenigen Gene, die ihre Körper veranlassen, für das Wohl der Art einzutreten – aber eben auf Kosten der Gene selbst –, weniger Kopien an die nächste Generation weitergeben als die selbstsüchtigen. In diesem Sinne ist die Evolution ein außerordentlich selbstsüchtiger Prozeß. Wie wir im Laufe unserer Untersuchungen noch sehen werden, hat diese elementare Selbstsucht tiefgehende Folgen für das menschliche Verhalten.

Stellen wir uns vor, die Gene, die jemand besitzt, seien Spielkarten, vom As bis zum König (in Wirklichkeit gibt es etwa eine Million solcher Karten). Und nun teilen wir an zwei Individuen aus, so daß jedes zwei Asse, zwei Zweien und so fort bis zu zwei Königen bekommt, was insgesamt 26 Karten pro Person ergibt. Die Regel lautet, daß jedes Spiel zwei Karten von jedem Wert enthalten muß, die Farben können jedoch dieselben sein oder auch verschieden. Dies ist unserem genetischen System analog, in dem jeder zwei Sätze von Chromosomen besitzt (insgesamt 46), wobei in unserem Beispiel jedes Chromosom Platz für ein As, eine Zwei und so weiter bis zu einem König hat, während das dazugehörige Chromosom aus dem zweiten Satz ebenfalls einen entsprechenden Platz für jeden Wert hat. Diese Karten stehen nun miteinander im Wettstreit; der Kreuzkönig, zum Beispiel, kämpft mit den Karo-, Herz- und Pikkönigen darum, Kopien seiner selbst in zukünftige Generationen zu projizieren – das heißt in die nächsten Blätter, die ausgeteilt werden. Wie zu erwarten, werden manche erfolgreicher sein als andere.

Malen wir uns die Szenen aus: der Kreuzkönig beeinflußt seinen Besitzer, etwas zu tun, was zu dessen Reproduktionserfolg beiträgt – nehmen wir an, er befähigt ihn, mehr Beute zu fangen oder seine Jungen besser zu verteidigen oder einen Partner anzulocken. Im Gegensatz dazu sind Herz-, Pik- und Karokönig weniger gut imstande, eine günstige Wirkung auszuüben. Was geschieht? In unserem

Beispiel sind Individuen, die den Kreuzkönig besitzen, erfolgreicher bei der Jagd auf Beute, der Verteidigung ihrer Nachkommen und der Werbung um Partner und daher auch erfolgreicher bei der Reproduktion. Wenn wir viele solche Kartenspiele betrachteten, die während einer langen Zeitperiode immer wieder ausgeteilt werden, würden wir feststellen, daß der Kreuzkönig immer häufiger auftritt, da sich die Kombinationen, die ihn enthalten, erfolgreicher reproduzieren als die Kombinationen, in denen diese Karte fehlt.

Mit anderen Worten, die natürliche Auslese begünstigt solche Gene, die darauf hinwirken, ihre eigene Zahl in den aufeinanderfolgenden Generationen zu vermehren. Es ist daher die Hauptstrategie jedes Gens, das bestmögliche Geschäft zu machen, um zu gewährleisten, daß Kopien seiner selbst in der Zukunft auftreten werden. Wenn wir Lebewesen betrachten, finden wir auch tatsächlich nur Individuen, deren Gene erfolgreich waren. Die einfachste Methode, diesen Erfolg sicherzustellen, ist natürlich die, sich zu reproduzieren und gut zu reproduzieren. Mit »gut« meine ich nicht einfach »sehr zahlreich«, denn eine große Anzahl unzulänglich versorgter – und daher schwacher – Nachkommen kann eine Verluststrategie darstellen im Vergleich mit der Produktion einer kleineren Anzahl von Nachkommen, deren jeder besser ausgestattet ist und daher mit größerer Wahrscheinlichkeit Erfolg haben wird.

Aber selbst die Produktion eines guten, robusten Nachwuchses ist keine Garantie für den evolutiven Erfolg. Denn die Tauglichkeit verhält sich stets relativ zur Umwelt, und die Umwelt ändert sich fortwährend. Ein oft zitiertes Beispiel ist der Fall eines zarten hellgrauen Falters, der Tausende von Faltergenerationen lang in großer Zahl in den Wäldern Englands lebte. Er war der hellgrauen Farbe der Baumstämme wunderbar angepaßt. Schwarze Mutanten traten gelegentlich auf, aber da sie nicht mit dem Untergrund verschmolzen, wurden sie beinahe unweigerlich von Vögeln gefressen. Dann änderte sich die Situation mit der industriellen Revolution: Ruß schwärzte die Baumstämme und machte die bis dahin geschützten hellgrauen Falter für die scharfäugigen Räuber sichtbar, während die – nun gut getarnten – schwarzen Mutanten plötzlich die Tauglicheren waren. In weniger als hundert Jahren verschwanden die hellgrauen Falter praktisch aus den Industriegebieten Englands, da die Evolution rasch die schwarzen begünstigte. In jüngster Zeit schwang das Pendel wieder zurück: mit der immer wirksameren Luftverschmutzungskontrolle seit der Mitte der sechziger Jahre gewinnen die Baumstämme der Wälder Englands ihr ursprüngliches Grau zurück, und die natürliche Selektion begünstigt wieder die hellgrauen Falter.

Das Entscheidende ist, daß die Evolution ständig fortschreitet und nie

»ankommt«. Zwar begann all dies vor vielen Millionen Jahren, aber es hat seither nicht aufgehört. Wie die Rote Dame Alice (im Wunderland) erklärte, müssen wir uns, solange sich die Welt verändert, bewegen, nur um zu bleiben, wo wir sind. Und wenn wir irgendwohin gelangen wollen, müssen wir eben noch schneller gehen.

Wie alle anderen Lebewesen kommen die Menschen in der Evolution vorwärts, indem sie ihre Gene an die nächste Generation weitergeben. Jedesmal wenn sich ein Mensch fortpflanzt, gibt er die Hälfte seiner Gene an das Kind weiter. Um zu unserer früheren Analogie zurückzukehren: ein As, eine Zwei und so fort werden zufällig ausgewählt; das ganze Blatt bildet ein Ei oder eine männliche Keimzelle. Wenn sich diese Gene mit dem Genensatz eines Individuums des anderen Geschlechts verbinden, entsteht etwas Neues, das von jedem Elternteil die Hälfte der replizierten Gene enthält. Es gibt für die natürliche Selektion nur eine Möglichkeit, auf den Erfolg unserer Gene einzuwirken: durch den Erfolg des Körpers, der sie enthält. Die Evolution ist ein Prozeß der Gen-Reproduktion, und sie ist nicht interessiert an dem, was wir tun, außer insofern, als unser Verhalten entweder positiv oder negativ zu dieser Reproduktion beiträgt. Und tatsächlich hat alles, was wir tun, von der Entspannung bis zum Arbeiten, Kämpfen, Essen – kurz alles – Folgen für die Reproduktion, obwohl diese Folgen manchmal geringfügig und geradezu irrelevant sein mögen.

Durch die Fortpflanzung replizieren wir unsere Gene. Elternverhalten tritt daher bei allen Tieren – einschließlich des Menschen – auf, weil es die erfolgreiche Strategie der das Lebewesen bildenden Gene darstellt, sich zu reproduzieren. Eine genetische Basis für vorsätzliche Kinderlosigkeit würde daher wahrhaftig eine trübe evolutive Zukunft haben!

Die einfache Tatsache ist die, daß Gene ausgelesen wurden im Hinblick auf den Erfolg, für sich selbst zu sorgen, was sie dadurch bewerkstelligen, daß sie Kopien von sich herstellen. Das Kinderzeugen ist ihre hauptsächliche Methode – wenn auch nicht die einzige, wie wir im 5. Kapitel sehen werden. Auch die Fortpflanzung ist nur ein Sonderfall der allgemeinen evolutiven Forderung der Selbstsucht. Die Elternliebe selbst ist nur eine evolutive Strategie, durch die sich Gene replizieren. Sie tun es, indem sie die Eltern (ihre Körper) dazu veranlassen, sich auf eine Weise zu verhalten, die den Erfolg ihrer Nachkommen fördert. Das heißt, die Liebe der Eltern zum Kind ist eine Methode der Gene, für Kopien ihrer selbst zu sorgen, die in anderen Körpern, Kinder genannt, eingekapselt sind. Selbstverständlich denken unsere Gene nicht und sie entwerfen keine Strategien, aber sie handeln so, als ob sie es täten.

Wir Menschen sind selbstbewußte Tiere. Daher fällt es uns schwer, uns Prozesse vorzustellen, die uns eng berühren und dennoch weder bewußt noch motiviert sind. Doch die meisten Dinge in der Natur geschehen, ohne daß sie jemand will, und dazu gehört auch ein großer Teil unseres Verhaltens. Niemand befiehlt bewußt, seinem Herzen zu schlagen oder seinem Magen zu verdauen. Ebenso brauchen Gene nicht zu wissen, was sie tun, um wirksam zu funktionieren, und – das ist das Schmerzlichste – wir brauchen es ebensowenig zu wissen. Wir können ein ganzes Leben damit verbringen, ihren Zwecken zu dienen, ohne es zu wissen.

Ein Leitprinzip der Soziobiologie lautet, daß Individuen dazu neigen, sich auf eine Weise zu verhalten, die ihre Tauglichkeit maximiert. Die Folge davon ist eine sehr seltsame Art von Zweckgerichtetheit, bei der ein Ziel – die Maximierung der Tauglichkeit – verfolgt zu werden scheint, jedoch ohne daß einer der Beteiligten notwendigerweise gewahr wird, was er tut oder warum er etwas tut. Das kommt daher, daß die in jeder Person beherbergten Gene selektiert wurden, um mit maximaler Wirksamkeit Kopien ihrer selbst in die Zukunft zu projizieren. Diejenigen, die weniger leistungsfähig waren, blieben am Wegrand der Evolution liegen, während die leistungsfähigeren ihren Marsch fortsetzten. Ob sie es wußten oder nicht.

Es scheint allgemein etwas Künstliches daran zu sein, das Individuum von seinen Genen zu trennen. Schließlich sind die beiden in Wirklichkeit ein und dasselbe Lebewesen. Andererseits können, wie angeblich der Geist gewisser Jogameister, Gene buchstäblich ihren Körper verlassen. In diesem Sinne haben sie eine eigene, unabhängige Existenz. Sie sind nicht nur potentiell unsterblich; sie können auch sehr hartnäckig sein bei der Verfolgung der eigenen maximalen Tauglichkeit.

Die medizinische Genetik liefert ein auffälliges – und tragisches – Beispiel für die Tauglichkeit erhöhende Strategien von Genen. Die Huntingtonsche Chorea ist eine Erbkrankheit, die in ihrer häufigsten Form Menschen von 25 Jahren an befällt. Sie ist eine schwere Erkrankung des Nervensystems, bei der sich das Gehirn des Opfers im Laufe der Zeit beinahe buchstäblich auflöst. Und sie ist unweigerlich tödlich. Eines ihrer bekanntesten Opfer war der große amerikanische Folk-Sänger und -Dichter Woody Guthrie. Die Huntingtonsche Chorea wird von einem einzigen Gen verursacht (einer autosomalen Dominante, wie der Fachausdruck lautet), so daß im Durchschnitt die Hälfte der Nachkommen eines Leidenden die Krankheit erbt und daher stirbt. Da das Gen sehr selten durch Mutation entsteht und letzten Endes tödlich ist, würde man erwarten, daß es schließlich in

jeder Population verschwindet – jedenfalls sollte es selektiv stark benachteiligt sein.
Man macht jedoch eine überraschende Feststellung: Bevor sie noch beginnen, Symptome der Krankheit zu zeigen, neigen Träger des Huntington-Gens oft zu sexueller Promiskuität, und das erklärt vielleicht, warum männliche Patienten, die an der Huntingtonschen Chorea leiden, eine höhere Fortpflanzungsrate haben als Gesunde und warum Kopien des Gens in der Bevölkerung fortbestehen. Eine unangenehme Geschichte, aber ein dramatisches und bezeichnendes Beispiel dafür, wie ein Gen seinen Träger veranlaßt, sich so zu verhalten, daß seine eigenen Gelegenheiten zur Reproduktion gefördert werden. Das Huntington-Gen ist nachteilig für die Gesellschaft, für die Spezies und sogar für das betroffene Individuum. Es ist gefährlich für alles außer sich selbst. Aber dieser reproduktive Eigennutz war ausreichend, um es zu erhalten. Es sorgt für seine eigene Tauglichkeit.
Das Huntington-Gen ist an derselben Hetzjagd beteiligt wie alle unsere anderen Gene, an dem ewigen Kampf der Evolution vorwärtszukommen. Das ist eine erschöpfende Aufgabe mit keinem größeren Ziel, als im Spiel zu bleiben. Wir sitzen alle bei einem kosmischen Pokerspiel, bei dem die Bank über einen unerschöpflichen Vorrat an Jetons verfügt. Weder wir noch unsere Gene können jemals wirklich gewinnen, denn wir können nie unsere Jetons einlösen und nach Hause gehen. Wie für den zwanghaften Spieler gibt es nichts als das Spiel, und da es schon sehr lange dauert, sind nur noch die besten Spieler übriggeblieben. Es ist ein existentielles Spiel, ein anderes gibt es nicht, und alles, was wir tun können, ist, so lange wie möglich mitzuspielen. Und da wir es alle spielen, können wir ebensogut auch unseren Spaß daran haben. Gewiß sollten wir es jedenfalls verstehen.

Als Zeus von einem Beil in die Stirn getroffen wurde, sprang die Göttin Athene hervor, in voller Rüstung, Schwert und Schild schwingend. Manche stellen sich so das Verhalten vor – es ist irgendwie »innerhalb« eines Gens untergebracht, bereit, in voller Rüstung hervorzuspringen und sich ans Werk zu machen. Doch so geht es nicht zu. Verhaltensmuster entwickeln sich allmählich durch eine Wechselwirkung zwischen den in den Genen eines Organismus kodifizierten Instruktionen und den umweltbedingten Wirklichkeiten, denen sie begegnen.
Wären Sie vor mehreren Jahrhunderten Biologe gewesen, so würden Sie mit großer Wahrscheinlichkeit entweder zu den »Animalkulisten« oder zu den »Ovulisten« gehört haben. Die Animalkulisten glaubten,

ein winziges Menschenwesen – ein Homunkulus – lebe in jeder Samenzelle und werde freigesetzt durch die Berührung mit dem Ei. Die Ovulisten waren anderer Meinung: der Miniaturmensch befand sich offensichtlich im Ei und wartete darauf zu entweichen, wenn das Spermatozoon die Eihülle durchstieß. Beide irrten natürlich. Lebewesen entwickeln sich nach der Vereinigung von genetischem Material aus dem Ei und aus der männlichen Keimzelle durch ständige Wechselwirkung mit ihrer Umwelt. Es gibt also keinen Homunkulus, der sich, von der übrigen Welt abgeschlossen, ganz allein entwickelt. Das Leben ist vielmehr ein Prozeß – ein ständiges Wechselspiel zwischen dem Potential (den Genen) und der erlebten Wirklichkeit (der Umwelt).

Gene sind lediglich Blaupausen, und manchmal bemerkenswert unvollständige. Das rührt daher, daß die Gene im Laufe der Evolution des Lebens die direkte Leitung ihrer Angelegenheiten aufgegeben haben. Sie schwimmen nicht mehr frei und nackt in der organischen Suppe. Sehr früh schon wurde die Welt dafür zu rauh. Die Gene begannen daher, wie wir gesehen haben, Vorrichtungen zu konstruieren, die wir Körper nennen und die für sie sorgen. Ihr evolutives Schicksal wird nunmehr von den Körpern bestimmt, die zu schaffen sie halfen.

Tatsächlich gibt es nur zwei Dinge, die Gene tun können: Anweisungen für die Herstellung von Proteinen liefern und mehr Gene machen. Da Proteine der Grundstoff jedes tierischen Körpers sind, können Gene durch die Lenkung des Aufbaus des Körpers dazu beitragen, ihr zweites Ziel zu erreichen – das, sich selbst zu reproduzieren. Sie tun das, indem sie die Blaupausen liefern, die letzten Endes zur Form und Funktion so wichtiger adaptiver Strukturen wie Herz, Lungen, Zähne, Leber – kurz, aller Bestandteile eines Lebewesens, das wir als »es« identifizieren – führen. Diese Strukturen sind offensichtlich wichtig, wenn die Gene überleben und sich reproduzieren sollen: Nährstoffe müssen in ausreichender Menge in Umlauf gesetzt, Abfallstoffe gründlich entfernt werden und so fort. Der Körper muß heil und funktionsfähig erhalten werden, wenn das evolutive Spiel gut – oder überhaupt – gespielt werden soll.

Aber gute Körper allein garantieren noch nicht den evolutiven Erfolg. Körper müssen sich auch richtig *verhalten* – das heißt anpassungsfähig. Sie müssen all das tun, was ihre Tauglichkeit erhöht, indem sie eine erfolgreiche Reproduktion durch Nachkommen oder andere Angehörige der Spezies mit ähnlichen Genen fördern. Lebewesen müssen sich anpassungsfähig verhalten – gute Geschlechtspartner auswählen, sich mit ihnen erfolgreich fortpflanzen, für ihre Nachkommenschaft sorgen, sich der Verwandten annehmen, Feinde meiden, gewissen

Individuen helfen und sich ihrerseits helfen lassen, mit anderen in Wettbewerb treten, wenn dies in ihrem Interesse liegt, und eine Unzahl anderer wichtiger Dinge tun.

Aber wie können Gene all das bewerkstelligen? Draußen in der wirklichen Welt, in der die Körper leben, sind es Individuen, die sich verhalten, nicht Gene. Aber so, wie die Gene Blaupausen für den Aufbau des Herzens, der Geschlechtsdrüsen, der Leber und der Nieren liefern, enthalten sie auch den Code für den Aufbau des menschlichen Gehirns. Der Weg von den Genen zur Struktur ist gewunden und nie eine einfache gerade Linie, aber es *gibt* einen Weg, und der von den Genen zum Gehirn unterscheidet sich nicht von anderen entwicklungsmäßigen Wegen. Das Verhalten entsteht aus dem Gehirn und dem übrigen Nervensystem. Wenn das Gehirn arbeitet, verhalten wir uns so, wie wir kauen, wenn die Zähne arbeiten, oder sehen, wenn die Augen arbeiten – und wenn alles zu arbeiten aufhört, sterben wir.

Wenn wir sagen, daß der Knochenaufbau irgendwie »in unseren Genen« sei, meinen wir damit, daß die Gene Instruktionen für die Produktion der Knochen enthalten, wenn auch mit einem beträchtlichen Spielraum für Änderungen, die von der Umwelt abhängen, der wir während des Bauvorgangs begegnen. Sagen wir, daß ein Verhalten »in unseren Genen« beschlossen sei, so meinen wir genau dasselbe, wenn man davon absieht, daß Knochen weitgehend von der Verteilung gewisser Kalzium- und Phosphor-Bestandteile und Gehirne weitgehend von der Verteilung von Nervenzellen abhängen. Einen großen Unterschied gibt es jedoch. Sobald die Knochen fertig sind, ist die Arbeit mehr oder weniger beendet. Wenn aber das Gehirn fertig ist, muß es noch sehr viel tun, um seine Funktion zu erfüllen. Es muß dem Körper, den Knochen und allem anderen, helfen, sich zu verhalten.

In einem gewissen Sinne sprechen unsere Gene zu unserem Verhalten nur indirekt – durch das Medium unseres Körpers. Manchmal kann der Weg vom Gen zum Verhalten relativ einfach sein wie im Falle des Blinzelns als Reaktion auf ein lautes Geräusch oder des Patellarreflexes, wenn die Sehne unterhalb der Kniescheibe beklopft wird. In anderen Fällen kann der Weg sehr lang sein, und Umwelteinflüsse spielen eine größere Rolle, etwa bei der Entwicklung künstlerischen Empfindens oder des einen oder anderen persönlichen Charaktermerkmals. Noch einmal: die Individuen verhalten sich, nicht die Gene, aber die Verhaltensweisen spiegeln Strategien wider, die die Gene entwickelt haben, um sich zu replizieren: finde Nahrung, die richtige Art und in richtigen Mengen; finde Geschlechtspartner, ebenfalls die richtige Art und in der richtigen Anzahl; sorge für deine Kinder, und kämpfe mit anderen, wenn es deinen Interessen dient. Wie immer man

es betrachten will, Tatsache ist, daß wir dazu neigen, Dinge zu tun, die unsere Tauglichkeit maximieren. Dies ist das zentrale Prinzip der Soziobiologie: Sofern ein Verhalten zumindest irgendeine Komponente von Genentätigkeit widerspiegelt, neigen Individuen dazu, sich so zu verhalten, daß sie ihre Tauglichkeit maximieren.
Selbstverständlich gilt dieses Prinzip nur, wenn ein Verhalten unter Bedingungen auftritt, die denen ähneln, unter denen es sich ursprünglich entwickelte. Aus diesem Grunde stützen wir uns hier bei der Beschreibung menschlichen Verhaltens mehr auf die Feststellungen der Anthropologie als auf die der Soziologie oder Psychologie. Unsere Spezies entwickelte sich sehr langsam während der Millionen Jahre vor dem Ackerbau, der Technologie und der Schrift. Wir lebten in kleinen Gruppen eng mit der Natur verbunden, wahrscheinlich von anderen Gruppen isoliert. Die Psychologen und Soziologen studieren im großen ganzen moderne, industrialisierte Menschen, diejenigen von uns, die in neuen, komplexen Welten leben, in denen sie wahrscheinlich, biologisch gesehen, Fremde sind. Anthropologen studieren selbstverständlich auch moderne Menschen, aber sie sind sich im allgemeinen unserer Verschiedenartigkeit stärker bewußt und daher besser in der Lage, grundlegende gemeinsame Muster zu erkennen, die sogenannten verhaltensmäßigen Universalien, die das Erbe des *Homo sapiens* in seiner Gesamtheit sind. Zudem scheint es auch intuitiv vernünftiger zu sein, daß das Verhalten von beispielsweise australischen Eingeborenen mehr über die frühere Menschheit aussagt als das Verhalten des Pentagons oder von General Motors.
Es sollte niemanden überraschen, daß uns die instinktive Meidung von Röntgenstrahlen fehlt, obwohl zuviel Bestrahlung Krebs verursacht, oder daß die meisten von uns Fahrstühle benutzen, obwohl es für unser Herz besser sein mag, die Treppe hinaufzugehen. Röntgenstrahlen und Fahrstühle gehören eben einfach nicht unserer evolutionären Vergangenheit an. Nichtsdestoweniger hat die Evolution beinahe mit Gewißheit wichtige Folgen für unser Verhalten – jetzt und hier.

Die soziobiologische Theorie sagt, daß eine Entscheidung im Hinblick auf ein Verhalten unter Berücksichtigung seiner potentiellen Folgen für die Tauglichkeit dessen getroffen werden sollte, der die Entscheidung fällt.* Natürlich ist diese Bewertung weder bewußt noch

* In einem gewissen Sinne ist das dem analog, was die Kybernetiker (die Spezialisten der Mathematik der Entscheidungstheorie) »Feed-forward«-Kontrolle nennen – eine Situation, in der etwas durch die *erwarteten* Folgen einer bestimmten Handlung beeinflußt wird. In der Praxis hat sich natürlich das »Wissen« von diesen Folgen im Laufe der Evolutionszeit akkumuliert, da verschiedene Reaktionen von verschiedenen Organismen ausprobiert wurden, wobei die erfolgreichen (das heißt die tauglichen) weiterbestanden und die nicht erfolgreichen ausgemerzt wurden.

beabsichtigt; sie kommt einfach daher, daß in der Vergangenheit eine Vielfalt von Individuen existierte, die eine Vielfalt von Genen repräsentierte. Als Folge davon wurde eine Vielfalt von »Entscheidungen« getroffen. Diejenigen, die richtig entschieden, hinterließen mehr Kopien von sich selbst (das heißt, sie waren tauglicher) als die anderen, deren Entscheidungen weniger glücklich inspiriert waren. Mit dem Fortschreiten der Evolution vermehrten sich automatisch alle jene Gene, die Verhaltensweisen in ihren Code aufnahmen, durch die sie einen Vorteil über andere Gene gewannen. Das Endergebnis ist, daß die Populationen dahin tendieren, sich aus Individuen zusammenzusetzen, deren jedes zu »guten« Entscheidungen neigt – das heißt, die von Genkombinationen abstammen, die Tauglichkeit erhöhende Entscheidungen in der Vergangenheit trafen.

Die jüngsten Arbeiten Daniel Janzens, eines unserer schöpferischsten Ökologen, heben hervor, daß die Evolution keiner bewußten Absicht seitens der beteiligten Individuen bedarf. Janzen verwies darauf, daß man sogar bei Pflanzen »Werbeverhalten, Vergewaltigung, Promiskuität und Sprödigkeit antrifft wie bei Tieren«. Und das ist keine bloße Schrulle eines Pflanzenliebhabers. Pflanzen mit männlichen Blüten, beispielsweise, »versuchen« so viele Befruchtungen wie möglich zu erreichen. Wie geht das vor sich? Unter anderem bombardieren sie weibliche Blüten mit unglaublichen Mengen von Pollen, und manche scheinen sogar die Fähigkeit entwickelt zu haben, weibliche Blüten zu vergewaltigen, indem sie einen Pollenschlauch hervorbringen, der sich gewaltsam zum Fruchtknoten der weiblichen Blüte durchzwängt. Gleichzeitig können weibliche Blüten Abwehrmechanismen besitzen, die gewährleisten, daß nur der beste Pollen Erfolg hat. Was hat die weibliche Blüte davon? Mit anderen Worten, warum »stellt sie sich so an«? Wie wir im nächsten Kapitel sehen werden, ist, so wie man vom Männchen allgemein sexuelle Aggressivität erwartet, vom Weibchen allgemein eine sexuelle Sprödigkeit zu erwarten, und Pflanzen machen dabei keine Ausnahme.

Sogar Mikroben verhalten sich so, daß ihre Tauglichkeit maximiert wird. In einem Forschungsbericht mit dem Titel »Warum Früchte faulen, Samen schimmeln und Fleisch verdirbt« zeigt Janzen, wie die schädlichen Merkmale von Fäulnis, Schimmel und Verderb von Mikroorganismen produziert werden, die unangenehme und oft giftige chemische Verbindungen aufbauen. Haben Sie sich jemals gefragt, warum verdorbenes Fleisch schlecht für Sie ist? Warum machen sich Bakterien und Schimmelpilze die Mühe, chemische Verbindungen zu produzieren, die schlecht schmecken und uns krank machen? Die Antwort ist einfach die, daß sie uns so davon abhalten, ihre Nahrung – und sie selbst – zu essen. Bakterien-Gene »wollen«

leben und sich in diesem Topf alter, abgestandener Suppe reproduzieren.* Unsere Gene haben natürlich andere Pläne; sie wollen, daß ihre Wirtskörper die Suppe essen, das heißt, sie in mehr von ihrer eigenen Art verwandeln. Wenn genug Bakterien vor uns da sind, tun sie, was sie können, um uns daran zu hindern.

Pflanzen, die eine Vergewaltigung verüben, und Bakterien, die Nahrungsmittel verderben, folgen evolutiven Strategien, die ihre Tauglichkeit maximieren. Und offensichtlich wissen die Akteure in keinem Fall, was sie tun oder warum sie es tun. Wir Menschen glauben gern, wir seien anders. Wir blicken in uns selbst hinein, wir vertrauen darauf, daß wir wissen, was wir zu welchem Zweck tun. Aber wir müssen vielleicht aufgeschlossener sein und die Möglichkeit einräumen, daß unser Bedürfnis, unsere Tauglichkeit zu maximieren, ein Flüstern irgendwo tief in uns sein könnte und daß wir die meiste Zeit, ob wir es wissen oder nicht, auf dieses Flüstern horchen.

Betrachten wir beispielsweise eine der wichtigsten Entscheidungen, die man jemals trifft: Wer soll der Vater (oder die Mutter) meiner Kinder sein? Nehmen wir der Einfachheit halber an, daß, vom Standpunkt der Tauglichkeit einer Frau aus betrachtet, alle Männer in zwei Kategorien eingeteilt werden können – solche, die dazu beitragen, daß sie erfolgreiche Nachkommen gebären wird, und solche, auf die das nicht zutrifft. Nehmen wir ferner an, daß die Wahl dieser Frau (wenn auch noch so geringfügig) genetisch beeinflußt wird. Es ist leicht, das evolutive Schicksal der Frauen (und ihrer Gene), die den die Tauglichkeit fördernden Mann wählten, mit dem der Frauen zu vergleichen, die Männer der anderen Kategorie wählten. Frauen, die sich für Männer entscheiden, die ihre eigene Tauglichkeit fördern, werden zwangsläufig erfolgreichere Nachkommen haben als die anderen. Dementsprechend wird man auch mehr von ihren Genen in der nächsten Generation vorfinden. Deshalb sollten Frauen eine Vorliebe dafür entwickeln, sich mit Männern zu paaren, die am meisten zu ihrer (das heißt der Frauen) Tauglichkeit beitragen. Ein ähnlicher Prozeß sollte natürlich auch auf seiten der Männer stattfinden. Wie wir im nächsten Kapitel sehen werden, gibt es tatsächlich viele Züge an einem zukünftigen Partner, von denen wir erwarten, daß Männer oder Frauen speziell auf sie abgestimmt sind. Mit anderen

* Es wird als selbstverständlich vorausgesetzt, daß Bakterien nicht wirklich etwas »wollen«, obwohl sie sich so verhalten, als ob. Da die Evolution offensichtlich ein zielgerichtetes Verhalten hervorbringt, ohne notgedrungen auch eine bewußte Zielgerichtetheit zu schaffen, ist es oft praktisch, verkürzte Ausdrücke zu gebrauchen, die rationale Motivationen oder Wünsche suggerieren. Solche Anthropomorphismen dienen lediglich der Vereinfachung.

Worten, es scheint eine biologische Weisheit in dem zu stecken, was uns »anzieht«.

Mittlerweile dürfte klargeworden sein, daß die Soziobiologie etwas ungewöhnlich ist im Hinblick darauf, wie sie die Dinge erklärt. Nehmen wir beispielsweise ihre Behandlung der Frage: »Warum haben Menschen Kinder?« Das scheint etwas sehr Einfaches zu sein, aber tatsächlich ist nicht nur die Antwort kompliziert: auch die Frage kann auf mehrere Arten ausgelegt werden. So könnten wir sagen, daß wir Kinder haben, weil eine männliche Keimzelle ein Ei befruchtet, oder weil wir Kinder lieben und wünschen oder weil wir nichts dagegen tun können, da der Geschlechtsverkehr eben zur Zeugung von Kindern führt und im übrigen eine Sache der Hormone ist. Und wir hätten in jedem Fall recht. All das sind jedoch proximale, naheliegende Erklärungen – sie betreffen die unmittelbaren Ursachen. Wir sollten aber auch daran interessiert sein, die evolutiven Ursachen eines Verhaltens – in diesem Fall des Kinderkriegens – zu untersuchen.

Warum also haben Menschen Kinder? Eine evolutionistische Antwort würde mit dem Hinweis beginnen, daß wir alle die Nachkommen von Eltern sind, die selbst Kinder hatten – ebenso wie ihre Eltern und deren Eltern vor ihnen und so fort. Tatsächlich stellen wir, wenn wir die Ahnenreihe irgendeines heute (oder früher) lebenden Menschen zurückverfolgen, fest, daß er notgedrungen der Nachfahr von Eltern ist, die sich erfolgreich fortpflanzten. Eine garantiert ununterbrochene Linie. Niemand war je das Kind von jemandem, der sich nicht fortpflanzte. Folglich wurde jede genetische Tendenz zur Fortpflanzung stark selektiert.

Dieses spezielle Beispiel liefert uns freilich keinen großen intellektuellen Ansatzpunkt für unser Selbstverständnis; es läßt aber erkennen, daß »Familienplanung«, »Bevölkerungsnullwachstum« und andere Einrichtungen und Organisationen mit dem Ziel, die Erdbevölkerung einzuschränken, vielleicht ein noch viel größeres Problem in Angriff genommen haben, als ihnen klar ist.

Versuchen wir es anders: Warum atmen wir? Es gibt mehrere naheliegende Erklärungen: weil eine Zunahme von Kohlendioxid von unserem Gehirn vermerkt wird; weil dieser Teil des Gehirns mit unserem Zwerchfell und unserer Brustmuskulatur kommuniziert; weil wir so groß sind, daß unsere Körperzellen Sauerstoff und Kohlendioxid nicht direkt durch winzige Röhrchen austauschen können, die nach außen führen, wie es bei Insekten der Fall ist. Wiederum sind alle diese Erklärungen richtig. Aber wie verhält es sich mit der adaptiven Erklärung unseres Atmens? In diesem Falle ist sie leicht. Warum atmen wir? Da unser Körper Sauerstoff braucht und durch ein

Übermaß an Abfallprodukten vergiftet wird, wurde ein wirksames System des Austauschs dieser Substanzen stark selektiert. Das ist die adaptive Bedeutung des Atmens – es hat sehr viel mit unserer Tauglichkeit zu tun.

Wir werden während unserer weiteren Untersuchungen noch mehr umstrittene Beispiele finden. Vorerst haben wir genug, um zu erkennen, daß die Soziobiologie eine andere Art, über die Dinge zu denken, darstellt, eine Methode, die für die meisten von uns neu ist.

»Sehr hübsch«, sagt jemand bei der Betrachtung eines abstrakten Gemäldes, »aber ist das Kunst?« Bei einem Blick auf die moderne Soziobiologie könnte ein Betrachter ebenso sagen: »Sehr hübsch, aber ist das Wissenschaft?« Ja, sie ist es. Aristoteles schrieb, daß fallende Gegenstände an Geschwindigkeit zunehmen, weil sie immer mehr »frohlocken«, wenn sie sich der Erde nähern. Newton fand eine bessere Erklärung mit seinen Gesetzen der Schwerkraft. Wenn Sozialwissenschaftler Menschen nach den Gründen für ein bestimmtes Verhalten fragen, bekommen sie oft die Antwort: »Weil es so Brauch ist.« Und obwohl die Forscher dazu neigen, diese Erklärung abzulehnen, gehen sie selbst meist der Sache nicht näher auf den Grund. In mehr als einer Hinsicht wurde »Brauch« in der modernen Sozialwissenschaft zum Äquivalent für das »Frohlocken« des Aristoteles, und es ist eines der Ziele der Soziobiologie, hier bessere Erklärungen zu finden.

Die westliche Wissenschaft neigt dazu, reduktionistisch vorzugehen; sie versucht, alles zu erklären, indem sie es in immer kleinere Teile zerlegt. Das ist ein gutes Verfahren, aber es ist nicht das einzig mögliche. Der Reduktionismus ist die Ursache dafür, daß wir heute so viel mehr über Zellen wissen als über Ökosysteme. Die Soziobiologie kehrt die Perspektive um, sie blickt hinaus in die größere Welt und versucht, das Verhalten in seinen Zusammenhang mit der Evolution und dem komplexen, auf Wechselwirkungen beruhenden Netzwerk des Lebens zu bringen.* Die proximale Analyse beschäftigt sich mit den unmittelbaren Faktoren, die in einem Individuum wirken, um ein bestimmtes Verhalten hervorzubringen. Die evolutionäre Analyse fragt nach der adaptiven Bedeutung des Verhaltens: warum treten die unmittelbaren Mechanismen überhaupt auf? Der große Astronom Johannes Kepler sagte: »Wir müssen verstehen, warum die Dinge

* Man könnte dagegen anführen, daß auch die Soziobiologie reduktionistisch sei, insofern als sie nach einer zellularen – ja sogar genetischen – Grundlage des Verhaltens sucht. Die Soziobiologie befaßt sich aber typischerweise mehr mit der adaptiven Bedeutung des genetisch beeinflußten Verhaltens, mit dem *Warum,* als mit der proximalen Frage, *wie* dieses Verhalten zustande kommt, was in den Bereich der Genetik gehört.

sind, wie sie sind, und nicht anders.« So wie Soziobiologen das Verhalten sehen, kann es viele verschiedene direkte Mittel zu demselben letztendlichen Zweck der Evolution geben, der die Maximierung der Tauglichkeit ist.

Bei den Azande in Afrika erben die männlichen Zauberer ihre »Zaubersubstanz« von ihren Vätern, und die Frauen bekommen sie von ihren Müttern. Sie ist nach der Vorstellung der Stammesangehörigen eine »runde, haarige Kugel mit Zähnen«, und sie befindet sich unfehlbar in den Eingeweiden eines Zauberers oder einer Hexe. (Leider läßt sich eine Diagnose immer nur durch eine Autopsie stellen!) Moderne Biologen sehen die Vererbung von Verhalten doch einigermaßen anders. Das Studium der Verhaltensgenetik ist wesentlich für die Soziobiologie, da die Soziobiologie das Studium des Einflusses der natürlichen Selektion auf das soziale Verhalten darstellt, und die natürliche Auslese kann einen solchen Einfluß nur ausüben, wenn dieses Verhalten wenigstens zum Teil das Ergebnis genetischer Aktion ist. Genauer gesagt: die natürliche Auslese kann nur auf ein Verhalten einwirken, wenn sich die Individuen in bezug auf dieses Verhalten unterscheiden, wobei dieser Unterschied zumindest teilweise das Ergebnis *genetischer* Unterschiede zwischen ihnen ist.

Stellen wir uns beispielsweise eine Gruppe von Affenmenschen, Vorfahren des heutigen Menschen, vor. Anfangs mögen alle ziemlich kleine Gehirne gehabt haben, aus denen aber schließlich unsere großen Gehirne wurden, da Individuen mit etwas größeren und besseren Gehirnen vergleichsweise erfolgreicher bei der Zeugung von Nachkommen waren – vermutlich, weil sie sich anpassungsfähiger verhielten: vielleicht waren sie gute Mammutjäger, oder sie konnten Säbelzahntigern leichter entkommen oder ihre Kinder besser großziehen. Man stelle sich nun die Alternative vor: Was wäre, wenn das anpassungsfähige, das adaptive Verhalten keinen genetischen Unterbau gehabt hätte, der die Fortpflanzung des Affenmenschen mit der Beschaffenheit des Gehirns jedes Individuums verband? Es würde keine Evolution größerer Gehirne gegeben haben, da der Fortpflanzungserfolg einiger Individuen gegenüber anderen keine Wirkung auf die Gehirngröße ihrer Nachkommen gehabt hätte.

Mit anderen Worten: wenn sich die Evolution auf das Verhalten oder auf irgendein Merkmal auswirken soll, muß dieses Verhalten oder Merkmal zumindest teilweise von Genen beeinflußt sein. Es besteht wohlgemerkt nicht die Forderung, daß es streng von Genen gesteuert werden muß. Nichts kommt allein von den Genen her, so wie nichts allein aus der Umwelt kommt. Irgendeine Verbindung, und sei sie noch so geringfügig, muß jedoch bestehen.

Was für direkte Beweise gibt es für genetische Einflüsse auf das Verhalten? Die Ethik verbietet uns, verhaltensgenetische Experimente am Menschen durchzuführen, und selbst wenn wir sie anstellen könnten, würden nur sehr wenige Wissenschaftler die nötige Geduld aufbringen, da man gewöhnlich mehrere Generationen beobachten muß, bevor man Ergebnisse erhält. Aus ähnlichen Gründen wissen wir sehr wenig über die Genetik des Verhaltens bei Elefanten und nichts darüber bei Blauwalen. Zum Glück wissen wir jedoch ziemlich viel über andere, kurzlebigere und sich rascher fortpflanzende Tiere, und die Ergebnisse sind eindeutig. Es *gibt* ein Gebiet, das Verhaltensgenetik heißt, denn es gibt zahlreiche unbestreitbare Beispiele für die direkten Wirkungen von Genen auf das Verhalten.
Betrachten wir einige Beispiele, und beginnen wir bei den Sperlingspapageien. Eine Spezies der Sperlingspapageien hat eine ganz eigene Art, Nestbaumaterial zu transportieren: die Vögel stecken Stücke von Gräsern und Zweigen in ihr Rumpfgefieder, fliegen heimwärts und ziehen die Stücke hervor, um sie in das Nest zu verflechten. Eine andere Spezies wendet die traditionellere Methode an und trägt das Baumaterial einfach im Schnabel, wie wir es von einem Vogel erwarten. Als William Dilger, ein Biologe an der Cornell University, Individuen dieser beiden Arten kreuzte, erhielt er Bastarde, die völlig verwirrt waren. Sie nahmen etwas auf, begannen, es in die Federn zu stecken, hielten inne, zögerten, als wüßten sie nicht, was sie tun sollten, ließen das Material vielleicht fallen, hoben es wieder auf, nahmen es in den Schnabel, nur um es gleich wieder fallen zu lassen, und so fort. Sie hatten eine schwache Dosis von jedem Verhalten geerbt und brachten weder so noch so etwas Rechtes zustande.
Bei einer anderen Untersuchung gelang es Biologen von der University of Nebraska, Stockenten mit Spießenten, die nahe Verwandte sind, zu kreuzen. Wie die meisten Enten zeigen sowohl Stock- als auch Spießenten normalerweise ein recht seltsames ritualisiertes Werbeverhalten. So vollziehen, zum Beispiel, die Stockerpel eine bestimmte Reihe von stereotypen Balzgesten, die von den Ethologen (Biologen, die das tierische Verhalten studieren) als »Schnabelschütteln«, »Grunzpfeifen«, »Nick-Schwimmen«, »Auf-ab« und so weiter identifiziert werden. Normale Spießenten zeigen auch einige dieser Verhaltensweisen, gewisse andere fehlen ihnen aber, und sie ersetzen sie durch Rituale, die den Spießenten eigen sind wie, zum Beispiel, den nicht gerade vornehmen »Rülpser«. Die Kreuzungen zwischen diesen beiden Arten enthüllten die starke, komplexe Rolle der Genetik in ihrem Balzgehabe. Verhaltensweisen, die normalerweise Stockenten mit Spießenten gemeinsam haben, traten bei den Kreuzungen auch normal auf. Verhaltensweisen, die aber üblicherweise nur bei einer

der beiden Arten anzutreffen sind, waren bei den Nachkommen entweder gar nicht vorhanden oder nur schwach entwickelt. Es steht außer Zweifel: die Vererbung wirkte sich signifikant auf das Verhalten dieser Tiere aus.

Zusätzlich zu solchen Kreuzungsforschungen wurden viele Untersuchungen durchgeführt, die sich mit den Wirkungen selektiver Zucht auf manche Verhaltensweisen – anders gesagt, mit künstlicher Auslese oder Zuchtwahl – befaßten. So gelang es beispielsweise Psychologen an der University of California in Berkeley, »labyrinth-kluge« und »labyrinth-dumme« Ratten zu züchten, indem sie wiederholt Ratten auswählten, die es am besten und am schlechtesten lernten, ihren Weg durch ein Labyrinth zu finden, und dann jeweils die besten mit den besten und die schlechtesten mit den schlechtesten paarten. Als die Abkömmlinge der bei diesem Experiment verwendeten Ratten viele Generationen später getestet wurden, zeigten die beiden Stämme noch bedeutende Unterschiede hinsichtlich ihrer Fähigkeit, das Labyrinth zu »lernen«. Überraschenderweise waren aber, als die beiden Stämme in einem *anderen* Labyrinth getestet wurden, keine Leistungsunterschiede bei den verschiedenen Gruppen festzustellen. Eine mögliche Erklärung ist die, daß sich die beiden Rattenstämme genetisch nur im Hinblick auf einige bemerkenswert präzise Verhaltenstendenzen unterschieden – beispielsweise durch eine Tendenz, bei der zweiten Verzweigung eher nach rechts als nach links abzubiegen. Es könnte tatsächlich sehr gut sein, daß das, was die Forscher für eine allgemeine »Labyrinth-Intelligenz« hielten, in Wirklichkeit viel spezifischer und begrenzter war. Jedenfalls ist die den Trend betreffende Schlußfolgerung, die wiederholt bestätigt wurde, klar: Wir können für das Verhalten von Tieren die Evolution »geschehen lassen«, indem wir einfach Individuen auswählen und ihnen eine stärkere Fortpflanzung ermöglichen als anderen.

Tierzüchter sind sich der Verhaltensgenetik seit langem bewußt. Pferde, zum Beispiel, wurden für den Krieg gezüchtet oder für den Zirkus, auf Schnelligkeit oder Kraft. Schweine wurden auf Trägheit gezüchtet (da sich Energie, die nicht durch Umherlaufen verbraucht wird, in Fleisch oder Fett verwandelt), und in großen Teilen der Welt werden Hähne für den Erfolg als Kampfhähne gezüchtet. Hunde liefern zahlreiche Beispiele einer selektiven Zucht im Hinblick auf das Verhalten. Vorstehhunde stehen stockstill und zeigen auf ein Moorhuhn oder auf einen Fasan, und ein Dobermann wird Sie mit größerer Wahrscheinlichkeit beißen als ein Apportierhund. Ich habe eine Neufundländerhündin. Sie hat nie einen Lebensrettungskursus gemacht, aber als sie meine Kinder zum erstenmal in einem Becken schwimmen sah, war sie sehr erregt, und als einer der Jungen schrie –

vor Fröhlichkeit, nicht in Not –, sprang sie augenblicklich hinein und zog ihn aus dem Wasser. Es ist schwer, einem Hund von 60 kg zu widerstehen, der die Absicht hat, einen zu retten – ob man es nötig hat oder nicht! Wie Sie zweifellos erraten haben, wurden Neufundländer für die Wasserrettung gezüchtet, und an den Küsten Frankreichs werden sie noch als Lebensretter eingesetzt. Die Babysitterin eines Freundes brachte immer ihren Schäferhund mit – er verstand es wunderbar, die Kinder von einem Zimmer ins andere zu treiben.

Die Rolle der Genetik für das Verhalten macht sich oft auf unerwartete Weise bemerkbar. Die folgende Szene hat sich tatsächlich abgespielt: Ein Waschbär war (indem er jedesmal Futter bekam, wenn er das Richtige tat) dazu abgerichtet worden, Münzen in ein Sparschweinchen zu werfen. Der Zweck war eine Vorführung im Schaufenster einer Bank, die eine Lektion in Sparsamkeit darstellen sollte. Aber in manchen kritischen Augenblicken bestand er, anstatt die Münzen in den Schlitz zu stecken, hartnäckig darauf, sie in seinen Pfoten aneinanderzureiben, so daß er für alle Betrachter eher wie ein Geizkragen und Pfennigfuchser aussah, der es nicht über sich bringt, sich von seinem Reichtum zu trennen, als daß er den von der Bank erhofften Anblick eines fröhlichen Einzahlers bot. Woher kam dieses sonderbare Verhalten? Waschbären haben die typische Angewohnheit, ihre Nahrung lange zwischen den Pfoten hin und her zu wenden, bevor sie sie fressen, und das Ganze »fühlt sich besser an«, wenn sie es im Wasser tun, was zu dem Märchen beitrug, daß sie ihr Futter »waschen«. Jedenfalls ist das Manipulieren von mit Nahrung zusammenhängenden Gegenständen bei diesen Tieren ein wichtiges instinktives Verhalten, und sogar ein intensives Training unter Anwendung moderner psychologischer Techniken war nicht imstande, die Spuren dieser genetisch beeinflußten Tendenz auszulöschen.

Verhaltensgenetiker haben die Wirkungen einer Anzahl von spezifischen, individuellen Genen auf das Verhalten identifiziert, und tatsächlich kennt man heute Dutzende solcher Merkmale. Es gibt Mäuse, die umhertanzen, wenn sie ein bestimmtes Geräusch hören, Hunde, die sich weigern zu bellen, Ratten, die so gut wie alles angreifen, was sie sehen, und sogar im Labor gezüchtete Mäusestämme, die lieber eine alkoholische Lösung trinken als Wasser. Ich denke, der Punkt ist klar: *Es gibt eine echte Verbindung zwischen Genen und Verhalten*, und das hat sich bei jeder Tierspezies bewahrheitet, die von irgend jemandem ernsthaft beobachtet wurde. Wie steht es also mit uns? Sofern wir nicht allen Ernstes behaupten wollen, es bestehe ein radikaler biologischer Bruch – eine echte qualitative Kluft – zwischen Menschen und anderen Tieren, müssen wir die Wahrscheinlichkeit

akzeptieren, daß unsere Gene ebenso unser Verhalten beeinflussen.
Das bedeutet nicht, daß wir notwendigerweise Gene »für« beispielsweise Konkurrenzverhalten oder Altruismus, Liebeswerben, Kindererziehung oder Gruppenidentifikation in uns tragen. Ebenso ist es aber auch wahr, daß es keine Gene »für« Arme oder Beine gibt; unsere Glieder entwickeln sich aus einer komplexen Wechselwirkung zwischen unserer genetischen Ausstattung und unserer Umwelt. Wenn Embryos Thalamid* ausgesetzt werden, können ihre Gene und deren Produkte auf eine eigentümliche Weise oder gar nicht funktionieren. Unter normalen Umständen lenken jedoch unsere Gene unsere Entwicklung so, daß ein erkennbares, normales Menschenwesen entsteht. Sie lenken auch die Entwicklung unseres Verhaltens, wobei allerdings viele verschiedene Menschen entstehen, die viele verschiedene Dinge tun. Aber alle diese Menschen haben eine eindeutig menschliche Natur.
Bemerkenswert ist auch, daß Gene für bestimmte Verhaltensweisen ebenso aus einer Population verschwinden, wie sie darin zunehmen können. Man frage irgendeinen Hühnerfarmer: es ist heutzutage sehr schwer, »brütfreudige« Hennen zu finden. Das heißt, Hühner sind, zumindest in den Vereinigten Staaten, immer weniger bereit, auf ihren Eiern zu sitzen. Der Grund ist klar und bezeichnend: beinahe alle amerikanischen Hühner werden in riesigen automatischen Fabriken großgezogen, in denen Brutkästen die Glucken ersetzen. (Die Hühner sind wertvoller, wenn sie zusätzliche Eier legen, als wenn sie auf den schon gelegten sitzen.) Als Folge davon stellen genetische Tendenzen, die Brütbereitschaft begünstigen, keinen selektiven Vorteil mehr dar und gehen nach und nach verloren. In weniger industrialisierten Gesellschaften brüten die Hennen noch ihre eigenen Eier aus. Die es nicht tun, sind nicht sehr tauglich. Selbstverständlich werden einige neue Merkmale in unseren technologisierten Hühnern selektiert – zum Beispiel die Fähigkeit, viele Eier zu legen, viel Fleisch mit wenig Futter anzusetzen und so fort.
Der *Homo sapiens* kann auf ähnliche Weise gewisse Merkmale verlieren und andere akkumulieren. So befähigt die Verfügbarkeit von Insulin Diabetiker zu überleben und sich fortzupflanzen, was in früheren Zeiten viel weniger wahrscheinlich war. (Ich selbst bin recht froh über diese evolutive Neuerung: meine Großmutter väterlicherseits war zuckerkrank, und ohne Insulin würde ich heute anders sein, als ich es bin – oder, um genau zu sein, um ein Viertel anders. Ebenso würde jemand mit meinem Sehvermögen in der Altsteinzeit vermut-

* Deutscher Handelsname: *Contergan* (Anm. d. Übers.)

lich nicht lange genug gelebt haben, um sich fortzupflanzen; wahrscheinlicher ist, daß er von einem Mammut zertrampelt worden wäre.) Jedenfalls werkeln wir offensichtlich an unserer Evolution herum, und niemand kennt die Folgen. Eine nicht brütende Henne wäre auf einem traditionellen Bauernhof untauglich, so wie ein Diabetiker ohne Insulin oder ein stark kurzsichtiger Universitätsprofessor ohne seine Brille untauglich wäre.

Ich bin so nachdrücklich für die Sache der Verhaltensgenetik eingetreten, um die Betrachtung des Einflusses der Evolution auf unser Verhalten zu rechtfertigen. Und ich werde weiterhin ihr Fürsprecher sein und Theorien und Beweismaterial zur Bekräftigung dieses Standpunkts anführen. Selbstverständlich besteht eine gewisse Gefahr darin, ein einseitiges Bild vom menschlichen Potential zu zeichen. Wir sind die Produkte der biologischen Evolution und daher die denkenden, fühlenden, schwitzenden Verkörperungen von Genen in Wechselwirkungen mit Umwelten. In einigen Dimensionen sind unsere Horizonte wahrscheinlich sehr eng. Andere müssen erst noch erreicht oder erahnt werden.
Betrachten Sie den folgenden medizinischen Fall: Sie sind Arzt. Eine Frau kommt, um Sie um Rat zu bitten. Sie hat Tuberkulose und ihr Mann Syphilis. Ihr erstes Kind ist blind, das zweite starb, das dritte ist taubstumm, und das vierte hat Tuberkulose. Nun ist die Frau zum fünftenmal schwanger. Soll eine Abtreibung vorgenommen werden? Was würden Sie sagen? Herzlichen Glückwunsch, wenn Sie mit mir einer Meinung sind: wir haben soeben Beethoven eliminiert!

Warum ist Zucker süß? Weil er die Süßstoffe des Zuckers enthält, natürlich. Aber warum empfinden wir ihn als süß? Wie lautet die evolutionsbedingte Erklärung für die Süße des Zuckers? So wie die Schönheit im Auge des Betrachters entsteht, entsteht das Süße im Mund des Schmeckenden. Für Ameisenfresser sind Ameisen »süß«; sie finden Zucker vielleicht sogar bitter – jedenfalls mögen sie ihn nicht so wie wir. Der Grund ist klar genug: wir sind Primaten, und einige unserer Vorfahren verbrachten sehr viel Zeit auf Bäumen, wo sie in großen Mengen Früchte aßen. Reife Früchte sind nahrhafter als unreife, und unter anderem enthalten reife Früchte Zucker. Man braucht nicht viel Vorstellungsvermögen, um die evolutive Sequenz zu rekonstruieren, die eine starke Vorliebe unserer fernen Vorfahren für den reifen Früchten eigenen Geschmack selektiv begünstigte. Gene, die ihre Träger veranlaßten, reife Früchte zu essen und unreife zu verschmähen, stellten zuletzt mehr Kopien von sich selbst her als andere, die weniger wählerisch waren.

So wie wir Zucker süß finden, finden wir auch bestimmte Verhaltensweisen »süß«. Das bedeutet, daß wir, zumindest teilweise dank der Arbeit der Evolution, geneigt sind, gewisse Dinge lieber zu tun als andere, und es sollte nicht überraschen, daß unsere Neigungen im allgemeinen solche sind, die zu unserer Tauglichkeit beitragen. »Die Evolution«, sagte der bedeutende Anthropologe Sherwood Washburn, »baut eine Verbindung zwischen Biologie, Psychologie und Verhalten auf.« Die Soziobiologie zeigt genauer, wie diese Verbindung aufgebaut wird.

Selbstverständlich sprechen wir hier nicht von einem genetischen Determinismus, sondern eher von einem genetischen Einfluß. Das ist der Unterschied zwischen: eine Kugel auf ein Ziel abfeuern (Determinismus) und einen Papierflieger (Einfluß) in einen starken Wind werfen. Die Umwelt ist dieser Wind, und gewiß leistet für uns die Kultur, unsere größte umweltmäßige Gegebenheit, sehr viel, um unsere genetisch beeinflußten Neigungen zu modifizieren. Daher wird man normalerweise die Stammgäste eleganter Bars für Singles auch bei schwächster Beleuchtung nicht sich wild unter den Tischen paarend antreffen. Nicht, weil die Neigung nicht vorhanden wäre, sondern weil sie modifiziert – in diesem Falle unterdrückt – wird durch unsere kulturell bedingten Vorstellungen davon, was ein annehmbares Verhalten in der Öffentlichkeit ist und was nicht. Im Innersten stimmen wahrscheinlich die meisten Menschen darin überein, welche Verhaltensweisen annehmbar (»süß«) sind; aber wir befriedigen unsere Naschhaftigkeit durch eine reiche Auswahl an Ingredienzien und die speziellen Rezepte kultureller Mannigfaltigkeit.

Wie die Soziobiologie beschäftigt sich die Wissenschaft der Ethologie mit dem Verhalten, auch im Zusammenhang mit der Evolution. Die Ethologie befaßt sich vorwiegend mit sorgfältigen Beschreibungen und Analysen der eher stereotypen, automatischen Reaktionen, die das tierische Verhalten zum großen Teil charakterisieren. So entdeckten Ethologen beispielsweise, daß männliche Stichlinge eine sehr stark genetisch beeinflußte Neigung besitzen, andere Männchen anzugreifen, die sie an der während der Fortpflanzungszeit rot gefärbten Unterseite erkennen. Tatsächlich greifen die Männchen so ziemlich alles an, was rot ist. Der mit dem Nobelpreis ausgezeichnete Ethologe Niko Tinbergen berichtet, daß einer seiner Stichlinge, wenn er an ein Fenster gebracht wurde, sogar die britischen Postwagen androhte, die draußen vorbeifuhren. Wir erleben wahrscheinlich nichts ganz so geistlos Automatisches. Zweifellos verspüren wir von Zeit zu Zeit unbestimmte und unklare Neigungen, uns auf gewisse spezifische Weisen zu verhalten, aber solche Vorstellungen können gewöhnlich durch unseren bewußten Geist unterdrückt und durch unsere Erfahrung stark modifiziert werden. Dennoch ist da etwas, ein Drang in uns – ein Flüstern.

Begreiflicherweise besteht viel von unserem Menschsein darin, zum Erfolg unserer Gene beizutragen; so wie ein Känguruh oder auch ein Löwenzahn zu sein, unter anderem bedeutet, zum Erfolg der Känguruh- oder Löwenzahngene beizutragen. Es ist nicht genau das, was er meinte, aber Freud hatte recht: ein großer Teil unseres Verhaltens hat mit dem Geschlecht zu tun.

Wir Menschen sind für Reize aller Art empfänglich, wobei einige der wirksamsten die Übertreibung normaler Geschlechtsmerkmale sind: Lippenstift, der die normale Röte erhöht, Büstenhalter und Silikoneinpflanzungen, die die normale Form und Größe der Brüste verändern, Bärte, die das Kinn noch aggressiver erscheinen lassen, und einige Stile der männlichen Kleidung von der Wattierung bis zu militärischen Epauletten, die die Schultern breiter zu machen scheinen. Wir senden viele feine Signale aus und reagieren auf Signale, ganz unbewußt. Experimente haben gezeigt, daß unsere Pupillen sich erweitern, wenn wir etwas sehen, was uns gefällt, und sich zusammenziehen, wenn wir etwas weniger Angenehmes sehen: junge Frauen bekommen größere Pupillen, wenn man ihnen Bilder junger Männer zeigt. Und, was leicht vorauszusagen ist, junge Männer machen größere Augen, wenn sie Bilder junger Frauen sehen.

Obwohl wir diese Signale unbewußt auszusenden scheinen, kann uns sehr wohl bewußt sein, daß wir sie empfangen (»Da war so etwas in ihren Augen . . .«). Die Basarhändler des Vorderen Orients verdanken ihre bekannte Schlauheit vielleicht dem Umstand, daß sie das wirkliche Interesse eines Kunden an der Größe seiner Pupillen »ablesen«, und es ist wahrscheinlich kein Zufall, daß viele türkische Teppichhändler dunkle Brillen tragen – um besser zu verbergen, was sie wirklich denken oder vielmehr fühlen.

Wie im Falle des unbewußten Signalisierens sind die Einflüsse der Evolution auf unser komplexes Sozialverhalten wahrscheinlich so subtil und alles durchdringend, daß sie nicht leicht bemerkt werden können. Die Soziobiologie befaßt sich besonders mit solchen unbewußten Dingen, mit den Dingen, die alle Menschen als selbstverständlich hinnehmen: die Liebe zu den Kindern, den Nepotismus oder die »Vetternwirtschaft« (die Bevorzugung von Verwandten), die männlich-weiblichen Verhaltensunterschiede, Konkurrenzkampf und Aggression, den Austausch von Waren und Dienstleistungen und so fort.

Isaac Newton revolutionierte die Wissenschaft, als er die Welt mit neuen Augen betrachtete und zur Frage erhob, was anderen als selbstverständlich erschien: Warum fallen Gegenstände? Einstein stellte die verblüffende Frage: Wie würde die Welt für jemanden aussehen, der auf einem Lichtstrahl reitet? Die grundlegende Frage der Soziobiologie lautet: Warum tun wir das, was wir tun? Warum sind manche Verhaltensweisen »süßer« als andere?

Wir Menschen nehmen unter den Tieren dadurch eine einzigartige Stellung ein, daß unser Verhalten befreit zu sein scheint von den tyrannischen Forderungen unserer Biologie. Wir sind keine Ozelots, die sich selbst rupfen müssen, wenn sie keine Vögel finden. Wir tun, was wir wollen, sagen wir, und wir gehen eher unseren persönlichen Befriedigungen nach und folgen eher den Lehren der Gesellschaft als den Imperativen der natürlichen Auslese. Oder doch nicht? Vielleicht sollten wir uns die Verhaltensweisen näher ansehen, die wir befriedigend finden, und uns fragen, warum wir sie befriedigend finden. Das behagliche Gefühl nach dem Essen, das Wohlbefinden, das einem guten Schlaf folgt, sexuelle Befriedigung, das Vergnügen an gesunder Bewegung, persönliche Unabhängigkeit, die Achtung anderer, die Leistungen, die wir und unsere Kinder vollbringen – all das finden wir angenehm. Und interessanterweise tragen all diese Annehmlichkeiten auf die eine oder andere Weise zu unserer Tauglichkeit bei. Wir sind natürlich selektiert worden, sie zu suchen. Deshalb empfinden wir sie als angenehm (»süß«).

Wir schöpfen sogar Freude aus Verhaltensweisen, die eine Verschwendung von Zeit und Energie zu sein scheinen – zum Beispiel aus dem organisierten Sport. Tatsache ist jedoch, daß der Sport eine ausgezeichnete Übung ist und Gelegenheiten bietet, wichtige Geschicklichkeiten zu erlernen und die Zugehörigkeit zu einer Gruppe zu erleben. Nicht nur das: alle Menschen scheinen gern anzugeben. Der Anthropologe Napoleon Chagnon schreibt über die öffentlichen Tänze der Yanomamo-Indianer, die in den Regenwäldern der Grenzgebiete zwischen Brasilien und Venezuela leben:

*»Der Zauber des Tanzes rührt von dem Bewußtsein des Tänzers her, daß er für einen kurzen Augenblick ein prächtiger Pfau ist, der die Bewunderung seiner Mitmenschen erregt, und es ist seine Pflicht und sein Wunsch, eine eindrucksvolle Darstellung seiner Tanzschritte und seiner prunkhaften Kleidung zu bieten. In diesem kurzen Ich-aufbauenden Augenblick hat jeder Mann die Gelegenheit, sich zur Schau zu stellen, indem er um den Rand des Dorfes herumwirbelt und mit vorgewölbter Brust stolziert, während alle zusehen, ihn bewundern und ihm zujubeln.«*

Kann irgend jemand die adaptive Bedeutung solcher Freuden anzweifeln, vor allem wenn man in Betracht zieht, daß viele der Zuschauer weiblichen Geschlechts sind und daß manche Yanomamo viele Frauen haben, während für andere nicht eine einzige übrigbleibt?

Natürlich ist der Yanomamo, auch wenn er tanzt, kein Pfau. Im Gegensatz zu Pfauen, die niemals ihre gefiederte Pfauennatur überschreiten können, sind Menschen imstande, zumindest gelegentlich gegen ihre Menschennatur anzugehen. Wir können uns, zum Beispiel, dazu zwingen, etwas Bitteres zu trinken, aber wir können nicht ganz über unsere biologischen Fähigkeiten hinausgehen und denken oder uns verhalten wie ein Seepferdchen oder eine Giraffe. Jede Spezies hat ihre Grenzen. Eine Giraffe kann nicht eine Sinfonie komponieren, Jom Kippur feiern oder schizophren sein. Aber Giraffen finden es angenehm zu tun, was für Giraffen angemessen ist. Wir finden es angenehm zu tun, was für Menschen angemessen ist. Das Auffallende ist, daß weder die Giraffen noch wir viel Einsicht in unsere Neigungen vorzuweisen haben.

Sogar ein offensichtlich adaptives Verhalten muß nicht notwendigerweise von großer Einsicht begleitet sein. Die Eskimo, die von allen nichtindustrialisierten Völkern vielleicht die in technischer Hinsicht erfinderischsten waren, sind ein treffendes Beispiel. Sie erfanden unter anderem den Iglu mit seiner überaus wirksamen Halbkugelform, seinem Tunneleingang (der bei modernen Bergsteigerzelten nachgeahmt wird) und seiner verstellbaren Türöffnung aus Schneeblöcken, die so bewegt werden können, daß genau die richtige Menge von Kaltluft eindringt, die rasch von einer Robbenöl-Lampe erwärmt wird, aufsteigt und durch eine andere verstellbare Öffnung in der Decke entweicht. Nachdem er aber viele Jahre bei den Eskimo gelebt hatte, stellte der Forschungsreisende und Anthropologe Vilhjalmur Stefansson fest, daß sie keine allgemeinen Erklärungen über die Theorie, die diesem Wunder der Ingenieurkunst zugrunde liegt, zu akzeptieren vermochten – nicht einmal die Vorstellung, daß warme Luft aufsteigt. Nach dem Glauben dieser Menschen wird das Verhalten der Welt von Göttern und Geistern gelenkt, nicht von dem Gesetz von Ursache und Wirkung. Nichtsdestoweniger steigt warme Luft *wirklich* auf, und wenn es die Eskimo auch nicht »wissen«, so verhalten sie sich offenbar so, als wüßten sie es. Könnte die Findigkeit der Eskimo ein Muster für einen großen Teil des menschlichen Verhaltens sein? Könnte es sein, daß wir vieles tun, was adaptiv »richtig« ist – auch ohne zu wissen, warum?

Doch wie steht es mit unserem Stolz und unserer Freude, dem krönenden Glorienschein menschlicher Einzigartigkeit: unserem Gehirn? Gewiß haben wir ungewöhnlich große und komplexe Gehirne, aber Tatsache ist, daß ihre elementare Anatomie und Physiologie die gleiche ist, die wir bei anderen, weniger hirnbetonten Tieren vorfinden. In *The Dragons of Eden* meint Carl Sagan, daß etwas von großer Bedeutung für die Evolution in dem Augenblick geschehen sein könnte, in dem die Menge der in unseren Gehirnen gespeicherten Informationen die der in unseren Genen gespeicherten überschritt. Unsere Gene entdeckten damals, daß sie sich am besten verewigen konnten, indem sie gemeinsame Sache machten mit einem Konglomerat von Nervenzellen, das in seiner Wirkungsweise außerordentlich flexibel und imstande war, seine Tätigkeit aufgrund früherer Erfahrungen zu modifizieren. Dieses Konglomerat – das Gehirn – ist, von einem gewissen Standpunkt aus betrachtet, einfach eine sehr wirksame Vorrichtung, um die Tauglichkeit von Tieren mit schwachen Körpern (oder deren Genen) zu maximieren, die in einer gefährlichen, nicht vorhersehbaren Welt leben. Weit davon entfernt, uns von den Forderungen der Evolution und natürlichen Selektion zu befreien, wurde unser Gehirn ein dramatisches Beispiel für eine Methode, die unseren Genen in dem Rennen der Evolution »durchzukommen« half.

J. B. S. Haldane, einer der Gründer-Giganten der Evolutionsbiologie, wurde einmal im Sender BBC vom Erzbischof von Canterbury interviewt, der ihn fragte: »Was würden Sie angesichts Ihres lebenslangen Studiums der Schöpfung im Hinblick auf die Natur des Schöpfers schließen?« Die Antwort ließ nicht eine Sekunde auf sich warten: »Eine übertriebene Vorliebe für Käfer!«

Haldanes Antwort war durchaus treffend. Mehr als 85 Prozent der tierischen Spezies der Welt sind Insekten, und von diesen sind die meisten Käfer. Wir sind nur ein sehr kleiner Teil der Natur. Und doch sind wir ein ganz besonderer Teil. Noch einmal Haldane: »Nur der Mensch kann eine Meile schwimmen, 20 Meilen zu Fuß gehen und dann auf einen Baum klettern.« Doch das betrifft nur unsere körperliche Ausrüstung, die letzten Endes wohl doch das am wenigsten Bemerkenswerte sein dürfte. Wir haben auch eine Kultur, und der Anthropologe W. Laughlin meint: »Ein Mann kann in zwei oder drei Tagen ein Pferd einfangen und dann entscheiden, ob er es essen oder reiten, es eine Last ziehen lassen, sich in sein Fell kleiden oder es anbeten will.« Die Entscheidung wird wahrscheinlich stark beeinflußt werden durch kulturelle Erwägungen, obwohl wieder einmal evolutive Forderungen beinahe mit Sicherheit eine Rolle spielen werden.

Wie groß ist diese Rolle? Eine sehr schwierige Frage, da eines mit dem andern eng verknüpft ist. Es wäre jedoch naiv anzunehmen, die Biologie sei irgendwie wichtiger als die Kultur. Nehmen wir ein offenbar einfaches Beispiel. Die meisten amerikanischen Frauen berichten von Beschwerden bei der Menstruation – für manche sind sie extrem, während eine kleine Minderheit über keinerlei Beschwerden klagt. Die gleichen Berichte haben wir aus Samoa. Das scheint ein klares Beispiel dafür zu sein, daß eben die Biologie ihr Recht fordert. Man braucht schließlich nur an all die Hormone, den Uterus und so weiter zu denken. Alles sehr biologisch. Aber bei den Arapesch auf Neuguinea, schreibt Margaret Mead, werden Menstruationsschmerzen überhaupt nicht erkannt. Sind die Arapesch-Frauen in biologischer Hinsicht etwas Besonderes? Oder hat vielleicht, wie Mead meint, auch die Arapesch-Kultur etwas damit zu tun, »möglicherweise weil das extreme Unbehagen, auf einem dünnen Stück Rinde auf dem feuchten, kalten Boden in einer undichten Blätterhütte am Hang eines Berges zu sitzen und sich den Körper mit Brennesseln einzureiben, jegliche Wahrnehmung abstumpft«? Da haben wir unsere Biologie!

Ich weiß nicht, warum die Kultur der Arapesch vorschreibt, daß sich Frauen so verhalten, wenn sie menstruieren, aber wir können das Ausbleiben der Menstruationsschmerzen weder der Biologie noch der Kultur allein zuschreiben.

Es ist möglich, nehme ich an, daß die Evolution gebieterisch an den Fäden unserer Biologie zieht und daß wir wie Marionetten hilflos tanzen. Andererseits ist vielleicht die Kultur der Puppenspieler. Höchstwahrscheinlich liegt die Antwort in der Mitte. Es ist ebenso irreführend, der Biologie für alles, was wir tun, die Schuld zuzuschieben, wie »die Kultur!« zu schreien.

Wenn wir unser Verhalten ohne vorgefaßte Meinungen in der einen oder anderen Richtung betrachten, fällt auf, wie viele Parallelen sich zwischen unserem kulturellen Leben und den Verhaltensweisen herstellen lassen, die die natürliche Selektion begünstigt. Höchstwahrscheinlich ist diese die Tauglichkeit maximierende Komponente des menschlichen Verhaltens ein großer Teil unserer menschlichen Natur. Es scheint, daß wir Produkte direkter biologischer Imperative sind, die jedoch abgemildert werden durch eine Flexibilität, die zum adaptiven Gebrauch unserer Umwelt neigt.

Wer tierisches Verhalten studiert, muß ständig vor dem Anthropomorphismus auf der Hut sein. Aber das Gegenteil, Zoomorphismus, ist ebenso möglich und irreführend, wovor Margaret Mead warnte. Ebenso ermahnte uns der große Evolutionsbiologe Julian Huxley, uns vor dem »Nichtsalsismus« zu hüten, nämlich vor der Vorstellung, daß wir, weil wir Tiere sind, nichts als Tiere seien. Und wiederum ist das Gegenteil ebenso irreführend. Man hüte sich vor der Vorstellung, daß wir »nichts als« die Produkte sozialen Lernens seien. Zu lange haben die Sozialwissenschaften und die Biologie Methoden des »Nichts als« angewandt. Die Soziobiologie könnte dazu beitragen, dieses gestörte Gleichgewicht wiederherzustellen.

Die Anthropologin Ruth Benedict meinte einmal: »Kultur ist Persönlichkeit groß geschrieben.« Ein Soziobiologe könnte sagen: »Kultur ist Biologie, undeutlich geschrieben.« Aber trotz ihrer Komplexheiten scheint die Schrift der Evolution lesbar zu sein, und vielleicht ertasten wir uns zuletzt unseren Weg zu einem Stein von Rosette. Die Biologie flüstert tief in uns, und wenn wir unser Wissen von der natürlichen Auslese benutzen, um zu lauschen, können wir vielleicht dieses Flüstern doch hören und etwas Neues und sehr Aufregendes über uns entdecken.

# 3
# Sexismus: Fortpflanzungsstrategien oder Wann ist Bienenwachs soviel wie ein Ferrari?

Generationen von Tom Sawyers und Huckleberry Finns stürzen sich in ihre wilden Abenteuer und kommen als Dreckspatzen nach Hause, und wir lächeln nachsichtig. Kleine Mädchen dagegen sind aus Zucker und Zimt. »Jungen sind eben Jungen«, sagt man, aber »brave Mädchen tun das nicht«. »*Vive la différence*«, schallt es aus dem französischen Parlament zurück. *La différence* ist eines der Hauptanliegen der Soziobiologie.

Es hat keine menschliche Gesellschaft gegeben, die nicht, nach ihrer Anatomie und ihrem Verhalten, zwischen den Geschlechtern unterschied. Aber wir neigen dazu, uns auf die oberflächlichen Unterschiede – Kleidung, Haarlänge, Körperform – zu konzentrieren, und die meisten von uns wissen nicht wirklich, was eine Frau zur Frau und einen Mann zum Mann macht.

Wir alle wissen, wie sich beim Menschen ein Mann körperlich von einer Frau unterscheidet. Das gleiche gilt für Männchen und Weibchen bei Schimpansen, Elefanten und Löwen. Aber wie unterscheiden wir, zum Beispiel, Vögel, die im allgemeinen keinen Penis und keine Vagina haben? Und wie steht es mit den Austern? Die Geschlechtsunterschiede sind bei ihnen nicht gut sichtbar, aber die Biologen können sie immerhin mit Sicherheit feststellen. Welches ist die tiefere Bedeutung von männlich und weiblich? Bei fast allen lebenden Spezies gibt es in geschlechtlicher Hinsicht zwei Arten von Individuen. Die eine Art, die weibliche, bringt eine relativ kleine Anzahl großer Geschlechtszellen, Eier genannt, hervor. Die andere Art, die männliche, produziert eine relativ große Anzahl eher kleiner Geschlechtszellen oder Spermien. In vielen Fällen ist der Unterschied zwischen männlichen und weiblichen Keimzellen außerordentlich groß. Vögel können Eier legen, die 25 Prozent oder mehr ihres Gesamtkörpergewichts ausmachen, während ihre Geschlechtspartner nur einige Tropfen Sperma abgeben. Säugetiere scheinen eine Ausnahme zu bilden, denn ihre Eier sind sehr klein; ein menschliches Ei ist nur etwa so groß wie ein Stecknadelkopf. Aber die Spermien sind noch kleiner. Eine einzige Ejakulation enthält so viele davon, daß man mit ihnen sämtliche Frauen Nordamerikas befruchten könnte. Der Zoologe Richard Dawkins meint, daß die Ausbeutung der Frauen durch die Männer wahrscheinlich schon vor langer Zeit begann, als die kleineren, aktiveren Spermien anfingen, sich die reichen Nahrungsreserven zunutze zu machen, die in den größeren, weniger aktiven Eiern enthalten waren.

Die biologischen Folgen der Befruchtung und Schwangerschaft sind enorm, und die Frau allein hat sie zu tragen. Die Eier werden von den Spermien befruchtet, und nicht umgekehrt. Und die Frauen werden schwanger, nicht die Männer. Die Frau muß eine Plazenta produzieren und ihr ungeborenes Kind ernähren; sie muß die den Stoffwechsel betreffenden und hormonalen Belastungen durchmachen; sie muß einen Embryo in sich tragen, der an Größe und Gewicht zunimmt und sie mit fortschreitender Schwangerschaft immer unbeholfener macht, und sie muß das Kind nach der Geburt stillen.

Da Frauen schwanger werden, können sie nicht so viele Kinder produzieren wie Männer. Wir mögen diese Tatsache bedauern, uns darüber freuen oder sie einfach akzeptieren; sie bleibt nichtsdestoweniger ein unauslöschlicher Teil unserer Biologie. Wenn auch Hekuba, die Frau des Priamos und Königin von Troja, angeblich mehr als zwanzig Kinder hatte, so ist etwa zwölf ein realistischeres Maximum für eine Frau, und in den meisten Gesellschaften werden sechs oder sieben Kinder schon als sehr viele betrachtet. Im Gegensatz dazu gibt es in der Biologie der Männer wenig, was die Zahl der Kinder beschränkt, die sie zeugen können. So soll, zum Beispiel, Ismail, ein König von Marokko im 17. Jahrhundert, 1056 Nachkommen gezeugt haben.

In mancher Hinsicht ist die westliche Gesellschaft eine große Gleichmacherin. Durch unsere Forderung der Einehe haben wir den reproduktiven Abstand zwischen Männern und Frauen verringert. Wir würden sogar einen modernen Ismail weniger dulden als eine moderne Hekuba, und mit Ausnahme erfolgreicher Samenspender haben heute die meisten Männer nur wenig Gelegenheit, mehr Kinder zu zeugen, als Frauen Kinder gebären können. Wir sind jedoch noch immer vollkommene Säugetiere, und die Biologie des Männlichen und Weiblichen gilt für uns nach wie vor ebenso wie für Mäuse oder Affen. Es gibt gute Gründe für die Annahme, daß wir in Wirklichkeit dafür eingerichtet sind, sexuell viel weniger gleichheitlich zu sein, als wir es zu sein scheinen. Wir mögen mit *la différence* nicht so ganz glücklich sein, aber wir tun gut daran zu versuchen, sie zu verstehen.

Der biologische Unterschied zwischen Mann und Frau ist unbedingt ausschlaggebend für das Verständnis der Darlegungen der Soziobiologie hinsichtlich der Verhaltensunterschiede zwischen ihnen. Die natürliche Auslese fordert, daß sich Individuen auf eine Weise verhalten, die ihre Tauglichkeit maximiert. Daher sind für die beiden Geschlechter in Anbetracht ihrer außerordentlich verschiedenen biologischen Merkmale auch verschiedene Strategien angemessen.

Spermien sind billig. Eier sind kostspielig. Daher ist der Einsatz der Frau bei jedem Fortpflanzungsakt viel größer. Der Biologe George C. Williams verweist darauf, daß bei praktisch allen Spezies die Männchen selektiert sind, aggressiv zu sein – sexuelle Werbefachleute –, während die Weibchen selektiert sind, wählerischer zu sein – Frauen, die beim Einkauf Vergleiche anstellen. Wiederum gehen diese Verhaltensweisen direkt aus der Biologie dessen hervor, was es heißt, männlich oder weiblich zu sein. Für Männchen ist die Fortpflanzung leicht, ein kleiner Aufwand an Zeit, ein kleiner Aufwand an Samen, und die potentielle evolutive Gegenleistung ist groß, wenn sich Nachkommen einstellen. Andererseits kann ein Weibchen, das eine »schlechte« Wahl trifft, in echte evolutive Schwierigkeiten geraten. Kommt es zur Befruchtung, so beginnt das Wachstum eines Jungen, und der darauffolgende Prozeß ist nicht nur unerbittlich, er stellt auch hohe Anforderungen. Bei gewissen Fliegenarten führt die Kopulation mit einem Männchen der falschen Spezies zum Tode des Weibchens. Das Männchen dagegen verliert wenig. Bei Vögeln kann ein ähnlicher Irrtum seitens des Weibchens bei der Partnerwahl unfruchtbare Eier zur Folge haben, und das Weibchen kann außerdem ein ganzes Jahr lang fortpflanzungsunfähig sein. Die Kosten für das Männchen? Wiederum wenig oder nichts. Kein Wunder, daß die Weibchen so gut wie aller Spezies anspruchsvoller bei der Wahl des Geschlechtspartners sind als die Männchen.

Der Evolutionsmechanismus dürfte klar sein. Gene, die den Weibchen erlauben, Gatten zu akzeptieren, die geringe Beiträge zu ihrem Reproduktionserfolg leisten, hinterlassen weniger Kopien ihrer selbst als Gene, die Weibchen beeinflussen, wählerischer zu sein. Daher werden sich Gene, die zur Selektivität anregen, auf Kosten derer vermehren, die weniger wählerisch sind. Für die Männchen gilt eine andere Strategie. Den größten Vorteil haben Individuen mit geringeren Hemmungen. Eine genetisch beeinflußte Tendenz, »rasch zu spielen und zu verlieren« – »liebe sie und verlasse sie« –, kann sehr wohl mehr biologische Realität widerspiegeln, als die meisten von uns gern zugeben.

Laut Sorbas, dem Griechen, hat Gott ein sehr großes Herz, aber »eines gibt es, was Er nicht verzeihen wird – wenn eine Frau einen Mann an ihr Bett ruft und er nicht kommt!« Wäre die Situation umgekehrt und ein Mann riefe eine Frau an sein Bett und sie zierte sich, so würde Er *das* vermutlich verzeihen. Die Sozialbiologie hilft uns zu verstehen, warum das so sein muß.

Nach einem wohlbekannten Brauch im mittelalterlichen Europa hatte der Gutsherr, wenn einer seiner Leibeigenen heiratete, das Recht – *le droit du seigneur* –, die Hochzeitsnacht mit der Braut zu verbringen (*ius primae noctis*). Für die heutige Moral mag das unannehmbar sein, aber es wirkte wahrscheinlich Wunder für die Tauglichkeit des Herrn. Und warum schlief der Herr mit der Braut und nicht die Gutsherrin mit dem Stallknecht? Eine solche Praxis würde wohl der Tauglichkeit der Dame nicht gedient haben, und es ist nicht verwunderlich, daß es nie ein *droit de la dame* gab.

Wenn wir ein weibliches Säugetier mit einem sexuell erregten Männchen zusammenbringen, kommt es zu einer heftigen, wiederholten Kopulation, die schließlich nachläßt. Ersetzen wir das Weibchen durch ein anderes, steigt die Kopulationshäufigkeit von neuem, bis sie wieder erlahmt. Die Paarung dauert an, bis sich die sexuelle Leistungskraft des Männchens schließlich erschöpft. Dieses Phänomen, das die Psychologen als »Coolidge-Effekt«* kennen, tritt wahrscheinlich ebenso auch beim Menschen auf. Der bahnbrechende Sexologe Alfred Kinsey schreibt: »Unter allen Menschen überall auf der Welt wünscht der Mann eher als die Frau Geschlechtsverkehr mit verschiedenen Partnern.« Diese Vorliebe entspricht auch durchaus der natürlichen Auslese, da Männchen mit jeder neuen Kopulation ihre Tauglichkeit erhöhen können, während dies bei Weibchen unwahrscheinlich ist.

Selbstverständlich begünstigt die Selektion nicht einfach hemmungslose Ausschweifung seitens der Männchen. Deren sexuelle Betätigung kann durch andere Beanspruchung ihrer Zeit eingeschränkt werden, zum Beispiel durch die Verteidigung ihres Territoriums oder Reviers, durch die Ernährung ihrer selbst und der bereits gezeugten Nachkommenschaft oder einfach durch die Erholung von ihren Anstrengungen. Am bedeutsamsten ist die Einschränkung durch die Tätigkeiten anderer Männchen, mit denen sie um den Zugang zu den Weibchen kämpfen müssen. Nichtsdestoweniger sagt die soziobiologische Theorie drastisch verschiedene Reproduktionsstrategien für Männchen

* Präsident Coolidge und seine Frau, so wird berichtet, wurden getrennt durch eine Musterfarm geführt. Die First Lady bemerkte eine große Hühnerschar auf einem Hof und meinte: »Der Hahn dort muß ziemlich beschäftigt sein.« Sie schlug vor, diesen Umstand ihrem Mann gegenüber zu erwähnen, wenn er vorbeikäme. Als später die Gruppe mit dem Präsidenten ankam, sagte der Führer: »Mrs. Coolidge bat mich, darauf hinzuweisen, daß sich unser einziger Hahn täglich viele Male paaren muß.« – »Immer mit demselben Weibchen?« – »Nein, Sir.« – »Gut«, meinte Coolidge, »sagen Sie *das* Mrs. Coolidge.« Daher der Coolidge-Effekt.

und Weibchen voraus. Die Unterschiede sind beinahe universal. Primitive Strudelwürmer sind Hermaphroditen, das heißt, jedes Individuum ist zugleich Männchen und Weibchen, jedes hat sowohl Hoden als auch Eierstöcke. Dennoch befruchten die Würmer einander gegenseitig und nicht sich selbst, und die aktiven Individuen erzwingen die Kopulation mit den passiven. Ein und dasselbe Einzeltier befruchtet eifrig und wahllos andere, zeigt sich aber wählerischer, wenn es anderen erlaubt, es zu befruchten! Diese Würmer sind aktiv und aggressiv, wenn sie ihren Samen entladen wollen, aber spröde und wählerisch, wenn es um ihre eigenen Eier geht. Somit hat das einzelne Tier eine »gespaltene Persönlichkeit«, je nachdem ob es auf seine Männlichkeit oder seine Weiblichkeit bedacht ist.

Wenn Sie im Frühling in den südöstlichen Staaten der USA durch einen Sumpf gehen und in diesem Ochsenfrösche vorkommen, können Sie eine Vorführung der Soziobiologie in Aktion sehen. Die Chancen sind groß, daß, wenn Sie den Sumpf verlassen, ein männlicher Ochsenfrosch eng ihre Stiefelspitze umklammert, und vielleicht haben Sie sogar auf jeder Stiefelspitze einen Frosch in einer Haltung, die man »Amplexus« nennt. Dieser Griff wird von den Männchen angewandt, um das Weibchen im ersten Stadium der Paarung zu umklammern. Die Männchen umklammern beinahe alles, was ihnen nicht mit der Umklammerung zuvorkommt. Gelegentlich stoßen wir sogar auf ein amphibisches »Dreiecksverhältnis«: zwei eifrige Männchen umklammern dasselbe laichreife Weibchen, eines von hinten, das andere von vorn. Die sexuelle Aufdringlichkeit des Ochsenfroschmännchens ist ein adaptiver Teil seiner Fortpflanzungsstrategie: »Wenn es sich bewegt, paar dich damit.« Im Gegensatz dazu gibt das Ochsenfroschweibchen seinen kostbaren Vorrat von Eiern nur frei, wenn es auf genau die richtige Weise von der richtigen Spezies von Männchen zu genau der richtigen Zeit umklammert wird. *Sie* ist viel heikler, und das ist richtig so.

Ein Maultier ist eine Kreuzung von Pferdestute und Eselhengst. Es mag für den Bauern eine gute Kapitalanlage sein, aber es ist steril und daher für seine Eltern ein totaler evolutiver Verlust. Und dieser Verlust wird keineswegs zu gleichen Teilen getragen. Das Maultier hat den Eselhengst ein wenig Zeit und Energie und einige Tropfen Samenflüssigkeit gekostet, die leicht ersetzt werden können. Aber die Stute hat beinahe elf Monate ihres Lebens geopfert, um den Fetus auszutragen; danach mußte sie ihren Nachkommen auch noch säugen und war während dieser Zeit von der weiteren Fortpflanzung ausgeschlossen, Und wozu das alles? Ihre Gene enden mit dem sterilen Maultier, das sie nicht weitergeben kann. Das Maultier ist ein schlechter Handel für beide Eltern, aber ein weit schlechterer für die Mutter.

Es mag unsere Eitelkeit verletzen, aber die Fortpflanzungs-Biologie des Menschen unterscheidet sich nicht sehr von der des Esels oder Pferdes – und vielleicht sogar des Ochsenfrosches. Es sollte niemanden überraschen, daß die Frauen in sexueller Hinsicht beinahe immer spröde sind im Vergleich mit den »bereitwilligeren« Männern.

Dieses Verhaltensmuster gilt interkulturell. Margaret Mead bemerkt über polynesische Gesellschaften:

*»Das Mädchen ist es, das entscheidet, ob es ihren Liebhaber unter den Palmen treffen will oder nicht, ob sie ihn mit den nötigen Vorsichtsmaßnahmen in ihrem Haus empfangen will oder in ihrem Bett im Haus der jungen Leute. Er mag werben und bitten, er mag durch einen Mittelsmann Geschenke und schöne Reden schicken, aber die endgültige Wahl bleibt dem Mädchen überlassen. Wenn sie nicht will, lüftet sie nicht die Ecke ihrer Matte, wartet sie nicht unter den Palmen. Eine Stimmung, eine Laune, eine Abneigung, und der junge Mann ist enttäuscht.«*

Es ist kein Zufall, daß es weit mehr Prostituierte gibt als ihre männlichen Gegenstücke oder daß »Girlie«-Magazine um ein Vielfaches beliebter sind als die entsprechenden »Muskelprotz«-Magazine.

Eine unlängst durchgeführte Untersuchung der sexuellen Einstellungen amerikanischer Teenager ergab, daß zwei Drittel der männlichen, aber nur ein Fünftel der weiblichen Befragten der Ansicht waren, Geschlechtsverkehr sei »in Ordnung mit jemandem, den man erst seit ein paar Stunden kennt«.

In einer ähnlichen Studie wurden 300 ledige westdeutsche Arbeiter über ihre Einstellung zum vorehelichen Geschlechtsverkehr befragt. Das Ergebnis:

*»Über zwanzigjährige Jungfrauen ist die signifikant häufigste Anschauung die, daß sie eben auf die echte Liebe warten, daß sie anständig sind oder richtig leben. Von enthaltsamen Männern dagegen denkt man, daß sie Angst haben, daß sie kein Mädchen finden können oder daß sie keine richtigen Männer sind. Frauen, die viele Koituspartner haben, werden signifikant häufiger als Männer mit wahllosen geschlechtlichen Beziehungen wie folgt kritisiert: daß sie einen schlechten Ruf bekommen, daß niemand sie heiraten wird und daß sie sich schämen sollten. Über Männer mit wahllosen Beziehungen ist die signifikant häufigere Meinung: sie machen es richtig, sie genießen das Leben, sie sind richtige Männer.«*

Frauen sind, wie es scheint, wählerischer, und aus guten evolutiven Gründen.

Beinahe ausnahmslos in der gesamten Tierwelt ist es das Männchen, das ein Territorium oder Revier* verteidigt. Das Männchen ist es, das sonderbare und auffällige Verhaltensweisen zeigt, die den Zweck verfolgen, andere Männchen einzuschüchtern und Weibchen anzulokken. Vogel-Männchen singen, was die Weibchen nur selten tun. Wapiti-Hirsche röhren, und es wachsen ihnen lange Geweihe, die sie gebrauchen, um andere Böcke abzuschrecken und zu bekämpfen und die Hirschkühe zu verführen. Es gibt nur sehr wenige Ausnahmefälle auf der Liste, in denen die »typischen« Fortpflanzungsrollen vertauscht sind.

Manche Tiere gehen monogame Bindungen ein. Man findet sie besonders bei vielen Vogelarten, deren Nestlinge so rasch wachsen, daß das Männchen und das Weibchen damit beschäftigt sind, die Nachkommenschaft zu füttern. Unlängst spielte ich einigen Paaren von Berg-Hüttensängern, einer monogamen Spezies im westlichen Nordamerika, einen niederträchtigen Streich. Um die Behauptung zu überprüfen, Tiere verhielten sich so, daß sie ihre Tauglichkeit maximieren, dachte ich mir das folgende einfache Experiment aus: Während das Männchen auf Futtersuche ausgeflogen war und seine Partnerin im frischgebauten Nest zurückgelassen hatte, brachte ich an demselben Baum und nahe dem Nest und dem Weibchen eine Attrappe eines Hüttensängermännchens an. Ich war neugierig, wie das Männchen reagieren würde, wenn es heimkehrte und das »ehebrecherische Paar« entdeckte. Im besonderen wollte ich das Verhalten des Männchens, wenn es das Weibchen während der Paarungszeit *in flagranti* ertappte, mit seiner Reaktion später im Jahr, wenn die Eier schon gelegt waren, vergleichen. Früh im Jahr, während der Paarungszeit, brach die Hölle los, als das Männchen zurückkehrte. Wie zu erwarten, griff es die Männchenattrappe sehr aggressiv an.

Aber – und das fand ich interessant – es griff auch die eigene Partnerin an, und in einem Fall verjagte es sogar die vermeintliche Ehebrecherin. Sie wurde schließlich durch ein anderes Weibchen ersetzt, mit dem das Männchen erfolgreich eine Brut aufzog. Was geschah, wenn die Männchen in dieselbe Situation gebracht wurden, *nachdem* die Eier schon gelegt waren? Es gab noch Angriffe – aber weit weniger heftige – auf den männlichen Eindringling, und keine Aggression richtete sich mehr gegen das Weibchen.

Die Reaktionen des Hüttensängermännchens sind beinahe ein schematisches Beispiel dafür, wie das Fortpflanzungsverhalten durch die

* Die beiden Ausdrücke sind im allgemeinen gleichbedeutend. Im neueren Schrifttum wird jedoch für Säugetiere Territorium und für Vögel Revier bevorzugt. (Anm. d. Übers.)

natürliche Selektion ausgeformt wurde, um die individuelle Tauglichkeit zu erhöhen. Es ist gewiß ein adaptives Verhalten seitens des Männchens, auf männliche Eindringlinge aggressiv zu reagieren. Sie sind stets Konkurrenten in bezug auf das Futter und, was noch schwerer wiegt, in bezug auf den Zugang zu seiner Partnerin während Der Fortpflanzungsperiode.

Ebenso ist es adaptives Verhalten des Männchens, seine Partnerin zu vertreiben, wenn es Grund hat, an ihrer Treue zu »zweifeln«, solange sie noch durch eine vertrauenswürdigere ersetzt werden kann. (In die Gen-Sprache übersetzt: Gene, die ihre Körper veranlassen, untreue Partner zu vertreiben und sie durch zuverlässigere zu ersetzen, hinterlassen mehr Kopien ihrer selbst als solche, die betrogen werden.) Später im Jahr dagegen, wenn seine Gene sicher in den Eiern seiner Partnerin untergebracht sind, ist die Tauglichkeit des Männchens durch die Schäkerei seines Weibchens nicht mehr bedroht; daher gibt es keinen Grund mehr, es zu vertreiben. Tatsächlich wäre ein Männchen, das so etwas tun würde, nicht mehr imstande, eine andere Brut großzuziehen, denn die Brutzeit ist sehr kurz in der Bergheimat der Hüttensänger, und es bleibt nicht genug Zeit, um mitten im Sommer noch einmal eine Brut zu beginnen. Die Strategie des Berghüttensängers ist eindeutig der Maximierung seiner Tauglichkeit angemessen, und sie ist außerdem eine eindeutig männliche Strategie.

Vergleichen Sie diese beiden Situationen: 1.) Sie sind ein männliches Tier in Paarbindung mit einem einzigen Weibchen, und Ihre »Frau« paart sich mit anderen Männchen. 2.) Sie sind ein weibliches Tier in Paarbindung mit einem einzigen Männchen, und Ihr »Mann« paart sich mit anderen Weibchen. In welchem Fall ist Ihre Tauglichkeit vermutlich geringer? In der ersten Situation, wenn Sie (als Männchen) ihrer »lebenslustigen« Gattin treu bleiben, wird sie schließlich Nachkommen von anderen Männchen empfangen, und Sie werden in dem Rennen der Evolution verloren haben. Im zweiten Fall dagegen, wenn Sie (als Weibchen) Ihrem Gatten treu bleiben, können Sie sich trotz seiner Untreue erfolgreich fortpflanzen, sofern er Sie nur in den Kreis seiner Freundinnen mit einbezieht. Das ist die biologische Grundlage der doppelten Moral: bei Männern setzt man voraus, daß sie in sexueller Hinsicht weniger wählerisch, aggressiver und bereitwilliger sind als Frauen. Man erwartet von ihnen auch, daß sie gegenüber der Untreue ihrer Frauen intoleranter sind als Frauen gegenüber der Untreue ihrer Männer. Frankie mag Johnny erschossen haben, weil er ihr »ein Unrecht angetan hat«, aber das ist nur ein Lied. Soviel ich weiß, führt in allen Gesellschaften der Ehebruch durch die Frau viel eher zu Gewalttätigkeit seitens des »gekränkten« Ehemanns als umgekehrt. Beinahe ausnahmslos ist es ein tödliches Vergehen, die Frau eines anderen Mannes zu verführen. Es überrascht auch nicht, daß der gehörnte Ehemann oft Gegenstand des Mitleids oder Spotts ist, und Männer wenden üblicherweise viel Zeit und Energie auf bei dem Versuch, sich davor zu schützen, von einem anderen Mann zum Hahnrei gemacht zu werden.

Im englischen Sprachgebrauch wird der betrogene Ehemann *cuckolded*, wörtlich übersetzt also etwa »gekuckuckt«, und der Hinweis auf die Biologie dürfte klar sein. Der Kuckuck legt seine Eier in das Nest eines anderen Vogels und überläßt es den ahnungslosen Pflegeeltern, mehr die Tauglichkeit des Kuckucks zu fördern als ihre eigene Brut. Wir wollen aus guten biologischen Gründen nicht, daß es uns wie dem Opfer des Kuckucks ergeht.

In einigen polynesischen Gesellschaften mit Vielweiberei ist der Ehebruch ein zivil-, aber kein strafrechtliches Vergehen. Der Gesetzesübertreter muß dem »gekränkten« Ehemann einen feststehenden Preis in Form von Geld, Vieh oder anderen Gütern zahlen, den dieser dazu verwenden kann, weitere Frauen zu erwerben. Es geht ganz zivilisiert zu, und für den Soziobiologen ist das auch eine sehr »taugliche« Lösung.

In ihrem Buch *Against Our Will* (*Gegen unseren Willen, Vergewaltigung und Männerherrschaft*, Fischer Taschenbuch Nr 3712) behauptete Susan Brownmiller, Vergewaltigung gebe es nur beim Menschen. Die Tatsachen sehen anders aus.

Die Vergewaltigung ist auch bei den »Vögeln und Bienen«, das heißt im Tierreich üblich, und sie ist geradezu epidemisch bei den Stockenten*. Tatsächlich fallen manchmal ganze Gruppen von Erpeln über ein ahnungsloses Weibchen her und vergewaltigen es wiederholt, wobei sie oft seinen Tod verursachen, da es vorkommen kann, daß der Kopf des Opfers zu lange unter Wasser gedrückt wird. Was geht da vor sich? Wenn die Stockenten zur Brutzeit Paare bilden, bleibt oft eine Anzahl von Erpeln ohne Partnerin übrig, da es bei den mei-

* Mancher mag sich vielleicht gegen die Vorstellung von Vergewaltigung bei Tieren sträuben, aber der Ausdruck erweist sich als völlig gerechtfertigt, wenn wir untersuchen, was geschieht. Bei Enten, zum Beispiel, bilden sich die Paare üblicherweise schon sehr früh in der Fortpflanzungszeit, und die beiden Gatten beginnen einen komplizierten und voraussagbaren Austausch bestimmter Verhaltensweisen. Wenn dieser Ritus schließlich im Treten seinen Höhepunkt findet, sind Männchen und Weibchen offensichtlich im Einverständnis.
Aber manchmal überraschen fremde Erpel ein bereits verpaartes Weibchen und versuchen, augenblicklich eine Kopulation zu erzwingen, ohne auch nur einen Teil des normalen Werberituals zu vollziehen und trotz der offenkundigen und heftigen Gegenwehr des Weibchens. Wenn das keine Vergewaltigung ist, es ist es jedenfalls etwas sehr Ähnliches.

sten dieser Arten mehr Männchen als Weibchen gibt (wahrscheinlich wegen der Gefahren, die mit der Verteidigung der Eier gegen Räuber verbunden sind). Diese Junggesellen sind von der normalen Fortpflanzung ausgeschlossen worden, und daher wählen sie die offenbar nächstbeste Strategie: sie vergewaltigen das Weibchen eines anderen.

Was tut der »Ehemann« des Opfers? Seine Tauglichkeit ist offensichtlich bedroht, wenn seine Partnerin vergewaltigt wird, und wir sollten erwarten, daß er etwas dagegen unternimmt. Das tut er auch, und wieder entspricht sein Verhalten auf bemerkenswerte Weise der soziobiologischen Theorie. Er versucht, die Angreifer mit Flügelschlägen zu vertreiben. Wenn das Weibchen aber von einer ganzen Bande angegriffen wird, sind seine Erfolgsaussichten gering, und die Gefahr, daß er bei dem Versuch verletzt wird, ist groß. Daher sieht er gewöhnlich untätig zu. Zeigen die Angreifer durch ihr Verhalten, daß die Vergewaltigung gelungen ist, tut der Gatte des Opfers etwas höchst Bemerkenswertes und Unfeines. Er geht nämlich daran, das soeben vergewaltigte Weibchen seinerseits zu vergewaltigen! Seine Begattung ist nicht so brutal wie die vorausgegangene Vergewaltigung, aber sie unterscheidet sich deutlich von den üblichen Kopulationen fester Paare mit ihren ziemlich langwierigen Werberitualen. In diesem Falle zwängt sich der Erpel einfach seinem unglücklichen und erschöpften Weibchen auf, ohne auch nur das gleichsam um Erlaubnis bittende »Kopfpumpen« zu vollziehen, das in der Stockenten-Etikette unerläßlich ist.

Wieder fragt man sich, was da vorgeht. Der Stockerpel maximiert seine Tauglichkeit. Kann er die Vergewaltigung verhindern, ist alles gut. Kann er sie nicht verhindern, weil er einer Übermacht gegenübersteht oder einfach zu spät kommt, so ist das Nächstbeste, was er tun kann, daß er sein Sperma so schnell wie möglich einführt, um mit dem der Vergewaltiger zu konkurrieren. Selbstverständlich erfordert ein solches Verhalten nicht das Bewußtsein des Erpels, daß er seine Tauglichkeit maximiert. Jede genetisch beeinflußte Tendenz, auf diese Weise zu reagieren, wird durch die natürliche Auslese begünstigt, und das Verhalten wird schließlich charakteristisch für die Spezies.

Man vergleiche nun das Verhalten eines Stockerpels, dessen Weibchen gerade vergewaltigt wurde, mit der Reaktion eines Berg-Hüttensängers, der zu dem Verdacht verleitet wurde, sein Weibchen habe ihn betrogen. Der Erpel versucht nicht, sein Weibchen zu vertreiben, wohl aber der Hüttensänger, zumindest früh in der Brutzeit. Dieser Unterschied in den Reaktionen hat nichts mit größerer Toleranz, mehr Verständnis oder einem edleren Charakter seitens der Stockerpel zu tun. Er spiegelt vielmehr die kalte, unbarmherzige Berechnung der evolutiven Tauglichkeit wider. Auf dem Mount Rainier im Staate Washington, wo ich mein Experiment vornahm, gibt es einen offensichtlichen Überschuß von nicht verpaarten Hüttensängerweibchen. Daher kann ein der Untreue verdächtiges Weibchen ersetzt werden, und das Männchen tut gut daran – das heißt, es dient seiner Tauglichkeit –, wenn es diesen Austausch vornimmt. Im Gegensatz dazu sind bei den Stockenten die Weibchen knapp, so daß auch ein vergewaltigtes Weibchen immer noch eine zu wertvolle Partnerin ist, um vertrieben zu werden, da es unwahrscheinlich ist, daß der Erpel eine andere findet. Außerdem kann er sie erfolgreich befruchtet haben. Die Auslese begünstigt daher bei den Stockenten männliche Verhaltensweisen, die dazu führen, das Weibchen zu behalten und die evolutive Kapitalanlage so gut wie möglich zu schützen.

Beim Menschen ist die Vergewaltigung keineswegs so einfach, da sie durch eine außerordentlich komplexe Schicht von kulturellen Einstellungen beeinflußt wird. Nichtsdestoweniger können die Vergewaltigung bei Stockenten und der Ehebruch bei Hüttensängern eine gewisse Relevanz für das menschliche Verhalten haben. Vielleicht tun vergewaltigende Männer auf ihre kriminelle, irregeleitete Weise das Beste, was sie tun können, um ihre Tauglichkeit zu maximieren. Wenn das der Fall ist, unterscheiden sie sich nicht sehr von den von der Fortpflanzung ausgeschlossenen Stockerpeln. Ein anderer Punkt: Ob sie es zugeben wollen oder nicht, viele Männer werden von der Vorstellung der Vergewaltigung stimuliert. Das macht sie noch nicht zu Vergewaltigern, aber es verleiht ihnen etwas Gemeinsames mit den Stockerpeln. Und noch ein weiterer Punkt: Während des indisch-pakistanischen Krieges um Bangladesch wurden viele Tausende von Hindufrauen von pakistanischen Soldaten vergewaltigt. Ein großes Problem, vor dem diese Frauen standen, war die Zurückweisung durch den Ehemann und die Familie. Ein kulturelles Verhaltensmuster, natürlich, aber eines, das eindeutig mit der Biologie übereinstimmt.

Es mag nun so aussehen, als hätte die Evolution – und die menschliche Kultur – den Männern einen überwältigenden reproduktiven und persönlichen Vorteil gegenüber den Frauen verschafft. Das ist nicht richtig. Man bedenke: Wann immer ein Kind geboren wird, ist es das Produkt von nur einem Mann und einer Frau. Das Kind ist ihr Triumph, ihre Fahrkarte zum evolutiven Erfolg. Als König Ismail von Marokko 1056 Kinder zeugte, tat er das auf Kosten von 1056 anderen marokkanischen Männern. Während er sich fortpflanzte, konnten sie es nicht tun. Im Durchschnitt sind die beiden Geschlechter – immer – gleich erfolgreich. *Individuen* beider Geschlechter brauchen es nicht zu sein und sind es tatsächlich selten. Bei den meisten tierischen Spezies bestehen große Unterschiede in der Zahl der Nachkommen, die verschiedene Männchen zeugen, und somit auch im Hinblick auf ihre Tauglichkeit. Manche Männchen (die Ismails) zeugen viele Junge, während andere (die Eunuchen im buchstäblichen oder übertragenen Sinne) wenige oder gar keine haben. Bei den Weibchen gibt es jedoch einen wesentlich geringeren Unterschied zwischen den am meisten und den am wenigsten tauglichen. Keine Frau könnte 1056 Kinder gebären, aber die meisten Frauen gebären erfolgreich eine kleine Anzahl. Zweifellos ist der Unterschied zwischen den »Habenden« und den »Habenichtsen« weniger signifikant als bei den Männchen.

Eine brauchbare Theorie über die Unterschiede zwischen Weiblich und Männlich in diesem Zusammenhang entwickelte Robert L. Trivers von der Universität Harvard, der den Begriff der »elterlichen Investition« vorschlug – definiert als jeden Aufwand an Zeit, Energie oder Risiko, den ein Elternteil zugunsten eines Nachkommen auf sich nimmt. Jeder Aufwand dieser Art ist mit Kosten verbunden, und ein Element dieser Kosten ist die Minderung der Fähigkeit des investierenden Elternteils, weitere erfolgreiche Nachkommen zu haben. Wie alles im Leben ist die Investition in ein Kind ein zweischneidiges Schwert. Gib einem Kind Nahrung, und du hast weniger für dich selbst und die anderen Kinder; verteidige es gegen einen Angreifer, und du läufst Gefahr, dein eigenes Leben zu verlieren, und vergibst damit auch jede Gelegenheit, weitere Kinder zu zeugen. Es ist klar, daß Frauen (und Weibchen nahezu aller Spezies) notwendigerweise mehr in jedes Kind investieren als Männer und rasch einen Punkt erreichen, wo sie ihr Potential erschöpft haben und nichts mehr investieren können. Aber Männer haben das biologische Potential, mehr zu tun, und die Evolution begünstigt diejenigen, die es versuchen.

Trivers' Theorie der elterlichen Investition betont, daß Frauen wegen der hohen Kosten des Kindes für sie nur eine begrenzte Anzahl gebären können. Während der neun Monate ihrer Schwangerschaft kann sich eine Frau nicht noch einmal fortpflanzen – sie ist schon »besetzt«. Ein Mann produziert während dieser Zeit weiterhin vollkommen brauchbares Sperma. Außerdem ist eine Frau nach der Geburt des Kindes von der Biologie dazu bestimmt, es zu stillen, manchmal mehrere Jahre lang. Ihre elterliche Investition ist »beschlagnahmt« und für ihren Mann noch einmal eine ganze Weile nicht verfügbar. Bei den meisten Tierarten ist daher für Männchen das beste Reproduktions-Arrangement die Verbindung mit vielen Weibchen.

Solange die Weibchen ebenfalls ihr Reproduktionspotential ausschöpfen, ist dieses Arrangement auch für ihre Tauglichkeit befriedigend.

Die Biologie diktiert, daß Weibchen anfangs mehr in ihre Kinder investieren als Männchen, und in der Fachsprache der Soziobiologie wird das mehr investierende Geschlecht zum beschränkenden Faktor für das weniger investierende. Für Menschen bedeutet das, daß weit häufiger Männer mit anderen Männern um den Zugang zu Frauen konkurrieren als Frauen mit anderen Frauen um den Zugang zu Männern. Schließlich wird der Fortpflanzungserfolg von Männern weitgehend durch die Anzahl der Frauen begrenzt, die sie befruchten – mehr Ehefrauen oder Geliebte, mehr Kinder. Der Fortpflanzungserfolg von Frauen wird dagegen nur selten durch die Anzahl der Männer beeinflußt, mit denen sie sich paaren. Wenn ein Mann sein Sperma zu einem evolutiven Erfolg machen will, muß er seitens der Frau mindestens die Investition eines Eis und einer Plazenta erreichen, die nicht schon besetzt sind. Das ist nicht immer leicht. Was eine Frau braucht, um ihre Gene in die Zukunft zu projizieren, ist nur ein kleiner Beitrag vom anderen Geschlecht, und es ist unwahrscheinlich, daß sie außerstande sein sollte, einen Mann zu finden, der bereit ist, diesen Beitrag zu leisten.

Der Unterschied zwischen Erfolg und Versagen ist für den Mann meist sehr beträchtlich, was zu einer starken Selektion für den Wettbewerb unter Männern führt, für die die Belohnung so groß ist. Da die Belohnung für Frauen viel geringer ist, ist auch der Wettbewerb viel geringer. Wie zu erwarten, hat dieser Unterschied weitreichende Folgen für das Verhalten von Männern (oder Männchen) und Frauen (oder Weibchen).

Gewisse Tierarten übertreiben die Unterschiede zwischen Männlich und Weiblich mit besonderer Deutlichkeit. Bei Elefantenrobben (See-Elefanten), im Meer lebenden Säugern, die zur Fortpflanzung zum Beispiel die Küste Kaliforniens aufsuchen, sind die ausgewachsenen Männchen tatsächlich elefantenhaft und wiegen rund drei Tonnen, während die Weibchen weniger als ein Viertel dieser Größe erreichen. Üblicherweise pflanzen sich diese Robben in großen Harems fort, die von einem oder mehreren erwachsenen Bullen beherrscht werden. Wenn der Harem klein ist, das heißt aus etwa 50 Weibchen besteht, besorgt ein einziger Bulle, der Haremsherrscher, den größten Teil der Fortpflanzung. In größeren Harems, wo es einem einzigen Männchen schwerfiele, alle seine Weibchen zu begatten und sie obendrein noch gegen die Annäherungsversuche anderer zu verteidigen, dürfen auch mehrere andere Bullen einige Junge zeugen. Ein erfolgreicher Haremsherrscher kann gut 150 Junge in einem einzigen Jahr zeugen, eine phänomenale Leistung in evolutiver Hinsicht.

Natürlich wird der Erfolg des Haremsherrschers durch das Versagen anderer Bullen ausgeglichen. In Harems sind immer viele Junggesellen vorhanden, die keine Nachkommenschaft zeugen. Es gibt keine Belohnung dafür, im Hinblick auf die Evolution ein solcher Versager zu sein, und die Bullen tragen daher untereinander Titanenkämpfe mit einem hohen Einsatz und hoher Sterblichkeit aus. Erwachsene Weibchen kämpfen nicht. Wie bei den Männchen wird ihre Tauglichkeit durch Fortpflanzung maximiert, aber im Gegensatz zu den Bullen ist ihnen die Gelegenheit dazu praktisch garantiert. Selbstverständlich sind ihre Erfolge beschränkter. Es gibt nicht so etwas wie einen evolutiven Haupttreffer für Weibchen, die das Ihre leisten, wenn sie pro Jahr ein Junges werfen. Da es zwölf bis fünfzehn Jahre lebt, kann ein Weibchen in seinem ganzen Leben nicht mehr als etwa zwölf Nachkommen haben. (Man vergleiche das mit den 150 Nachkommen, die ein erfolgreicher Haremsherrscher in einem einzigen Jahr haben kann.)

Burney LeBoeuf, ein Biologe an der University of California in Santa Cruz, begann unlängst, das Verhalten von jungen Elefantenrobben während ihrer monatelangen Stillzeit zu beobachten. Er stellte fest, daß männliche Junge schneller wachsen als weibliche, daß sie länger saugen und daß sie größer sind, wenn sie entwöhnt werden. Schon unter den Neugeborenen verhalten sich die Männchen anders als die Weibchen. Männchen, zum Beispiel, versuchen oft einen »Milchdiebstahl«, das heißt, sie stehlen Milch von Weibchen, die nicht ihre Mütter sind. Da diese anderen Weibchen ihre eigenen Jungen zu stillen haben und da es in der Evolution kein Entgelt dafür gibt, nichtverwandte Junge zu ernähren, können wir starken Widerstand gegen einen solchen Diebstahl erwarten. Ein Milchdieb zu sein, ist auch tatsächlich ziemlich gefährlich, da die Weibchen beißen und das diebische Junge ernstlich verletzen oder sogar töten können. Aber die Belohnung ist groß, da die zusätzlich gewonnene Milch mit großer Sicherheit die Chancen erhöht, daß die Diebe nicht nur den kommenden Winter überleben, sondern (und das ist für Männchen besonders wichtig) schließlich auch groß und stark genug sind, um erfolgreich mit anderen Bullen zu kämpfen und vielleicht selbst Haremsherrscher zu werden.

Junge Weibchen versuchen keinen Milchdiebstahl. Die Belohnung ist für sie das Risiko nicht wert. Weibchen zu sein, ist eine Garantie für Fortpflanzung, was bei Männchen nicht der Fall ist, die in ein System hineingeboren werden, in dem sie völlig versagen können und das daher das Eingehen eines Risikos belohnt. Interessanterweise entwikkeln junge Männchen die Eckzähne nicht so früh wie die Weibchen. Später, wenn sie für den Kampf mit anderen Männchen gebraucht werden, sind sie selbstverständlich da, aber Milchdiebe sind ohne Eckzähne besser dran, da sie mit geringerer Wahrscheinlichkeit entdeckt und angegriffen werden, wenn sie die Saugwarzen sanfter berühren – etwa so, wie ein guter Taschendieb eine leichte Hand haben muß.

Gelegentlich sterben Junge, bevor sie entwöhnt werden. In diesem Falle wird eine große potentielle Milchquelle – die allein zurückgebliebene und noch Milch absondernde Mutter – frei für jedes Junge, das bereit ist, die Gefahr einzugehen und sich die Milch zu holen. Mütter, die ihre Jungen verlieren, erlauben im allgemeinen anderen Jungen zu saugen, aber sie machen es ihnen nicht leicht. Die Pflegemutter greift Junge, die saugen wollen, oft an, und manchmal sogar sehr bösartig, bis sie schließlich eines (irrtümlich) als ihr eigenes annimmt. Die Belohnung für die Jungen ist jedoch groß. Solche erfolgreiche Junge sind in LeBoeufs farbiger Terminologie »Doppel-Mutter-Sauger« und werden »Super-Entwöhnte«, die zum Zeitpunkt der Entwöhnung beinahe zweimal soviel wiegen wie ihre Altersgenossen, die nur von einer Mutter Milch bekamen.

Das Schema ist klar. Elefantenrobbenweibchen genießen die hohe Wahrscheinlichkeit eines bescheidenen Fortpflanzungserfolgs und meiden daher schon als Junge ein Verhalten, das gefährlich, wenn auch potentiell lohnend ist. Andererseits werden die meisten Bullen bei der Fortpflanzung versagen, aber diejenigen, die Erfolg haben, machen einen Haupttreffer. Ihre Strategie ist daher die einer eklatanten Maximierung der Tauglichkeit – sie streben, großen Gefahren zum Trotz, danach, Riesen bei der Entwöhnung und Stars der Evolution zu werden.

Wir Menschen sind natürlich keine Elefantenrobben, aber wir haben die gleiche, den Säugetieren eigene Fortpflanzungsbiologie. Und es könnte Gründe für die Annahme geben, daß wir während des größten Teils der Geschichte unserer Evolution selbst Haremsgründer waren und daß wir sogar heute noch unauslöschliche Zeichen dieses Erbes in unserem Körper und vielleicht auch in unserem Verhalten tragen.

Es wird in zunehmendem Maße anerkannt, daß es echte Unterschiede zwischen kleinen Jungen und kleinen Mädchen gibt, Verhaltensunterschiede, die sich schon früh im Leben bemerkbar machen und die zumindest teilweise auf unsere Biologie zurückgehen. Jungen neigen beispielsweise dazu, aktiver und aggressiver zu sein als Mädchen. Mädchen, die noch im Uterus der Mutter versehentlich mit Testosteron, dem männlichen Geschlechtshormon, in Berührung kamen, waren als Kinder »maskulinisiert«. Sie entwickelten sich oft zu richtigen »Wildfängen«, bevorzugten rauhe Spiele im Freien und waren allgemein aktiver als andere, »normale« Mädchen, obwohl ihre Eltern sie offensichtlich nicht anders behandelten. Die Eltern waren tatsächlich so verwirrt durch das »jungenhafte« Benehmen ihrer Mädchen, daß sie mit ihnen zum Arzt gingen – wodurch es erst möglich wurde, den Einfluß des Testosterons zu entdecken.

Die Biologie der Unterschiede zwischen Männlich und Weiblich läßt einen Grund dafür erkennen, warum kleine Jungen eher als Mädchen auf Bäume klettern, miteinander raufen, sich schmutzig machen und sich weit von ihrem Zuhause entfernen. Ihr Verhalten ist gewagter und auffälliger. Die natürliche Auslese und die Theorie der elterlichen Investition machen vieles von dem, was da vorgeht, verständlich.

Über unterschiedliches männliches und weibliches Verhalten sind viele Voraussagen möglich, die es wert wären, untersucht zu werden. Beispielsweise ist der Konkurrenzkampf unter den Männchen wahrscheinlich größer, wenn Harems gebildet werden, als wenn alle Mitglieder einer Gruppe monogame Paarbindungen eingehen. Die Begründung ist die, daß in Harems manche Männchen sexuell entrechtet sind, während in Situationen, in denen jedes Männchen ein Weibchen hat, die Verlockung zum sexuellen Wettbewerb gering ist. Wir erwarten auch – und finden – einen größeren Unterschied im Verhalten von Männchen und Weibchen bei harembildenden Arten, da der reproduktive Erfolg der Männchen auch Erfolg im Kampf fordert. Es wäre interessant zu erfahren, ob die Unterschiede zwischen Männlich und Weiblich in den Spielen der Kinder in polygynen Gesellschaften größer sind als in monogamen. Solche Feststellungen würden nicht notwendigerweise einen genetisch beeinflußten Unterschied zwischen den Männern in diesen beiden Gesellschaftsformen bedeuten, aber wenn ein gewagtes, aggressives Verhalten in einer Gesellschaft höher bewertet und belohnt wird als in einer anderen, können wir erwarten, daß in dieser Gesellschaft Vielweiberei herrscht.

Man hat beobachtet, daß männliche Säuglinge mehr zu Koliken neigen als Mädchen. Vielleicht haben sie mehr gastro-intestinale Schmerzen oder einfach ein größeres »Bedürfnis zu schreien«, aber was immer die Ursache sein mag, eine Folge ist, daß sie mehr Aufmerksamkeit von seiten der Eltern erhalten, vielleicht auch mehr Nahrung und Pflege. Ein solches Verhalten kann riskant sein, denn es kann »ins Auge gehen« und die Eltern nur verärgern, aber Jungen sind vielleicht wie die Elefantenrobben dahingehend ausgelesen worden, solche Risiken auf sich zu nehmen.

So sonderbar es sein mag: homosexuelle Vergewaltigung ist bei einigen Tierarten eine Tatsache. Zudem scheint dieses Verhalten zur Maximierung der Tauglichkeit durch Konkurrenzkampf unter den Männern beizutragen. Nehmen wir, zum Beispiel, ein Insekt mit dem aufschlußreichen wissenschaftlichen Namen *Xylocaris maculipennis*. Bei dieser Spezies vergewaltigen die Männchen andere Männchen – auch während sich das Opfer selbst gerade mit einem Weibchen paart. Als Folge der Vergewaltigung sind die Sperma speichernden Organe des Opfers mit dem Sperma des Vergewaltigers gefüllt, so daß es bei der nächsten Paarung in einer Art Tauglichkeitsmaximierung durch Stellvertreter das Sperma des Vergewaltigers weitergibt. Die adaptive Bedeutung und der Evolutionsmechanismus dürften klar sein. Ein weiteres Beispiel liefern gewisse Kratzwürmer, Parasiten, die in den Eingeweiden von Wirbeltieren einschließlich Ratten leben. Die Männchen dieser Spezies paaren sich mit den Weibchen in der unsauberen Enge der Gedärme ihrer Wirte. Nach der normalen Kopulation sondern die Männchen eine zementartige Masse, Kopulationspflock genannt, ab, die in die Vagina des Weibchens eingeschoben wird. Dieser Pflock dient einem doppelten Zweck: er verhindert, daß das Sperma ausrinnt und daß das anderer Männchen hineingelangt.* Der Pflock spielt somit eine wichtige Rolle im Konkurrenzkampf der Männchen, aber es kommt noch besser. Wenn ein männlicher Wurm einen Vorteil über ein anderes Männchen gewinnt, drückt der Angreifer seine Zementdrüse gegen die Samenöffnung des Opfers und zementiert sie zu. Das Opfer ist damit regelrecht sterilisiert und ein potentieller Rivale ist ausgeschaltet. Der Vergewaltiger hat seine Tauglichkeit erhöht, indem er die Wahrscheinlichkeit erhöhte, daß er und nicht ein anderes Männchen sich mit den vorhandenen Weibchen paaren wird. Dieses so unsoziale, aber eindeutig adaptive Verhalten ist offensichtlich auf keine Verwechs-

* Kopulationspflöcke findet man bei den verschiedensten Tieren einschließlich der Primaten. Bei vielen Spezies läßt sich dank der verräterischen weißen Masse, die in der Vagina zu sehen ist, leicht feststellen, ob ein Weibchen unlängst begattet wurde. Wenn es einem – nach äffischen Begriffen mit stumpfen Sinnen ausgestatteten – menschlichen Beobachter auffällt, ist anzunehmen, daß andere Affen mindestens ebenso gut informiert sind. Der Pflock könnte daher als eine Art von männlicher Visitenkarte dienen, die anzeigt, daß »dieses Weibchen schon besetzt ist«. Die Wombats, die weitgehend Nachttiere sind, verwenden einen besser sichtbaren gummiroten Pflock. Es scheint jedoch Gegenstrategien zu geben. Der Anthropologe Jeffrey Kurland berichtet, daß bei japanischen Affen erwachsene Männchen gelegentlich, und oft ohne dazu provoziert worden zu sein, Weibchen terrorisieren. Dieses verblüffende Verhalten könnte genetisch sinnvoll sein, denn die erschrockene Reaktion der Weibchen besteht zum Teil aus lauten Schreien und Muskelzuckungen im Unterleib, durch die manchmal der Pflock herausgestoßen wird. Es ist nicht klar, ob sich dann die Männchen mit den wieder verfügbaren Weibchen paaren, aber die Evolutionsbiologen würde es nicht überraschen.

lung seitens des Angreifers zurückzuführen. Wenn sich Männchen mit Weibchen paaren, wird immer zuerst das Sperma abgegeben, und dann folgt der Pflock. Wenn aber ein Männchen ein anderes unterwirft, wird ohne Samenübertragung nur der Pflock eingesetzt. Die Evolution »weiß« genau, was sie tut! Und ebenso weiß es dieses Tier, obwohl sein wissenschaftlicher Name *M. dubius* (»zweifelhaft«) lautet.

Wenn die Bedeutung der homosexuellen Vergewaltigung noch nicht klar ist, frage man sich, warum weibliche Dubius-Würmer andere Weibchen nicht ebenso behandeln, wie die Männchen mit ihren männlichen Rivalen verfahren. Man erinnere sich: Der beste Handel, den ein Weibchen im Hinblick auf die Evolution machen kann, ist der, sicherzustellen, daß alle seine Eier befruchtet werden, was natürlich durch *ein* Männchen von hoher Qualität besorgt werden kann. Weibchen, die sich damit beschäftigten, die Vagina anderer Weibchen zuzupflocken, würden wahrscheinlich nur sehr viel Zeit und Energie verschwenden, ohne dadurch ihren eigenen evolutiven Erfolg wesentlich zu vergrößern, da die biologische Natur des Männlichen und des Weiblichen praktisch garantiert, daß alle Eier jedes Weibchens befruchtet werden. Daher sind die Weibchen nicht sehr auf Konkurrenzkampf eingestellt, und außerdem fehlen ihnen die Organe, die es ihnen ermöglichen würden, andere Weibchen zu »vergewaltigen«. (Selbstverständlich würde, wenn die Gefahr bestände, daß die Männchen nicht alle vorhandenen Weibchen befruchten können, die Selektion zweifellos einen Konkurrenzkampf der Weibchen um die Männchen begünstigen. Unter solchen Umständen könnte es möglicherweise zu einem adaptiven Mechanismus gehören, andere Weibchen auszuschalten.)

Um Irrtümer zu vermeiden: Diese Beispiele haben nicht das geringste mit menschlicher Homosexualität zu tun. Ich habe sie angeführt, weil sie so deutlich zeigen, wie die Evolution den Konkurrenzkampf zwischen Männchen verursacht. Den meisten Menschen sind solche Konkurrenzkämpfe zwischen Männchen schon bekannt, etwa die Gigantenkämpfe der Grizzlybären, das Aufeinanderprallen der Geweihe von Hirschen und das dramatische Rammen der Widderschädel. Oft nimmt jedoch der Wettbewerb der Männchen viel unauffälligere Formen an. Schimpansen, zum Beispiel, leben in großen, locker gefügten sozialen Gruppen, die aus vielen erwachsenen Männchen und vielen Weibchen bestehen. Es gibt sehr wenig Aggression unter den Männchen und praktisch keine sexuelle Rivalität. Die Männchen warten buchstäblich, bis sie an die Reihe kommen, während sich ein brünstiges Weibchen nacheinander mit allen paart. Das heißt jedoch nicht, daß es bei Schimpansen keinen

Wettbewerb gibt. Es gibt einen, aber nicht in Form eines Kampfes. Ihr Wettbewerb besteht darin, daß sie größere Samenmengen produzieren. Die Hoden von Schimpansen sind sechsmal so groß wie die von Gorillas, obwohl ihre Körper nur ein Drittel von deren Größe aufweisen.

Männliche Gorillas sind wie die Männchen der meisten harembildenden Säugetiere viel größer und wilder als die Weibchen, und sie kämpfen mit anderen Männchen erbittert um die Herrschaft über die Weibchen. Die sozialen Gruppen der Gorillas bestehen üblicherweise aus einem erwachsenen Männchen, vielleicht einem oder mehreren jungen Männchen und mehreren Weibchen mit ihren Jungen. Das ältere Männchen ist der unumstrittene Beherrscher seines Harems, denn die soziale Ordnung der Gorillas gewährleistet, daß er der einzige ist, der sich paart. Er braucht keine übergroßen Hoden; er hat den Konkurrenzkampf durch den Gebrauch anderer Körperteile erfolgreich bestanden.

Interessant ist, daß, während Schimpansen in etwa sieben Sekunden aufreiten, stoßen, ejakulieren und wieder absteigen können, Gorillas viel langsamer sind und bis zu zwanzig Minuten brauchen. Zu der Zeit, in der die Kopulation stattfindet, hat der dominierende erwachsene Gorilla bereits erfolgreich die Konkurrenz ausgeschaltet, nämlich als er die Herrschaft über die Gruppe – und ihre Weibchen – errang.*

Die Soziobiologie zeigt, daß die männlich-weiblichen Verhaltensunterschiede der fundamentalen Biologie des Männlichen und Weiblichen entsprechen. Da sie mit ihren Keimzellen so wenig investieren, sind Männchen allgemein so ausgelesen, daß sie weniger spröde und wahlloser sind als Weibchen und daß sie mit anderen Männchen um die Weibchen kämpfen. Diese Verschiedenheit erklärt, warum männliche Elefantenrobben versuchen, »Doppel-Mutter-Sauger« zu sein, warum männliche *M. dubius* andere Männchen vergewaltigen, warum Schimpansen große und Gorillas kleine Hoden haben und warum Männer im allgemeinen aggressiver sind als Frauen.

Bevor die Ausbreitung der westlichen Lebensweise die derzeitige Homogenisierung der Kulturen der Welt einleitete, herrschte bei mehr als 70 Prozent der Weltbevölkerung Polygynie. Das soll nicht heißen, daß sich alle Männer einen Harem hielten wie Elefantenrobben oder gar König Ismail. Die menschlichen Harems waren beschei-

* Bei manchen Spezies schalten die Männchen die Konkurrenz weitgehend durch eine sehr lange Kopulation aus. Hunde, zum Beispiel, bilden »Paarungs-Fesseln«, die manchmal Stunden dauern, und können während dieser Zeit nicht getrennt werden. Der große Säugetierforscher R. F. Ewer beobachtete einmal eine Beutelmaus, die eines Abends brünstig wurde und sich zwölf Stunden lang mit ein und demselben Männchen paarte. In der folgenden Nacht kopulierte dasselbe Paar acht Stunden ohne Unterbrechung.

dener, ja die meisten Männer blieben sogar monogam. In den höchsten Schichten der Gesellschaft hatten ältere und besonders erfolgreiche Männer mehrere Frauen, die sie in vielen Fällen im Laufe der Zeit angesammelt hatten wie ihren Reichtum und ihren Status. Als Folge davon blieben viele junge Männer ledig. In manchen Fällen erreichte die Vielweiberei spektakuläre Extreme, und sie schuf ein soziales Milieu, das wahrscheinlich zu einer besonders starken Auslese konkurrenztüchtiger Merkmale bei den Männern führte, die ihrer größeren sexuellen Bereitschaft entsprach.

Bei den südamerikanischen Yanomamo hatte ein einziger Häuptling, Matakuwa, 42 Kinder, von denen eines weitere 33 zeugte. Etwa 45 Prozent der Bewohner von zehn Yanomamo-Dörfern stammten von Matakuwas Vater ab. Angesichts des starken Konkurrenzkampfs unter den Männern, die diese sexuelle Oligarchie vermuten läßt, ist es nicht verwunderlich, daß die Yanomamo ausgesprochen kriegerisch waren und sich selbst »die wilden Menschen« nannten. Matakuwa forderte seine Gefolgsmänner regelrecht dazu auf, andere Dörfer zu überfallen und weitere Frauen zu rauben. Von vielen ähnlichen Beispielen wird berichtet. Ein Häuptling der Xavante-Indianer in Brasilien zeugte 23 Nachkommen, die ein Viertel aller Kinder des Dorfes ausmachten. Ein tüchtiger, schon älterer Jäger bei den Anaktuvuk-Eskimo in Alaska trug ein Fünftel der gesamten lebenden Bevölkerung seines Stammes bei. Der Anthropologe Weston LaBarre bemerkt ausdrücklich über die weite Verbreitung dieses Verhaltensschemas:

»Was die Polygynie angeht . . . sind die Fälle außerordentlich zahlreich. Tatsächlich ist die Polygynie gestattet (wenngleich sie nicht in jedem Fall erreicht wird) bei allen Indianerstämmen Nord- und Südamerikas, mit einigen wenigen Ausnahmen wie den Pueblo. Die Polygynie ist ferner üblich sowohl bei den Arabern als auch bei den Negern in Afrika, und sie ist keineswegs ungewöhnlich in Asien oder Ozeanien. Manchmal ist es natürlich eine kulturell eingeschränkte Polygynie: Moslems dürfen nach dem Gesetz des Korans nur vier Frauen haben – während der König der Aschanti in Westafrika streng auf 3333 festgelegt war und sich mit dieser Zahl zufriedengeben mußte. Die Sitte des offiziellen oder inoffiziellen Konkubinats oder der Aufnahme von zweiten Frauen und Konkubinen ist ebenfalls weit verbreitet sowohl in Asien als auch in Europa und anderswo.«

Es gibt sogar in unserer Anatomie und Physiologie direkte Hinweise darauf, daß die Polygynie der biologisch »natürlichere« Zustand des *Homo sapiens* ist. Abgesehen von den Genitalien, sind die körperlichen Unterschiede zwischen Männern und Frauen viel stärker auf den

Kampf als auf die Kopulation ausgerichtet. In der Tierwelt findet man die Monogamie nahezu ausnahmslos bei den Spezies, die geringe Größenunterschiede zwischen den Geschlechtern aufweisen. Füchse, Kojoten, Adler, Gänse, Schwäne, Enten, Sperlinge, Hüttensänger und Grasmücken neigen alle zur Monogamie, und Männchen und Weibchen erreichen annähernd dieselbe Größe. Betrachten wir dagegen einige polygyne Spezies – Elefantenrobben, Hirsche, Wapitis, Elche oder Gorillas –, so ist das typische soziale System das der Paarung eines Männchens mit mehreren Weibchen, und die Männchen sind, was nicht überrascht, größer als ihre Gattinnen. Beim Menschen gibt es zwar manche Frauen, die größer sind als manche Männer, aber es steht außer Frage, daß die Männer im großen ganzen das größere Geschlecht sind.

Aufschlußreich ist auch ein Vergleich des Alters bei der Geschlechtsreife: bei polygynen Tieren reifen die Männchen später als die Weibchen. An sich hätte man das Gegenteil erwartet. Da die Fortpflanzung größeren Wert auf die Weibchen als auf die Männchen legt, scheint es angemessen zu sein, daß die Weibchen die Fortpflanzung aufschieben, bis sie groß und stark genug sind, um ihre Sache gut zu machen. Es scheint aber so zu sein, daß der Konkurrenzkampf unter den Männchen alle Tendenzen zu ihrer frühen Reife unterdrückt. Die Polygynie erfordert, wie wir gesehen haben, diesen Kampf, und die größeren und klügeren Männchen gehen aus ihm gewöhnlich als Sieger hervor. Kraft und Erfahrung nehmen mit dem Alter zu, daher ist es nicht verwunderlich, daß sich See-Elefantenkühe mit zwei oder drei Jahren fortzupflanzen beginnen, während die Bullen erst mit frühestens fünf Jahren reifen. In einem jüngeren Alter sind die Bullen einfach nicht imstande, es mit den kampfgewohnten und mit Narben bedeckten Kolossen aufzunehmen, die über den Harem herrschen. Sie tun besser daran zu warten, bis sie groß genug, weise genug und zäh genug sind, um »ihren Zug zu machen«. Man bedenke, daß bei unserer eigenen Spezies die Mädchen die Pubertät einige Jahre früher erreichen als die Jungen. Die Soziobiologie gibt dieser unleugbaren Tatsache unserer Biologie endlich einen Sinn.*

Die Monogamie ist eine Seltenheit bei den Säugern, und aus guten Gründen. Da weibliche Säugetiere Brüste haben, die Milch produzie-

* Hier fragte mich mein Redakteur: »Können denn kleine Männer nicht miteinander kämpfen?« Natürlich können sie das, aber unter den Bedingungen unserer evolutionären Vergangenheit wurden sie nur zu leicht von den größeren, älteren Männern besiegt. Gene in einem männlichen Körper waren tauglicher, wenn sie ihn später reifen ließen, so daß dieser Körper groß und erfahren genug war, um die Wahrscheinlichkeit zu erhöhen, daß diese Gene an neue Körper in künftigen Generationen weitergegeben wurden.

ren, sind sie auf einzigartige Weise darauf eingestellt, ihre Jungen zu ernähren. Die Männchen sind nicht besonders wichtig als Eltern und können oft sogar eine unerwünschte Konkurrenz im Hinblick auf das Futter darstellen, das ohne sie der Mutter und durch diese dem Kind zugute käme. Es ist daher verständlich, daß bei manchen Säugern, wie Bären oder Hamstern, das Weibchen das Männchen nach der Paarung vertreibt. In anderen Situationen, vor allem bei den großen Huftieren, wie Büffeln, Antilopen und Zebras, tragen die Männchen zu ihrer eigenen Tauglichkeit bei, indem sie die Herde gegen Raubtiere verteidigen, aber auch hier ist eine längere Bindung zwischen Männchen und Weibchen nicht adaptiv und selten anzutreffen.

Einige fleischfressende Säuger, wie Füchse und Kojoten, sind tatsächlich monogam. In diesen Fällen sind die Männchen nützlich als Versorger, denn sie bringen ihren Weibchen Fleisch. Nun ist allerdings zu bedenken, daß Fleisch eine konzentrierte Nahrungsquelle ist. Es wäre sehr nutzlos, wenn ein Tier Körnerfrüchte oder Grünfutter nach Hause brächte, und mir ist kein Fall bekannt, in dem die Männchen einer pflanzenfressenden Spezies ihren Familien pflanzliche Nahrung bringen. Die Männchen bringen entweder Speck nach Hause oder gar nichts.

Um unsere bisherigen Beobachtungen zusammenzufassen: Die Monogamie ist selten bei Säugetieren, nahezu unbekannt bei Primaten, und trotz unserer jüdisch-christlichen Vorliebe für die »Kernfamilie« scheint diese eine verhältnismäßig junge Erfindung bestimmter menschlicher Kulturen zu sein. Unsere Biologie mag diese soziale Form gestatten, aber ganz gewiß fordert sie sie nicht – und sie mag ihr nicht einmal angenehm sein.

Betrachten wir die folgende Frage vom Standpunkt eines erwachsenen Säugetiers aus: Bin ich tauglicher, wenn ich männliche oder weibliche Nachkommen zeuge? Im allgemeinen ist jedes Geschlecht eine gleich gute Investition im Hinblick auf die Evolution. Nehmen wir an, wir haben eine Population von 20 Individuen, von denen zehn Männer und zehn Frauen sind. Wenn die Gesellschaft monogam ist, sind Männer und Frauen gleichermaßen erfolgreich bei der Fortpflanzung. Überraschenderweise erhält man aber das gleiche *Gesamtergebnis*, wenn die Gesellschaft in hohem Grade polygyn ist. Wenn wir annehmen, daß ein einziger Mann alle zehn Frauen begattet, bleiben die anderen neun als enttäuschte Junggesellen übrig. Da sich jede Frau erfolgreich fortpflanzt, erhalten die Eltern dieser Frauen eine garantierte evolutionäre Belohnung, wobei jedes Elternpaar weder mehr noch weniger Erfolg hat als die anderen. Jedes Elternpaar mit einem männlichen Nachkommen hat eine Aussicht von 90 Prozent, bei der

Evolutionslotterie zu verlieren, da neun von den zehn männlichen Nachkommen sich nicht fortpflanzen. Dafür hat jedoch jeder Mann eine Chance von zehn Prozent, außerordentlich erfolgreich zu sein – zehnmal erfolgreicher als jede Frau. Im Durchschnitt kommt es zu einem Ausgleich. Es ist also im großen ganzen eine gleich gute Strategie, männliche oder weibliche Nachkommen zu zeugen, obwohl die erste Wahl eine viel riskantere Methode ist, das Spiel zu spielen. Vielleicht verstehen wir darum auch besser, warum sich Männer oft auf »riskante« Verhaltensweisen einlassen.

Eltern sind also gleichermaßen tauglich mit männlichen und weiblichen Nachkommen, solange sie nicht wissen, ob ihre Nachkommen im Wettbewerb mit anderen erfolgreich sein werden. Jede Vorausinformation, die sie etwa haben, ändert die Lage beträchtlich, und es gibt gute Gründe für die Annahme, daß Eltern tatsächlich die Wahrscheinlichkeit des Erfolgs ihres Kindes »abschätzen« können, noch bevor es geboren wird. So wird, zum Beispiel, das Kind einer gesellschaftlich dominierenden Frau mit größerer Wahrscheinlichkeit selbst dominierender sein als das Kind einer Frau, die bescheiden und demütig ist. Das kann auf das besondere genetische Merkmal des betreffenden Elternteils zurückgehen oder auf die gesellschaftlichen Vorteile, die das Kind genießt, oder auf eine Kombination von beidem. In jedem Falle ist es unwahrscheinlich, daß die Nachkommen verschiedener Elternpaare als Erwachsene gleich erfolgreich sind. Ein anderes Beispiel: Nachkommen einer Mutter, die kräftig, gesund und in guter körperlicher Verfassung ist, werden wahrscheinlich ebenfalls kräftig, gesund und in guter körperlicher Verfassung – und daher wahrscheinlich auch gesellschaftlich erfolgreicher sein. Mit einem ausreichenden Startvorsprung ist für das Individuum die überdurchschnittliche Wahrscheinlichkeit gegeben, reproduktiven Erfolg zu haben – ein Haremsherrscher zu sein, viele Frauen zu haben etc.

Die Biologen Trivers und D. E. Willard sagten voraus, daß bei polygynen Arten von Weibchen, die sozial dominieren oder in besonders guter körperlicher Verfassung sind, zu erwarten sei, daß sie mehr männliche als weibliche Nachkommen gebären, während untergeordnete Weibchen oder solche in relativ schlechter Verfassung dazu neigen müßten, Weibchen zu gebären. Mit anderen Worten, die Weibchen sollten die riskantere Strategie anwenden, wenn der Vorteil auf ihrer Seite liegt; andernfalls sollten sie konservativer vorgehen. Bemerkenswerterweise scheint dieses »Spiel« tatsächlich gespielt zu werden. Hirsche, Nerze, Schweine und eine Anzahl anderer Arten begünstigen bei ihrer Fortpflanzung Männchen, wenn sie gesund sind, und Weibchen, wenn sie nicht gesund sind. Wenn wir auch nicht wissen, welchen Mechanismen diese Tiere anwenden, um das

Geschlecht ihrer Nachkommenschaft zu variieren, so gibt es immerhin zahlreiche Möglichkeiten. Das Geschlecht des Fetus wird von dem Spermium-Typ beeinflußt, der das Ei befruchtet (X-Spermien – das heißt solche mit einem X-Chromosom – ergeben Weibchen, Y-Spermien Männchen). Es würde die adaptive Findigkeit der weiblichen Fortpflanzungsorgane nicht über Gebühr beanspruchen, das chemische Milieu der Vagina so zu verändern, daß es, je nach dem sozialen Status oder der physischen Verfassung der Mutter, das Überleben der X- oder der Y-Spermien begünstigt. Wir Menschen haben schon begonnen, Experimente hinsichtlich der Wahl eines Jungen oder eines Mädchens anzustellen, indem wir vor dem Geschlechtsverkehr die Scheide entweder mit einer Natronlösung (deren Alkalität dem Überleben von Y-Spermien förderlich ist) oder mit Essigwasser (dessen Säure den X-Spermien bekömmlicher ist) spülen.

Ein anderer möglicher Mechanismus für die adaptive Variation des Geschlechts der Nachkommenschaft ist der Abortus eines eher männlichen als weiblichen Embryos, wenn die Mutter sozialem oder physischem Streß ausgesetzt ist. Solche spontanen Fehlgeburten können auch beim Menschen vorkommen, jedoch zeigt sich auch hier etwas Überraschendes. Es ist in der Medizin allgemein bekannt, daß männliche Fetusse eine höhere Sterblichkeitsrate haben als weibliche. Wenn eine Frau infolge einer Krankheit oder Verletzung eine Fehlgeburt hat, ist das totgeborene Kind mit größerer Wahrscheinlichkeit ein Junge als ein Mädchen. Diese höhere Sterblichkeit von Kindern männlichen Geschlechts wurde seit jeher durch eine Art allgemeiner »Schwäche« des Mannes erklärt, die vielleicht daher rührt, daß er das leichter verwundbare Y-Chromosom besitzt. Die Soziobiologie vertritt die Ansicht, daß die größere Streßanfälligkeit männlicher Fetusse vielleicht eine adaptive, die Tauglichkeit maximierende Strategie seitens der Mutter darstellt, die ihr ungeborenes männliches Kind abstößt, wenn es aufhört, eine gute Investition zu sein. Ein schwacher oder verletzter männlicher Säugling ist eine schlechte Investition – eine schlechtere als ein benachteiligtes Mädchen, da der Wettbewerb unter Frauen weniger hart ist als unter Männern. Je früher der untaugliche Fetus abgestoßen wird, desto früher kann die Mutter wieder empfangen. Sie kann natürlich beim nächstenmal ein Mädchen gebären, aber es kann auch sein, daß sich die Bedingungen so weit geändert haben, daß sie bei der zweiten Runde mit Erfolg auf einen Jungen setzen kann.

Tierzüchter besaßen diese evolutionäre Weisheit lange vor den Soziobiologen. Züchter mit einem Viehbestand von erster Qualität ziehen männliche Tiere vor, die oft wertvoll für die Zucht sind, während solche mit einem Viehbestand von geringerer Güte Weibchen vorziehen, da Männchen minderer Qualität praktisch wertlos für Züchtungszwecke in einem System sind, in dem ein einziges männliches Zuchttier von hoher Qualität viele weibliche Tiere besamen kann. Wir können voraussagen, daß beim Menschen Frauen von hohem Rang wahrscheinlich eher in Jungen als in Mädchen investieren werden und daß unter solchen Umständen eher Mädchen Opfer der Kindestötung sein werden (eines üblichen Verfahrens in vielen menschlichen Gesellschaften). Selbstverständlich könnte die gegenteilige Voraussage für Frauen von niederem Rang gemacht werden.

Wir könnten auch voraussagen, daß die erwartete Korrelation zwischen hohem Status und Bevorzugung männlichen Nachwuchses in polygynen Gesellschaften größer sein müßte als in solchen, die mehr zur Monogamie neigen. Je höher der Grad der Vielweiberei in einer Gesellschaft ist, desto größer ist die Belohnung für den besonders tauglichen Mann. Und desto größer ist die Wahrscheinlichkeit, völlig übergangen zu werden, wenn man weniger als ausgezeichnet ist. Wenn Sie Vater oder Mutter in einer Gesellschaft wären, in der sich in jeder Generation nur *ein* Mann fortpflanzt, würden Sie dann lieber Söhne oder Töchter haben? Wenn Sie Söhne wählen, nehmen Sie ein enormes Risiko auf sich, und es besteht die Möglichkeit, daß Sie weniger tauglich sind als Ihr Nachbar, der »auf Nummer Sicher geht« und Töchter hat. Alle diese Töchter werden sich wahrscheinlich fortpflanzen, während es Ihre Söhne beinahe mit Gewißheit nicht tun werden – es sei denn, Sie hätten Grund zu der Annahme, daß einer Ihrer Söhne *der* große Haremsherrscher sein wird. Die Polygynie sollte daher zu einer Bevorzugung männlichen Nachwuchses nur bei den am besten ausgerüsteten Eltern führen.

Es liegt genug Beweismaterial dafür vor, daß die Bevorzugung von entweder Jungen oder Mädchen Ergebnisse zeitigten, die grauenhaft sind, aber den Voraussagen der Soziobiologie entsprechen. In der chinesischen Gesellschaft waren der Oberschicht angehörende Eltern traditionell gegen Mädchen eingestellt, und die Kindestötung war allgemein üblich. Mädchen aus niedrigen Ständen heirateten Männer aus höheren Ständen, die zusammen mit der Braut eine Mitgift bekamen. Die Männer der höheren Stände bekamen also sowohl Reichtum als auch Frauen, während Männern aus den unteren Ständen weder das eine noch das andere blieb. Dieses System brachte einen größeren Fortpflanzungserfolg für die reichen Eltern mit sich, die sich an die Strategie der Bevorzugung von männlichen Nachkommen hielten, denn von einem erfolgreichen chinesischen Sohn war zu erwarten, daß er mit vielen Frauen viele Kinder zeugte.

Wir könnten nun voraussagen, daß die unteren Stände ihrerseits Söhne aktiv benachteiligen würden, da ihre Töchter Erfolgsaussichten hatten, während ihre Söhne im allgemeinen durch die Söhne der höheren Stände im Wettbewerb ausgestochen wurden. Hier jedoch ist der Sachverhalt nicht klar. Fest steht aber, daß eine ähnliche Strategie der Bevorzugung von Söhnen auch in der Oberschicht der traditionellen indischen Gesellschaft vorherrschte. Dort nahm man Frauen aus niedrigeren Kasten, so daß Hindus der höheren Kasten alle elterlichen Ressourcen für die Erziehung von Söhnen aufboten. Die auserwählte Priesterkaste des Pandschab, die Bedi-Sikhs, war sogar unter dem Namen *Kuri Mar* – Tochtermörder – bekannt.

Es gibt einige menschliche Gesellschaften und einige tierische Spezies, die Polyandrie oder Vielmännerei praktizieren, ein Paarungssystem, bei dem ein Weibchen eine der Fortpflanzung dienende Beziehung zu mehreren Männchen unterhält, eine seltene und faszinierende Institution, die ausführlicher im 5. Kapitel diskutiert wird. Hier soll jedoch auf eines hingewiesen werden: die Existenz tierischer Arten mit Vielmännerei bedeutet, was manche beruhigen wird, daß Frauen nicht notwendigerweise weniger aggressiv sein müssen als Männer und daß sie, anstatt einen Mann mit mehreren anderen Frauen zu teilen, eine Schar liebender Gatten um sich versammeln können. Das Blatthühnchen (Jassana), in Südamerika Jesus-Christus-Vogel genannt (weil es ihm seine langen Zehen ermöglichen, auf Seelilienblättern zu stehen, so daß es den Eindruck erweckt, über das Wasser zu gehen), liefert ein Beispiel für polyandrische Paarung. Das Weibchen dieser Spezies verteidigt ein großes Revier, in dem mehrere Männchen leben können, deren jedes für sein eigenes Nest sorgt. Die Besitzerin, das Weibchen, geht von Nest zu Nest, paart sich mit jedem Männchen und legt in jedes Nest seine Eier. Das Männchen zieht die Brut auf, und die Mutter leistet nur wenig oder gar keine Hilfe.
Polyandrische Spezies liefern eine überzeugende Bestätigung für die Theorie, die die elterliche Investition mit dem Wettbewerb in Verbindung bringt. Individuen des weniger investierenden Geschlechts, nimmt man an, kämpfen miteinander um Zugang zu Individuen des mehr investierenden Geschlechts. Gewöhnlich sind erstere Männchen und letztere Weibchen, aber bei den Blatthühnchen verhält es sich umgekehrt. Da die Männchen das Nest bauen und die Jungen versorgen, investieren sie mehr als die Weibchen, und wir müßten daher erwarten, daß die Weibchen die Wirkungen der Selektion im Hinblick auf die Konkurrenzfähigkeit erkennen lassen. Das ist auch der Fall: sie sind viel größer als die Männchen und tragen ein buntes Gefieder zur Schau, während die Männchen graubraun

sind. Die Blatthühnchenweibchen sind auch ziemlich aggressiv, während die Männchen daheim bleiben und sich um den Haushalt kümmern.

Unklar ist der Ursprung der Polyandrie. Sobald aber Systeme dieser Art etabliert waren, konnten sie leicht dadurch aufrechterhalten werden, daß die natürliche Auslese auf die verschiedenen Schemata der elterlichen Investition einwirkte. Was brachte aber diese Schemata ursprünglich hervor? Eine Möglichkeit läßt sich aus der Beobachtung ableiten, daß bei manchen Spezies das Weibchen einen kleinen Urlaub macht, nachdem es seine Eier gelegt hat, und es seinem Partner überläßt, mit dem Brüten zu beginnen, während es sich ein paar gute Mahlzeiten verschafft, um auszugleichen, was bei der Produktion der Eier verlorenging. Solche Weibchen gewinnen gelegentlich genug Gewicht, um ein zweites Mal zu legen, was sie auch tun, wenn sie befruchtet werden. Dieses »doppelte Legen« ist nur möglich, wenn reichlich Nahrung vorhanden ist. Das zweite Gelege kann nun vom Weibchen ausgebrütet werden oder vielleicht von dem anderen Männchen. Wenn letzteres oft genug geschieht, könnte es der Beginn einer echten Polyandrie sein. Aber selbst wenn sich diese Theorie als richtig erweist, darf sie nicht im Sinne einer sozialen oder politischen Befreiung fehlgedeutet werden. Die Evolution ist eine Tyrannin, und wenn sie auf verschiedene Weise auf die beiden Geschlechter einwirkt, so gibt sie doch niemals auf. In keinem Fall ist ein Individuum des einen oder anderen Geschlechts völlig von ihr frei. Und gewiß ist keines von beiden freier als das andere. Das polyandrische Weibchen, zum Beispiel, ist nur »frei«, ein zweites Mal zu legen; wenn es wirklich frei ist, erhält es das Privileg, einen größeren Körper und Aggressivität zu entwickeln und sich der Notwendigkeit zu beugen, mit anderen Weibchen in Wettstreit zu treten, die auf ähnliche Merkmale hin ausgelesen wurden. Es wird wahrscheinlich auch eine kürzere Lebensspanne haben – ein Merkmal, das für das stärker im Konkurrenzkampf stehende Geschlecht typisch ist. (Und die Spezies Mensch ist davon nicht befreit – wer lebt länger, Männer oder Frauen?) Kurz, das Weibchen wird wie alle Lebewesen zur Zwangsarbeit der Maximierung der Tauglichkeit herangezogen, gleich ob es frißt, schläft, wirbt, sich paart, die Brut aufzieht . . . was immer es tut.

Was für Theorien stehen zur Verfügung, um die Unterschiede zwischen Männern und Frauen sowohl hinsichtlich der sexuellen Neigungen als auch in bezug auf die Aggressivität zu erklären? Die wenigen, die es gibt, haben erbärmlich wenig Überzeugungskraft. Eine von Sigmund Freud vorgeschlagene Theorie war im Guten wie im Bösen sehr einflußreich. Nach Freud geht unser Erwachsenenverhalten zum größten Teil auf sexuelle Triebe zurück, die in der Kindheit umorientiert wurden, wobei die Unterschiede zwischen Männlich und Weiblich keine Ausnahme machen. Der sagenhafte Grieche Ödipus soll seinen Vater erschlagen und seine Mutter geheiratet haben, und so nimmt man vom kleinen Jungen an, daß er eine frühe sexuelle Sehnsucht nach seiner Mutter entwickelt. Dieser potentielle Inzest wird nur verhindert, weil die Mutter schon »besetzt« ist von dem viel größeren und schrecklicheren Vater. Der gesunde Junge muß mit seinem Ödipuskonflikt fertig werden, indem er sich mit seinem Vater identifiziert und schließlich andere Frauen sucht, die ihm die verbotene Mutter ersetzen. Dabei kann er natürlich mit anderen jungen Männern konkurrieren und seine frustrierende Unfähigkeit, seinen Vater zu beherrschen, ausagieren.

Und Mädchen? Als sehr kleine Mädchen sind sie zunächst ebenfalls sexuell der Mutter zugeneigt, aber bald machen sie die schockierende Entdeckung, daß sie keinen Penis haben. Sie entwickeln einen »Penisneid« und können ihren Müttern böse sein, weil diese sie auf eine nicht wiedergutzumachende Weise kastriert haben. Sie können ihr ursprüngliches Ziel – den Besitz der Mutter – nicht erreichen, weil sie dem »falschen« Geschlecht angehören, und zum Unglück ist wegen der Mutter auch der Vater nicht erreichbar. Daher sind Mädchen zu einer passiven Hinnahme ihres unglücklichen Loses verdammt, und schließlich gebären sie Kinder als »Penisersatz«.

Einer anderen in der Sozialwissenschaft verbreiteten Theorie zufolge verhalten sich Jungen so, wie sie es tun, weil sie ein solches Verhalten gelehrt wurden, und für Mädchen gilt das gleiche. Es steht außer Zweifel, daß wir sehr viel tun, um unseren Kindern eine Geschlechtsidentität einzuimpfen. Den Mädchen gibt man mit größerer Wahrscheinlichkeit Puppen zum Spielen, und Jungen bekommen eher Flugzeuge. Ein großer Teil dieser frühen Konditionierung mag ganz unbewußt sein und auch von Eltern ausgehen, die sich von dem sexuellen Stereotyp frei gemacht haben. Zum Beispiel neigen wir dazu, weibliche Babys anders – oft zärtlicher – zu halten als männliche und mit kleinen Jungen eher wilde Spiele zu treiben. Diese Unterschiede, die mit großer Sicherheit zu Unterschieden bei Erwachsenen beitragen, sind nicht auf die westlichen Gesellschaften beschränkt. In den kriegerischen nichtindustrialisierten Gesellschaften werden Jungen völlig anders behandelt als Mädchen. In der Kindheit beginnend, werden sie für unbeherrschtes, aggressives Verhalten belohnt, was zweifellos unbeherrschte, aggressive Männer aus ihnen macht.

Dieser Punkt ist wesentlich und enthält eine echte Botschaft, wenn wir unsere eigene sexistische Gesellschaft verbessern wollen. Hans-

und-Liese-Bücher müssen zeigen, wie auch Liese aufregende und interessante Dinge tut, wenn die wirkliche Liese mit dem Glauben aufwachsen soll, daß sie sie tun kann. Aber als alles umfassende Erklärung für die Unterschiede zwischen Männlich und Weiblich ist die frühe soziale Erfahrung einfach unzulänglich. Wenn wir glauben sollen, daß es keine wirklichen Unterschiede im Verhalten von Männern und Frauen gibt und daß die Unterschiede, die wir wahrnehmen, lediglich ein Resultat der unterschiedlichen Erfahrungen sind, die die Gesellschaft kleinen Jungen und Mädchen bietet, müssen wir auch erklären, warum sämtliche Gesellschaften der Erde unabhängig voneinander solche Unterschiede fördern. Der Anthropologe Marvin Harris schrieb: »Nicht die Spur eines Beweises, in der Vergangenheit oder in der Gegenwart, bestätigt die Existenz einer einzigen Gesellschaft, in der Frauen das politische oder wirtschaftliche Leben von Männern beherrschten.«* Es ist auch schwer zu glauben, daß rund um den Erdball und im Laufe der ganzen Geschichte die Frauen Opfer eines koordinierten und permanenten Komplotts grober und gemeiner Männer waren, die sich verschworen, um die gesellschaftliche Struktur so zu manipulieren, daß sie die Frauen ausbeuten konnten, indem sie ihnen unerwünschte Rollen aufzwangen.

Zugegeben, menschliche Gesellschaften neigen dazu, Mädchen anders zu »machen« als Jungen. Dazu kommt, daß verschiedene Gesellschaften es auf verschiedene Arten und in verschiedenen Graden tun. Aber *alle tun es,* und die vernünftigste Erklärung lautet, daß solche Unterschiede, zumindest in einem gewissen Ausmaß, etwas von den biologischen Ungleichheiten zwischen Männern und Frauen ausdrücken. Diese Schlußfolgerung ist unausweichlich. Die Gesellschaft mag die Geschlechtsunterschiede übertreiben, aber sie schafft sie nicht. Lionel Tiger und Robin Fox haben darauf hingewiesen, daß wir Aggressivität lernen, wie wir Liebe lernen – nämlich leicht. Dasselbe könnte für die Geschlechtsrollen-Unterschiede gelten.

Eine andere weitverbreitete Erklärung für die Unterschiede zwischen Männern und Frauen betont, daß sich die beiden Geschlechter durch ihren Hormonspiegel unterscheiden, wobei bei den Männern Testosteron und bei den Frauen Östrogen vorherrscht. Gewiß, die Verschiedenheiten der männlichen und weiblichen Geschlechtshormone sind etwas sehr Reales, und man braucht keinem Bauern den

* Ich möchte jedoch Harris nicht falsch darstellen, der nämlich gleich darauf eine ziemlich gängige sozialwissenschaftliche Auffassung vertritt: »Die richtige Antwort darauf . . . ist eine Untersuchung der kulturellen Bedingungen, die den männlichen Sexismus nährten und aufrechterhielten . . . Die männliche Überlegenheit ist kein biologischer Imperativ und kein genetisch programmiertes Merkmal der menschlichen Spezies.«

Unterschied zwischen einem Stier und einem Ochsen, einem Hengst und einem Wallach oder einem Hahn und einem Kapaun zu erklären. Aber die Funktion der endokrinen Drüsen ist eine unmittelbare, proximale Ursache, nicht eine letztendliche, evolutionsbedingte. Zu sagen, daß Männer wegen des Testosterons aggressiver sind, kommt der Feststellung gleich, daß Verbrennungsmotoren wegen des Benzins lauter sind als Elektromotoren. In einem gewissen Sinne ist diese Feststellung richtig, aber die tiefergehende Erklärung lautet, daß Verbrennungsmotoren Benzin und andere brennbare (das heißt »laute«) Treibstoffe verwenden, weil sie so konstruiert sind. Wir untersuchen hier die Konstruktionsmerkmale des menschlichen Verhaltens – im vorliegenden Fall die Frage, warum wir so und nicht anders auf Testosteron reagieren und warum Männer mehr davon absondern als Frauen. Warum ist Zucker süß? Man frage die Evolution.

Tatsächlich gibt es noch zwei andere biologische Faktoren, die zu dem Unterschied zwischen Männern und Frauen beitragen könnten. Die überlegene Körpergröße und die stärkere Aggressivität des Mannes können teilweise auch zurückgehen auf eine lange Evolutionsgeschichte der Auslese der Fähigkeit des Mannes, die Gruppe und die Familie gegen Raubtiere und Feinde zu verteidigen, sowie der Fähigkeit, ein guter Jäger zu sein. Wenn diese Vorstellungen bis zu einem gewissen Grade befriedigen, so erklären sie nicht andere Phänomene wie die größere sexuelle Bereitschaft des Mannes. Außerdem fordern sie zu der Frage heraus, warum gerade die Männer für die Verteidigung und/oder die Jagd selektiert wurden. Vielleicht, weil Männer das in biologischer Hinsicht entbehrlichere Geschlecht waren.

Die Tatsache ist unumstößlich: bei allen Tieren einschließlich des Menschen werden die Männchen für eine Fortpflanzungsstrategie ausgelesen, die anders ist als die der Weibchen. In beinahe allen Fällen kämpfen die Männchen mit den anderen Männchen um den sexuellen Zugang zu den Weibchen – als eine Folge ihrer biologisch definierten Männlichkeit. Bei einigen Arten ist der Konkurrenzkampf offen und brutal. Elefantenrobben, Wapitis oder Dickhornwidder müssen alle Rivalen besiegen, um ihren Harem zu erringen. Die Weibchen dieser Arten sind passiv; sie maximieren ihre Tauglichkeit, indem sie sich dem Ergebnis der männlichen Wettkämpfe fügen, so wie die Männchen ihre Tauglichkeit maximieren, indem sie kämpfen. Bei anderen Spezies dagegen ist der Wettbewerb von subtilerer Art. Männchen und Weibchen müssen ebenfalls Strategien anwenden, um ihre Tauglichkeit zu maximieren, aber das Männchen muß entweder die Herrschaft über wichtige Umweltressourcen erlangen oder sich für das

Weibchen attraktiv machen. Diese Art der Selbstanpreisung eröffnet eine ganz neue und aufregende Dimension der Fortpflanzungsstrategien – die Wahl seitens des Weibchens.

Es ist Frühling. Die Sümpfe ganz Nordamerikas wimmeln von Rotflügelstärlingen, deren Männchen lustvoll singen und mit ihren Nachbarn kämpfen, wobei jeder versucht, ein Revier zu errichten. Diese Männchen sind aus ihrer Winterheimat im Süden einige Wochen vor den Weibchen zurückgekehrt, um sich als »Ortsansässige« zu etablieren und dadurch als Gatten attraktiv zu sein, wenn die Weibchen nachfolgen. Wenn der lang erwartete Tag kommt, läßt sich jedes Weibchen im Revier eines Männchens nieder, paart sich mit diesem und zieht seine Brut auf. Dabei sind jedoch nicht alle Männchen gleich erfolgreich: manche bekommen bis zu fünf oder sechs Weibchen, während andere den Frühling ohne eine einzige Partnerin vertrauern. Wie kann es zu einer so schlechten Verteilung kommen? Warum sollte ein Weibchen lieber die fünfte oder sechste Partnerin eines bestimmten Männchens sein wollen, wenn es die einzige eines anderen sein könnte? Eine solche Wahl ist besonders rätselhaft, da das Weibchen, indem es sich für den Haremsstatus entscheidet, auf jede wirkliche Hilfe seitens des Männchens bei der Versorgung der Brut verzichtet. Männchen mit fünf oder sechs Weibchen haben einfach nicht die Zeit oder Energie, jedem ihrer Weibchen bei den häuslichen Verrichtungen zu helfen. Ein Männchen mit nur einem Weibchen könnte diesem beträchtlich mehr Aufmerksamkeit widmen.

Gordon Orians, die erste Autorität der Welt, was die Stärlinge anbetrifft, bot eine Erklärung an. Im wesentlichen treffen die Weibchen ihre Wahl aus evolutiven Gründen – das heißt, sie tun, was ihre Tauglichkeit maximiert. Wäre alles andere gleich, so würde das Weibchen in einer monogamen Paarbindung am tauglichsten sein, denn es wäre der Gegenstand ungeteilter Aufmerksamkeit. Alles andere ist aber nur selten gleich. In diesem Falle ist etwas, was nicht immer gleich ist, die Qualität des vom Männchen beherrschten Reviers. Reviere unterscheiden sich in mancherlei Hinsicht: die einen bieten vielleicht mehr Nahrung, wenn sie beispielsweise Gebiete mit einschließen, in denen Insekten reichlich vorkommen, andere können besseren Schutz vor Räubern bieten, weil es dort viel hohes, kräftiges Schilf gibt, in dem ein Nest außerhalb der Reichweite von marodierenden Nerzen, Wieseln oder Wasserschlangen gebaut werden kann. Ein Weibchen kann als fünfte oder sechste Partnerin tauglicher sein als in einem anderen Fall als einzige, sofern ihr der Haremsherrscher ein Revier mit Vorteilen für die Fortpflanzung bietet, die groß genug sind, um den Nachteil des Verlusts der ausschließlichen Aufmerksamkeit auszugleichen. Was die natürliche Auslese betrifft, muß die verarmte Monogamie hinter der wohlhabenden Polygynie zurücktreten.

Da Weibchen im Hinblick auf ein Verhalten ausgelesen werden, das ihre Tauglichkeit maximiert, müßte eine Hauptkomponente ihrer Gattenwahlstrategie die Frage sein: Was habe ich davon? Vom Standpunkt des Weibchens aus gesehen, gibt es dabei drei Hauptinteressen: 1. Paarung mit dem bestmöglichen Männchen (das heißt Auswahl der bestmöglichen Gene für die Kombination mit den eigenen, wodurch die Erfolgsaussichten der eigenen Gene maximiert werden); 2. Zugang zur bestmöglichen Kombination von Umweltressourcen (das heißt bestmögliche Kombination von Nahrung, Verteidigung gegen Räuber usw.) und 3. Erwerb eines Männchens, dessen Verhalten direkt zum Reproduktionserfolg beiträgt, etwa durch Hilfe bei der Futterbeschaffung für die Brut, bei ihrer Verteidigung gegen Räuber usw. Die Rotflügelstärlinge scheinen ein besonderes Beispiel für das als Nummer 2 angeführte Interesse darzustellen: auf Ressourcen basierende Paarungssysteme. Es könnte aufschlußreich sein, jedes dieser Systeme einzeln zu betrachten. Für jedes finden sich brauchbare Beispiele im Tierreich. Offensichtlich spielen in vielen Fällen mehrere dieser Erwägungen gleichzeitig eine Rolle. Das »bestmögliche Männchen« (das mit den besten Genen) ist vermutlich auch dasjenige, das aus dem Kampf um die besten Ressourcen als Sieger hervorging, und es kann auch das mit dem hilfreichsten Verhalten sein.

Was hat das mit dem *Homo sapiens* zu tun? Wahrscheinlich sehr viel. Es könnte sein, daß in unterschiedlichem Grade alle drei dieser Erwägungen bei der Gattenwahl des Menschen wirksam werden: genetische Qualität, Zugang zu Ressourcen und Verhaltenstendenzen des idealen Gatten.

Betrachten wir zuerst die genetische Qualität des in Frage kommenden Gatten. Bei manchen Arten stellt das Männchen dem Weibchen keinerlei Ressourcen zur Verfügung, es hilft weder bei der Aufzucht der Jungen noch hat es ein Revier zu bieten, in dem sich das Weibchen selbst um sie kümmern kann. In solchen Fällen wetteifern die Männchen miteinander durch ein kompliziertes Werbeverhalten auf gemeinsamen Balzplätzen. Die Weibchen kommen zu diesen Arenen, wählen die dominierenden Männchen aus und paaren sich mit ihnen.

Bei den Präriehühnern und den nordamerikanischen Steppenhühnern, beispielsweise, die zur Familie der Fasane gehören, markieren die Männchen Balzplätze, die oft aneinandergrenzen. Die besten Plätze, die im allgemeinen in der Mitte liegen, werden gewöhnlich durch Wettkampf von den besten Männchen gewonnen. Sobald die Weibchen erscheinen, bricht die Hölle los. Die Männchen stolzieren, kollern, pfeifen oder trommeln (je nach der Spezies). Im allgemeinen bleiben die Männchen jedoch innerhalb ihrer eigenen Balzplätze, und die endgültige Entscheidung hinsichtlich der Fortpflanzung wird von den Weibchen getroffen. Bezeichnenderweise paart sich die große Mehrheit der Weibchen mit einer sehr kleinen Anzahl von Männchen, die so die reproduktiven Privilegien eines Harems genießen, aber mehr nacheinander als gleichzeitig.

Dieses Verhaltensmuster ist nicht auf Vögel beschränkt; man trifft es auch bei vielen Säugern und sogar bei bestimmten Insekten an. Was gewinnt das Weibchen durch die Wahl des besten Tänzers oder allgemein des Männchens, das sich am besten produzieren kann? Warum macht es sich überhaupt die Mühe zu wählen? Es gibt vermutlich zwei Gründe. Erstens erwerben die Weibchen durch die Wahl nur der besten Männchen mit großer Wahrscheinlichkeit die besten männlichen Gene zur Verschmelzung mit ihren eigenen. Zweitens: sobald die Weibchen einer Spezies eine Vorliebe für ein bestimmtes männliches Merkmal zeigen – was immer sein ursprünglicher Nutzwert gewesen sein mag –, kann dieses Merkmal selbst eine eigene reproduktive Nützlichkeit entwickeln. Wenn, zum Beispiel, große Federn beim Männchen Pfauhennen erregen, werden Weibchen, die Männchen mit einem reichen Federschmuck wählen, tauglicher sein als die anderen. Der Gewinn an Tauglichkeit wird in der nächsten Generation offenkundig: die männlichen Nachkommen einer richtig erregten Pfauhenne werden dazu neigen, einen wünschenswerten Federschmuck zu haben, und daher für die nächste Hennengeneration attraktiver sein. Der Netto-Effekt ist eine größere Anzahl von Enkeln für die Henne, die die ursprüngliche Wahl traf. Daraus folgt, daß gewisse charakteristische männliche Merkmale – bei vielen Spezies und vielleicht auch unserer eigenen – vielleicht kaum mehr sind als das ziemlich absurde Resultat einer »sexuellen Selektion« durch die Weibchen.

Die Weibchen brauchen nicht nur passive Zuschauerinnen beim Wettkampf der Männchen zu sein. In vielen Fällen üben sie einen echten Einfluß aus, indem sie entscheiden, welches Männchen erfolgreich sein soll. Sie halten, was die Fortpflanzung anbetrifft, die Karten in der Hand, und das ist auch durchaus vernünftig, denn sie leisten die größere elterliche Investition. Bei manchen Arten reizen die Weibchen die Männchen direkt zum Wettkampf auf. Eine solche Provokation kommt den Weibchen zugute, denn sie hilft ihnen, die besten Kämpfer auszuwählen. Obwohl die Handlungsweise der Weibchen wie eine unfaire Ausbeutung aussieht, ist sie ebenso wertfrei wie alles andere an der Evolution. Eine Stockente verhält sich sehr eigentümlich im frühen Stadium der Paarbildung. Sie schwimmt auf einen fremden Erpel zu, kehrt zu ihrem angepaarten Männchen zurück und wendet dann aber den Kopf dem fremden zu. So angespornt, greift der in Aussicht genommene Gatte oft den fremden Erpel an. Vermutlich liefert dieses Verfahren dem Weibchen ein wenig zusätzliche Information über seinen potentiellen Gatten, bevor es endgültig »ja« sagt.

Stellen Sie sich, wenn Sie dazu imstande sind, vor, Sie wären ein rangniedriges, aber ehrgeiziges Elefantenrobben-Männchen. Sie haben gerade das Mädchen ihrer Träume bestiegen, aber zu ihrem großen Kummer beginnt es laut zu schreien und bringt alle zufällig in der Nähe befindlichen Bullen in Bewegung, die nun auf Sie zurennen (oder vielmehr hoppeln, plumpsen und sich wälzen). Ein allgemeiner Wettkampf ist die Folge, der dominierende Bulle drängt Sie und alle anderen beiseite und begattet das Weibchen. Die Schreie des Weibchens aktivieren auf wirksame Weise die männliche Dominanz-Rangordnung mit dem Ergebnis, daß es von dem dominierenden Bullen befruchtet wurde. Eine feministische Freundin, der ich diesen Vorgang schilderte, bemerkte entrüstet: »So ein Luder!« Aber Tatsache ist, daß es ein weises Luder ist, das auf seine eigene Tauglichkeit achtet.

Beim Menschen hat das bewußte Interesse an den genetischen Merkmalen zukünftiger Ehepartner etwas ziemlich Abstoßendes an sich, und es beschwört negative Bilder von Eugenik und Zuchtanstalten im Stil der Nazis und so weiter herauf. Aber unbewußt können unsere Gene sehr wohl solche Berechnungen zu ihrem eigenen Nutzen anstellen. Es mag in dem, was uns zu einem anderen hinzieht, sehr wohl die echte Weisheit der Evolution stecken. Ist es denn wirklich verwunderlich, daß regelmäßige Züge, ein guter Körperbau und ein gewisses Maß von Intelligenz als wünschenswert betrachtet werden? Und würde es reiner Zufall sein, wenn solche Merkmale erblich wären und daher zuletzt die Tauglichkeit derer erhöhten, die sie bei einem anderen finden und für sich gewinnen?

Die Ideale männlicher und weiblicher Schönheit variierten im Laufe der Menschheitsgeschichte und von Kultur zu Kultur sehr stark, aber alldem kann ein biologischer Sinn zugrunde liegen. Die füllige Erdmutter-Göttin des Altertums mag eine ausdauernde Gefährtin und erfolgreiche Mutter gewesen sein, die ihre Kinder verhältnismäßig leicht gebären und säugen konnte. Das europäische Schönheitsideal späterer Jahrhunderte, eine Haut wie Elfenbein, zeigte an, daß man nicht im Freien zu arbeiten brauchte und somit finanzielle Mittel besaß. Im letzten Drittel des 20. Jahrhunderts arbeiten genug Menschen an Schreibtischen, so daß eine gebräunte Haut einen gewissen Wohlstand andeutet, den man braucht, um sich einen Urlaub im Freien leisten zu können. Und die Erdmutter wurde durch Twiggy ersetzt, seit es die moderne Geburtshilfe Frauen mit schmalen Becken erlaubt, Kinder zu gebären, die früher vielleicht ihren Tod bedeutet hätten.

Robert Browning schrieb, wir sollten höher hinauflangen, als wir greifen können . . . »oder wozu gibt es einen Himmel?« Bei unserer Wahl des bestmöglichen Ehepartners mögen wir nach dem himmlischen Gatten langen, aber wir ergreifen, was wir erreichen können und was gut für uns und unsere Gene ist.

Bei den auf Ressourcen gegründeten Paarungssystemen werden Männchen dahingehend ausgelesen, daß sie mit anderen Männchen um die Herrschaft über die besten Ressourcen kämpfen, und die Auslese der Weibchen erfolgt im Hinblick auf die Bevorzugung der Paarung mit den Siegern, um von diesen Ressourcen Gebrauch zu machen. »Wer hat, dem soll gegeben werden«, heißt es. Eine Art der Honiganzeiger, ein leuchtend gefärbter Vogel mit orangefarbenem Rumpf, lebt in Nepal und frißt wie alle Angehörigen seiner Familie gern Bienenwachs. Bienenstöcke besitzen daher einen großen Wert und werden von den Männchen energisch verteidigt. Um Bienenwachs zu bekommen, muß sich ein Weibchen mit dem Besitzer paaren, und nur Männchen, die Bienenstöcke besitzen, paaren sich, was die Bedeutung dieser Nahrungsquelle anzeigt. Während die Weibchen Männchen, die keine Bienenstöcke besitzen, durchaus widerstehlich finden, paarte sich, wie beobachtet wurde, ein besonders »reiches« Männchen während einer Brutzeit 46mal mit mindestens 18 verschiedenen Weibchen! Die Weibchen gewinnen in diesem System offensichtlich zweifach. Durch die Paarung mit den Besitzern erhalten sie Zugang zu einer begehrten Nahrung, und zudem stellen sie dadurch, daß sie sich nur mit Besitzern paaren, sicher, daß sie von den besten Männchen befruchtet werden, das heißt von denen, die dazu selektiert wurden, um die Herrschaft über Bienenstöcke zu kämpfen. Die Sieger sind offenbar die *Besten.*

Ein ähnliches Beispiel wurde von Larry Wolf, einem Biologen der Syracuse University, in bezug auf die purpurkehligen karibischen Kolibris auf der Insel Dominica beschrieben. In diesem Fall ist die begehrte Nahrungsquelle ein bestimmter Baum mit einer Überfülle von Blüten. Die Kolibris haben eine besondere Vorliebe für diese Blüten, und die Männchen verteidigen Reviere mit so vielen blühenden Bäumen wie möglich, wobei sie aggressiv andere Männchen vertreiben, die dort Nahrung suchen. Interessanterweise vertreiben sie ebenso aber auch Weibchen, es sei denn die Weibchen paaren sich mit ihnen. Die Männchen geben also Nahrung für Sex. Wolf schilderte seine Beobachtungen in einer wissenschaftlichen Abhandlung mit dem Titel »Prostitutionsverhalten bei einem tropischen Kolibri«, und der Gebrauch dieses Ausdrucks ist vermutlich korrekt, denn was ist Prostitution beim Menschen anderes als der Austausch sexueller Gunst gegen materielle Werte? Bei der menschlichen Prostitution versucht der männliche Kunde zwar nicht, seine Partnerin zu schwängern, und sie will ganz gewiß nicht von ihm geschwängert werden. Dennoch entspricht es der Biologie, daß Männer Geschlechtsverkehr suchen und gewillt sind, dafür zu zahlen, und daß Frauen etwas besitzen, was Männer begehren und wofür sie Bezahlung verlangen.

Relevant für die Soziobiologie des Menschen ist, daß wir beinahe mit Sicherheit einen großen Teil unserer Paarbildung auf materielle Ressourcen gründen, wenngleich vielleicht weniger direkt als Stärlinge, tropische Kolibris oder Honiganzeiger im Himalaja. Gewiß haben wir das innere Flüstern der Maximierung der Tauglichkeit, das einen so großen Teil des tierischen Verhaltens beherrscht, modifiziert und manchmal sogar umorientiert. Mit unserer bemerkenswerten Fähigkeit, subtil und komplex zu sein, umhüllen wir unsere biologischen Antriebe mit Kultur, Bildung und psychologischen Befriedigungen, die oft einige Schritte von unserer Biologie entfernt sind. Wenn wir sexuell erregt sind, ist die Reproduktion unserer Gene vielleicht das letzte, woran wir denken, aber die natürliche Auslese braucht uns ihre Absichten nicht zu verraten. Es ist wahrscheinlich kein Zufall, daß Männer, wenn es zur Fortpflanzung kommt, beinahe immer als »Erfolgsobjekte« behandelt werden, weshalb Bienenwachs so ziemlich das gleiche sein kann wie ein Ferrari – und umgekehrt.

Die Verbindung von materiellen Ressourcen und Paarbildung beim Menschen wird besonders offenkundig in polygynen Gesellschaften, wo, was keineswegs überrascht, das normale Schema so aussieht, daß ein Mann Frauen erwirbt, wie er materielle Güter erwirbt. Er kauft vielleicht seine erste Frau mit 20 bis 25 Jahren, seine zweite mit 35 bis 40, seine dritte mit 45 bis 50 und so fort. Es scheint eine starke Beziehung zwischen Vielweiberei und Gerontokratie, der Herrschaft der Alten, zu bestehen, wobei ältere Männer mehr Frauen haben, und es dürfte kein Zufall sein, daß ältere Männer auch über mehr materielle Mittel verfügen. Zudem haben sich die älteren Mitglieder einer Gesellschaft oft auf der Jagd, im Krieg oder bei anderen Tätigkeiten bewährt, die von der Gruppe hoch bewertet werden. Der

Brauch des Trophäenjagens und -sammelns ist beinahe allgemein üblich; er könnte sich gut als eine Technik entwickelt haben, die es den Männern gestattet, aufmerksamen Frauen ihre Tüchtigkeit vor Augen zu führen. Bei den Mohammedanern, die bis zu vier Frauen haben dürfen, wird die Anzahl ziemlich streng durch den Wohlstand des Mannes bestimmt.

Die Anschauung, daß solche Gesellschaften die Frauen ausbeuten, ist ebenso kurzsichtig wie kulturell bedingt. Eine Frau kann – im Hinblick sowohl auf ihre persönlichen Annehmlichkeiten als auch auf ihren Fortpflanzungserfolg – als dritte Frau eines reichen Scheichs besser gestellt sein denn als einzige Frau eines Armen.

Für viele australische Eingeborene gilt die folgende Beschreibung:

*»Die Frauen neigten dazu, sich in Kollektiven von Mit-Frauen um die Männer auf dem Höhepunkt ihrer produktiven Fähigkeit zu scharen, und diese Tendenz war am stärksten ausgeprägt, wenn die Frauen die größten Lasten des Kinderaufziehens zu tragen hatten. Man wird sofort feststellen, daß es nach dieser Erklärung die Frauen und nicht die Männer waren, die die aktive Rolle übernahmen und polygyne Einheiten bildeten, und daß dieser Familientyp die besten Bedingungen für die Erziehung der jüngeren Generation innerhalb der Mit-Frauen-Kollektive der polygynen Familien bot.«*

Man beachte, daß die Männer auf dem »Höhepunkt ihrer produktiven Fähigkeit« in den Mittvierzigern sind – das heißt, wenn sie am besten imstande sind, für den Unterhalt ihrer Familien zu sorgen, und nicht wenn sie ihren sexuellen Höhepunkt erreichen, der vor dem zwanzigsten Lebensjahr liegt. Sperma wird auch in den mittleren Jahren noch in solchen Mengen produziert, daß die Potenz hinter anderen Erwägungen zurücktritt.

Auf der ganzen Welt verbreitet sind auch die »Mai-Dezember-Ehen«, wobei beinahe immer der Mann im Dezember und die Frau im Mai steht. Es ist faszinierend, daß – kurz nachdem er sich im Senat zu Wort gemeldet hatte, um die »Unmoral« des ehemaligen Richters des Obersten Bundesgerichts der Vereinigten Staaten, William O. Douglas, anzuprangern, weil er eine Frau geheiratet hatte, die weniger als halb so alt wie er war – der Senator Strom Thurmond aus South Carolina genau das gleiche tat, indem er eine Frau heiratete, die jung genug war, um seine Enkelin zu sein! Obwohl über ein solches Verhalten gelegentlich geklatscht wird, gilt es im allgemeinen nicht als diskreditierend, vielleicht wegen der neidvollen, wenn auch unbewußten Erkenntnis, daß die Betroffenen ihre Tauglichkeit maximieren oder sich jedenfalls auf eine Weise verhalten, die den evolutiven Strategien im Hinblick auf Ressourcen und Gattenwahl entspricht.

Aber was für ein Skandal, wenn sich eine ältere Frau mit einem sehr viel jüngeren Mann verbindet! Diese Beziehung ist irgendwie »wider die Natur«. In Anbetracht der Soziobiologie der Gattenwahl konnte der Film *Harold and Maude,* der die Geschichte einer sexuellen Liaison zwischen einem Siebzehnjährigen und einer achtzigjährigen Frau erzählt, nichts anderes sein als tragikomisch.

Die Hypergamie (wörtlich: das »Hinaufheiraten«) ist beim Menschen weit verbreitet. Sie ist, wie vorauszusagen, eine vornehmlich weibliche Strategie. Es ist weit üblicher, daß sich Frauen von der Bildung und den Talenten potentieller Ehemänner beeindrucken lassen, als daß Männer derlei Eigenschaften bei ihren Frauen suchen. Was scheint schlechter zusammenzupassen: ein Arzt oder Universitätsprofessor und eine Ehefrau ohne höhere Bildung oder eine Ärztin, eine Professorin und ein Ehemann, der keine höhere Bildung besitzt? Diese Tendenz zur Hypergamie bringt Frauen unserer eigenen Gesellschaft in eine schwierige Lage. Sie haben eine viel begrenztere Auswahl hinsichtlich eines passenden Ehemanns als gleich erfolgreiche Männer. Die Männer können Frauen aus dem gesamten Spektrum der weiblichen Bevölkerung wählen, während Frauen mit Männern, die »unter ihnen stehen«, im allgemeinen nicht recht glücklich sind. Im Märchen bekommt zwar der Schweinehirt die Prinzessin, aber in der Wirklichkeit muß ein Mann schon ein besonders starkes Selbstbewußtsein haben, um eine Ehefrau zu akzeptieren, die erfolgreicher ist als er.

Die Tendenz weiblicher Tiere, Männchen mit Ressourcen zu wählen, die am meisten zu ihrer Tauglichkeit beitragen, und die entsprechende Tendenz der Männchen, ihre Ansprüche zu befriedigen, hat einige sehr sonderbare Ergebnisse gezeitigt. Es gehört zum Werberitual vieler Vogel- und Insektenarten, daß die Männchen dem Weibchen Futter präsentieren. In manchen Fällen bietet das Männchen seinem Weibchen das höchste Geschenk dar: sich selbst. Das Weibchen beginnt, das Männchen während oder nach oder in manchen Fällen sogar schon vor der Kopulation aufzufressen. Dieses Verhalten kann als grausames Ergebnis der Wahl von Männchen gesehen werden, die das Weibchen mit zusätzlichem Futter versorgen, das heißt von Männchen, die zur Tauglichkeit des Weibchens beitragen. Und einem Männchen, das auf seine eigene Tauglichkeit bedacht ist, bleibt nichts anderes übrig, als sich zu ergeben.

Werbezeremonien in der Natur enthalten oft das Element des Schenkens und des Empfangs von Geschenken, und da Männchen und Weibchen eine verschiedene Konstitution haben, machen sie beinahe nie »getrennte Kasse«.

Bei den kleinen fleischfressenden Insekten, die als Tanzfliegen bekannt sind, sind die Weibchen größer als die Männchen, und es kommt nicht selten vor, daß ein unglückliches Männchen zum Mahl, statt zum Gemahl wird. Das geht gut, solange die Weibchen gelegentlich doch von einem Männchen befruchtet werden, das »Glück« hat. Bei gewissen Tanzfliegen-Arten entgehen die Männchen ihrem traurigen Los, indem sie zuerst eine rituelle Opfergabe suchen, im allgemeinen eine kleinere Fliege einer anderen Art, und diesen Leckerbissen dem erwählten Weibchen anbieten. Während es zufrieden frißt, kann das Männchen es ungestört begatten. Die Männchen einer anderen Tanzfliegen-Art schmücken ihre Geschenke mit Spinnfäden, vielleicht, um sie für das Weibchen auffälliger zu machen. Dieser Schmuck kann aber auch bezwecken, daß das Weibchen länger braucht, um die Verpackung zu öffnen, und dem Männchen daher mehr Zeit für die Kopulation bleibt. Männchen wieder einer anderen Art saugen die Beute selbst leer – und wickeln sie in eine besonders große Menge von Spinnfäden ein. Vermutlich ist es, wenn die Geliebte den Betrug entdeckt, schon zu spät. Andere Tanzfliegen verzichten überhaupt auf die Beute, sie nehmen einfach ein Stückchen von einem Zweig oder einem Blatt und achten nur darauf, es gut einzuwickeln. Und bei einer Spezies machen sich die Männchen mit dem Inhalt gar keine Mühe. Sie gehen auf Brautschau mit einem kunstvollen Seidenballon, der – nichts enthält.

*Er schwebt durch die Luft so frei und so leicht,*
*Der kühne junge Mann auf dem fliegenden Trapez.*
*Er bewegt sich voll Anmut, gefällt allen Mädchen*
*. . . Und meine Liebe hat er mir genommen!*

Warum gefällt der kühne junge Mann den Mädchen? Wenn wir diese Frage beantworten, wenden wir uns dem dritten Kriterium der Gattenwahl zu: dem wünschenswerten Verhalten seitens des in Aussicht genommenen Partners. Wiederum ist hier echte soziobiologische Weisheit am Werk, eng verbunden mit dem Vorteil, den Weibchen durch die Paarung mit Männchen gewinnen, die ihre Tauglichkeit erhöhen. Die Männchen ihrerseits finden es nicht unter ihrer Würde, sich der Täuschung zu bedienen, um auf die Weibchen Eindruck zu machen. Schließlich wird um einen hohen Einsatz gespielt.

Die Demoiselle-Fische halten sich zwischen den von Leben wimmelnden Korallenriffen im warmen, klaren Wasser vor der Küste von Hawaii auf. Die Weibchen schwimmen in großen Schwärmen umher, während an verschiedenen Stellen unter ihnen einzelne Männchen ihre Reviere verteidigen. Wenn sich ein Schwarm Weibchen direkt über einem dieser Reviere befindet, schwimmt dessen Besitzer zu ihm hinauf und vollführt verschiedene Werbebewegungen. Ein Weibchen, das von ihnen hinlänglich beeindruckt wird, reagiert auf die Kapriolen des Männchens und schwimmt zu seinem Revier hinunter, um abzulaichen. Einige Minuten später, wenn die Eier vom Männchen besamt worden sind, kehrt das Weibchen zu seinem Schwarm zurück und überläßt es dem Männchen, für die Eier zu sorgen und sie zu bewachen. Jeder angehende Vater hat vollauf zu tun, denn das Riff ist von zahllosen anderen Fischen bevölkert, und viele von ihnen würden nur zu gerne eine Portion Fischeier verschlingen. Bleibt ein Gelege mehr als einige Minuten unbewacht, wird es unweigerlich von einem Räuber gefressen. Das Männchen muß ständig auf der Hut sein und die Eindringlinge verjagen, die seine reproduktive Investition bedrohen. Manchmal muß es in einer Minute mehrere Male auf sie zuschießen.

Betrachten wir nun ein Weibchen. Wodurch wird es erregt? Wem wird es seinen kostbaren Laich anvertrauen? Demoiselle-Fische haben keine Trapeze. Was für eine Art von Verhalten wird also den Mädchen gefallen? Ein Demoiselle-Weibchen sollte besonders empfänglich für ein Männchen sein, das irgendwie anzeigt, daß es wesentlich zu seiner Tauglichkeit beitragen würde. Gewiß müßten seine Fähigkeit und seine Bereitschaft, die Eier des Weibchens zu verteidigen, ein entscheidender Faktor sein, da Räuber allgegenwärtig sind und Weibchen, die ihre Eier einem zuverlässigen Beschützer übergeben, mehr erfolgreiche Nachkommen hinterlassen. Daher müßte jede genetisch beeinflußte Tendenz, solche Männchen zu bevorzugen, stark selektiert werden. Ich überprüfte diese Voraussage, indem ich vor der Küste von Maui mehr als hundert Stunden mit einem Unterwasseratemgerät tauchte und das Werbeverhalten der Demoiselles beobachtete. Es war tatsächlich sehr leicht, die verschiedenen Männchen miteinander als Revierverteidiger zu vergleichen. Ich achtete nur darauf, wie jedes reagierte, wenn ein potentieller Eiräuber in sein neu errichtetes Revier eindrang. Manche Männchen verteidigten ihre Reviere sehr energisch und griffen aggressiv alle Eindringlinge an. Andere waren lethargischer. Und die Weibchen? Es schien, daß sie dieselben Vergleiche anstellten wie ich, und sie zogen die aktiven, verteidigungsbereiten Männchen vor. Sie laichten konsequent lieber bei diesen ab als bei den trägeren.

Da die Weibchen auf Männchen ansprechen, die ihre Reviere mit Nachdruck gegen etwaige Räuber verteidigen, sollte man erwarten, daß die Männchen ihre aggressive Fisch-Männlichkeit übertreiben, wenn Weibchen in der Nähe sind. Das ist auch tatsächlich der Fall. Die Männchen verjagen potentielle Eiräuber wesentlich wilder, wenn ein Schwarm Weibchen über ihnen dahinzieht, als wenn sie nicht beobachtet werden. Es hat keinen Zweck, den Bizeps zu zeigen, wenn niemand zusieht. Die Demoiselle-Männchen erlauben Lippfischen (einer eierfressenden Art), sich ihren Nestern normalerweise bis auf etwa 1,20

Meter zu nähern, bevor sie sie vertreiben. Einmal sah ich jedoch, wie ein revierbesitzendes Männchen einen sehr verdutzten Lippfisch verjagte, der in aller Unschuld in einer Entfernung von mehr als drei Metern umherschwamm. Wie zu erwarten, sahen zufällig einige Demoiselle-Weibchen zu.

Wenn die Demoiselle-Weibchen selektiert sind, aggressive Männchen zu bevorzugen, und die Männchen daher selektiert sind, sich so aggressiv wie nur möglich zu gebärden, scheint das ganze System für den Betrug reif zu sein. Was sollte ein Männchen davon abhalten, seine Aggressivität zu übertreiben? Warum sollte es nicht vorgeben, aggressiver zu sein, als es ist? Wenn das geschähe, hätte das Weibchen eine Möglichkeit, sich vor Betrug zu schützen, indem es ein gewisses Maß von männlicher Aggressivität von vornherein als Spiegelfechterei abzieht, die nur veranstaltet wird, um Eindruck auf die Damen zu machen. Dieses Mißtrauen würde jedoch die »ehrlichen« Männchen benachteiligen, sofern es welche gibt, und letzten Endes fordern, daß alle zu Lügnern werden, wenn sie eine Chance haben wollen, sich erfolgreich fortzupflanzen. Zu dieser vorgetäuschten Aggressivität kann es tatsächlich schon gekommen sein, aber hier ist noch mehr Forschungsarbeit vonnöten, bevor wir etwas Sicheres behaupten können.

Ich brachte einmal beinahe eine ganze Stunde damit zu, eine aufsehenerregende Flugvorführung zu verfolgen. Zwei werbende Heuschreckenfalken zogen kunstvolle Schleifen, die mit Sturzflügen abwechselten. Sie hatten eine kleine Maus, die der eine gefangen hatte, und mehrere Male während der Vorführung ließ jeweils einer der Vögel die Beute fallen, und der andere stürzte ihr in elegantem Bogen nach und fing sie in der Luft wieder auf. Es war eine eindrucksvolle Darbietung, und erst später dämmerte mir, daß ich wahrscheinlich nicht der einzige war, den sie beeindruckt hatte. Jedenfalls war sie gewiß nicht für mich gedacht.

Nehmen wir an, Sie wären ein solcher Falke, Männchen oder Weibchen, je nachdem. Es ist Frühling und Ihre Falkenhormone sagen Ihnen, daß es Zeit ist, einen Gatten zu finden. Was für eine Art von Gatten würden Sie wählen? Der Partner Ihrer Träume mußte natürlich ebenfalls ein Heuschreckenfalke sein, einer vom anderen Geschlecht und einer, der an der Paarung interessiert ist. Aber das ist erst der Anfang. Heuschreckenfalken müssen sich ihre Nahrung erjagen, und beide Eltern müssen sich große Mühe geben, um genug kleine Insekten und Mäuse zu fangen und den gierigen Appetit ihrer Jungen zu befriedigen. Außerdem ist die Jagd nicht leicht, und als Heuschreckenfalke werden Sie gut beraten (lies: »am tauglichsten«) sein, wenn Sie einen Partner wählen, der ein guter Jäger ist. Sie werden sicherlich keine der Fortpflanzung dienende Bindung mit einem Vogel eingehen, der schwerfällig, langsam, verkrüppelt oder sonstwie ungeeignet ist. Es wäre daher eine gute Strategie, mit ihrem in Aussicht genommenen Partner eine lange Runde von Luftmanövern zu drehen, um seine Tüchtigkeit beurteilen zu können. Ich sah nie, daß ein Falke die Maus nicht auffing, aber hätte sie einer verfehlt, so würde es mich nicht gewundert haben, wenn der andere voll Verachtung davongeflogen wäre.

Das Werbeverhalten kann offenbar eine echte Funktion als Tüchtigkeitsprobe haben, und wir können erwarten, daß solche Proben besonders lang dauern bei monogamen Arten und überall dort, wo sich die Partner ganz aufeinander verlassen müssen. Tatsächlich gibt es bei monogamen Arten oft eine längere »Verlobungszeit«, in der Männchen und Weibchen miteinander Umgang haben, bevor es zur eigentlichen Paarung kommt. Diese Zeit gibt jedem reichlich Gelegenheit, den anderen zu beurteilen. Arten, bei denen Promiskuität herrscht und bei denen die sich paarenden Tiere nur die Eier oder den Samen des anderen suchen, verbinden sich dagegen nur kurzfristig. Ein weiterer Aspekt der Tauglichkeit ist die genetische »Verfügbarkeit«, und eine sichere Methode, beim »Verlobungstest« durchzufallen, ist die Enthüllung, daß man schon einen anderen Partner hat oder, schlimmer noch (im Falle eines Weibchens), schon befruchtet ist. Lange Verlobungen beugen ebendieser Möglichkeit vor.

Zum Paarungsverhalten von Ringeltauben gehört ein nachdrückliches »Nestbetteln« bei der Begegnung mit dem Männchen. Bei einem Laborexperiment stellten die Psychologen Carl Erickson und P. Zenone von der Duke University Taubern zwei Gruppen von Weibchen gegenüber: eine Gruppe war schon vorher mit Taubern zusammengebracht worden und ging daher zum »Nestbetteln« über, während die zweite Gruppe noch keinen Kontakt mit Männchen gehabt hatte und daher dieses Ritual nicht ausführte. Wie vorauszusehen, ließen die Tauber weniger Werbeverhalten und mehr Aggressivität gegenüber den bereits gepaarten Tauben als gegenüber den »Jungfrauen« erkennen. Der Definition nach ist die reproduktive Investition einer Jungfrau noch nicht an ein anderes Männchen vergeben, so daß sie für den künftigen Freier eine die Tauglichkeit erhöhende Aussicht bietet.

Die Abweisung schon befruchteter Ringeltauben durch die Tauber hat eine deutliche Parallele in der häufigen Forderung der Jungfräulichkeit der Braut beim Menschen.* Die Braut braucht nicht zu

* Wer hier die Rolle kultureller Faktoren geltend machen möchte – Frauen als Eigentum, die unbewußte Furcht betont »männlicher« Männer vor Frauen mit sexueller Erfahrung etc. –, sollte bedenken, daß Kultur und Biologie einander nicht ausschließen. Im Gegenteil, sie verstärken sich oft gegenseitig, was gerade in diesem Fall zuzutreffen scheint.

befürchten, daß ihr Bräutigam schwanger sein könnte, und daher legt man seitens ihrer Familie kaum Wert darauf, daß er »rein« sei. Nach einer weitverbreiteten Anschauung ist die ideale Kombination ein sexuell erfahrener Mann und eine unberührte Frau. Oft drückt sich diese zwanghafte Besorgtheit um die Jungfräulichkeit der Braut ganz offen aus. Ein junger Zulu zahlt einen besonderen Preis, um sicherzustellen, daß seine zukünftige Frau nicht schon die Gene eines anderen in sich trägt, und bei den Buhaja in Afrika muß die angehende errötende Braut von einer auserwählten Abordnung der Verwandten des Bräutigams körperlich untersucht werden, die dann für ihre Jungfräulichkeit bürgt.

In manchen Gesellschaften hat man jedoch in jüngster Zeit entdeckt, was man gegen die verräterische evolutive Warnung eines zerrissenen Hymens unternehmen kann: japanische Ärzte machen ein glänzendes Geschäft mit der Wiederherstellung von Jungfrauen mittels der plastischen Chirurgie.

Da die Fortpflanzung der Grundstein des evolutiven Erfolgs ist und Individuen monogamer Arten so sehr von ihren Partnern abhängig sind, können wir auch erwarten, daß die Evolution einen Selektionsdruck in Richtung eines Partnerwechsels ausübt, sobald feststeht, daß ein solcher Wechsel – eine Scheidung – für ihre Tauglichkeit von Nutzen wäre. Ein solcher Brauch wurde auch tatsächlich beobachtet bei den unter dem Namen Kittiwakes bekannten Dreizehenmöwen, einer europäischen Art, die auf steilen Klippen nistet. Die meisten dieser Vögel behalten ihre Partner aus der vorausgegangenen Brutzeit. Solche alten Ehepaare beginnen im allgemeinen früher mit dem Brüten als die »Neuvermählten«, weil sie offenbar von der höheren Koordination profitieren, die sich aus der gegenseitigen Vertrautheit ergibt. Es ist offenbar kostspielig, einen alten Partner zu verlassen und mit einem neuen von vorn zu beginnen. Aber manchmal kommt es dennoch zu einer neuen Gattenwahl, und das Prinzip ist offenkundig: Paare, die im vorausgegangenen Jahr keine Jungen aufzogen, wechseln dreimal so häufig die Partner wie Paare, die mit Erfolg gebrütet haben.

Die Folgerungen für den Menschen? Das Unvermögen, die Ehe zu konsumieren, ist oft ein ausreichender Grund für ihre Annullierung, und Impotenz und Unfruchtbarkeit sind oft Ursachen für eine Auflösung der Ehe. Interessant wäre es, festzustellen, ob Scheidungen nach dem Tod eines Kindes häufiger vorkommen. Lange Verlobungszeiten sind für den Menschen charakteristisch, und obwohl darüber, soviel ich weiß, keine Daten vorliegen, darf man ruhig annehmen, daß monogame Gesellschaften längere Verlobungszeiten fördern als polygyne und daß solche Verlobungen eine größere Rolle in Gesellschaften spielen, die hohe Forderungen in bezug auf die Treue stellen und geringe Scheidungsmöglichkeiten bieten. Mit anderen Worten, je mehr jeder der Ehegatten seine evolutive Zukunft vom Verhalten des anderen abhängig macht, desto wählerischer wird er sein. Sicherlich würde man nicht erwarten, daß ein verlobtes Paar bessere Aussichten auf häusliches Glück hat, wenn das Mädchen von einem *anderen* Mann schwanger wird.

Verteidigungsbereite Demoiselle-Fische und schwebende Falken . . . Hier gibt es keine präzise Parallele beim Menschen, aber ich nehme an, wir alle erkennen die allgemeinere Bedeutungsnuance. In manchen Gesellschaften führen die Männer eindrucksvolle Tänze vor, und sie suchen Ruhm im Krieg, auf der Jagd oder durch Leistungen, die große Ausdauer erfordern. Sie können versuchen, Eindruck zu machen durch ihren Sinn für Humor oder durch ihre Fähigkeit zu singen, Geschichten zu erzählen, Bier zu trinken, Geld auszugeben oder einen anderen auf dem Rugby-Feld niederzurennen. Oder sie mögen Drachen erschlagen, den heiligen Gral suchen oder über den Hellespont schwimmen. Ein männlicher Demoiselle-Fisch wirbt um das Weibchen, indem er zeigt, was für ein guter, Schutz bietender Vater er sein kann. Ein männlicher Heuschreckenfalke führt seinen Wert als Ehepartner vor. Aber das Ungewöhnliche an Heuschreckenfalken ist, daß das Weibchen einen schnell fliegenden, sicher jagenden Partner braucht. Bei Säugetieren, wie wir selbst es sind, tun die Männer weniger als Väter, aber sie tun nichtsdestoweniger sehr viel als Männer. Überall versuchen die Männer, auf die Frauen Eindruck zu machen. Unterscheidet sich in ihrem Innersten die letzte und eigentliche Motivation von der des Demoiselle-Fisches oder des Heuschrekkenfalken? Und sind im Innersten die Frauen anders?

Löwen gehören zu den brünstigsten Tieren der Welt. Eine Löwin kann an einem Tag hundertmal mit demselben Männchen kopulieren und hält diese Leistung sechs oder sieben Tage durch. Leoparden und Pumas bleiben nicht weit hinter den Löwen zurück. Was geht da vor sich?

Wir mögen die Leidenschaft der Löwin und die Ausdauer des Löwen bewundern, aber ein solches Verhalten bleibt uns rätselhaft. Können Tiere, wenn sie sich nur um der Fortpflanzung willen paaren, nicht wirksamer zu Werke gehen? Sicherlich erfordert doch die Befruchtung nicht so viele Kopulationen. Der Ethologe Randall Eaton von der University of Washington, ein Experte auf dem Gebiet der *Felidae* – der Katzenartigen –, schlug eine Erklärung für ihre außergewöhnliche Sexualität vor. Die Löwinnen wetteifern vielleicht miteinander um die Aufmerksamkeit des Männchens. Wäre eine Löwin nur zur Zeit des

Befruchtungsoptimums sexuell zugänglich, so würde sie wahrscheinlich nur für kurze Zeit die Aufmerksamkeit des Männchens auf sich ziehen, das danach frei wäre und sich mit anderen Löwinnen paaren könnte. Und im Falle einer Nahrungsknappheit wäre dann das Weibchen weniger erfolgreich bei der Aufzucht seiner Jungen (das heißt, weniger tauglich), wenn es zu viele andere Würfe gäbe, die ebenfalls einen Anteil an der Beute beanspruchten. Eine Löwin ist daher am tauglichsten mit einem enormen sexuellen Appetit. Dadurch, daß sie lange brünstig bleibt, täuscht sie das Männchen hinsichtlich der Zeit, in der sie mit der größten Wahrscheinlichkeit empfangen kann, und zwingt es, sich unter Ausschluß anderer Weibchen ihr zu widmen. Und indem sie beinahe ununterbrochen die Kopulation verlangt, kann sie den Löwen dermaßen erschöpfen, daß er kaum einen zweiten Blick auf eine andere Löwin wirft.

Wir kopulieren nicht mit der Häufigkeit von Löwen, aber auf lange Sicht sind wir sexuell noch aktiver als sie. So »ausschweifend« sie sein mögen, beschränken Löwen doch ihre Kopulationen auf die kurze Zeitperiode, in der die Weibchen ovulieren, während wir Menschen während des ganzen Jahres ohne Rücksicht auf die Jahreszeit und beinahe unabhängig von der reproduktiven Verfassung einer Frau Geschlechtsverkehr haben. Wir sind vielleicht einzigartig unter allen Tieren mit unserem regelmäßigen Genuß des nicht der Fortpflanzung dienenden Geschlechtsverkehrs.* Dem Menschen ist die Befreiung von der Tyrannei der Fortpflanzung über das Geschlechtsleben gelungen.

Nach den Maßstäben anderer Tiere ist die Häufigkeit des Geschlechtsverkehrs beim Menschen erstaunlich, und es liegt eine Ironie darin, daß religiöse Verbote der Schwangerschaftsverhütung oft von der Vorstellung ausgehen, die Loslösung des Geschlechtsverkehrs von seiner reproduktiven Funktion sei irgendwie »tierisch«. Gerade das Gegenteil ist wahr: Geschlechtsverkehr ohne Zeugung ist eine Besonderheit des Menschen, ein Ausdruck seines Menschseins.

* Es gibt jedoch zumindest einen interessanten Hinweis auf die Möglichkeit eines nichtreproduktiven Geschlechtsverkehrs bei Tieren. Der Oxforder Zoologe John MacKinnon berichtet, daß sich die Orang-Utans auf Sumatra ohne besondere Rücksicht auf die Fortpflanzung paaren. Auf Sumatra ist die besondere Voraussetzung gegeben, daß dort sowohl Leoparden als auch Siamangs, eine andere Affenart, die mit den Orang-Utans konkurriert, leben. Es liegt im Interesse des Orang-Utan-Weibchens, das große starke Männchen stets in der Nähe zu haben, und seine ständige sexuelle Bereitschaft könnte eine Methode sein, dies zu erreichen. Auf dem benachbarten Borneo, wo es ebenfalls Orang-Utans gibt, aber keine Siamangs und nur wenige Leoparden, sind die weiblichen Orang-Utans nur zur Paarung bereit, wenn eine Befruchtung wahrscheinlich ist. Sonst lassen sie sich offenbar auf nichts ein. Wie zu erwarten, haben Orang-Utan-Männchen auf Borneo nichts von der Aufmerksamkeit an sich, die für ihre Vettern auf Sumatra charakteristisch ist.

Welche evolutive Bedeutung kommt der menschlichen Sexualität zu? Warum sind wir sexuell aktiver als Löwen? Die allgemein akzeptierte Erklärung ist merkwürdigerweise die, daß wir wegen unserer größeren Gehirne und unserer Fähigkeit, aufrecht auf zwei Beinen zu gehen, ständig mit dem Geschlechtlichen beschäftigt seien. Das Argument ist interessant. Unsere Bevorzugung der aufrechten Haltung erzwang eine gewisse Änderung unseres Säugetierbeckens, so daß die Frauen nun unangenehm enge Geburtswege haben. Verbinden wir diese anatomische Tatsache mit dem sehr großen Kopf eines Neugeborenen, und wir haben auch schon unsere Probleme. Es ist wahrscheinlich, daß Kinder mit übermäßig großen Köpfen und Frauen mit zu kleinen Becken ohnehin durch die Selektion ausgemerzt wurden. Dennoch hat kein Tier solche Schwierigkeiten beim Gebären wie der *Homo sapiens*. Dazu kommt, daß unsere Kinder wegen der oberen Begrenzung der Kopfgröße bei der Geburt noch sehr viel wachsen und lernen müssen, und das erfordert eine unglaublich lange Periode der Abhängigkeit von Erwachsenen. Während dieser Zeit erhöht sich die Aussicht der Mutter, ihr Kind erfolgreich großzuziehen, beträchtlich, wenn sie einen anderen, emotional gebundenen Erwachsenen bei sich hat, der ihr hilft, Nahrung herbeizuschaffen, Feinde zu vertreiben und so fort. Diesem Argument zufolge entwickelte sich der nichtreproduktive Geschlechtsverkehr als Lockung, die den Mann in der Nähe hält, und diese Abhängigkeit erklärt vielleicht unsere einzigartige Befreiung des Geschlechtsverkehrs, seine Verwandlung von der Reproduktion in die Rekreation.

Dieses Argument ist jedenfalls einleuchtend, wenn auch offensichtlich nur schwer oder gar nicht zu beweisen. Und es wirft einige verwirrende Fragen auf. Zum Beispiel: Frauen sind wie alle Säugetiere biologisch in der Lage, für ihre Nachkommen zu sorgen, und in vielen Jäger-und-Sammler-Gesellschaften schaffen sie tatsächlich einen großen Teil der Kalorien herbei. Wenn wir außerdem, wie schon angedeutet, in früherer Zeit polygyn waren, verband sich ohnehin immer eine kleine Anzahl von Männern mit einer großen Anzahl von Frauen. Und warum wurden, wenn der männliche Beistand so wichtig für den Erfolg der Nachkommenschaft war, nicht die Männer dazu ausgelesen, ihren Anteil an der »Brutpflege« unabhängig von sexuellen Belohnungen zu übernehmen (wie es beispielsweise bei den meisten Vögeln der Fall ist)?

Ich vermute, daß die männliche Sorge für die Nachkommenschaft beim Menschen – wie bei praktisch allen Säugern – bei weitem nicht in dem Maße angeboren ist, wie es die heutigen Vertreter der Gleichheit der Geschlechter gern sehen würden. Das wirklich »natürliche« menschliche Band ist das zwischen Mutter und Kind – nicht das zwischen Mann und Frau –, und bezeichnenderweise haben die meisten menschlichen Gesellschaften komplizierte Regeln und Vorschriften geschaffen, durch die Paare zusammengehalten werden. Verlobung und Hochzeit sind oft von sehr vielen Ritualen und öffentlichen Zeremonien begleitet, was anzeigt, wie wichtig es ist, zwischen Mann und Frau in unserer Gesellschaft eine feste Bindung herzustellen. Gewiß wird alles, was mit der Fortpflanzung zu tun hat, als wichtig betrachtet, aber andererseits zeigt gerade unsere intensive Beschäftigung mit der Ehe und der Bindung zwischen Mann und Frau, wie unsicher dieses Band in Wirklichkeit ist. Warum würde man sonst soviel Aufhebens davon machen?

Und wie verhält es sich schließlich mit dem weiblichen Orgasmus, einem weiteren, nur dem Menschen eigenen Charakteristikum? Jede umfassende Theorie der menschlichen Sexualität muß diesen Faktor in Betracht ziehen. Nach dem britischen Zoologen Desmond Morris könnte sich der weibliche Orgasmus als ein Mittel entwickelt haben, das die Frauen dazu zwingt, nach dem Geschlechtsverkehr liegenzubleiben. Da wir aufrecht gehen, besteht die Möglichkeit, daß die Samenflüssigkeit aus der Scheide rinnt. Daher, so lautet die Theorie von Morris, könnte alles selektiv begünstigt sein, was eine Frau dazu bringt, wenigstens noch einige zusätzliche Minuten in der Waagrechten zu bleiben. Eine andere Erklärung ist, daß wir uns doch nicht gar so sehr von Löwen oder Orang-Utans auf Sumatra unterscheiden. Der nichtreproduktive Geschlechtsverkehr könnte eine evolutive Strategie darstellen, den Mann in der Nähe zu halten, aber nicht nur durch den Appell an die Lust (man erinnere sich, warum Zucker süß ist). Die sexuelle Zugänglichkeit der Frau während des ganzen Zyklus könnte tatsächlich eine liebevolle Form der Täuschung sein, wie es bei der Löwin der Fall ist. Wenn die Frauen gern lieben und dazu motiviert werden (eben durch den Orgasmus), mögen die Männer vielleicht nicht allzu lange fortbleiben. Sie halten sich in der Nähe auf und wachen über ihre genetische Investition. Andere Spezies haben offensichtlich das ökonomische Potential des Geschlechts entdeckt. Bei Schimpansenweibchen konnte man beobachten, daß sie ihre Brunstschwellungen Männchen anbieten, die Bananen oder eine andere begehrte Nahrung fressen. Wenn der Schimpanse die Banane weglegt, um aufzureiten, nimmt das Weibchen sie und frißt sie lässig auf, während er anderweitig beschäftigt ist.

Diese Erörterung erinnert mich an die Bemerkung einer Freundin über Magazine mit nackten Mädchen. Anstatt sie wegen der Ausbeutung der Frau zu tadeln, bewunderte sie sie . . . weil sie zeigen, wie leicht es für Frauen ist, die Schwächen der Männer auszubeuten.

Wir haben hier nun eine kräftige Mischung von Theorien und Beobachtungen aus der Tierwelt dargeboten, die alle auf mehrere allgemeine Verhaltensmuster hindeuten: 1. Männliche Aggressivität zusammen mit einer drängenden und relativ wahllosen Sexualität im Gegensatz zu weiblicher Fügsamkeit und sexueller Sprödigkeit. 2. Wettkampf zwischen Männchen und Männchen. 3. Eine weitverbreitete Tendenz zur Polygynie (Haremsbildung). 4. Eine große Rolle der Wahl seitens des Weibchens, die sich ausdrückt durch die Bevorzugung von Partnern mit »guten Genen«, mit Zugang zu wichtigen Ressourcen und/oder mit richtigem – das heißt die Tauglichkeit maximierendem – Verhalten.
Bei der menschlichen Spezies ist die Lage offensichtlich verworrener. Wir sind Tiere ganz besonderer Art, da wir auch Sprache und Kultur besitzende Geschöpfe mit vielen Verhaltensweisen sind, die willkürlich, symbolhaft und stilisiert zu sein scheinen. In diesem Zusammenhang ist es nur möglich, auf die Ähnlichkeit zwischen den Voraussagen aufgrund der natürlichen Selektion, die bei allen anderen Spezies immer wieder bestätigt wurden, und der Wirklichkeit des menschlichen Verhaltens hinzuweisen. Wir können uns dann dafür entscheiden, uns einfach über die Übereinstimmung zu wundern oder sie als völlig irrelevant, irreführend und vielleicht sogar gefährlich zu leugnen. Oder wir können sie schließlich als suggestiv genug betrachten, um eine sehr sorgfältige Untersuchung zu verdienen. Diese letzte Wahl spricht für das neue Forschungsgebiet der Soziobiologie des Menschen, und auf diese Wahl setze ich.
Dies ist in mancherlei Hinsicht ein schwieriges Kapitel. Ich hoffe natürlich, daß es nicht den Zorn der Feministinnen auf sich ziehen wird, aber mehr noch bin ich in Sorge, daß es falsch interpretiert und als Begründung für die weitere Unterdrückung der Frauen mißbraucht werden könnte. Es war lediglich meine Absicht, die Evolutionsbiologie der Unterschiede zwischen Männlich und Weiblich zu ergründen, nicht aber, irgendeine bestimmte soziale, politische oder ethische Anschauung zu vertreten. Die Evolution *ist* einfach – oder noch besser: die Evolution *tut*. Sie sagt nichts darüber, was sein sollte. Sie hat natürlich ihre Imperative, aber es sind keine moralischen Imperative. Wenn Frauen intrigant und im Grunde passiv zu sein scheinen, so sind Männer ekelhaft und aggressiv, manchmal lächerlich und, in Anbetracht des modernen Waffenarsenals, sehr, sehr gefährlich. Es besteht wahrscheinlich die Gefahr, daß das soziobiologische Verständnis der Unterschiede zwischen Mann und Frau dazu mißbraucht wird, sexistische Einstellungen zu rechtfertigen, die Anschauung zu verteidigen, daß es nur »natürlich« sei, wenn Männer aggressiv sind und Frauen eher passiv und so fort. Aber wie wir schon sagten:

Was natürlich ist, ist nicht notwendigerweise gut. Außerdem sind die von der Soziologie vorausgesagten Neigungen nur ebendies: Neigungen. Sie sind keine Gewißheiten.

Es wäre ein grober Mißbrauch der Wissenschaft, wenn die Einblicke in die Evolution dazu verwendet würden, die kulturell bedingte Übertreibung der Geschlechtsunterschiede im Verhalten zu untermauern. Die modernen Gesellschaften fahren fort, die Frauen unerträglich auszubeuten und ihnen in einem Ausmaß ihre Rechte zu verweigern, gegen das etwas unternommen werden muß. Wir sind es uns selbst schuldig, sowohl die Unterschiede in der Behandlung von Männern und Frauen zu beurteilen als auch jene Unterschiede zu verstehen, die tatsächlich existieren. Eine gerechte Gesellschaft braucht objektive, nicht mit Vorurteilen belastete Tatsachen. Wir brauchen noch viel mehr Information, um die wahre Natur von Männern und Frauen zu verstehen. Der Grundsatz Jeffersons lautet, daß alle Menschen von Geburt gleich, nicht daß sie identisch sind (was nur der Fall sein könnte, wenn wir alle aus einem Ei hervorgegangen wären). Wenn die Gesellschaft die Pflicht hat, allen ihren Mitgliedern die vollste Verwirklichung ihres Potentials zu ermöglichen, tun wir besser daran, dieses Potential zu erforschen und aufzuhören, den intellektuellen Vogel Strauß zu spielen.

Meiner Ansicht nach kommt es zum Sexismus, wenn die Gesellschaft das eine Geschlecht höher bewertet als das andere und dem einen (gewöhnlich dem männlichen) besondere Gelegenheiten bietet, während sie dem anderen (gewöhnlich dem weiblichen) die gleichen Gelegenheiten versagt. Diese Art von Sexismus hat nichts mit Soziobiologie zu tun. Andererseits wird der Ausdruck Sexismus manchmal auch auf die einfache Identifikation von Unterschieden zwischen Männlich und Weiblich angewandt, und in dieser Hinsicht ist die Soziobiologie, glaube ich, sexistisch. Niemand würde die Feststellung schrecklich finden, daß der Mann einen Penis hat und die Frau eine Vagina. Oder daß ein Mann Sperma produziert und eine Frau Eier. Aber sobald wir beginnen, die verhaltensmäßigen Folgen dieser Tatsachen zu untersuchen, findet sich gewiß jemand, der uns unfaires Spiel vorwirft. Wenn die Unterschiede zwischen Mann und Frau sexistisch sind, müssen wir die Schuld dort suchen, wo sie wirklich liegt, bei dem größten aller Sexisten: »Mutter« Natur!

# 4
# Elternschaft: Mörderische Affen, väterliche Murmeltiere und Sexismus (Fortsetzung)

Was könnte, soziobiologisch gesehen, sinnvoller sein, als Kinder zu haben? Kinder mögen einem auf die Nerven gehen, aber sie sind gut für unsere Tauglichkeit. Dazu könnte mehr als ein geplagtes Elternpaar grimmig bemerken: »Gott sei Dank, daß sie wenigstens für etwas gut sind.« Aber Tatsache ist, daß Kinder, zusätzlich zu ihrer langfristigen evolutiven Bedeutung, auch eine ganze Welt von unmittelbaren Belohnungen bieten. »Wir hatten viele Kinder, Mühen und Bangen, aber, o Gott, wir würden noch einmal von vorn anfangen«, heißt es in einem Volkslied. Wie beim Zucker ist vieles an Kindern, was »süß schmeckt« – und aus ähnlichen genetischen Gründen. Die Soziobiologie zeigt nicht nur, *warum* wir unsere »Naschhaftigkeit« als Eltern befriedigen müssen, sondern sie liefert auch einige bemerkenswerte Einsichten in bezug darauf, *wie* wir dies tun.

Die Evolutionstheorie behauptet, daß sich alle Lebewesen ganz der Fortpflanzung ihrer Gene widmen oder, um es anders auszudrücken, daß der Daseinszweck der Gene die reine Selbst-Fortpflanzung ist. Einer unserer führenden Evolutionsbiologen, Richard Alexander von der University of Michigan, sagt, die Funktion jeder Zelle in jedem Lebewesen sei es, »Selbstmord zu verüben nach einem speziell entwickelten Schema, das das Überlebenspotential seiner Gene erhöht«. Natürlich ist die Tauglichkeit eines Gens am größten, wenn es sich mit Genen von einem Angehörigen des anderen Geschlechts richtig verbindet und dann entsprechend genährt wird. Die Versorgung und Ernährung von Kindern ist die Pflege unserer eigenen Tauglichkeit.

Ob wir es erkennen oder nicht: ein großer Teil unserer Lebensweise ist der Förderung des Erfolgs unserer Gene gewidmet. Der direkteste Weg, diesen Erfolg zu erringen, ist der, Kinder zu haben. Aber schon bevor wir dazu imstande sind, müssen wir etwas für die fundamentalen »Haushaltsfunktionen« unseres Körpers – essen, ausscheiden, schlafen, atmen, den Herzschlag aufrechterhalten – tun, die, obwohl wir sie als selbstverständlich hinnehmen, alle der Erhaltung unserer Tauglichkeit dienen. Unserem Bewußtsein näher, aber nicht weniger wichtig für unsere Tauglichkeit, ist unser soziales Verhalten: Gattenwahl, Wettbewerb mit anderen des gleichen Geschlechts, Werbung, Revierverteidigung, Meidung von Feinden und Erziehung von Kindern. Diese Art von Verhalten mit seiner Auswirkung auf die Tauglichkeit steht im Mittelpunkt des Interesses der Soziobiologie.

Wieviel sollen Eltern in die Fortpflanzung investieren? Die in der Theorie einfache und in der Praxis außerordentlich komplexe Antwort lautet, daß sie soviel wie möglich investieren sollen – in Übereinstimmung mit der Maximierung ihrer Tauglichkeit auf Lebzeiten. Menschen haben viele Anliegen, aber wenn man sie alle genauer untersucht, findet man oft eine besondere Besorgtheit um die Tauglichkeit, gewöhnlich so, wie sie durch unsere Kinder repräsentiert wird. Diese Besorgtheit wird ergreifend demonstriert durch den unaufhörlichen lebendigen Alptraum der Arapesch, des sanften Bergvolks auf Neuguinea, das von Margaret Mead studiert wurde. Diese Menschen leben am Rande des Existenzminimums und kämpfen einen nie endenden Kampf, um sich von den wenigen Kalorien zu ernähren, die ihnen zur Verfügung stehen. Oft gibt es überhaupt nichts zu essen, und die Eltern haben nur noch die traurige Aufgabe, das Geschrei ihrer hungernden Kinder zu ignorieren. Die Arapesch zweifeln nicht daran, daß sie alles, was sie haben, in die Fortpflanzung investieren müssen. Aber oft reichen ihre Opfer nicht aus, und sie leben in der ständigen Furcht, daß die Kinder, für deren Ernährung sie so hart arbeiten, die Kinder, die für sie so wichtig sind, obwohl sie nichts von Evolution und Tauglichkeit wissen – daß diese Kinder von Generation zu Generation kleiner und kleiner werden könnten.

Wie sollen wir uns andererseits die Ik erklären? Dieses afrikanische Volk, das durch die Gründung eines Nationalparks in Uganda aus seinen traditionellen Jagdgebieten vertrieben wurde, ist am Verhungern. Beinahe ohne jegliches soziale System, scheint es beinahe auch seine Menschlichkeit verloren zu haben. So scheint den Ik, zum Beispiel, die Elternliebe zu fehlen. Sie lachten, berichtet der Anthropologe Colin Turnbull, als sich ein kleines Kind schlimme Verbrennungen zuzog, weil es in ein Lagerfeuer kroch, und bei einer anderen Gelegenheit drückten sie kein Bedauern aus, als ein Kind von einem Leoparden gefressen wurde. Dieser letzte Vorfall schien vielmehr eine stille Befriedigung auszulösen: jeder war nun gewiß, daß der Leopard in der Nähe bleiben und nach seinem Mahl schlafen werde, und daher war er eine leichte Beute, die man fangen und essen konnte. In Anbetracht der überragenden Bedeutung von Kindern ist es nicht seltsam, daß unser Abscheu besonders durch die Gleichgültigkeit der

Ik gegenüber ihren Kindern erweckt wird. Aber man muß bedenken, daß die Ik buchstäblich verhungern, und es bedurfte offenbar einer entsetzlichen Not, um sie so »unmenschlich« zu machen. Interessant ist, wie Turnbull weiter berichtet, daß die Ik, als sie aus einem Hilfsfonds mit Nahrungsmitteln versorgt wurden, diese den Alten vorenthielten, wobei ein Sprecher erklärte, daß sie »ohnehin sterben werden und nutzlos sind; sie können uns nicht einmal mehr Kinder geben«. Sie beschlossen außerdem, die ganz kleinen Kinder verhungern zu lassen, aber ein Schimmer von Tauglichkeits-Maximierung war doch noch zu sehen: »Wir können in jedem Falle wieder Kinder bekommen, wenn wir sie brauchen, daher sind wir [die fortpflanzungsfähige Gruppe] diejenigen, die die Nahrung bekommen und am Leben bleiben müssen.«

Wir können nicht beides haben. Wir können entweder eine große Anzahl von Kindern zeugen und in jedes sehr wenig investieren oder eine kleinere Anzahl und für jedes besser sorgen. Die Ökologen bezeichnen diese beiden Strategien als »r-Selektion« und »K-Selektion«. In diesem Fall bezieht sich »r« auf die natürliche Zuwachsrate einer Population, manchmal »Malthusscher Parameter« genannt. Individuen mit r-Selektion maximieren ihre Tauglichkeit, indem sie die Zahl ihrer Nachkommen maximieren. Der Buchstabe »K« in »K-Selektion« bedeutet für den Ökologen die »Tragfähigkeit« eines Habitats, das heißt die Zahl der Individuen, die an einem gegebenen Ort erfolgreich leben und sich fortpflanzen können. Wenn eine (anfangs vielleicht r-selektierte) Population eine Größe erreicht, die sich der Tragfähigkeit ihres Habitats nähert, tritt K-Selektion ein, und die Evolution begünstigt die Produktion einer qualitativen Nachkommenschaft gegenüber einer quantitativen. Wo Überfüllung herrscht, wird der Wettbewerb zum Auslesefaktor, und die einfache Fruchtbarkeit tritt zurück hinter Größe, Tüchtigkeit und einer guten Ausgangsposition im Leben.
Ein Kabeljauweibchen kann bei einem einzigen Ablaichen mehr als 100 000 Eier produzieren – es ist r-selektiert. Eine Maus kann einen Wurf von zehn Jungen bis zu dreimal im Jahr haben. Sie ist K-selektiert im Vergleich mit dem Kabeljau, aber r-selektiert im Vergleich mit uns. Der Mensch gehört zu den am stärksten K-selektierten Tieren. Wir streben mehr nach Qualität als nach Quantität.
In E. B. Whites schöner Kindergeschichte *Charlotte's Web* stirbt die Spinnenheldin Charlotte, nachdem sie ihre Eier gelegt hat. Sie sieht ihre Kinder nie, aber – obwohl White es nicht ganz so ausdrückt – durch sie sichert sie ihren evolutiven Erfolg, und daher stirbt sie

glücklich. Im Gegensatz zur Spinne und zum Kabeljau kann ein Mensch seine Verpflichtung gegenüber seinen Kindern aber nicht einfach dadurch erfüllen, daß er befruchtete Eier zurückläßt. Für uns ist die Fortpflanzung eine Straße mit Gegenverkehr. Indem wir für unsere Kinder sorgen, sorgen wir für einen sehr wichtigen Teil von uns selbst. So wie wir hinsichtlich unserer evolutiven Zukunft von ihnen abhängen, hängen sie von uns ab. Kinder brauchen lange, um zu wachsen und zu reifen. Zusätzlich zu den offensichtlicheren biologischen Erfordernissen wie Nahrung, Ruhe und Schutz haben sie auch noch eine beachtliche Menge zu lernen.

Die meisten von uns geben ihren Kindern bereitwillig, was sie brauchen. Warum tun wir das? Weil wir sie lieben, natürlich. Aber warum lieben wir sie? Und hier befinden wir uns wieder im Bereich der evolutiven Geschehnisse, in dem sich menschliche Neigungen so oft als Gehilfen der Tauglichkeit entpuppen. Wir lieben unsere Kinder, »weil« dies für uns adaptiv ist. Die Liebe der Eltern zum Kind ist eine List der Evolution, die gewährleistet, daß die Eltern in das Kind auf eine Weise investieren, die die Tauglichkeit jedes Elternteils maximiert. Das Kind wird natürlich ebenso motiviert, seine Eltern zu lieben, »weil« eine solche Anhänglichkeit an die richtigen Erwachsenen letzten Endes seine Aussichten auf einen evolutiven Erfolg erhöht. Mit anderen Worten, Eltern- und Kindesliebe, Besorgtheit und Fürsorge sind letzten Endes selbstsüchtig.

Wie die Liebe zwischen Erwachsenen ist die Liebe der Eltern zum Kind so stark, daß unsere Emotionen uns leicht blind machen und daran hindern können, sie als biologische Tatsache zu ergründen. Es kann uns daher nützen, einige Beispiele aus der Tierwelt zu betrachten. Vor nicht allzu langer Zeit mußte eine Fuchsfarm schließen, als ein nahegelegener Flugplatz seinen Betrieb aufnahm. Die Fähen warfen zwar weiterhin ganz normal Junge, aber dann fraßen sie sie auf. Allerdings fressen viele Tiere ihre Jungen, wie schon so mancher Besitzer von Mäusen oder Hamstern zu seinem Entsetzen bemerkt hat. Aber woher kommt ein solches Verhalten? Nicht daher, daß diese Tiere ihre Jungen nicht »lieben«. Eine Fähe oder ein Hamsterweibchen wird normalerweise die Jungen erbittert verteidigen und sogar bereit sein, das Leben für sie zu geben. Das Paradoxon findet seine Lösung, wenn wir die evolutiven Strategien betrachten. Wenn Mäuse in überfüllten Käfigen gehalten und womöglich noch unzulänglich ernährt werden, oder wenn Fähen, die gerade geworfen haben, plötzlichem Streß (wie dem Dröhnen von Flugzeugen über ihnen) ausgesetzt werden, folgen sie lediglich einer adaptiven Strategie, wenn sie ihre schlechte Investition preisgeben. Für die erregte Maus oder die mit Dezibel bombardierte Fähe scheint die Lage so schlimm zu sein, daß ihre Nachkommen offenbar keine Überlebens-Chancen haben. Weitere Nahrung für sie zu beschaffen, wäre nur eine Vergeudung guter Kalorien. Sie macht also lieber eine Mahlzeit daraus und versucht es noch einmal – in besseren Zeiten.

Mencheneltern können ihren Kindern gegenüber ebenso »unmenschlich« sein und Verhaltensweisen zeigen, die scheinbar lieblos sind, tatsächlich aber die wahre Bedeutung der Liebe als eines Hilfsmittels der Evolution erkennen lassen. In einem Artikel mit dem Titel »*The Evolution of Social Behavior*« (Die Evolution des Sozialverhaltens) weist Richard Alexander darauf hin, daß in mehr als der Hälfte von 160 menschlichen Gesellschaften, über die solche Informationen vorliegen, bei Zwillingsgeburten die Kindestötung an einem oder beiden Kindern verübt wird (oder wurde). Wenn die Anforderungen an die Mutter einfach zu groß sind, ist diese unbarmherzige Lösung auf lange Sicht wahrscheinlich förderlich für die Tauglichkeit. Ebenso werden manchmal Kinder getötet, die zu rasch aufeinanderfolgen. Eine Yanomamo-Mutter erzählte einem Anthropologen mit Tränen in den Augen, sie habe ihren neugeborenen Sohn getötet, weil er dem, den sie noch stillte, die Milch weggenommen hätte. Viele menschliche Gesellschaften verbieten den Geschlechtsverkehr, während die Mutter noch stillt, eine Regel, die die Möglichkeit verringert, daß eine neue Empfängnis zu rasch auf die vorausgegangene folgt. Unsere eigene Physiologie arbeitet auf dasselbe Ziel hin. Bis zu einem gewissen Grade hemmt das Stillen die Ovulation und reduziert somit die Notwendigkeit eines Abortus oder der Kindestötung.

In Australien wurden Neugeborene in Dürrezeiten regelmäßig getötet, und manchmal dienten sie sogar ihren Geschwistern als Nahrung. Der Anthropologe Marvin Harris wies darauf hin, daß bei Gesellschaften, die häufig Kriege führen, oft besonders Mädchen getötet werden, so daß mehr männliche Krieger großgezogen werden und zugleich die Übervölkerung verhindert wird. Obwohl die Einzelheiten variieren, ist die allgemeine Tendenz klar: Eltern, auch Menscheneltern, verwenden ihre Kinder, um ihre eigene evolutive Tauglichkeit zu erhöhen.

Viele Tiere haben Drüsen, um zu wachsen, um sexuell zu reifen, um Salze auszugleichen und Zucker abzubauen. Aber würden Sie es für möglich halten, daß es eine Drüse zum Sterben gibt? So unglaublich es klingt, hat doch zumindest ein Tier – der Krake – offenbar eine Art von selbstzerstörerischem Mechanismus, die Augendrüse, in seiner ohnehin schon eigentümlichen Anatomie. Ein Krakenweibchen stirbt normalerweise ungefähr einen Monat, nachdem es seine Eier ausgestoßen hat. Es verliert den Appetit, verbringt seine ganze Zeit damit, die junge Brut zu betrachten – und stirbt. Entfernt man jedoch die Augendrüse, so kehrt sein Appetit zurück, es ignoriert seine Brut und kann sich sogar wieder für männliche Kraken interessieren. Bei einem unlängst durchgeführten Experiment lebten Krakenweibchen, bei denen man die Augenlappen entfernt hatte, im Durchschnitt noch sechs Monate nach der Eiablage (verglichen mit durchschnittlich einem Monat bei Tieren mit Drüsen; ein Methusalem lebte nach der Eiablage sogar noch neun Monate). Was hat es mit dieser Drüse auf sich? Müßte sich das Krakenweibchen selbst mit Nahrung versorgen, so wäre es gezwungen, sich von seinen Eiern zu entfernen und sie somit jemandem preiszugeben, der ebenfalls auf Nahrungsuche ist. Daher verzichtet es auf das Fressen – und verzichtet auf das Leben –, um den Erfolg seiner Brut zu sichern.

Was die Augendrüse des Krakenweibchens besonders interessant macht, ist, daß der Mechanismus so eindeutig konstruiert zu sein scheint: ein bestimmtes Organ dient dem einen besonderen Zweck. Viele andere Spezies sind weniger offensichtlich für die Selbstvernichtung programmiert, obwohl Fortpflanzung und Sterben oft Hand in Hand gehen. Die pazifischen Lachse, beispielsweise, haben wie die Krakenweibchen nur eine einzige Gelegenheit, sich fortzupflanzen, und sie tun es alle auf einmal, mit einem »großen Knall«, wie die Biologen respektlos sagen. Die Fortpflanzung ist eine Anstrengung, die alle Kräfte erfordert, und sie sterben so sicher, als würden sie von ihren Jungen aufgefressen. Allerdings sind sie erschöpft und buchstäblich zerschlagen durch ihre lange Wanderung stromaufwärts zu den Laichplätzen. Doch – traurig, aber wahr – die Fortpflanzung ist der eigentliche, von der Evolution vorbestimmte Grund für ihren Tod.

Man beachte, daß dieses selbstmörderische Verhalten nicht notwendigerweise der »Mutterliebe« gleichzusetzen ist, jedenfalls nicht, wie sie in den sentimentalen Begriffen einer Kindergeschichte zum Ausdruck kommt. Es ist vielmehr die kaltblütige, berechnende Strategie von Genen, die nicht zögern, den erwachsenen Körper zu opfern, der sie beherbergt, um den zukünftigen Erfolg von Kopien ihrer selbst in vielen hoffnungsvollen neuen Körpern zu sichern, die, wenn ihre Zeit gekommen ist, wieder alle dem gleichen Plan folgen werden.

Selbstverständlich hat die Selbstaufopferung der Eltern ihre Grenzen, die dadurch gesetzt sind, daß jeder Elternteil selbstsüchtig seine eigene Tauglichkeit maximiert. Nehmen wir als Beispiel zwei Unterarten des Weißscheitel-Sperlings, den man in der Umgebung von Seattle, Washington, findet. Die südliche Unterart, die an die lange Brutzeit in Oregon und Kalifornien angepaßt ist, legt normalerweise zwei- oder dreimal jährlich. Sollte sie ein Nest voll Eier an einen Räuber verlieren, legt sie neue Eier, um sie zu ersetzen. Die nördliche Unterart, die bis Alaska hinauf brütet, ist an kurze Brutzeiten angepaßt und bringt nur ein Gelege im Jahr hervor. Wenn diese Eier verlorengehen, können sie nicht ersetzt werden, da die Brutzeit zu kurz ist.

Solche kleinen Vögel können manchmal erstaunlich tapfer sein. Man kann allgemein beobachten, daß sie auf Räuber »hassen«, das heißt, daß sie in Scharen laut über die viel größeren Eindringlinge herfallen. Es ist ein gefährliches Verhalten, aber es macht sich oft bezahlt. Viele Räuber scheinen sehr verstört zu sein, wenn sie auf diese Weise angegriffen werden, und treten oft den Rückzug an, wobei sie aussehen wie große Bomber, die von einem Schwarm wütender Jagdflugzeuge verfolgt werden.*

Da ich die Unterschiede im Brutverhalten der nördlichen und der südlichen Weißscheitel-Sperlinge kannte, war ich neugierig auf die »Tapferkeit« der einen und der anderen Unterart und entwarf ein Experiment, um sie zu testen. Ich brachte bei den Nestern beider Unterarten eine über eine Rolle laufende Wäscheleine an und hängte die schrecklich aussehende Kunststoff-Attrappe einer großen Ohreule an die Leine. Dann zog ich die Attrappe langsam immer näher an das Nest heran und beobachtete das Verhalten der Eltern. Obwohl die Sperlingeltern in beiden Fällen auf die Eule haßten, war doch ein bedeutender Unterschied in der Heftigkeit der Angriffe seitens der nördlichen und der südlichen Subspezies festzustellen. Die nördliche war sehr verwegen und hartnäckig bei ihren Attacken auf die falsche Eule, die südliche weit weniger. Im allgemeinen schien die nördliche fest entschlossen zu sein, die Eule zu verjagen oder bei dem Versuch umzukommen, während die südliche dazu neigte, einen nicht ganz ernst gemeinten Krawall zu veranstalten und dann davonzufliegen.

Da die nördliche Unterart nicht mehr als einmal im Jahr brüten kann, hat sie buchstäblich alle ihre Eier in einen Korb gelegt. Wird dieser Korb bedroht, so ist es nicht verwunderlich, daß sie auf die beschriebene heftige Weise reagiert. Aber für die Angehörigen der südlichen Unterart »lohnt« es sich nicht, bei der Verteidigung der Eier das Leben aufs Spiel zu setzen. Sie können wieder brüten und den Verlust wettmachen. Gene, die Eltern der südlichen Unterart beeinflussen, einem Eindringling zu weichen, ohne ihr Leben zu gefährden, sind auf

* Ich habe gesehen, wie Krähen auf eine Eule haßten, und kurz darauf, wie Stare auf eine Krähe und dann, wie Spatzen auf einen Star haßten – eine Aufeinanderfolge, die an Jonathan Swifts Bemerkung erinnert, daß »ein Floh kleinere Flöhe hat, deren Beute er ist, und diese kleinere noch, die sie beißen, und so fort *ad infinitum*«

lange Sicht wahrscheinlich erfolgreicher als »Tapferkeits«-Gene. Wer kämpft und flieht, bleibt am Leben und brütet ein andermal wieder.

Menschen sind bei der Erziehung ihrer Kinder nicht den gleichen Einschränkungen unterworfen wie Lachse, Kraken oder Weißscheitel-Sperlinge. Da wir uns mehr als einmal fortpflanzen, programmieren uns unsere Gene nicht für eine Elternschaft im Kamikaze-Stil. Unsere längere Lebensspanne und unser Vermögen, viele Male Kinder zu zeugen, gewähren uns die Voraussicht und die Fähigkeit vorauszudenken, über den Augenblick hinaus zu planen. In den meisten Fällen richtet sich unser Elternverhalten ziemlich streng nach dem, was das »Beste« für unsere Gene ist, und wo es um die Kinder geht, erhebt sich das Flüstern in uns oft zu einem lauten Ruf.

Menschen befinden sich zum Glück nur selten in einer Lage, in der die Alternativen so kraß sind wie bei den Weißscheitel-Sperlingen: die Kinder oder das eigene Leben retten. Gewiß bringt die Elternschaft manche kurzfristige Kosten für die Eltern mit sich, aber auf lange Sicht gewinnen auch die Eltern, und zwar eben durch den Erfolg ihrer Nachkommen. Sei es, daß sie mitten in der Nacht aufstehen, um nasse Windeln zu wechseln, sei es, daß sie einer Nebenbeschäftigung nachgehen, um das Kind studieren lassen zu können: moderne Eltern handeln ständig zum Wohl ihrer Kinder mit einigen unmittelbaren Kosten für sich selbst.

Es wäre interessant, das Verhalten einer 18jährigen Mutter mit dem einer 34jährigen zu vergleichen, die beide ihr erstes Kind haben. Die 18jährige läßt sich in mancher Hinsicht mit dem Weißscheitel-Sperling der südlichen Unterart vergleichen: sie hat noch eine lange potentielle Fortpflanzungszeit vor sich. Die 34jährige dagegen gleicht mehr der nördlichen Unterart. Sie hat vielleicht eine geringe oder gar keine Möglichkeit, noch einmal zu gebären. Wir können daher voraussagen, daß die jüngere Mutter weniger selbstaufopfernd sein wird. Eine besonders aufschlußreiche Studie könnte die relative Neigung dieser Frauen zu einer Abtreibung vergleichen oder, was unserer speziellen Frage noch näher käme, die Reaktion der beiden, wenn sie vor der Entscheidung ständen, sich selbst oder ihr Kind zu retten. Interessanterweise kann man feststellen, daß sich die meisten amerikanischen Gebärkliniken besondere Mühe geben, wenn ein Neugeborenes das erste Kind einer älteren Mutter ist. Bei solchen Kindern ergreift man, wo nötig, besonders dramatische lebenrettende Maßnahmen.

Wir können außerdem voraussagen, daß sich Eltern im allgemeinen älteren Kindern gegenüber »elternhafter« verhalten, da der Verlust eines älteren Kindes einen größeren Ausfall (im Sinne der Evolution) darstellen würde als der eines jüngeren. Da sich ein kleineres Kind leichter ersetzen läßt, ist es eine geringere evolutive Investition, und dementsprechend sollte es auch geringer bewertet werden. Wenn wir diese Analyse auf ein soeben befruchtetes Ei zurückprojizieren, läßt sich feststellen, daß selbst die erbittertsten Gegner der Abtreibung im allgemeinen weniger Einwände gegen die Beendigung des Lebens eines befruchteten Eis als gegen die Abtreibung eines sieben Monate alten Fetus haben. Je älter das Kind, desto größer die Verteidigungsbereitschaft der Eltern. Diese Beobachtung gilt für viele verschiedene tierische Spezies – aus guten evolutiven Ursachen –, und es gibt genug Gründe für die Annahme, daß sie auch für uns gilt. Wenn die Tötung oder Aussetzung eines Neugeborenen schwerer zu billigen ist als die Abtreibung, so ist sie doch leichter zu akzeptieren als die Preisgabe eines dreijährigen Kindes. Das ältere Kind, das die Gefahren des Säuglingsalters erfolgreich überstanden hat, stellt eben einen besseren Wetteinsatz für den evolutiven Erfolg dar als das Neugeborene.

In den meisten Kulturen wird der Tod eines Säuglings weniger betrauert als der eines älteren Kindes. Bezeichnenderweise haben Psychiater beobachtet, daß der größte Schmerz, den Eltern beim Tod eines Kindes empfinden (zumindest in den Vereinigten Staaten), dann auftritt, wenn sich das Kind in der Adoleszenz befand. Es entsteht dann die klassische, mitleiderregende Situation, in der die untröstlichen Eltern so oft das Zimmer, den Besitz und die Kleidung des verlorenen Kindes unberührt lassen, so als erwarteten sie seine Rückkehr. Es ist sicherlich kein Zufall, daß die Adoleszenz die Periode ist, in der die Kinder das größte Potential besitzen, selbst erfolgreiche Nachkommen hervorzubringen. Der Verlust eines Kindes, das (um die technische Fachsprache zu gebrauchen) seinen »höchsten reproduktiven Wert« erreicht hat, ist nach den Begriffen der Evolution der schwerste Verlust, den Eltern erleiden können, und in ihrem Schmerz verbirgt sich gleichsam der Kummer der frustrierten Gene.

Für viele Leser hat diese Diskussion der menschlichen Elternschaft scheinbar einen offensichtlichen Punkt außer acht gelassen: vielleicht haben die Liebe zu einem Kind und der Kummer über seinen Tod gar nichts zu tun mit adaptiven Strategien und der Maximierung der Tauglichkeit. Es kann doch nicht überraschen, daß es einer Mutter schwerer fällt, ein Neugeborenes zu töten als ein eben erst befruchtetes Ei. Schließlich hat sie gespürt, wie das Kind wuchs und sich entwickelte, sie hat an es gedacht und Pläne für seine Zukunft gemacht. Ebenso leiden wir mehr beim Tod eines Dreijährigen als bei dem eines Neugeborenen, weil wir das kleine Kind lieben gelernt haben, während wir das Neugeborene kaum kannten. Und trotz aller Wirren der Adoleszenz, empfinden wir größere Anhänglichkeit für die Kinder, die wir gründlicher kennen.

Aber warum *lernen* wir ein Kind lieben? Vielleicht weil es, je älter es ist, um so deutlicher unsere evolutive Zukunft darstellt. Wie die Liebe zwischen den Eltern ist die Liebe des Vaters oder der Mutter zum Kind in hohem Maße adaptiv. Gene, die sich dafür entscheiden, vorzugsweise in den richtigen Nachkommen auf die richtige Weise und zum richtigen Zeitpunkt zu investieren, werden letzten Endes mehr erfolgreiche Nachkommen hervorbringen als solche, die weniger adaptive Strategien anwenden. Als Ergebnis werden diese erfolgreichen Gene und ihre Körper tauglicher sein, und schließlich wird die Mehrheit der Population diese Merkmale aufweisen. Wir haben bereits einen Namen für den Mechanismus, der die richtige elterliche Investition sicherstellt; es ist ein allgemeines verhaltensmäßiges Mittel zu einem biologischen Zweck, und wir nennen es Liebe.

Betrachten wir noch einmal den Abortus: nicht die absichtlich vorgenommene Abtreibung, sondern die natürlichen Fehlgeburten, die von der modernen Medizin als »spontan« bezeichnet werden. Selbstverständlich ist kein Geschehen wirklich »spontan«. Wir müssen annehmen, daß alle Wirkungen Ursachen haben, und »spontan« besagt lediglich, daß wir die Ursachen nicht kennen. Wenn die Körper schwangerer Frauen Instruktionen ausführen, die die maximale Reproduktion ihrer Gene zur Folge haben, könnten zumindest einige »spontane« Fehlgeburten eine adaptive Strategie darstellen. Besonders wenn die entsprechenden Embryos schlechte evolutive Investitionen sind, würden Frauen, die sie tragen, am tauglichsten sein, wenn sie schon früh im Entwicklungsstadium einen Abortus hätten, das heißt, bevor noch mehr Zeit und Energie verschwendet werden. Der Körper der Mutter könnte Zugang zu unendlich mehr Informationen über das Wohlbefinden des sich entwickelnden Fetus haben als der Arzt mit seinem Stethoskop. Wir sind vielleicht tatsächlich Herren über unser reproduktives Schicksal und über unsere Embryos – in einem Ausmaß, das bisher von den Ärzten noch nicht erkannt wurde.

Während der Hungersnot in Holland in den Jahren 1944 und 1945 kam es zu einem drastischen Rückgang der erfolgreich beendeten Schwangerschaften. In einer Periode großer Nahrungsknappheit ist es die beste genetische Strategie, die Fortpflanzung aufzuschieben, besonders da wir, im Gegensatz zum Lachs, Kraken oder nördlichen Weißscheitel-Sperling beinahe immer zu einem späteren Zeitpunkt einen neuen Versuch unternehmen können. Mehrere Forscher von der University of Washington führten unlängst eine Studie an 268 weiblichen Strafgefangenen durch. Ungefähr ein Viertel dieser Frauen war von irgendeiner Droge abhängig, ein Viertel waren Prostituierte, ein Viertel waren Prostituierte und Drogenabhängige zugleich, und ein Viertel hatte andere Vergehen begangen. Von all diesen Frauen hatten 136 – also knapp mehr als die Hälfte – mindestens eine Schwangerschaftsunterbrechung hinter sich. Die Zahl der Totgeburten und »spontanen« Fehlgeburten lag hoch über der für die übrige Bevölkerung üblichen. Aber es gibt noch eine weitere, verblüffende Statistik. Diese Frauen hatten insgesamt 373 lebende Kinder, und nach dem in den Vereinigten Staaten üblichen Durchschnitt wäre zu erwarten, daß von diesen Kindern 27 mit angeborenen Schäden zur Welt gekommen seien. In diesem Falle aber hatte keines der Kinder einen Geburtsfehler. Das bedeutet nicht, daß Gefängnisinsassen im großen ganzen gesündere Kinder gebären als Frauen, die nie ein Gefängnis von innen gesehen haben. Es spricht vielmehr dafür, daß ein »spontaner« Abortus wahrscheinlicher ist, wenn eine schwangere Frau unter Streß lebt, und wenn solche Fehlgeburten auftreten, sind davon eher weniger taugliche Fetusse, das heißt solche mit Geburtsfehlern, betroffen.

Wir können uns in solchen Fällen vorstellen, daß die Mutter vielleicht imstande ist, dem Fetus ihren »Willen« aufzuzwingen. Sie kann ihm die ständige Nahrung verweigern oder ihn einfach vor der Zeit abstoßen. Es gibt jedoch auch Gründe für die Annahme, daß der Fetus »altruistisch« bei seiner eigenen Abstoßung mitarbeitet, solange dies zur Tauglichkeit der Mutter beiträgt. Wir kommen auf diesen Punkt noch einmal zurück.

Wenn wir Kinder gern haben, weil sie unsere beste Hoffnung auf evolutiven Erfolg verkörpern, sollten wir nur solche gern haben, die wirklich *unsere* Nachkommen sind. In den meisten Fällen gibt es keine genetische Belohnung dafür, daß man hilft, die Kinder eines anderen großzuziehen. Es könnte sogar ein echter Vorteil darin liegen, den Nachkommen anderer zu schaden, eine Tatsache, die zu einigen der grauenvollsten Vorgänge in der ganzen Vielfalt des Lebens führt.

Haben Sie sich je gefragt, warum Stiefeltern immer als widerwärtige Personen dargestellt werden? Von Aschenputtel bis Schneewittchen ist es immer die Stiefmutter, die der Heldin Böses anzutun versucht, oft zum Nutzen ihrer eigenen Kinder. Da Stiefeltern mit dem Kind nicht genetisch verwandt sind, teilen sie mit ihm keine Gene und haben daher auch keine evolutive Investition in dem Kind. Märchen der erwähnten Art haben etwas besonders Unangenehmes an sich angesichts unserer gegenwärtigen hohen Scheidungsziffer und somit der Häufigkeit von Stiefmüttern oder Stiefvätern, Kindertagesstätten und anderen Formen der »alternativen Elternschaft«, die so oft von

Familien mit nur einem Elternteil gefordert werden. Wir befassen uns nicht gern mit der Behauptung, daß die Sorge für unsere Kinder durch biologische Faktoren beeinflußt werden könnte, aber es kann gut sein, daß in unseren Märchen schon seit langem eine wichtige Botschaft über unser Erziehungsverhalten verborgen ist.

Ein innovatorisches Experiment, das unlängst von dem Biologen Harry Power von der Rutgers University durchgeführt wurde, versetzte Aschenputtel aus dem Märchenbuch in die Wirklichkeit. Bei dieser Studie wurde jedoch die grausame Stiefmutter durch einen Stiefvater ersetzt, und an die Stelle der anderen Märchenfiguren traten Berg-Hüttensänger. Nachdem Power Nistkästen verteilt hatte, die Hüttensängermännchen und -weibchen ideal für die Aufzucht der Brut fanden, wurden die Männchen eingefangen. Hätte man sie ungestört gelassen, würden diese Väter mit der allergrößten Wahrscheinlichkeit dem normalen Verhaltensmuster entsprechend Nahrung gesammelt, beim Herannahen von Räubern Alarm geschlagen haben und so fort. An ihrer Stelle kamen jedoch andere Männchen, Fremde, die nicht die Väter der Jungen waren, nun aber zu den Witwen und ihrer Brut zogen. Was geschah? Wie vorausgesagt, taten diese »Stiefväter« praktisch nichts, um ihren neuen Partnerinnen bei der Aufzucht der Brut zu helfen. Nur einer von 25 half, die Nestlinge zu füttern, und keiner stieß Alarmrufe aus, wie es die wirklichen Väter getan haben würden.

Indem sie sich so verhielten, waren diese Stiefväter einfach nur auf sich selbst bedacht oder vielmehr auf die Reproduktion ihrer eigenen Gene. Sie taten sich wahrscheinlich nur mit dem Weibchen zusammen, weil es allgemein an guten Nistplätzen mangelte. Für ein Hüttensänger-Männchen, das hauptsächlich am Erfolg seiner eigenen Gene interessiert ist, mag eine Witwe keine so gute Wahl sein wie eine jungfräuliche Braut, und von noch geringerem Wert dürfte eine Witwe mit Jungen sein. Doch eine Witwe mit einem guten Nistplatz ist immerhin besser als gar nichts. Wegen ihrer schönen Nistkästen schienen diese Weibchen reiche Witwen zu sein, und indem sie sich ihnen zugesellten, setzten diese Männchen auf die Möglichkeit, daß sie in der nächsten Brutzeit Väter sein können. Sie verhielten sich selbstsüchtig, und wie immer aus guten evolutiven Gründen. Man könnte anführen, daß die Männchen irgendwie doch altruistisch handelten, insofern, als sie die Nestlinge nicht töteten, aber ich vermute, daß sie auch in diesem Falle selbstsüchtig waren. Es ist möglich, daß die Weibchen, wenn sie einen solchen Kindermord entdeckt hätten, den Männchen später nicht erlaubt haben würden, mit ihnen zu brüten. Der Preis für die Fortpflanzung ist Duldung, aber diese Duldung ist noch weit entfernt von »Liebe«.

Wenn man diese Glücksritter unter den Hüttensängern tadelnswert findet, was will man dann über Löwen und Hulmans sagen? Die Hüttensänger ließen ihre adoptierten Jungen leben, aber einige unserer Säugetiervettern sind grausamere Stiefeltern. Ein Beispiel: die Hulmans oder Hanumans, die in Indien und auf Ceylon (Sri Lanka) leben. Diese Affen ziehen gewöhnlich in Harems umher, die von einem einzigen Männchen beherrscht werden. Es paart sich mit vielen Weibchen, zeugt die Jungen seiner Horde und ist ein wahres Muster von väterlichem Verhalten. Aber wie im vorausgegangenen Kapitel geschildert, geht bei harembildenden Spezies der Erfolg des einen Männchens im allgemeinen auf Kosten anderer, die zum Junggesellentum verdammt sind. Diese nicht verpaarten Männchen ziehen bei den Hulmans in locker organisierten Junggesellen-Banden mit der Horde mit, stets darauf bedacht, an die Stelle des Leitaffen zu treten. Mit der Zeit gelingt es ihnen natürlich auch. Unter den Junggesellen bricht ein Streit aus, aus dem einer als der neue Haremsbesitzer hervorgeht. Er verjagt seine früheren Kumpane und übernimmt als Sieger die Herrschaft über die Beute: die Weibchen und ihre Jungen.

Die Weibchen sind natürlich für den neuen Herrscher wertvoll als potentielle Geschlechtspartner, aber ganz anders verhält es sich mit den Jungen. Sie wurden von dem abgesetzten Leitaffen gezeugt und sind *seine* Fahrkarte zum evolutiven Erfolg. Für den neuen Haremsherrscher sind die Jungen im günstigsten Falle nur lästig und im ungünstigsten Falle ein Hindernis für seinen evolutiven Erfolg. Das trifft insofern zu, als Primatenweibchen meistens nicht ovulieren, während sie stillen (was wiederum zu ihrer eigenen adaptiven Strategie gehört). Der neue Haremsherrscher schlägt daher einen blutigen und grausamen Kurs zur Maximierung seiner Tauglichkeit ein. Methodisch und unbarmherzig verfolgt er die saugenden Jungen und tötet sie. Manchmal ist das Gemetzel rasch vorüber, manchmal vergehen Tage oder sogar Wochen, in denen die hilflosen Säuglinge allmählich einer Verbindung von Trauma, Blutverlust und Infektion ihrer wiederholten Verletzungen erliegen. Der ganze gräßliche Vorgang wurde von der Harvarder Anthropologin Sarah Hrdy mit vielen Einzelheiten beschrieben und fotografiert.

Das grausame Verhalten bringt dem Männchen eine doppelte evolutive Belohnung. Nicht nur sind konkurrierende Mäuler ausgeschaltet worden, sondern die ihrer Jungen beraubten Mütter werden auch rasch wieder brünstig, worauf sie sich mit ihm paaren. Warum »belohnt« das Hulmanweibchen den Mörder? Warum weigert es sich nicht, sich mit ihm zu paaren, und zwingt ihn dadurch, sich anders zu benehmen, wie es bei den Hüttensängerweibchen der Fall sein könnte? Das Hüttensängerweibchen hat vermutlich einen Vorteil gegenüber dem Hulmanweibchen; wegen des häufigen Mangels an Nistplätzen kann das Hüttensängerweibchen gewöhnlich mit einem anderen Männchen brüten, wenn es sich dem Mörder seiner Nachkommenschaft verweigert. Die Sozialstruktur der Hulmans ist dagegen so beschaffen, daß zu einem gegebenen Zeitpunkt immer nur *ein* Männchen in der Horde anwesend ist. Sobald sein Kind tot ist, ist es die beste Wahl, die ein Weibchen zugunsten seiner Tauglichkeit treffen kann, wieder trächtig zu werden – und zwar so schnell wie möglich. Daher kopuliert es mit dem Mörder seines Kindes. In der nüchternen Kalkulation der Evolution ist kein Platz für eine sentimentale Moral, die keinen konkreten Lohn einbringt.

In ihrer gewalttätigen Gesellschaft befinden sich Hulmanmütter in einem grausamen evolutiven Dilemma. Da die Männchen am tauglichsten sind, wenn sie Kindermord begehen, können die Weibchen nur am tauglichsten sein, wenn ihre männlichen Nachkommen ebenfalls Kindermörder werden, sobald sie die Reife erreichen (natürlich solange sie nicht ihre eigenen Geschwister töten). Was für eine bessere Methode gibt es aber, das Erscheinen eines genetischen Merkmals bei den Nachkommen zu sichern, als die Paarung mit einem erwachsenen Männchen, das dieses Merkmal besitzt? Angesichts einer solchen Brutalität sind die Weibchen jedoch nicht in jeder Hinsicht völlig hilflos. Eine ihrer einfallsreicheren Strategien kommt zur Anwendung, wenn ein Weibchen zum Zeitpunkt der Übernahme der Horde durch ein neues, potentiell mörderisches Männchen trächtig ist. Wir müßten erwarten, daß ihr Junges, sobald sie es zur Welt bringt, von dem neuen Männchen getötet wird, das nicht sein Vater ist. Die Hulmanweibchen tun jedoch etwas Erstaunliches: Wenn ein neues Männchen die Horde erobert, kommen die trächtigen Weibchen oft in eine falsche Brunst. Sie entwickeln die Schwellungen eines nicht trächtigen, brünstigen Weibchens und paaren sich mit dem neuen Herrn des Harems. Wenn das Junge dann geboren wird (das natürlich von dem vorausgegangenen Haremsherrscher gezeugt wurde), wird es vom Leitaffen geduldet, der es offenbar wie sein eigenes behandelt.

Der Kindermord ist keineswegs auf die Hulmans beschränkt. Er ist, zum Beispiel, gut belegt bei Löwen, wo neue Männchen kurzen Prozeß mit Jungen machen, die von einem abgesetzten Patriarchen gezeugt wurden. Und wir haben auch Berichte darüber, daß die gewöhnlich so friedfertigen Schimpansen und Gorillas gelegentlich zu Mördern werden. Wir können mit Bestimmtheit voraussagen, daß es zu einem solchen Verhalten immer dann kommt, wenn erwachsene Tiere ihre eigene Tauglichkeit dadurch steigern, daß sie sich anderer entledigen, besonders wenn diese anderen verhältnismäßig hilflose, mit ihnen nicht verwandte Jungtiere sind. Es ist nicht schön, aber es ist die Wirklichkeit. Auch Menschen sind über ein solches Verhalten nicht erhaben. Es gibt reichliche Beweise dafür, daß der Kindermord als eine Form von »schlechter Stiefelternschaft« seit Jahrtausenden üblich ist. Die Bibel, zum Beispiel, enthält zahlreiche Hinweise auf Kindermorde. Bezeichnenderweise sind es am häufigsten die männlichen Kinder, die »über die Klinge springen müssen«. In 4. Mose 31; 17,18 befiehlt Moses seinem Volk: »So erwürget nun alles, was männlich ist unter den Kindern, und alle Weiber, die Männer erkannt und beigelegen haben; aber alle Kinder, die weiblich sind und nicht Männer erkannt haben, die laßt für euch leben.«

Wenn das Elternverhalten beim Menschen durch die genetische Verwandtschaft mit dem betreffenden Kind beeinflußt wird, müßten wir wirkliche Unterschiede im Verhalten von Eltern und Stiefeltern feststellen können. Die Psychologen Martin Daly und Margo Wilson untersuchten Statistiken, die im Nationalen Zentrum für das Studium von Kindesmißhandlungen in Denver, Colorado, zusammengestellt worden waren. Sie stellten fest, daß Kinder in Familien mit mindestens einem Stiefelternteil signifikant häufiger mißhandelt oder vernachlässigt wurden als Kinder, die bei beiden biologischen Eltern lebten.

Die Psychologen haben den Schwierigkeiten besondere Aufmerksamkeit gewidmet, die ein Kind durchmacht, das sich an den Verlust eines Elternteils gewöhnt oder einen neuen akzeptiert. Praktisch niemand hat sich mit der Anpassung beschäftigt, die von einem Stiefvater oder einer Stiefmutter verlangt wird. In nahezu allen Fällen schließt sich ein Mann oder eine Frau einem alleinstehenden Elternteil mit einem Kind oder mehreren Kindern wegen seiner oder ihrer Beziehung zu dem Erwachsenen, aber nicht zu den Kindern an. Ich erwarte vom Stiefvater oder von der Stiefmutter sicherlich kein so drastisches Verhalten wie das des Hulmans oder des Löwen, aber ich bin keineswegs überrascht, in seinem oder ihrem Verhalten etwas von der Zweckmäßigkeit des Berg-Hüttensängers zu finden.

Heißt das, daß nur biologische Eltern gute Eltern sein können? Keineswegs. Obwohl es zunächst evolutiven Prinzipien zu widersprechen scheint, sind Menschen durchaus imstande, gute Adoptiveltern zu sein und ebensoviel Liebe aufzubringen, wie sie biologische Eltern für ihre genetisch verwandten Nachkommen empfinden.

Um unsere Spezies in dieser Hinsicht zu verstehen, hilft wieder ein Blick auf Vertreter der Tierwelt. Manche Arten, die ihre Jungen wiedererkennen, weisen Fremde ab und können solche Eindringlinge sogar töten. Andere nehmen Fremde bereitwillig auf und behandeln

sie wie ihre eigenen Nachkommen. Es ist nur natürlich, daß Arten, die ihre Jungen leicht an falschen Stellen absetzen oder deren Junge umherlaufen und sich unter Fremde mischen, oft die Fähigkeit haben müssen, ihre Jungen von denen anderer zu unterscheiden.
Heringsmöwen, zum Beispiel, brüten auf offenen Stränden und bauen ihre Nester oft nur wenige Meter entfernt. Ungefähr eine Woche nach dem Ausschlüpfen beginnen die Möwenküken umherzulaufen. Um ihre maximale Tauglichkeit zu erreichen, sollten die Alttiere nur in ihre eigenen Jungen investieren, und es ist klar, daß sie diese erkennen und Fremde zurückweisen. Ähnlich verhält es sich mit den Wildebeests (Gnus) der afrikanischen Ebenen, die oft in Herden von mehreren hundert oder gar tausend Tieren ziehen. Die Mütter säugen nur ihre eigenen Jungen, und alle fremden werden abgewiesen. Ein ähnliches Schema findet sich bei vielen anderen Huftieren; eine Geiß muß von ihrem Kitz innerhalb weniger Minuten nach der Geburt Witterung bekommen, oder sie weigert sich, es zu säugen. In all diesen Fällen wäre es für die Eltern nicht adaptiv, in Junge zu investieren, die nicht ihre Gene tragen, daher wirkt sich die Selektion angesichts der Gefahr solcher Irrtümer dahin aus, daß sie fremde Junge meiden. Heringsmöwen und Wildebeests sind keine guten Stief- oder Adoptiveltern.
Die Kittiwakes, eine andere Möwenart, die auf steilen Klippen nistet, stellen ein interessantes Gegenstück dar. Die Simse, auf denen diese Vögel ihre Nester bauen, sind oft nur wenige Zoll breit, und wie zu erwarten, entfernen sich junge Kittiwakes nicht sehr oft vom Nest. Gene, die ihre Körper dazu veranlassen, einen Spaziergang am Klippenrand zu machen, finden sich am Fuß der Klippe in Körpern wieder, die nicht mehr imstande sind, sich fortzupflanzen. Im Gegensatz zu den Heringsmöwen brauchen Kittiwake-Eltern nicht besorgt zu sein, daß ein fremdes Küken ungebeten an ihrem Nest erscheint, um ihre elterliche Großzügigkeit zu seinem Vorteil auszunutzen. Daher brauchen sie ihre eigenen Jungen nicht wiederzuerkennen, und sie sind dazu auch gar nicht imstande.
Die Jungen vieler anderer Arten wie, zum Beispiel, von Mäusen oder Ratten sind noch einige Zeit nach ihrer Geburt völlig hilflos. In solchen Fällen besteht ebenfalls eine geringe Wahrscheinlichkeit, daß eine Mutter ein fremdes Junges säugt, das zufällig in ihre Nisthöhle gekrochen kam, bevor es entwöhnt werden konnte. Man kann bei vielen dieser Arten fremde Junge unter den Wurf eines Weibchens mischen, ohne den geringsten Protest auszulösen. Solche Tiere sind daher gute Adoptiveltern.
Es ist wohl offensichtlich, zu welcher dieser Gruppen der Mensch gehört. Ein Menschenkind ist bei der Geburt hilflos; es besteht einfach

nicht die Möglichkeit, daß es davonkriecht und versehentlich durch ein anderes Kind ersetzt wird, und es läßt sich beinahe mit Gewißheit sagen, daß wir nicht die unfehlbare automatische Fähigkeit, unsere Kinder zu erkennen, besitzen, wie man sie bei Heringsmöwen findet. Zugegeben, der heutige, technologische *Homo sapiens* mit seinen großen, unpersönlichen Kliniken geht gelegentlich mit dem Kind eines anderen nach Hause, aber solche Verwechslungen müssen selten gewesen sein in den kleinen Horden, die die Sozialstruktur unserer Spezies in den Jahrmillionen unserer Evolution charakterisierten. Die Tatsache, daß dergleichen Irrtümer jetzt manchmal vorkommen und daß wir getäuscht werden können, bestätigt, daß wir nicht unsere eigenen Kinder automatisch erkennen und fremde zurückweisen. Unsere Evolution hinterläßt uns ein ziemlich »freies Programm«, das es uns ermöglicht, leicht Kinder zu adoptieren.

Dies erklärt teilweise, warum Menschen imstande sind, Kinder zu adoptieren, aber nicht notwendigerweise auch, warum sie es tatsächlich tun. Die Anthropologen stimmen darin überein, daß wir in unserer langen »Adoleszenz« als Prähomininen in kleinen Horden gelebt haben müssen, die wahrscheinlich weniger als fünfzig Individuen umfaßten. Alle Mitglieder der Gruppe waren daher mit großer Sicherheit eng miteinander verwandt. Wenn ein Kind verwaiste, konnte es von einem anderen Erwachsenen oder von einem Erwachsenenpaar in der Gruppe adoptiert werden, von denen mindestens ein Individuum mit großer Wahrscheinlichkeit ein Onkel, eine Tante, ein Vetter oder ein anderer Verwandter war. Für den größten Teil unserer Evolutionsgeschichte kann daher die Adoption recht gut ein adaptiver Mechanismus gewesen sein, der die Tauglichkeit eines Individuums maximierte, wenn es für seine Gene in anderen, verwandten Individuen sorgte.

Andererseits geht eine Adoption selten so glatt und störungsfrei vor sich, wie viele glauben oder wünschen. Wenn wir einen nüchternen, unromantischen Blick auf die Adoption in der westlichen Kultur werfen, treten zwei signifikante Tatsachen hervor. Erstens ist die Adoption trotz der großen gesellschaftlichen Billigung für Eltern in überwältigendem Maße die zweite Wahl. Vor die Entscheidung gestellt, ziehen es die meisten Menschen vor, selbst Kinder zu haben. Obwohl Mitglieder der erweiterten Familie – Großeltern, Tanten und Onkel, Vettern und Kusinen – aufrichtig bemüht sein mögen, das adoptierte Kind nicht anders zu behandeln als ein biologisch verwandtes, ist es doch bezeichnend, daß eine solche Bemühung überhaupt vonnöten ist. Eine zweite Tatsache in bezug auf die Adoption ist, daß unsere Gesellschaft angehende Adoptiveltern einer intensiven Untersuchung unterzieht, aber praktisch keine bei angehenden biologischen

Eltern durchführt. Es ist bemerkenswert, daß wir eine Genehmigung brauchen, um ein Auto zu lenken, aber keine, um die weit schwierigere Aufgabe zu erfüllen, ein Kind zu bekommen und großzuziehen.

Es gibt wahrscheinlich zwei Gründe dafür, daß wir potentielle Adoptiveltern und biologische Eltern so unterschiedlich behandeln, von denen beide mit dem Prozeß der natürlichen Auslese übereinstimmen. Einmal akzeptieren wir die Fortpflanzung als ein fundamentales Menschenrecht. Warum eigentlich? Fragen Sie die Evolution. Zum andernmal scheint eine allgemeine, oft unausgesprochene Annahme zu bestehen, daß biologische Eltern auf »natürliche« Weise richtig für ihre Kinder sorgen werden, während Adoptiveltern zuerst ihre Bereitwilligkeit und Fähigkeit dazu beweisen müssen. Tatsächlich steckt vielleicht echte Weisheit in dieser Annahme. Bei ihrer Prüfung der Motive und der Eignung zukünftiger Adoptiveltern sind die Beamten der Jugendfürsorgeämter vielleicht gute Soziobiologen, ohne sich dessen bewußt zu sein.

Da das Flüstern in uns besonders laut wird, wo es um die Fortpflanzung geht, kann es nicht überraschen, daß die Adoption eine erwünschte Wahlmöglichkeit ist, besonders für kinderlose Paare. Saccharin vollbringt eine eindrucksvolle Leistung mit seiner Nachahmung der Süße von Zucker, und es zieht einen chemischen Vorteil aus unseren Geschmacksrezeptoren für Süß, die wir entwickelten, um den echten Stoff, Zucker, zu erkennen. Die Existenz der Adoption zeigt, warum auch Saccharin süß schmeckt.

Aber was können wir, wenn die Fortpflanzung das eigentliche Wesen unserer Tauglichkeit ausmacht, über die absichtliche Kinderlosigkeit sagen? Wie die Adoption ist die bewußte Entscheidung, sich nicht fortzupflanzen, ein weiteres soziobiologisches Rätsel, und zwar eines, das sich weniger leicht lösen läßt. Sie muß so etwas wie eine evolutive Neuerung sein. Primitive Bemühungen der Schwangerschaftsverhütung waren entweder so gefährlich für die Mutter oder so unzulänglich, daß sie offensichtlich eine geringe Wirkung hatten. Die natürliche Selektion konnte daher eine gelegentliche Abweichung im Elternverhalten dulden, solange sie keine größere Auswirkung auf die Tauglichkeit hatte. Die Frauen mögen nicht gerade mit großer Begeisterung einen erheblichen Teil ihres Erwachsenenlebens mit Schwangerschaften und Stillen zugebracht haben, aber solange sie letzten Endes doch schwanger wurden, hatten ihre Empfindungen keine echten evolutiven Folgen.

In dieser Hinsicht können die Pille, das Kondom, die Schleife, der spermientötende Schaum und andere empfängnisverhütende Mittel eine Revolution in der Evolution auslösen. Zum erstenmal in ihrer

Geschichte wird den Frauen die Möglichkeit geboten, einer etwaigen ambivalenten Einstellung zur Schwangerschaft entsprechend zu handeln. Absichtliche Kinderlosigkeit ist eine der Hoffnungen, der zunehmenden Übervölkerung unserer Welt Einhalt zu gebieten, aber wenn sie wirkungsvoll sein soll, muß sie die Oberhand über eine Evolution von mehreren Milliarden Jahren gewinnen. Es wird interessant sein, die kurzfristigen Folgen der abgelehnten Elternschaft zu studieren, und zwar sowohl die emotionalen Kosten als auch den Nutzen. In Betracht zu ziehen sind auch die langfristigen genetischen Folgen. Denn der Definition nach wird die Auslese die Menschen begünstigen, die Kinder haben wollen, und jede genetisch beeinflußte Tendenz zu einer geringeren Reproduktion wird schließlich verschwinden, so daß eine Bevölkerung zurückbleibt, die sich um so eifriger fortpflanzt.

Es gibt in der Vergangenheit oder in jüngerer Zeit keine menschliche Gesellschaft, in der nicht die Frauen die Hauptverantwortung für die Versorgung der Kinder tragen. Das Elternverhalten ist weitgehend geschlechtsgebunden. In allen Gesellschaften besorgen die Männer die Männerarbeit, und die Frauen bleiben mit dem Kind auf dem Arm zurück. Aber warum ist das so? Da jeder Elternteil die Hälfte der Gene beisteuert, die ein Individuum ausmachen, sollte jeder Elternteil auch ein gleich großes Interesse an jedem Kind haben. Richtig? Falsch!

Es gibt mehrere Erklärungen für die Tatsache, daß die Männer ausnahmslos ein geringeres Elternverhalten zeigen als die Frauen. Eine bezieht sich direkt auf die Unterschiede zwischen Mann und Frau hinsichtlich der elterlichen Investition, die wir schon ausführlicher besprochen haben. Man erinnere sich an das Argument: ein Kind ist das Produkt eines gleichen genetischen Beitrags eines jeden Elternteils, aber während es einen großen Teil des gesamten Fortpflanzungspotentials der Mutter und eine enorme Investition ihrer Zeit und Energie in Anspruch nimmt, bedeutet es nur geringe Kosten für den Vater. Daher überrascht es nicht, daß die Mutter ein besonders starkes Interesse am Erfolg ihres Kindes hat.

Ein anderer Faktor, der sich auf die ungleiche elterliche Verantwortlichkeit auswirkt, ist der von der Biologie diktierte Unterschied zwischen Glauben und Wissen: während die Männer den Glauben haben können, daß »ihre« Kinder auch tatsächlich genetisch die ihren sind, wissen nur die Frauen mit Bestimmtheit, daß ihre Gene erfolgreich weitergegeben wurden. Die Frauen haben daher die Gewähr, daß alles, was sie in ihr Kind investieren, letzten Endes zu ihrem eigenen evolutiven Nutzen und nicht zu dem einer anderen

Person gereichen wird. Die Gene eines Mannes können diese Garantie nicht haben. Im ganzen Verlauf ihrer Evolutionsgeschichte waren die Männer im allgemeinen schlecht beraten, wenn sie sich zu sehr der Sorge für die Kinder widmeten, denn das Unternehmen konnte sich zuletzt als verlorene Mühe herausstellen.

Bei vielen nichtwestlichen Völkern veranstaltet der Mann eine große Vorführung, während seine Frau in den Wehen liegt. Unter vielen Zeremonien legt er sich zu Bett, stöhnt und keucht und tut so, als machte er die Wehen und die Geburt durch. Unterdessen ist seine Frau irgendwo, wo sie niemandem im Wege ist, dabei, tatsächlich zu gebären. Diese Vorführung des Mannes, *couvade* oder Männerkindbett genannt, dient dazu, die Bindung zwischen dem Ehemann, der Mutter und dem Kind zu festigen – eine Bindung, die sich anderweitig nicht besonders bemerkbar macht. Und trotz der Zeremonie braucht die Bindung im genetischen Sinne nicht sehr echt zu sein.

Ungeachtet ihrer gemeinsamen Biologie zeigen Menschen eine große Vielfalt in ihren sexuellen Verhaltensweisen und Stilen. Ebenso gibt es außerordentlich verschiedene Verhaltensmuster hinsichtlich der Sorge des Mannes für das Kind – von zärtlicher Vaterschaft bis zu Gleichgültigkeit und sogar ausgesprochener Feindseligkeit. Es wäre interessant festzustellen, ob Männer in Gesellschaften mit größerer Promiskuität weniger »väterlich« sind als solche in monogamen Gesellschaften, in denen die Vaterschaft mit größerer Sicherheit feststeht. Selbst innerhalb ein und derselben Gesellschaft kann natürlich die Besorgtheit eines »Vaters« um sein Kind variieren mit der Zuversicht, daß das Kind tatsächlich seines ist. Eltern und ihre Verwandten weisen gern auf Familienähnlichkeiten hin (»Er hat ganz das Kinn seines Vaters«), und es wäre nicht verwunderlich, wenn diese Aufmerksamkeit mehr auf der Seite des Vaters als auf der der Mutter zu finden wäre.

Einige Säugetierarten gibt es jedoch, bei denen die Männchen einen großen Teil der Sorge für das Junge übernehmen. Solche Fälle sind sehr lehrreich. Bei den Siamangs, zum Beispiel, monogamen großen Affen in Südostasien, verbringen die Männchen einen beträchtlichen Teil ihrer Zeit mit ihren Nachkommen. Ein Siamang-Vater ist tagsüber der wichtigere Elternteil. Er trägt das Junge mit sich herum und ist allgemein sein aufmerksames Kindermädchen, und erst am Abend bringt er es der Mutter zum Säugen. Bezeichnenderweise sind Siamangs stark an ein Territorium gebunden, so daß ein Männchen mit großer Wahrscheinlichkeit auch der Vater des Jungen ist, um das es sich kümmert. Paviane, Makaken und Schimpansen dagegen kennen nur wenig väterliche Fürsorge. Es gibt viele Männchen in einer einzigen Horde, und das einzelne Männchen hat weit weniger Grund, auf seine Vaterschaft zu vertrauen. Mit anderen Worten: Männchen, die ihrer Vaterschaft weniger sicher sind, sind mit geringerer Wahrscheinlichkeit »gute Väter«.*

Stellen wir die sonderbare, aber berechtigte Frage: Warum stillen Männer nicht? Eine solche Fähigkeit könnte sinnvoll erscheinen. Schließlich hat die Frau gerade eine lange Schwangerschaft hinter sich, während deren Verlauf sie das sich entwickelnde Kind ernähren mußte, und sie ist nun von der Geburt erschöpft. Warum springt ihr Partner nicht ein, um ihr zu helfen? Wieder sagt die natürliche Auslese, daß Frauen einfach stärker an dem Wohlergehen ihrer Kinder »interessiert« sind. Keine Milch zu produzieren, ist weder Trägheit noch Gleichgültigkeit seitens des Mannes. Es ist lediglich eine weitere Bestätigung der größeren elterlichen Investition der Frau und ihres größeren Vertrauens, daß das Kind tatsächlich ihres ist. Natürlich ist dieses Problem etwas komplizierter. Sobald Frauen einmal dazu ausgelesen wurden, ihre Neugeborenen zu ernähren – was bei allen Säugetieren der Fall ist –, sind die Männer von solchen Verantwortlichkeiten befreit. Die weibliche elterliche Fürsorge ist somit eine positive Rückkopplung: mehr mütterliche Fürsorge führt zu einem geringeren Beitrag seitens des Mannes, denn je mehr sie für das Kind sorgt, desto weniger hat er zu tun. Sein Mangel an Teilnahme erfordert wiederum noch mehr Pflege seitens der Frau. Beim heutigen technologischen *Homo sapiens* verschafft die moderne Kinderfürsorge den Frauen natürlich eine gewisse Erleichterung, doch darüber später mehr.

Wenn aber männliche Säugetiere weniger als ihre Partnerinnen mit der Sorge für die Nachkommen beschäftigt sind – was *tun* sie dann eigentlich? Hier ist zu bedenken, daß das letztendliche Ziel aller Lebewesen die Maximierung der Tauglichkeit ist, das heißt die Projektion einer größtmöglichen Anzahl ihrer Gene in die Zukunft. Obwohl beide Geschlechter gleich stark daran interessiert sind, dies zu erreichen, geht dabei jedes seinen eigenen Weg. Männchen können Tauglichkeit erlangen, indem sie sich für die Weibchen so attraktiv wie möglich machen, und sie verlassen sich dann weitgehend auf die Weibchen, die ihre Wahl treffen. Oft kämpfen sie auch mit anderen Männchen, entweder um den direkten Zugang zu Weibchen oder um den Zugang zu Ressourcen, die ihnen helfen, Partnerinnen zu gewinnen. Gelegentlich finden wir aber auch bei Säugern, bei den

* Bei diesen Spezies bildet das Männchen gewöhnlich eine »Gattenschaft« mit einem bestimmten brünstigen Weibchen. Es wäre interessant festzustellen, ob es zu einem späteren Zeitpunkt um die Nachkommenschaft dieses Weibchens besonders besorgt ist. Vorläufige Forschungsergebnisse von Hank Klein, einem Psychologen der University of Washington, weisen darauf hin, daß dies der Fall sein könnte.

Geschöpfen, die von allen das geringste Elternverhalten zeigen, eine – wenn auch nicht sehr stark ausgeprägte – direkte Sorge für die Nachkommen.

Einige Beispiele aus dem Tierreich sollen helfen, die Situation des Menschen zu klären. Die Biologie ist zweifellos weniger zwingend für das menschliche als für das tierische Verhalten, aber ihr Einfluß ist qualitativ nicht verschieden. Die Langhaar-Murmeltiere, so benannt nach ihrer langen grauweißen Behaarung, sind nahe Verwandte der Waldmurmeltiere. Sie leben jedoch in sozialen Gruppen, während die Waldmurmeltiere im Grunde Einzelgänger sind. Wie bei den meisten Säugern beschäftigen sich die Weibchen der Langhaar-Murmeltiere beinahe ausschließlich mit der Aufzucht der Jungen. Was tut der Vater? Er ist stets auf der Hut und vertreibt benachbarte Männchen, die fortwährend versuchen, in seine Kolonie einzudringen und sich mit seinen Weibchen zu paaren. Man kann ihn aber, was kaum überrascht, dabei ertappen, wie er versucht, sich mit den Weibchen des Nachbarn zu paaren, wobei er vermutlich seinerseits vertrieben wird.

Langhaar-Murmeltiere leben gelegentlich auch in viel kleineren Gruppen, die aus einem erwachsenen Männchen, einem Weibchen und den Jungen bestehen. In solchen Fällen, wo eine Interaktion mit anderen Männchen nicht möglich ist, entpuppt sich das Männchen als zärtlicher Vater und verbringt sehr viel mehr Zeit mit seinen Jungen als die Väter in größeren Kolonien. Natürlich haben diese Murmeltiere ein größeres Vertrauen in ihre Vaterschaft, da keine anderen Männchen in der Nähe sind, die dieses Vertrauen in Frage stellen könnten. Und da die Männchen von der Hetzjagd der männlich-männlichen und männlich-weiblichen Interaktionen befreit sind, haben sie die Freiheit, ihre Tauglichkeit auf die nächstbeste Weise zu maximieren – indem sie helfen, für ihre Nachkommen zu sorgen.

Bei Säugetieren existiert ein konsequentes Schema. Für die Weibchen ist die Sorge für die Jungen praktisch obligatorisch; bei den Männchen kann sie vorhanden sein oder auch nicht, je nach den anderen gegebenen Wahlmöglichkeiten. Die Männchen können einen Teil der Elternschaft übernehmen, sie tun es aber beinahe ausnahmslos nur, wenn sie ihre Tauglichkeit nicht auf eine direktere Weise erhöhen können – gewöhnlich dadurch, daß sie sich für die Weibchen attraktiv machen und/oder mit anderen Männchen kämpfen.

Ein weiteres gutes Beispiel für dieses Verhaltensmuster ist der Orang-Utan, der »wilde Mann von Borneo«, wie man ihn ursprünglich nannte. Auf Borneo verteidigen die männlichen Orang-Utans Territorien, in denen sich Weibchen und ihre Jungen frei bewegen dürfen. Die Männchen kämpfen eher mit anderen Männchen, als daß sie sich um ihre Jungen kümmern. Auf der Insel Sumatra dagegen halten sich die Männchen eng an die Weibchen und ihre Jungen. Warum sind die Orang-Utans auf Sumatra »bessere Väter«? Es scheint, daß auf Sumatra mehr Raubtiere und andere, konkurrierende Primaten leben. Ein Vater kann seine Tauglichkeit maximieren, indem er bei seiner Familie bleibt und ihr beisteht. Wir könnten sagen, daß die Orang-Utan-Männchen auf Sumatra ihre Jungen mehr »lieben« als ihre Vettern auf Borneo. Ähnlich »lieben« männliche Langhaar-Murmeltiere in isolierten Familien ihre Jungen mehr als die Männchen in großen Kolonien. In beiden Fällen aber ist es eine Liebe, die der evolutionsbedingten Selbstsucht entspringt.

Sumpfzaunkönige sind kleine Vögel, die, wie ihr Name andeutet, in Sümpfen brüten. Die Männchen sind polygyn. Im frühen Stadium der Brutzeit helfen sie ihren Gefährtinnen nicht, ihre Jungen zu füttern, sondern beschäftigen sich lieber damit, anderen Weibchen den Hof zu machen. Später, wenn alle verfügbaren Weibchen in Anspruch genommen sind und es zu spät ist, mit einer neuen Brut zu beginnen, wechseln die Männchen ihre Rolle und werden mustergültige Väter, die mithelfen, die Nestlinge in ihrem Revier zu füttern. Ihr Elternverhalten ist flexibel und anpassungsfähig wie das von Murmeltieren und Orang-Utans ... und Menschen?

Die Verantwortung für die Pflege des Nachwuchses kann tatsächlich sehr flexibel sein, auch bei Tieren, und diese Pflege beschränkt sich nicht notwendigerweise auf die biologischen Eltern. Wieder tritt ein bezeichnendes, bei Männchen und Weibchen verschiedenes Verhaltensmuster zutage. Die Geburt eines Jungen ist ein aufregendes Ereignis für viele Affenarten. Gewisse Angehörige der Horde versammeln sich mit großem Interesse um den Säugling und versuchen, den Neuankömmling zu berühren. Und beinahe ausnahmslos sind das Weibchen, »Tanten«, und sie befinden sich in der Adoleszenz. Sie profitieren wahrscheinlich von diesen kurzen »Babysitter«-Episoden, indem sie etwas über Kinderpflege lernen – eine Schulung, die ihrer Tauglichkeit zugute kommt, wenn sie selbst Mütter werden. Bezeichnenderweise treten die Männchen nicht als »Onkel« auf. Das Interesse eines männlichen Primaten an den Jungen ist selbstsüchtiger und weniger auf deren Wohlergehen ausgerichtet. Ein klassisches Verhalten läßt sich beobachten, wenn ein Männchen Gefahr läuft, von anderen Angehörigen der Horde angegriffen zu werden. Es packt dann oft ein Junges und hält es vor sich hin, beinahe wie eine Geisel. Das scheint das Primaten-Äquivalent zu der menschlichen Regel zu sein, daß man keinen Mann schlägt, der eine Brille trägt.

Die Dinge sind beinahe nie so einfach, wie sie auf den ersten Blick aussehen. Und dieses Axiom könnte seine besondere Gültigkeit für die Soziobiologie des Menschen haben. Wir vereinfachen in der Hoffnung, etwas zu erklären, aber manchmal führen wir dabei in die Irre. Wie wir gesehen haben, scheinen in der ganzen Natur die Weibchen die zärtlichen Eltern zu sein, nicht die Männchen. Die Weibchen sind mit größerer Sicherheit genetisch mit den Nachkommen verwandt, die sie verhätscheln, und sie investieren notwendigerweise mehr in sie. Die Männchen sind mehr für den Kampf, den Wettbewerb ausgelesen worden als für die Elternschaft, da die Sieger im Kampf ihre Tauglichkeit auf Kosten der Unterlegenen erhöhen, indem sie mehr Zugang zu diesen zärtlichen und daher sehr begehrten Weibchen gewinnen. Auch das ist reine Biologie. Aber damit endet die Biologie nicht. Die Natur des Männlichen und Weiblichen legt nicht alle Lebewesen auf dieses Schema fest. Andere Erwägungen können es sogar umkehren.

Bei den Seepferdchen, zum Beispiel, befruchtet nicht das Männchen das Weibchen mit seinem Sperma, sondern das Weibchen legt dem Männchen seine Eier in eine Brusttasche. Die Männchen entwickeln dann eine Plazenta und ernähren die Jungen mit ihrem Blut. Den Müttern kommt keine weitere Elternrolle zu. Da die Männchen dieser Spezies mehr investieren und das Vertrauen haben, mit ihren Nachkommen genetisch verwandt zu sein, überrascht es nicht, daß die *Weibchen* sehr kämpferisch veranlagt sind. Die männlichen Seepferdchen sind scheu, schüchtern und in sexueller Hinsicht spröde; die Weibchen sind größer und anmaßender und sie sind die sexuellen Aggressoren.

Auch unter den Säugetieren gibt es viele Arten, bei denen die Weibchen größer sind als die Männchen, obwohl mir kein Fall bekannt ist, in dem die Weibchen aggressiv um die Aufmerksamkeit der Männchen konkurrieren. Je nach der Ökologie der in Frage stehenden Spezies kann die Tauglichkeit der Weibchen manchmal dadurch maximiert werden, daß sie an Größe zunehmen. In diesen Fällen haben sich größere Mütter als bessere Mütter erwiesen, und zwar unabhängig davon, wie groß das Männchen ist. Bei vielen Arten von Fledermäusen, zum Beispiel, ist das Weibchen größer als das Männchen. Die entscheidende Tatsache ist in diesem Fall, daß Fledermäuse fliegen und daß eine Fledermaus die Jungen, die sie säugt, mit sich herumtragen muß. Eine Fledermaus, die groß und stark genug ist, die zusätzliche Last zu tragen, ist zweifellos eine taugliche Fledermaus.

Diese offenkundigen Ausnahmen von der Regel der relativen Größe der Geschlechter sind selbstverständlich nicht weniger biologisch als die allgemeine Regel, die für die Unterschiede zwischen Männchen und Weibchen im Elternverhalten gilt. Sie heben lediglich die

Tatsache hervor, daß die natürliche Auslese alle Faktoren in Betracht zieht, bevor sie in der untersten Zeile des Hauptbuchs der Evolution ankommt, das heißt bei dem Verhalten, das die Tauglichkeit jedes Individuums maximiert. Die Produktion von Eiern und der Besitz eines Uterus verdammt nicht notwendigerweise alle weiblichen Säugetiere zur Kinderstube, zu konkurrenzfreiem Verhalten und zu geringerer Größe. Aber für uns Menschen bleibt die Tatsache bestehen, daß sich weder die Biologie der körperlichen Investition und die Gewißheit der genetischen Verwandtschaft (wie beim Seepferdchen) noch die Biologie größerer Weibchen (wie bei Fledermäusen) auf uns anwenden läßt. In unserer Fortpflanzungsbiologie sind wir ziemlich durchschnittliche Säuger. Doch das gleiche gilt auch für Murmeltiere und Orang-Utans, die eine große adaptive Flexibilität besitzen. Ich möchte gern glauben, daß es uns gegeben ist, ebenso flexibel zu sein, obwohl durch unsere Biologie Männer dazu neigen mögen, wesentlich weniger väterlich zu sein, als Frauen mütterlich sind. Wenn wir uns auf eine Weise verhalten wollen, die nicht unserer fundamentalen Biologie entspricht, müssen wir lernen, dies zu tun, indem wir alles aufbieten, was wir – ähnlich wie Murmeltier und Orang-Utan – an Flexibilität besitzen, denn auf natürliche Weise wird nicht viel zustande kommen.

Obwohl ein Mann nicht stillen kann, vermag er doch ein guter Vater zu sein. Tatsächlich verlangen – und bekommen – nun immer mehr Väter bei Scheidungen das Sorgerecht für ihre Kinder. Diese Entwicklung legt eindeutig Zeugnis ab für die Flexibilität unseres Elternverhaltens. Doch wie die Soziologin Alice Rossi betont, kann die überwiegende Mehrheit der Frauen noch immer viel leichter ehemalige Ehemänner wählen als Kinder aus anderen Ehen. Es ist vermutlich unwahrscheinlich, daß die meisten Väter ihre Kinder überhaupt haben wollen, oder genauer gesagt, die meisten werden sie nicht so sehr wünschen wie die Mütter.

Die Biologie bietet eine einfache Erklärung für die immer wieder bestätigte Feststellung, daß Männer mehr an Tätigkeiten interessiert sind, die mit dem Beruf zusammenhängen, während Frauen dazu neigen, sich auf die Aufgaben des Haushalts und der Kindererziehung zu konzentrieren. Eine solche Ungleichheit kann auf frühe Erfahrungen und soziales Lernen zurückgehen, wenn kleine Mädchen dafür belohnt werden, daß sie »wie Mütter« handeln, und wenn man von den Jungen erwartet, daß sie »ganz wie Papa« sind. Aber diese Deutung liefert wohl kaum die ganze Antwort, denn sie kann das weltweite Vorherrschen dieser Tendenzen nicht erklären. In den israelischen Kibbuzim, zum Beispiel, fallen die Kindererziehung und andere »häusliche« Pflichten in erster Linie den Frauen zu, ungeachtet der Tatsache, daß sich diese Kleingesellschaften bewußt als nichtsexistisch organisiert haben. Es scheint, daß die männlichen Vertreter des *Homo sapiens* im allgemeinen dem Verhaltensmuster des Langhaar-Murmeltiers in großen Kolonien folgen. Sie pflegen die zwischenmenschlichen Beziehungen und »machen ihr Glück« außerhalb der häuslichen Sphäre (obwohl sich der Prozeß beim Menschen nicht ganz so klar ausdrücken mag wie durch das Verjagen fremder Männer und das Begehren fremder Frauen). Da Männer ihre Tauglichkeit anders maximieren als Frauen, ist es vollkommen richtige Biologie, wenn Geschäft und Beruf für sie »süßer« schmecken, während Heim und Kindererziehung Frauen »süßer« schmecken.

Ein magischer Begriff der jüngsten Zeit lautete »alternative Lebensstile«. Junge Menschen sind von solchen Experimenten besonders fasziniert und sehnen sich oft danach, sich an ihnen zu beteiligen. Allzu oft jedoch liefern sie Alternativen zu unserer Biologie. Die Praktiken der Kindererziehung stehen oft zur Diskussion, und wie vorauszusehen, fordert die Nichtbeachtung der Biologie ihren Preis. Die Kindererziehung in Kommunen, beispielsweise, strebt oft danach, die biologischen Eltern und vor allem die Mutter von der soziologischen Verantwortung für die Erziehung des Kindes zu »befreien«. Der Vater kann notwendigerweise davon befreit sein, weil er sich oft nicht identifizieren läßt. Ironischerweise setzt sonst aber gerade eine solche Befreiung die Eltern und vor allem die Mutter häufig einem enormen emotionalen Streß aus, denn sie werden immer unzufriedener und versuchen schließlich, ihre Kinder wieder unter ihre Kontrolle zu bringen. Und das geschieht ungeachtet der Tatsache, daß eine so selbstsüchtige Exklusivität von den Regeln der Kommune oft ausdrücklich verboten wird. Nicht-Eltern »kümmern« sich einfach nicht genug, um es den Eltern recht zu machen, denen es sehr schwerfällt, die Verantwortung für ihre Kinder anderen zu überlassen.

Natürlich gewinnt die Biologie nicht immer. Es mag stimmen, daß es »nicht guttut, Mutter Natur an der Nase herumzuführen«, aber möglich ist es. Das Flüstern der Biologie kann überhört werden, in den meisten Fällen aber um einen hohen Preis. So zeichnete, zum Beispiel, Rotchild und Wolfs neuere Studie *Children of the Counterculture* (Kinder der Gegenkultur) ein düsteres Bild: Die Kinder werden oft vernachlässigt, es fehlt ihnen am Nötigen, sie sind emotional gestört, oft unfähig, sich länger zu konzentrieren oder Freunde an sich zu binden. Obwohl Frauen, die sich an einem solchen System beteiligen, von dem Versprechen der »Befreiung« angezogen werden mögen, eignen sie sich tatsächlich nur eine männliche Strategie an, während sie ihre eigene verleugnen. Die Evolution hat das männliche Elternverhalten dazu bestimmt, gewissermaßen ein- und ausschaltbar zu sein, je nach dem Vorteil für die Tauglichkeit, der sich im gegebenen Fall bietet. Ein ungebundenes weibliches Elternverhalten ist unadaptiv bei allen Säugetieren; beim Menschen kann es als soziale Institution eine Falle für alle Beteiligten sein.

In den meisten menschlichen Gesellschaften gibt es eine ausdrückliche volkstümliche Anerkennung des weiblichen Beitrags zur Fruchtbarkeit und Ernährung. Die alten Gestalten der Erdmutter-Gottheiten sind Beispiele dafür. Noch heute leiten in großen Teilen Afrikas die Frauen alle Rituale, die etwas mit der Fruchtbarkeit, einschließlich der des Bodens, zu tun haben. Colin Turnbull berichtet, daß man bei den Tswana glaubt, kein Regen werde fallen, wenn nicht »junge Mädchen die heiligen Krüge mit Wasser füllen und sie in zeremoniellem Umzug über das ganze Land tragen und den Boden besprengen, um ebenso Fruchtbarkeit zu bringen wie Regen«.

Auf der ganzen Welt sieht man die Frauen als die Nährenden, und bis vor kurzem noch wurden Frauen, die diese Rolle ablehnten, als unnatürlich betrachtet, als Hexen. Noch einmal Margaret Mead:

*»Die Gestalt der Hexe, die mit schrecklicher Monotonie auf der ganzen Welt vorkommt, bei den Zivilisierten und bei den Unzivilisierten, in den fernen Weiten des Dschungels und an den Wegkreuzungen Europas, ist eine Frau, die auf einem Besenstiel oder einer geschälten Rute davongeritten ist und ihre leere Haut an der Seite ihres Mannes zurückgelassen hat, um ihm vorzutäuschen, sie sei noch da. Es ist nicht ohne Bedeutung, daß wir kein solches ständig wiederkehrendes Bild des Mannes haben, der auf magische Weise Böses tut. Zauberer, Medizinmänner und schwarze Magier kommen und gehen im Lauf der Geschichte und in verschiedenen Kulturen. Die Hexe bleibt als ein so tiefes Symbol, daß sie der Entthronung auch durch die stärkste kulturelle Vorstellungskraft zu widerstehen scheint ... Die Gestalt der Hexe, die Lebewesen tötet, die Kindern die Hälse streichelt, bis sie sterben, deren bloßer Blick bewirkt, daß Kühe verkalben und frische Milch sauer wird, ist eine Darstellung der Angst des Menschen vor dem, wozu eine Frau imstande ist, die darauf verzichtet oder zu dem Verzicht gezwungen wird, Kinder zu gebären, Kinder zu umhegen.«*

Bedeutet das alles, daß Männer nicht für Kinder zu sorgen brauchen oder daß Frauen nichts anderes tun dürfen? Keineswegs. Durch unsere wechselnden Kulturen verfeinern wir uns ständig. Was für eine neue Definition wir auch immer wählen, wird aber von unseren biologischen Grundlagen begrenzt sein und mit ihnen in Einklang stehen.

*»Wenn Männer je in Frieden leben, je die Gewißheit haben sollen, daß ihr Leben so gelebt wurde, wie es gedacht war, müssen sie zusätzlich zur*

*Vaterschaft kulturell erarbeitete Ausdrucksformen haben, die dauerhaft und sicher sind. Jede Kultur hat – auf ihre eigene Weise – Formen entwickelt, die Männern bei ihren konstruktiven Tätigkeiten Zufriedenheit verschaffen, ohne das sichere Gefühl ihrer Männlichkeit zu entstellen. Weniger Kulturen haben bis jetzt Wege gefunden, um Frauen eine göttliche Unzufriedenheit zu geben, die andere Befriedigungen verlangt als die des Kindergebärens.«*

Wenn wir ehrlich in uns hineinblicken, werden wir wahrscheinlich recht gut wissen, was wir, tief innerlich, zu tun wünschen. Dieser Wunsch ist verschieden von Individuum zu Individuum, von Kultur zu Kultur, und er ist mit großer Gewißheit anders bei Männern als bei Frauen. Diese Unterschiede leugnen heißt im allgemeinen Unzufriedenheit schaffen.

Die Unterscheidung der Geschlechter ist keineswegs etwas, was sein muß, noch sind die Geschlechter selbst so, wie sie sein müssen. Aber so sind sie nun einmal, und wichtig ist, daß wir verstehen, warum. Die Gesellschaft mag die Unterschiede übertrieben haben, aber geschaffen hat sie sie gewiß nicht. Rousseau hatte recht, als er sagte: »Der Mensch ist frei geboren, und überall liegt er in Ketten«, und nun beginnen wir etwas über Freiheit und Zwang zu verstehen, was Rousseau nie geahnt hätte. Dennoch, des einen Freiheit ist des andern Tyrannei, und bisher hat unsere Spezies keinen besonderen Erfolg dabei gehabt, Umwelten zu entwerfen, die uns eher befreien als versklaven. Mag sein, daß uns nun die Soziobiologie dazu bringen wird, uns selbst von Angesicht zu Angesicht zu begegnen.

Wenn wir uns unter den Gesellschaften umblicken, sehen wir eine große Verschiedenartigkeit der menschlichen Familienstrukturen. Diese Unterschiedlichkeit bietet uns eine gute Gelegenheit, evolutive Prinzipien zu erforschen. Obwohl es für uns »offensichtlich« ist, daß die »natürliche Familie« aus einem Mann, einer Frau und ihren Kindern besteht, könnte diese sogenannte Kernfamilie sehr gut eine ziemlich neue Erfindung des Menschen sein.

Als eine der Alternativen zur Struktur der Kernfamilie könnten wir die Familienform der Nayar in Indien betrachten. Einige Zeit, bevor sie die Pubertät erreichen, werden dort alle Töchter einer erweiterten Gruppe weiblicher Verwandter gleichzeitig mit ein und demselben Mann verheiratet, der nicht mit ihnen verwandt ist. Aber dieser Mann hat niemals Geschlechtsverkehr mit seinen Frauen. Drei Tage später wird er wieder von ihnen geschieden, er erhält angemessene Geschenke und wird verabschiedet, um nie wieder gesehen zu werden. Später, wenn die Kindfrauen geschlechtsreif geworden sind, können sie mit anderen Nayar-Männern verkehren. Aber diese neuen Gefährten werden nie als Ehemänner betrachtet, da nach dem Hindugesetz eine Frau in ihrem ganzen Leben nur einen Ehemann haben kann. Die Liebhaber haben keine wirtschaftlichen Verpflichtungen gegenüber ihren Frauen, sie haben keinen Status in der Familie und keine Autorität über ihre biologischen Kinder. Die tatsächliche Autorität besitzt der Bruder der Mutter des Kindes (oder, falls kein Bruder da ist, der nächste männliche Verwandte). Der »legale« Vater ist der Mann, den die Mutter als Kind heiratete, obwohl es unmöglich ist, daß er das Kind gezeugt haben kann.

Das der Nayar ist eines der vielen Verwandtschaftssysteme, in denen, wie die Anthropologen sagen, das Avunkulat herrscht (vom lateinischen *avunculus,* der Onkel). Die Übertragung der elterlichen Verantwortung auf einen Onkel kommt bei nichtwestlichen Völkern bemerkenswert häufig vor, und wenn die Einzelheiten auch von Kultur zu Kultur variieren, so ist doch überall ein allgemeines Schema anzutreffen: der Bruder der Mutter fungiert als Vaterfigur. Er hat Autorität über die Kinder und ist für ihre Versorgung verantwortlich. Oft leben sie in seinem Haus und nicht in dem ihres wirklichen Vaters.

Ein Menschenmann kann nach zwei Gesichtspunkten wählen, wen er für seine Kinder halten will. Er kann als Nachkommen die Kinder betrachten, die von seiner Frau (oder seinen Frauen), oder die, die von seiner Schwester (oder seinen Schwestern) geboren werden. Da das Band zwischen Bruder und Schwester viel älter ist als das zwischen Mann und Frau, ist es vielleicht nicht unvernünftig, daß ein großer Teil der Menschheit seine Nachkommen eher in den Kindern einer Schwester sieht als in denen einer Ehefrau. Das System des Avunkulats scheint jedoch in einer sehr wichtigen Hinsicht »gegen« die Biologie zu gehen: die Kinder seiner Schwester sind nicht wirklich die biologischen Kinder eines Mannes. Sie sind vielmehr seine Nichten und Neffen. In vielen Gesellschaften ist der biologische Vater der Kinder sehr wohl bekannt und leicht identifizierbar. Nichtsdestoweniger erwartet man von ihm, daß er seinen väterlichen Einfluß seinem Schwager überläßt und seinerseits seine Nichten und Neffen höher einschätzt als seine eigenen biologischen Kinder, mit denen er mehr Gene gemeinsam hat. (Hier ist natürlich von allgemeinen Avunkulatssystemen die Rede, nicht von dem speziellen der Nayar, in dem es einen Schwager als Ehemann der Schwester und biologischen Vater ihrer Kinder nicht gibt. A.d.Ü.) Diese Verwandtschaftsordnung scheint den Erwartungen der natürlichen Auslese zu widersprechen, und ihre weite Verbreitung erfordert, daß wir sie näher untersuchen.

Tatsächlich verhält es sich so, daß das Avunkulat die soziobiologische

Regel bekräftigt. Gesellschaften mit Avunkulat neigen dazu, die Abstammung eher von der weiblichen als von der männlichen Linie herzuleiten. Die meisten Gesellschaften können als entweder patrilineal (die männliche Linie betreffend) oder matrilineal (die weibliche Linie betreffend) klassifiziert werden, obwohl manche die Merkmale beider Kategorien zeigen. Aber während es viele Beispiele für Gesellschaften gibt, die von der matrilinealen zur patrilinealen Verwandtschaftsbestimmung übergingen, kennt man keinen Wechsel in der anderen Richtung. Mit anderen Worten, die Systeme mit Avunkulat scheinen unstabil zu sein, wobei die mangelnde Stabilität zum großen Teil offenbar daher rührt, daß man in solchen Systemen von den Vätern die Bevorzugung der Schwesterkinder vor den eigenen verlangt. Anthropologen haben viele Fälle beobachtet, in denen Väter ihren »wirklichen« Kindern gegen die Einwände der kulturell definierten Kinder heimlich Vorteile zukommen ließen.

Es gibt jedoch einen Fall, in dem avunkulare Systeme tatsächlich stabil sein könnten – nämlich wenn sie mit der Evolution in Einklang ständen. Wir sind bisher von der Annahme ausgegangen, daß Männer mit ihren Kindern enger verwandt sind als mit ihren Neffen und Nichten, aber das muß nicht der Fall sein. Wie mittlerweile klargeworden sein dürfte, hat ein Mann keinerlei Gewähr allein dadurch, daß er eine Frau heiratet. Von seinen Genen kann in ihren Kindern nichts vorhanden sein, wenn diese Kinder von einem anderen Mann gezeugt wurden. Bruder und Schwester dagegen haben garantiert gemeinsame Gene, und da jede Mutter Gene mit ihren Kindern teilt, ist auch der Bruder mit Sicherheit bis zu einem gewissen Grade mit ihnen verwandt. Die Verwandtschaft mag vielleicht nicht ganz ideal sein, denn wo Promiskuität herrscht, sind Bruder und Schwester vielleicht nur Halbgeschwister, wenn sie von verschiedenen Vätern gezeugt wurden. Dennoch haben Bruder und Schwester zumindest eine gemeinsame Mutter, und die Sicherheit, daß wenigstens eine gewisse genetische Verbindung besteht, mag wichtiger sein als eine substantielle genetische Verbindung, die weniger sicher ist.

Unsere Behauptung lautet daher: Wo erwachsene Männer hinlänglich wenig Vertrauen in ihre Vaterschaft haben, können sie tauglicher sein, wenn sie in die Nachkommen ihrer Schwester investieren, mit denen sie garantiert in einem gewissen Grade verwandt sind. Und tatsächlich stellte der Anthropologe Jeffrey Kurland von der Pennsylvania State University eine Korrelation zwischen der avunkularen Familienstruktur und dem geringen Vertrauen in die Vaterschaft bei einer langen Liste von Gesellschaften fest, zu denen unter anderen die Aschanti, Bemba, Dobu, Mayombe, Plateau Tonga, Trobriander und Yao gehören – ganz zu schweigen von den Nayar, bei denen die Vaterschaft des Ehemanns garantiert gleich Null ist. Die Dobu behaupten, daß »Tugend in der Ehe die Dummheit eines Narren« ist, und beiläufige »Begegnungen im Busch« sind in dieser Gesellschaft so häufig, daß viele Ehemänner die Gewohnheit haben, genau darauf zu achten, wie lange eine Frau fortbleibt, die in den Wald geht, um ihre Notdurft zu verrichten. Auf den Trobriand-Inseln kehren die Männer oft nach einem Jahr oder länger auf See nach Hause zurück und stellen fest, daß ihre Frau ein oder zwei Kinder mehr hat. Nach Bronisław Malinowski, dem berühmten, aus Polen stammenden Anthropologen, der die Trobriander studierte und über sie schrieb, werden diese Nachkommen fröhlich als weiterer Beweis dafür akzeptiert, daß der Geschlechtsverkehr nichts mit dem Kinderkriegen zu tun hat! Nichtsdestoweniger bestehen die Trobriander nicht auf ihren vermeintlichen biologischen Rechten, sondern übergeben ihre väterliche Verantwortlichkeit dem Bruder der Mutter. Da sie oft kein wirkliches biologisches Interesse an den Nachkommen ihrer Frau haben, während ihnen ein Interesse an den Kindern ihrer Schwestern garantiert ist, ist diese Regelung, biologisch gesehen, vollkommen sinnvoll.

Bei einer anderen in menschlichen Gesellschaften vorkommenden Verwandtschaftsordnung können die Männer Frauen »kaufen«, ein im Hinblick auf die Evolution ebenfalls sinnvoller Brauch. Tatsächlich besteht aber das übliche Verfahren darin, daß der Bräutigam – im voraus – die *Kinder* seiner Frau kauft. Wenn sie dem Mann die Kinder geboren hat, steht es der Frau gewöhnlich frei, zu ihrer eigenen Familie zurückzukehren. Wenn jedoch die Familie das Brautgeld behält, bleiben alle Kinder der Frau in der Familie ihres Ehemanns. Die Zahlung wird rückerstattet, wenn sich die Frau als unfruchtbar erweist. Das Brautgeld sollte daher eigentlich richtiger »Kindgeld« genannt werden. Interessant ist, daß in avunkularen Gesellschaften oft ein besonders hohes Brautgeld gezahlt wird, durch das sich der Mann vergewissert, daß auch alle Kinder der Frau von ihm gezeugt werden. Die Männer kaufen in solchen Gesellschaften im Grunde nicht eine Frau, sondern sie leisten eine Zahlung für ihren evolutiven Erfolg. Es wäre aufschlußreich zu erfahren, ob eine Korrelation zwischen hohen Brautgeldern und einem Nachlassen des avunkularen Systems besteht, das heißt, ob das größere Vertrauen eines Mannes in seine Vaterschaft seine Bereitwilligkeit herabsetzt, seine Kinder seinem Schwager zu überlassen.

Wieder einmal sind wir einen langen Weg gegangen, um das Elternverhalten von Tieren bis zum *Homo sapiens* zu betrachten. Interessanterweise akzeptieren die meisten Menschen die Tatsache, daß Tiere von ihrer Biologie beherrscht werden, aber viel weniger sind imstande zuzugeben, daß wir in unserem komplexen sozialen Verhalten – auch nur auf die entfernteste Weise – von der unseren beeinflußt werden. Soviel ich weiß, kennt keine Tierart das Avunkulat oder die Zahlung eines Brautgeldes. Das sind Besonderheiten des Menschen. Könnten solche Verhaltensregeln, so komplex und symbolträchtig sie sind, möglicherweise von unserer Biologie unabhängig sein? Es hat nicht den Anschein. Es scheint vielmehr, daß sie weitere Beispiele für die wunderbar vielfältigen Weisen sind, auf die wir auf das leise, aber hartnäckige Flüstern in uns reagieren.

Die Wechseljahre (Menopause) sind ein weiteres allein dem Menschen eigenes Merkmal, aber im Gegensatz zum Avunkulat scheinen sie voll und ganz ein Ergebnis unserer Biologie zu sein, und ein sonderbares obendrein. Warum müssen, da doch der Evolutionsprozeß so eng mit der Fortpflanzung verbunden ist, Frauen ziemlich plötzlich die Fähigkeit zur Fortpflanzung verlieren, wenn sie noch dreißig oder vierzig Lebensjahre vor sich haben? Und warum betrifft dieser Vorgang nicht auch die Männer? (Trotz des gegenwärtigen Interesses an der sogenannten »männlichen Menopause« machen Männer nicht wirklich eine physiologische Änderung durch, die sich mit der der Frauen vergleichen läßt, und die meisten Männer bleiben ihr ganzes Leben lang zeugungsfähig.) Was geschieht hier also?

Wieder bietet die Evolutionsbiologie eine gute, einleuchtende Erklärung. Die Schwangerschaft ist ein erschöpfendes Erlebnis. Da der menschliche Körper mit zunehmendem Alter schwächer wird, erreichen Frauen schließlich einen Punkt, wo weitere Schwangerschaften ihr Leben gefährden würden. Männer dagegen nehmen keine größere Gefahr auf sich, wenn sie im mittleren Alter oder später noch zeugen. Da er die Kosten und Gefahren einer Schwangerschaft nicht zu tragen hat, besteht für den Mann kein evolutiver Zwang, mit der Fortpflanzung aufzuhören. Ältere Frauen produzieren auch mit größerer Wahrscheinlichkeit Eier, die genetisch defekt sind. Für eine Frau von fünfzig Jahren besteht nicht nur eine größere Gefahr, während der Schwangerschaft oder bei der Niederkunft zu sterben: auch wenn *sie* erfolgreich ist, ist es ihr Kind möglicherweise nicht.

Diese Erklärung klingt vernünftig, aber sie ist noch nicht vollständig. Obwohl die Gefahren der Fortpflanzung bei älteren Frauen größer sind und der Lohn geringer sein mag, sollten sie dennoch, wie Männer, dahingehend selektiert sein, bei dem Versuch zu sterben. Die Gene in älteren Frauen, die dank einer herkulischen und möglicherweise selbstmörderischen Anstrengung im Durchschnitt nur ein weiteres Kind gebären, sollten, statistisch gesehen, immer noch den Genen anderer Frauen überlegen sein, die sich statt dessen für den Genuß eines friedlichen, unbeschwerten, aber unproduktiven Alters entscheiden. Es sei denn, natürlich, die nicht-reproduktiven älteren Frauen hätten eine noch bessere Möglichkeit, ihre Tauglichkeit zu erhöhen. Und wie es sich zeigt, *haben* ältere Frauen eine Alternative, ihre Tauglichkeit zu fördern. Zu der Zeit, in der die Fortpflanzung für sie gefährlich geworden ist, haben viele Frauen Kinder, die junge Erwachsene sind und selbst schon Kinder haben. Als Großmütter können Frauen mittleren Alters etwas für ihre Tauglichkeit tun, indem sie für die Kinder ihrer Kinder sorgen, anstatt selbst noch welche zu gebären. Es ist vermutlich adaptiv für Frauen, in einem gewissen Alter aufzuhören, sich fortzupflanzen, denn so, wie die persönlichen Gefahren für sie zunehmen, nehmen auch die Gelegenheiten zu, ihren eigenen Genen zu helfen, die nun auch in ihren Enkelkindern enthalten sind.*

Die Großelternschaft ist eine auf der ganzen Welt verbreitete menschliche Funktion. Ihre die Tauglichkeit maximierende Rolle wird gewöhnlich nicht so sehr betont wie die der Elternschaft, aber im Endeffekt ist sie ebenso real. Bei den Pondo in Südafrika möchte jede ehrgeizige Mutter, daß ihre Söhne so früh und so oft wie möglich heiraten, denn ihre Schwiegertöchter werden im wesentlichen ihre Haussklavinnen, die ihr helfen und gleichzeitig ihr Ansehen im Dorf erhöhen. Natürlich schenken sie ihr auch Enkelkinder und verleihen ihr damit ebenso auch ein »evolutives Prestige«. In vielen polynesischen Gesellschaften ist es üblich, daß die Großeltern und vor allem die Großmütter die volle Last der Erziehung ihrer Enkel übernehmen, besonders wenn deren Eltern noch keine Zwanzig oder in ihren frühen Zwanzigern sind. Die Großeltern vertreten dabei die Anschauung, daß die jungen Leute frei sein sollen, um ihr Leben zu genießen, solange sie noch jung sind. Bezeichnenderweise kümmern sich eher die Eltern der Mutter um ihre Enkelkinder als die Eltern des Vaters. Das stimmt wiederum mit den Kalkulationen der Evolution überein, da die Eltern der Mutter mehr Vertrauen in die genetische Verwandtschaft mit ihren Enkelkindern haben als die Eltern des Ehemanns. Wieder steht Glaube gegen Wissen, nur ist nun der Wettstreit um eine Generation zurückverlegt.

Was für Schlüsse können wir hinsichtlich der Wechseljahre und der Großelternschaft in der *westlichen* Gesellschaft ziehen? Fest steht, daß nicht alle Frauen nach der Menopause Großmütter sind und daß diejenigen, die es sind, oft wenig Gelegenheit haben, eine Großmut-

* Eine längere Lebensspanne nach der Reproduktion ist selten bei Tieren, von denen sich die meisten bis zum Tode fortpflanzen. Es ist bemerkenswert, daß wir die Fähigkeit, über die Periode der Fortpflanzungsfähigkeit hinaus zu leben, mit Pavianen, Schimpansen und möglicherweise Elefanten und Walen teilen – lauter Spezies, bei denen alte Individuen ihren Enkeln noch Beistand leisten können.

terrolle zu spielen. In manchen Fällen sind ihre Kinder kinderlos, und in jedem Fall ist zu erwarten, daß die Kinder bei der Heirat ihr Zuhause verlassen, so daß junge Paare mit Kindern oft weit entfernt von ihren Eltern leben. Viele Großeltern haben außerdem das Gefühl, eine emotionale Distanz einhalten zu müssen, und zwar als Reaktion auf ein allgemeines gesellschaftliches Verbot der »Einmischung« seitens der Großeltern.

Enttäuschte Großeltern, die sich mit gelegentlichen Ferngesprächen und sehnsüchtig erwarteten Weihnachtsbesuchen begnügen müssen, sind sicherlich auch deshalb frustriert, weil ihnen eine wesentliche biologische Befriedigung versagt bleibt. Unverheirateten Tanten und Onkeln ergeht es ebenso, aber was uns mehr interessiert, ist, daß in einem durch isolierte Kern- oder Kleinfamilien gekennzeichneten System wie dem unseren oft sogar die Eltern sich mit Belastungen abmühen müssen, die im Widerspruch zu ihrer Biologie stehen.

Es ist möglich, daß die Familienorganisation der modernen westlichen Gesellschaft im Sinne der biologischen Geschichte unserer Spezies eine Abirrung darstellt. Man vergleiche die Kernfamilie mit dem üblichen Familienmuster nichtindustrialisierter Völker, wo die Kinder dazu neigen, sich in der Nähe der Eltern niederzulassen und ihre Kinder wiederum aufgezogen werden in einer Großfamilie oder erweiterten Familie von Großeltern, Onkeln, Tanten, Vettern und anderen Verwandten. Wenn auch das Leben für unsere fernen Ahnen gewiß schwierig war, so entwickelten sie sich in engen sozialen Netzwerken und erhielten wahrscheinlich bei der Erziehung der Kinder sehr viel Hilfe von ihren Eltern. Dabei gewann jeder etwas. Die unselbständigen Kinder profitierten mit großer Wahrscheinlichkeit von der vermehrten Aufmerksamkeit, die man ihnen widmete. Die Eltern gewannen dadurch, daß die Verantwortung für die Kindererziehung auf eine biologisch angemessene Weise aufgeteilt wurde, so daß sie selbst für andere Tätigkeiten frei wurden. Und die Großeltern, im besonderen die Großmütter, die meistens geschickt in der Pflege von Kindern waren, weil sie die entsprechende Erfahrung besaßen, fanden sie zweifellos »süß«.

In unserer Gesellschaft ist eine solche Wahl einer erweiterten Familie derzeit selten möglich. Und da wir sie verloren haben, sind Großeltern und andere Verwandte praktisch von der Kindererziehung ausgeschlossen, während die Eltern allein die Verantwortung dafür übernehmen, wahrscheinlich zu ihrem Schaden. Natürlich können die häuslichen Belastungen, die wir uns selbst geschaffen haben, ein wenig erleichtert werden durch andere Einrichtungen, die wir uns ausdenken, zum Beispiel durch Babysitter, Kindertagesstätten und möglicherweise das Leben in einer Kommune. Aber für Großeltern und

Eltern gleichermaßen kann unsere Abkehr von der Biologie der Kindererziehung dieser viel von der heiteren Ruhe genommen haben, die sie einst besaß.

Nichts von alledem soll heißen, daß alles glattginge, wenn wir nur unseren Frieden mit unserer Biologie machten. Die Soziobiologie der Elternschaft umfaßt viele naturgegebene Spannungen und Konflikte, deren einige es wert sind, näher untersucht zu werden.

Bis vor kurzem waren die Mundugumor auf Neuguinea noch Kopfjäger und Kannibalen. Erwachsene Mundugumor-Männer verwenden ihre Töchter, um mehr Frauen für sich selbst zu kaufen. Sie müssen jedoch rasch handeln, solange ihre Söhne noch zu jung sind, um Einspruch zu erheben, denn wenn die Söhne älter werden, treten sie in Wettstreit mit den Vätern und wollen dieselben Mädchen (ihre Schwestern) gegen Frauen für sich selbst austauschen. Freud-Anhänger mögen in diesem Kampf eine neuerliche Bestätigung für die Allgemeingültigkeit des Ödipus-Konflikts sehen, in dem die Söhne ewig gegen ihre Väter Stellung beziehen. Und an einer solchen Betrachtungsweise mag etwas Wahres sein, aber nicht ganz auf die orthodoxe Weise. Die Wirklichkeit sieht so aus, daß Väter und Söhne genetisch verschieden sind – ebenso wie Mütter und Söhne, Väter und Töchter und Mütter und Töchter. Da sie nur die Hälfte ihrer Gene gemeinsam haben, sind ihre Interessen verschieden, wenn es um die Maximierung der Tauglichkeit geht. Man erinnere sich daran, daß jedes Individuum mehr auf seine eigene Tauglichkeit bedacht ist als auf die der anderen.

Aufgrund der Biologie der Männlichkeit ist tatsächlich zu erwarten, daß Väter und Söhne zu Rivalen werden, aber ich zweifle ernstlich daran, daß eine primordiale Liebe zur Mutter sehr viel mit diesem Wettstreit zu tun hat. Die fundamentalere Tatsache ist, daß Väter und Söhne eben Männer sind und daher ihre Tauglichkeit am besten maximieren, indem sie sich mit Frauen paaren. Dabei ist jede Frau, die der eine nimmt, nicht mehr verfügbar für den anderen. Der Vater-Sohn-Konflikt kann einfach ein Sonderfall des Mann-Mann-Konflikts sein, der durch das enge Zusammenleben der Beteiligten besonders auffällig wird.

Ein Konflikt dieser Art beschränkt sich nicht auf Eltern und Nachkommen. Er kann sogar noch stärker sein zwischen Mann und Frau. Um zu dem Beispiel der Mundugumor zurückzukehren: der Wettstreit zwischen Mann und Frau ist mindestens ebensogroß wie der zwischen Vater und Sohn. Die Mütter wollen ihre Töchter eher dazu verwenden, Frauen für ihre Söhne zu kaufen, als ihren Männern erlauben, zusätzliche Frauen für sich zu erwerben. Wiederum sollte das evolutive Grundprinzip klar sein. Eine Frau gewinnt nichts, wenn sich ihr Mann eine andere Frau nimmt. Er wird offensichtlich seine Tauglichkeit erhöhen, aber das nützt ihrer eigenen nichts. Sie setzt auf ihre Söhne, und sie kann ihre Tauglichkeit maximieren, indem sie versucht, für diese den bestmöglichen Handel abzuschließen, was in polygynen Gesellschaften bedeutet, daß sie ihnen hilft, so viele Frauen wie möglich zu erwerben. Evolutive Imperative schaffen Wettkampf und Konflikte auch innerhalb der Familien.

Da ihr Interesse aneinander im wesentlichen selbstsüchtig ist, ergeben sich zwischen Männern und ihren Frauen besonders leicht Konflikte. Der andere ist in der Evolution nur insofern von Bedeutung, als er zur eigenen Tauglichkeit beiträgt. Ferner sind Männer und Frauen gemeinsame Teilhaber an der Nachkommenschaft, die sie hervorgebracht haben, und in diesem Sinne stellen sie eine echte Partnerschaft dar, wobei jeder gleichzeitig versucht, seine Tauglichkeit zu maximieren. Aber so wie ein Geschäftsteilhaber kaum begeistert sein wird über Profite, die sein Partner durch eine Nebenbeschäftigung erzielt, können wir erwarten, daß Mann und Frau geteilter Meinung sein werden über jede die Tauglichkeit erhöhende Tätigkeit des einen, die nicht ebenso auch dem anderen zugute kommt. Eine reproduktive Nebenbeschäftigung wird nicht nur die Tauglichkeit des Ehepartners nicht fördern, sondern sie kann sie sogar vermindern, denn sie stellt einen Aufwand an Zeit und Energie zugunsten eines Dritten dar.

Wenn der Geschlechtsverkehr sowohl reproduktiv als auch rekreativ ist, ist es wichtig, Vertrauen zum Partner zu haben. In einem gewissen Sinne kann der Grundsatz der sexuellen Treue schließlich in einem System gegenseitigen Zwangs zur Wirkung kommen: jeder Partner droht stillschweigend mit Untreue, um den anderen dazu zu bewegen, treu zu sein. Wenn einer der Ehepartner erfährt, daß der andere ein Verhältnis hat, ist es keine ungewöhnliche Reaktion, es ihm mit gleicher Münze heimzuzahlen. Der Soziobiologe Amotz Zahavi aus Israel ging sogar so weit zu behaupten, daß ein großer Teil des Verhaltens von Paaren – bei Tieren wie beim Menschen – unter anderem darin besteht, den Grad der Zuneigung des Partners zu testen. Arabische Schwatzdrosseln – eine kleine Vogelspezies – lehnen sich während der Werbung gegeneinander, bis das eine Mitglied des Paares buchstäblich nicht mehr standzuhalten vermag. Verlangen Menschen nicht ebenfalls die ständige Bestätigung der Ergebenheit des Partners? Amerikanische Ehepaare werden ermahnt, Geburtstage, Hochzeitstage, den Muttertag, den Vatertag nur ja nicht zu vergessen und einander beinahe täglich Beweise ihrer unveränderten Zuneigung zu geben. Wie die arabischen Schwatzdros-

seln lehnen wir uns oft recht kräftig gegeneinander. Und wir testen natürlich sehr viel: »Wenn du mich *wirklich* liebst ...«
Wohl eine der hartnäckigsten Meinungsverschiedenheiten im menschlichen Elternverhalten betrifft die angeheiratete Verwandtschaft. Die Schwiegermutter-Witze sind vielleicht die ältesten der Welt – aus Gründen, die nunmehr offensichtlich sein sollten. Konflikte zwischen einem jungen Erwachsenen und den Eltern seines Ehepartners sind durch die Biologie geradezu garantiert: Eltern sind am Erfolg ihres eigenen Kindes interessiert, und nicht an dem der Person, die es heiratete. Sie sind daher selektiert, den Ehepartner ihres Kindes nach einem wichtigen Kriterium zu beurteilen – nämlich danach, wieviel der Ehepartner zur Tauglichkeit ihres Sohnes oder ihrer Tochter (und somit zu ihrer eigenen) beiträgt. Die Eltern der Braut sind besonders interessiert an der Eignung ihres Schwiegersohns als Versorger und »Familienvater«. Die Eltern des Bräutigams sind besonders interessiert an der Eignung ihrer Schwiegertochter als Mutter, und sie sind selbstverständlich besonders aufgebracht über jede etwaige Untreue ihrerseits. Braut und Bräutigam selbst sind nur auf ihre eigene Tauglichkeit bedacht, ohne Rücksicht darauf, wie sie erreicht wird. Sie können die Einmischung angeheirateter Verwandter übelnehmen, besonders da aus dem Blickwinkel des Schwiegersohns oder der Schwiegertochter die Schwiegerväter und -mütter unerträglich engstirnig sind und sich nur darum Sorgen machen, was ihr Sohn oder ihre Tochter bekommt, während sie die größeren Alternativen übersehen, die dem offenstehen, der in die Familie »eingeheiratet« hat. Wir langen, was die Fortpflanzung betrifft, oft höher hinauf, als wir greifen können, und sei es nur aus dem Grunde, daß andere immer in eine etwas andere Richtung langen.

Wirklich neue und erregende Ideen treten, auch in der Wissenschaft, nur selten auf. Ich hatte das Privileg, bei der öffentlichen Verkündung einer solchen Idee anwesend zu sein. Es war im Dezember 1972, und der Anlaß war das Jahrestreffen der »American Association for the Advancement of Science« in Washington, D.C. Das Symposion über die »Ökologie und Evolution des Sozialverhaltens« war beinahe beendet, als der Harvarder Soziobiologe Robert Trivers das Wort ergriff. Er verwendete keine Notizen, sondern schien sich alles erst auszudenken, während er sprach, aber ich bin sicher, daß er nichts dergleichen tat. Jedenfalls war es hinreißend und brillant. Als der junge Huxley zum erstenmal Darwin las, soll er ausgerufen haben: »Wie dumm von mir, daß ich darauf nicht gekommen bin!« Die Ideen, die Robert Trivers an diesem Tag vortrug, hatten etwa den gleichen Reiz wie das Werk Darwins – sie waren einfach, elegant, bedeutsam und nahezu unbestreitbar wahr. Infolge des wechselvollen Schicksals wissenschaftlicher Veröffentlichungen erschienen seine Ideen erst zwei Jahre später im Druck, aber schon lange vorher machte sich die Erregung unter den Evolutionsbiologen bemerkbar.

Trivers' Theorie beschreibt die Natur des Konflikts zwischen Eltern und ihren Kindern. Wir könnten auf den ersten Blick erwarten, daß Eltern und Kinder nie Meinungsverschiedenheiten haben sollten, da Eltern daran interessiert sind, ihre Tauglichkeit zu maximieren und die hauptsächliche Methode, das zu erreichen, natürlich der Erfolg ihrer Kinder, der primären Träger ihrer Gene, ist. Die Kinder sind ebenso an ihrem eigenen Erfolg interessiert, und damit sollte an sich die Bühne aufgebaut sein für ein herzergreifendes Schaustück, in dem die Generationen voller Liebe und Hilfsbereitschaft zusammenarbeiten. Die Wirklichkeit sieht anders aus. Die Liebe ist ein motivierender Faktor, aber eine Zusammenarbeit existiert nur insofern, als sie jedem der Beteiligten nützt, der in erster Linie auf seine eigenen, selbstsüchtigen evolutiven Ziele bedacht ist. Da sich Eltern und Kinder genetisch unterscheiden, unterscheiden sich ebenso auch ihre Interessen.

Wir können nun mit einer Erklärung von Trivers' Theorie des Konflikts zwischen Eltern und Kindern beginnen und werden dabei so gut wie völlig ohne Mathematik auskommen. Da jeder Elternteil die Hälfte seiner Gene in jedem Kind reproduziert, sollte er ein gleiches Interesse am Erfolg eines jeden Kindes haben.* Wenn ein Vater oder eine Mutter einem Kind versichert, daß genug Liebe für alle da ist und daß alle gleichermaßen geliebt werden, so sagt er oder sie wahrscheinlich mehr als nur ein Körnchen Wahrheit. Die Kinder jedoch halten meistens nicht viel von dieser Art von Demokratie, denn jedes ist evolutionsbedingt mehr an sich selbst interessiert als an einem Bruder oder einer Schwester. Es ist zu 100 Prozent mit sich selbst verwandt, aber es teilt nur 50 Prozent seiner Gene mit seinen Geschwistern. Mit anderen Worten, jedes Kind kann erwarten, 50 Prozent seiner Gene in die Zukunft zu projizieren, wenn es sich selbst fortpflanzt, aber nicht mehr als 25 Prozent seiner Gene werden weitergegeben, wenn sich ein Bruder oder eine Schwester fortpflanzt. Jedes Kind ist daher doppelt so stark an sich selbst interessiert als an allen anderen Geschwistern. Diese Berechnung ist reine, unverfälschte Biologie.

Nehmen wir einen praktischen Fall. Zwei Erwachsene haben ein Kind. Sie sorgen für es, behüten es und geben ihm Nahrung. Anfangs besteht kaum ein Konflikt zwischen Eltern und Kind. Die Eltern wollen in das

* Wir wollen hier Komplikationen wie »Junge oder Mädchen« oder die Bevorzugung eines Kindes vor einem anderen – je nachdem, welches den Eltern den größten genetischen Gewinn verspricht – beiseite lassen. Sie sind wichtig, aber nicht für die vorliegende Darstellung.

Kind investieren, und dem Kind ist ihre Investition willkommen. Zu einem gewissen Zeitpunkt werden sie wahrscheinlich ein zweites Kind haben wollen, und wir können von ihnen erwarten, daß sie an ihm ebenso interessiert sein werden, wie sie es am ersten schon sind. Wir können aber auch erwarten, daß das erste Kind die Sache anders sehen wird. Es wäre ihm lieber, wenn seine Eltern weiter in es investierten als in den Bruder oder die Schwester. Es folgt eine Periode des Konflikts, in der die Eltern ihre Investition reduzieren wollen, während das Kind will, daß die Eltern sie aufrechterhalten. Der Konflikt endet schließlich, abgeschwächt von mehreren Faktoren. Erstens kann das Kind groß genug geworden sein, so daß es nicht mehr braucht, was die Eltern geben, oder es braucht zumindest nicht mehr soviel wie vorher. Zweitens bedeutet die Tatsache, daß die Gene jedes Kindes ihren Körper höher einschätzen als den eines Bruders oder einer Schwester, nicht, daß Geschwister völlig wertlos seien: sie sind eben nur halb soviel wert wie das Kind selbst. Schließlich wird ein Punkt erreicht, wo das Kind mehr davon profitiert, daß es Geschwister hat, als wenn es gierig alle Fürsorge der Eltern für sich selbst verlangte. In diesem Augenblick sollte wieder eine relative Harmonie eintreten.

Durch ein ähnliches Argument kann gezeigt werden, daß zusätzlich zu der Auseinandersetzung über die Dauer des elterlichen Beistands Eltern und Kinder auch verschiedener Meinung sein müssen hinsichtlich der Höhe der Investition, die zu jedem gegebenen Zeitpunkt geleistet wird. Dieser zweite Kampf entsteht, weil – während die Eltern bemüht sind, dem Kind unter den geringsten Kosten für sie selbst soviel zu geben, wie sie können – jedes Kind nur halb so sehr um das Wohlergehen der Eltern besorgt ist wie die Eltern selbst. Diese Ungleichheit rührt natürlich daher, daß Eltern und Kinder nur die Hälfte der Gene teilen. Kinder verlangen daher von den Eltern meistens mehr, als die Eltern geben wollen. Dieser Konflikt sollte uns allen vertraut sein, vom Stillen bis zum Geschenkemachen.

Die Theorie des Konflikts zwischen Eltern und Kindern führt zu überraschenden Folgerungen. Wir können beispielsweise erwarten, daß Eltern und Kinder verschiedener Ansicht darüber sind, wie sich die Kinder zueinander verhalten sollen. Da die Eltern mit jedem Kind gleich verwandt sind, werden sie sie dazu auffordern, sich gegenseitig beizustehen, sooft die Kosten, die der Altruist auf sich nimmt, geringer sind als der Nutzen, den der Begünstigte hat. In einem solchen Fall ist die Gesamtsumme des Nutzens für die Familie größer, und daher ist auch die Tauglichkeit der Eltern erhöht. Wir können jedoch erwarten, daß das potentiell altruistische Kind die Situation anders einschätzt. Da es mit dem Kind, das von der in Betracht kommenden Handlung profitiert, nur zur Hälfte verwandt ist, muß es den Ermahnungen der

Eltern Widerstand leisten, solange der Bruder oder die Schwester nicht mehr als doppelt soviel profitiert, wie der Altruist leidet. Wieder haben wir es mit einem Beispiel für den Konflikt zwischen Eltern und Kindern zu tun. Wie oft fordern Eltern ein Kind auf, »nett mit dem Bruder (oder der Schwester) zu spielen«? Wie oft haben wir alle unsere Kinder gebeten, miteinander zu teilen? Und wie starrsinnig haben sie sich geweigert!

Eltern mit mehreren Kindern sind immer wieder betroffen über den Grad der Empfindlichkeit, mit der jedes Kind beobachtet, wieviel das andere bekommt, gleich ob die Vergünstigung Nahrung ist oder ein Spielzeug, Aufmerksamkeit seitens der Eltern oder die Erlaubnis, abends länger aufzubleiben. Der Wettstreit kann uns an quiekende Ferkel erinnern, die, sich gegenseitig stoßend, um die beste Zitze der Mutter kämpfen.

Abgesehen davon, daß sie uns hilft, die Geschwisterrivalität und den Generationskonflikt zu verstehen, wirft die Theorie des Eltern-Kind-Konflikts auch ein neues Licht auf das »Syndrom des ersten Kindes« – die allgemeine Tendenz des ältesten Kindes in einer Familie, das erfolgreichste zu sein. Die psychoanalytische Theorie hat schon vor langer Zeit die Mutmaßung angestellt, daß das Abstillen eine Vertrauenskrise in dem kleinen Kind auslöst, die sich auf die Furcht gründet, daß es nun nicht mehr ernährt werden wird. Die Lösung dieser frühen persönlichen Krise bestimmt vermutlich zum großen Teil seine spätere Persönlichkeit. Bleibt das Vertrauen erhalten, so entwickelt das Kind Optimismus, Hoffnung und eine »sonnige« Einstellung zu sich selbst und der Welt. Wird das Vertrauen erschüttert, ist die Persönlichkeit gekennzeichnet durch Angstgefühle, Mißtrauen und ein überwältigendes Gefühl des Verhängnisses. Das größte Bedürfnis nach Leistung, das Erstgeborene zeigen, kann auch ihren Versuch widerspiegeln, den potentiellen Verlust an Tauglichkeit zu kompensieren, den sie erlitten, als ihre Eltern ein zweites Kind bekamen.

Der Familienkonflikt beschränkt sich nicht auf die Kerneinheit. Eltern und ihre Kinder sind nicht auf gleiche Weise mit den Mitgliedern der erweiterten Familie verwandt, und daher können wir erwarten, daß ihre Neigungen zu ihren Verwandten ungleich sind. Eltern, beispielsweise, teilen $1/4$ Gene mit Nichten und Neffen (da sie $1/2$ mit ihren Geschwistern gemeinsam haben, teilen sie die Hälfte von $1/2$ mit den Kindern ihrer Geschwister). Vettern haben jedoch nur $1/8$ ihrer Gene gemeinsam, so daß wir erwarten können, daß sie nur halb so freundlich zueinander sind, wie es ihre Eltern gern sehen würden ($1/8$ gegen $1/4$). Eine aufschlußreiche Studie würde feststellen, ob Freundschaften zwischen Vettern die Tendenz zeigen, sich zu verschlechtern, wenn ihre Eltern gestorben sind. Der Grad der genetischen Bindung zwischen den Vettern würde sich selbstverständlich nicht ändern, aber die Eltern wären nicht mehr da, um die Beziehung zu ihrem eigenen Nutzen zu manipulieren.

Viele andere interessante Voraussagen fallen einem durch die Anwendung der Theorie von Trivers ein. Der Altruismus eines Kindes gegenüber einem Geschwister müßte sich bis zu einem gewissen Grade je nach der genetischen Verwandtschaft mit diesem ändern. Wir haben bisher angenommen, daß Geschwister die Hälfte der Gene gemeinsam haben, das heißt, daß sie Vollgeschwister sind. Das trifft jedoch nur zu, wenn sie denselben Vater und dieselbe Mutter haben. In Familien oder Gesellschaften, in denen die Kinder Vollgeschwister sind, können wir weniger Konflikt zwischen Eltern und Kindern in bezug auf die Dauer und den Umfang der elterlichen Investition erwarten als in dem Fall, in dem verschiedene, nicht miteinander verwandte Männer nacheinander die Kinder zeugen. Ebenso können wir voraussagen, daß Halbgeschwister weniger freundlich zueinander sind, als es Vollgeschwister wären. Ich vermute, eine Studie von Kindern in Haremsgesellschaften würde zeigen, daß die Kinder verschiedener Frauen schärfer miteinander konkurrieren als die Kinder derselben Frau.

Wir könnten ferner erwarten, daß ältere Frauen schwächere Konflikte mit ihren Kindern erleben als jüngere. Ältere Eltern haben ein geringeres Potential, in der Zukunft weitere Kinder zu zeugen, und müßten daher weniger dazu neigen, ihre Investitionen zurückzuhalten. Es gibt genug Beweise dafür, daß das jüngste Kind in einer großen Familie verhätschelt wird. Die Eltern fühlen sich ihm oft näher und umgekehrt. Dazu kommt, daß ältere Eltern mehr Erfahrung im Umgang mit launischen, selbstsüchtigen Kindern haben und daher mit größerer Wahrscheinlichkeit entstehende Konflikte bewältigen. Trivers weist darauf hin, daß Säuglinge schließlich ihre Mütter nicht auf den Boden werfen und nach Belieben trinken können. Es ist daher zu erwarten, daß sie anstelle von körperlichen psychologische Taktiken anwenden, um ihren Willen durchzusetzen – das heißt, daß sie mehr elterliche Investition erzwingen, als zu geben im besten Interesse der Eltern läge.

Der Säugling hat eine wirksame Methode, Forderungen an seine Eltern zu stellen: er kann schreien. Er schreit, wenn er hungrig ist oder friert oder naß ist oder Angst hat oder Schmerzen oder wenn er einfach in die Arme genommen werden möchte. Natürlich liegt es im Interesse der Eltern (das heißt im Interesse ihrer Gene), für diese Botschaften des Kindes empfänglich zu sein. Das Kind weiß besser als die Eltern, wann es Hilfe braucht oder Hunger hat. Andererseits können wir erwarten, daß das Kind seinen Einfluß zu seinem Vorteil ausnutzt, etwa indem es um mehr Investition schreit, als es wirklich braucht – einfach deshalb, weil es sie bekommen kann. Diese Ausbeutung würde dann einen Preis auf die Fähigkeit der Eltern aussetzen, ein echtes Bedürfnis von einem vorgetäuschten zu unterscheiden. Ein interessanter Kampf, und es ist bei weitem nicht klar, wer gewinnt!

Auf welche andere Weise können sich Kinder Investitionen von sonst zögernden Eltern sichern? Sie können vorgeben, echte elterliche Fürsorge zu benötigen, eine Taktik, die weit über die frühere Kindheit hinausgehen kann. Da sie meist am überzeugendsten wirken, wenn sie ihre Geschichte selbst glauben, und da es keinen besonderen evolutiven Grund dafür gibt, daß sie die Absichten der natürlichen Auslese durchschauen sollten, können Kinder ehrlich glauben, daß ihre Bedürfnisse so dringend seien, wie sie behaupten. Die Eltern ihrerseits müßten geneigt sein, nicht nur in Kinder zu investieren, die es nötig haben, sondern auch in diejenigen, die mit der höchsten Wahrscheinlichkeit viel davon profitieren. Wir können daher erwarten, daß Kinder angeben und mit ihren Leistungen prahlen, um sich als gute Investitionen hinzustellen. Aber Kinder sollen dahingehend selektiert sein, daß sie allzu große Übertreibungen vermeiden, sowohl was die Klagen über ihre Bedürftigkeit als auch was die Prahlerei mit ihrem Können anbetrifft. Die Eltern könnten sonst in dem einen Extremfall unwillig sein, in eine verlorene Sache zu investieren, und in dem anderen einem Kind Investitionen vorenthalten, das zeigt, daß es sie nicht benötigt. Alles in allem können wir jedenfalls erwarten, daß Kinder entweder ihre Bedürfnisse oder ihre Leistungen übertreiben, und von den Eltern können wir erwarten, daß sie mit einiger Geschicklichkeit ihre Listen durchschauen.

Diese Anschauung über den Konflikt zwischen Eltern und Kindern unterscheidet sich sehr von der Art und Weise, in der Kinderpsychologen und Psychiater die frühe Sozialisation und Kindererziehung zu verstehen suchten. Es ist richtig, daß ihre Erklärung emotional ansprechender ist, aber ich glaube, die unsere ist zutreffender. Üblicherweise sehen Anthropologen und Soziologen die »frühe Sozialisation des Kindes« als einen Prozeß der Enkulturation, bei dem die jungen Menschen einfach zum Nutzen aller in die Einzelheiten der Kultur ihrer Eltern eingeführt werden. Psychiater und Psychologen betonen die enge »symbiotische« Übereinstimmung zwischen Eltern und Kindern. Aber wie Trivers erklärt, wollen die Eltern, aufgrund der widersprüchlichen evolutiven Strategien von Eltern und Kindern, versuchen, ihre eigenen Kinder dazu zu bringen, sich anders zu verhalten, als die Kinder sich verhalten möchten. Die Eltern sind

allerdings stark im Vorteil. Sie haben viele der Dinge, die Kinder brauchen. Außerdem muß, wenn man bedenkt, daß die Eltern immerhin lange genug lebten, um sich fortzupflanzen, die bestehende Erwachsenenkultur wenigstens einen minimalen adaptiven Wert haben, was immer auch ihre jugendlichen Kritiker glauben mögen. Dank ihrer größeren Erfahrung haben Eltern beinahe mit Gewißheit vieles, was wert ist, an die Kinder weitergegeben zu werden. Die Kinder sollten folglich selektiert sein für eine Empfänglichkeit für die Lehren der Erwachsenen. Aber wieder einmal ist die Lage nicht so einfach. Man könnte erwarten, daß die Eltern die Schwäche ihrer Kinder ausnutzen, um die Bedeutung und Wichtigkeit ihrer Lehren zu übertreiben, während sie diese Lehren dazu benutzen, ihre Kinder um so besser zu manipulieren. Wie Trivers zeigt, überrascht es nicht, daß die vorherrschende Anschauung über Kindererziehung und Sozialisation, der zufolge die Kinder ideal dargestellt werden als passive Empfänger der elterlichen Wohltätigkeit, begeistert von Erwachsenen unterstützt wird.
Eltern ermahnen ihre Kinder allgemein, allerlei Dinge zu tun, die Kinder nicht tun möchten: Geh früh zu Bett, verrichte deine Arbeit im Hause, lerne fleißig in der Schule, prügle dich nicht mit deinen Geschwistern, spiele und trinke nicht und, bitte, teile, was du hast, mit den anderen. Wir sollten uns vielleicht nicht darüber wundern, daß Kinder mit diesen Vorschriften ihrer Eltern nicht einverstanden sind und sie unangenehm, überflüssig und allgemein »fade« finden. Vielleicht besitzen unsere Kinder mehr einsichtiges Eigentinteresse, als wir normalerweise erkennen oder anerkennen möchten. Vielleicht spiegelt die starrsinnige Beharrlichkeit, mit der sie lieber tun, was sie wollen, als das, was wir wollen, ihre unbewußte adaptive Wahrnehmung wider, daß »unsere Dinge« eher unsere Tauglichkeit maximieren als ihre. Ein Appell an ihre eigenen selbstsüchtigen Interessen könnte Wunder wirken und zur Mitarbeit bereite Kinder schaffen.

Die Welt sich fortpflanzender Lebewesen scheint von Selbstsucht und Konflikten heimgesucht zu sein. Es ist eine Welt von Individualisten, von denen jeder nur vorwärtskommen will. Es ist eine Welt, in der jeder getrennt lebt – der Gatte von der Gattin, der Bruder vom Bruder, die Eltern von den Kindern. Es ist eine Welt, in der sogar die Liebe eine Strategie ist und in der jeder von uns sehr, sehr allein ist. Aber ob es uns gefällt oder nicht: es ist unsere Welt, geschaffen von den Genen, die auch uns und alles übrige Leben schufen. Wenn wir uns von anderen Lebewesen unterscheiden, so liegt das weitgehend an unserer Fähigkeit, uns selbst und unsere Welt zu betrachten, sie zu beklagen oder uns über sie zu freuen, wie es uns beliebt.

Francis Bacon schrieb einmal: »Wer Frau und Kinder hat, der hat sich dem Schicksal ausgeliefert, denn sie sind Hindernisse für große Unternehmungen sowohl der Tugend wie des Unheils.« Was Bacon nicht sagte, ist, daß Kinder auch unser Passierschein für die dringendste Unternehmung des Lebens sind – die Maximierung unserer Tauglichkeit. Welcher Art unsere sozialen Formen auch sein mögen, wir sind alle der natürlichen Auslese unterworfen.

# 5
# Altruismus: Sippe, Karma und Kamikaze

Ein Fremder kommt vor einer Siedlung australischer Eingeborener an. Er wartet draußen, staubig und durstig in der heißen Sonne, während ein alter Mann, der sich gut in Stammbäumen auskennt, herauskommt, um ihn zu befragen. Stellt sich heraus, daß der Fremde mit irgend jemandem im Lager verwandt ist, wird er aufgenommen. Andernfalls wird er getötet. Wenn die Tiv in Nigeria ihr Territorium erweitern wollen, suchen sie sich für den Angriff ausnahmslos die benachbarte Gruppe aus, mit der sie am *entferntesten* verwandt sind. Eine kleine Schar von Buschmännern in der Kalahari zieht von einem Wasserloch zum nächsten. Sie haben genug Wasser bei sich, um die Wanderung zu unternehmen, die zwei oder drei Tage dauern kann, aber nicht mehr. Jeder, der während dieses Trecks verwundet wird oder ernsthaft erkrankt, so daß er nicht mehr mit den anderen Schritt halten kann, wird zurückgelassen und muß mit großer Sicherheit sterben. Keine Diskussionen – oder kaum welche. Ein Pavian löst sich von seiner Horde und kommt um, während er sie gegen einen Leoparden verteidigt. Eine Arbeitsbiene sammelt Blütenstaub, sorgt für die sich entwickelnden Larven und Puppen und verendet schließlich, als sie einen Bären sticht, der ihren Stock plündert. Und in New York findet ein erfolgreicher Manager einen hübschen Posten als Vizepräsident für seinen Neffen.

Was haben diese Fälle gemeinsam? Sie sind allesamt Beispiele für etwas sehr Wichtiges – das bemerkenswerte Interesse, das Gene an sich selbst haben. Ein großer Teil des Sozialverhaltens aller Tiere einschließlich des Menschen betrifft Eltern und ihre Jungen. Weniger offensichtlich, aber nicht weniger wirklich ist das umfassende Interesse, das Lebewesen an ihren Verwandten haben. Wir mögen einzigartig darin sein, daß wir unsere Stammbäume aufzeichnen und unsere Verwandten zählen, aber wenn wir das tun, horchen wir vielleicht nur auf das Flüstern in uns. Und darin sind wir nicht einzigartig. Blut ist dicker als Wasser – für alle Lebewesen, nicht nur für den Menschen; und die natürliche Auslese hat sehr viel darüber zu sagen, warum.

Die letztendliche Aufgabe aller Gene ist es, die Körper, in denen sie sich befinden, so zu manipulieren, daß sie so viele Kopien von sich selbst herstellen, wie sie nur können. Sie tun dies, indem sie Partner suchen, die soviel wie möglich zu ihrem Erfolg beitragen (worüber wir im 3. Kapitel sprachen), und im besonderen durch die Produktion von Nachkommen (wovon im 4. Kapitel die Rede war). Unsere Gene werden jedoch nicht nur in unseren Nachkommen kopiert; sie sind auch in unseren Verwandten vorhanden. Je näher die Verwandtschaft, desto mehr Gene haben wir gemeinsam. Wenn wir uns daher um einen Verwandten kümmern, sind es in Wirklichkeit unsere Gene, die sich um sich selbst kümmern oder vielmehr um Kopien ihrer selbst, die im Körper eines anderen eingeschlossen sind.

Nach herkömmlichem christlichem Glauben verlassen unsere Seelen unsere Körper, wenn wir sterben, und schweben hinauf in den Himmel oder hinunter in die Hölle. Die Hindus glauben, daß sie in anderen Lebewesen reinkarniert werden. Uns geht es hier natürlich um die Gene, aber es kann recht nützlich sein, wenn wir uns jedes Lebewesen als aus vielen solcher »kleiner Seelen« zusammengesetzt vorstellen, von denen einige unseren Körper in unseren Eiern oder Spermien verlassen, wenn wir Kinder zeugen, und von denen wir einige schon mit anderen teilen durch das Erbe unserer gemeinsamen Ahnen. Diese anderen – unsere Verwandten – sind für uns etwas ganz Besonderes, denn sie tragen alle einen kleinen Teil von uns selbst in sich.

Wenn ein Vater auf die Straße hinausstürzt, um sein Kind vor einem herannahenden Wagen wegzureißen, gefährdet er sich selbst und somit seine Gene. Andererseits rettet er einen Teil seiner »Seele« – die Hälfte, um genau zu sein. Vielleicht scheint er durch seine Tat »altruistisch« zu sein, denn er hilft einem anderen unter echten Gefahren für sich selbst. Nun sollte es aber in Anbetracht der Selbstsucht der Evolution niemals einen echten Altruismus geben, da alle Gene, die Altruismus bewirken, weniger tauglich sein müßten als Gene, die Selbstsucht bewirken. Ist also der sein Kind rettende Vater eine evolutive Anomalie? Keineswegs. Tatsächlich ist er kein echter Altruist, denn seine Gene tun nicht mehr und nicht weniger, als daß sie einige von ihrer Art retten. Dasselbe kann von jedem Verhalten eines Individuums einem anderen gegenüber gesagt werden, solange die beiden einige Gene gemeinsam haben. Die Sorge für unsere eigenen Kinder oder für andere, mit denen wir Gene teilen, ist somit nur ein Sonderfall jener Gene, die sich selbstsüchtig fördern, indem sie auf andere Lebewesen aufpassen, in denen sie ebenfalls beherbergt sind.

Gene, die selbstsüchtig auf sich selbst aufpassen, während sie altruistisch zu sein scheinen: all das ist nun so offensichtlich, aber vor nun fünfzehn Jahren war es das noch nicht. Der in der Natur zu beobachtende scheinbare Altruismus war vielmehr ein Paradoxon bis zu einer brillanten Erkenntnis des britischen Biologen W. D. Hamilton, der sich fragte, warum Arbeitsbienen unfruchtbar sind, und der zuletzt eine neue Ära in der Evolutionsbiologie und vielleicht auch in der Erforschung des menschlichen Verhaltens einleitete. Das Grundproblem, das Hamilton in Angriff nahm, war einfach genug. Wenn die natürliche Auslese nur Individuen und Gene belohnt, die zu ihrer eigenen Reproduktion beitragen – wie kann sie dann altruistisches Verhalten hervorgebracht haben? Wenn wir die natürliche Selektion mit all ihrer Nüchternheit betrachten, sollten Individuen immer so ausgelesen werden, daß sie ihre eigene Tauglichkeit maximieren. Hamiltons Erkenntnis lief einfach darauf hinaus, daß der Altruismus eines Individuums im Einklang stehen kann mit der Selbstsucht seiner Gene, solange diese Gene sich selbst in einem anderen Körper helfen. Aber dieser andere Körper muß der eines Verwandten sein, und der Vorgang, sich selbst zu helfen, indem man seinen Verwandten hilft, ist heute unter dem Namen Verwandtschafts-Selektion bekannt.

Bei den staatenbildenden Insekten – Wespen, Bienen und Ameisen –, die Hamilton studierte, hängt die Fortpflanzung allein von der Königin und gewissen Männchen ab. Die große Mehrheit der Mitglieder des Stocks oder Haufens sind Weibchen, genetisch der Königin ähnlich, aber unfruchtbar. Die Arbeitsbienen sind Kamikaze-Insekten, denn ihr Unterleib kann aufgerissen werden, wenn sie einen Feind stechen. Das ist offensichtlich schlecht für ihre Tauglichkeit. Und die Tatsache, daß sie steril sind, scheint für ihre Tauglichkeit noch schlechter zu sein. Was liegt hier vor? Die Tauglichkeit der Arbeitsbienen beruht natürlich darauf, daß sie unaufhörlich für den Reproduktionserfolg der Königin arbeiten. Sie pflegen ihre Brut, sammeln Nektar und verteidigen den Stock. Ihr Hang zum Selbstmord ist hinlänglich klar, denn ihre Unfähigkeit, sich fortzupflanzen, gibt ihnen nur wenige Gründe, *nicht* zu sterben. (Genetisch ausgedrückt, ist der Tod einer sterilen Arbeitsbiene nicht ernster als der »Tod« eines abgeschnittenen Stücks von Ihrem Fingernagel.)

Ein Rätsel bleibt nichtsdestoweniger: Warum sind Arbeiterinnen überhaupt steril? Warum sollten die Gene von Arbeiterinnen den Königin-Genen helfen, sich fortzupflanzen? Würde die natürliche Selektion nicht diejenigen begünstigen, die sich selbstsüchtig fortpflanzen, anstatt altruistisch einer anderen zu helfen? Hamiltons Antwort lautet unter anderem, daß die Arbeitsbienen gewöhnlich Töchter der Königin sind (obwohl sie sich mehr wie Kammerzofen verhalten denn wie Prinzessinnen). Aufgrund des eigenartigen genetischen Systems der Bienen (die Drohnen haben nur einen Chromosomensatz statt der üblichen zwei), teilt jede Arbeiterin 3/4 ihrer Gene mit ihren Schwestern. Hätte sie dagegen selbst Nachkommen, so würde sie mit ihnen nur die Hälfte der Gene teilen. Arbeitsbienen haben daher mehr Gene mit ihren Schwestern gemeinsam, als sie mit ihren eigenen Nachkommen teilen würden. Daher tragen sie tatsächlich mehr zu ihrer Tauglichkeit bei, wenn sie daheim bleiben und helfen, ihre Schwestern großzuziehen, als wenn sie fortzögen und eigene Familien gründeten.

Jeder kennt den Ausdruck »faul wie eine Drohne«. Tatsächlich sind Drohnen – männliche Bienen – erwiesenermaßen faul. Sie tragen, besonders wenn man sie mit ihren fleißigen Schwestern vergleicht, so gut wie nichts zum Wohlergehen des Stocks bei. Da der scheinbare Altruismus der Arbeiterinnen offenbar der Tatsache zuzuschreiben ist, daß sie mit den Schwestern, denen sie helfen, viele Gene gemeinsam haben, scheint es vernünftig zu sein, die »Faulheit« der Drohnen darauf zurückzuführen, daß sie weniger Gene mit den anderen Mitgliedern des Stocks gemeinsam haben. Tatsächlich ist das, wie schon angedeutet, auch der Fall. Infolge ihres genetischen Systems teilen Drohnen nur 1/4 ihrer Gene mit ihren Schwestern (während die Schwestern 3/4 gemeinsam haben). Es ist daher nicht verwunderlich, daß die Drohnen weit weniger am Wohlergehen ihrer Schwestern interessiert sind.

Das »Altruismus«-Prinzip geht über jedes bestimmte Verhalten bei jeder bestimmten Spezies hinaus. Die Hauptfrage für alle Lebewesen lautet, wie Gene ihre Träger beeinflussen können, sich so zu verhalten, daß der individuelle Erfolg reduziert, während der Erfolg anderer Individuen erhöht wird. Die Antwort lautet, daß sie dazu imstande sind, sofern sie sich selbst vermehren. Mit anderen Worten, altruistische Verhaltensweisen werden selektiert, solange sie nicht wirklich altruistisch sind. Ein echter, ehrlicher Altruismus kommt in der Natur einfach nicht vor.

Wie steht es mit dem Menschen? Es ist wahrscheinlich kein Zufall, daß Menschen überall die Verwandtschaft zum Mittelpunkt ihres Verhaltens machen. Und der Nepotismus – die Begünstigung von Verwandten – ist ein allgemein menschlicher Zug. Was die *Congressional Medal of Honor* im Krieg ist, ist die Carnegie-Tapferkeitsmedaille im Frieden, und ihre Verleiher anerkennen unbewußt die Soziobiologie des Altruismus, indem sie diese Tapferkeitsmedaille niemals für die Rettung des Lebens eines Verwandten vergeben. Daß man einem Verwandten in Not hilft, wird offenbar als selbstverständlich erwartet. Was unerwartet und daher einer Medaille würdig ist, ist das Eingehen einer Gefahr, um einem Nichtverwandten zu helfen.

Vor einigen Jahren wurde der große Biologe J. B. S. Haldane eines Tages in einem Lokal gefragt, ob er sein Leben für seinen Bruder geben würde. Nein, sagte Haldane, das würde er nicht tun, aber er würde es für *drei* Brüder opfern oder, wenn das nicht geht, für neun Vettern. Sein Gedankengang war: Menschen teilen nur die Hälfte ihrer Gene mit Brüdern (oder Schwestern), ein Viertel mit Halbgeschwistern, ein Achtel mit Vettern und so weiter. Daher würde jedes Gen, das seinen Träger beeinflußt, seinen Körper in Gefahr zu bringen, um drei Brüder (oder neun Vettern) zu retten, letzten Endes mehr Kopien von sich herstellen, als verlorengingen, wenn das Individuum bei dem Versuch umkäme. Jeder von uns hat im allgemeinen mehr Kopien seiner Gene in den Körpern von drei Geschwistern oder neun Vettern als in seinem eigenen. In den meisten Fällen sind wir jedoch nicht annähernd vor eine so schwere Wahl wie Leben oder Tod gestellt. Aber jedesmal wenn ein Verhalten Kosten im Sinne der Tauglichkeit mit sich bringt, ist es unser gutes Recht, nach einem Nutzen im Sinne der Tauglichkeit zu suchen. (Kosten und Nutzen werden auf die gleiche Weise gemessen, in Tauglichkeits-Einheiten – Zahl der Gene, die in die Zukunft projiziert werden.)

Tatsächlich ist aber die Verwandtschaft zwischen zwei Individuen nicht der einzige Faktor, der bestimmt, ob sich das eine dem anderen gegenüber altruistisch verhalten wird. Es gibt noch zwei weitere wichtige Überlegungen: die Kosten für den Altruisten, der die Handlung vollbringt, und der Gewinn, den der Begünstigte dabei hat. Die Verwandtschafts-Selektion ist eine ziemlich komplizierte Gleichung. Könnten wir heimlich den Ratschlägen eines Gens an seinen Körper lauschen, so würden wir etwa folgendes zu hören bekommen: »Du solltest um so mehr bereit sein, jemandem zu helfen, je näher du mit ihm verwandt bist. Gleichzeitig solltest du eher bereit sein, ihm zu helfen, wenn er einen wirklichen Nutzen davon hat, und weniger bereit, wenn die Gefahr für dich zu groß ist.« Quantitativ ausgedrückt, können wir sagen: Wenn sich Altruismus durch Verwandtschafts-Selektion entwickeln soll, muß der Nutzen des Empfängers, multipliziert mit dem Anteil der Gene, die der eventuelle Altruist und der Empfänger gemeinsam haben, die Kosten an Tauglichkeit seitens des Altruisten übersteigen. Das war, kurz gesagt, Hamiltons große Erkenntnis. Lebewesen tendieren dazu, ihre *inklusive Tauglichkeit* zu maximieren: die Summe ihres Reproduktionserfolgs durch ihre Nachkommen *plus* dem ihrer Verwandten. Bei der Maximierung seiner inklusiven Tauglichkeit wird selbstverständlich von jedem Lebewesen erwartet, daß es seine Verwandten proportional abwertet, je entfernter die Verwandtschaft ist – das heißt je weniger Gene sie mit dem eventuellen Altruisten gemeinsam haben. Ein Bruder oder ein Kind »zählt« nur halb soviel wie die eigene Person, ein Vetter nur ein Achtel und so fort.

Bedeutet das, daß die Gene die Grundlagen der Algebra beherrschen müssen? Absolut nicht. Tatsächlich verhält es sich so, daß die Evolution ihre Berechnungen im Laufe der vielen, langen Generationen der Geschichte jeder Spezies angestellt hat. Im Laufe der Zeit hatten manche Gene ihre Körper dazu verleitet, eine schlechte Wahl zu treffen, das heißt, sie machten Fehler bei der Lösung der kritischen Gleichung, deren Glieder Kosten, Gewinn und Verwandtschaft heißen. Diese zum Irrtum neigenden Gene hinterließen weniger Nachkommen als die, deren Kalkulationen richtig waren. Die Folge davon ist, daß wir – und alles andere, was lebt – vielleicht keine Eins in Rechnen bekommen, aber wir verhalten uns, als wären wir mathematische Genies. Wir sind ausgelesen, das Richtige zu tun, obwohl wir vielleicht nicht wissen, warum. Und wir sind sehr berechnende Geschöpfe. Wie sehr liebe ich dich? Laß mich deine Gene zählen.

Bevor wir uns selbst ausführlicher betrachten, wollen wir noch einige Beispiele für genetisch selbstsüchtigen Altruismus in der Tierwelt suchen. Stellen Sie sich vor, Sie wären ein Präriehund, der friedlich am Rande seiner Kolonie frißt. Andere Präriehunde sind, ähnlich beschäftigt, in der Nähe. Plötzlich sehen Sie einen Falken. Was tun Sie? Das Sicherste ist natürlich, so schnell wie möglich im nächsten Bau zu verschwinden, und ebendas tun die meisten Präriehunde auch. Daneben stoßen sie jedoch einen Alarmruf aus, der die anderen warnt. Dadurch haben sie den anderen einen Nutzen verschafft, die nun eine größere Chance haben, heil davonzukommen. Durch die Warnung der anderen Präriehunde haben aber diejenigen, die Alarm schlugen, persönliche Kosten auf sich genommen, denn sie haben sich dem Raubvogel auffälliger gemacht und mit dem Rufen Zeit verbraucht, die sie dafür hätten verwenden können davonzulaufen.

Und nun stellen wir uns zwei Präriehunde vor: einen, der ruft, und einen, der nicht ruft. Der altruistische Rufer läuft größere Gefahr zu sterben (und sich daher nicht fortzupflanzen) als der, der nicht ruft, sich selbstsüchtig still verhält und daher mit größerer Wahrscheinlichkeit überleben und sich fortpflanzen wird. Sollten wir nicht annehmen, daß das Rufen daher ausgemerzt wird? Müßte es in den folgenden Generationen nicht immer weniger Rufer geben? Dennoch ist das Alarmrufen bei kleinen Nagern sehr weit verbreitet. Wann würden wir erwarten, daß die natürliche Auslese die Evolution eines so offenkundigen Altruismus begünstigt? Offenbar doch, wenn der Nutzen groß ist, die Kosten gering sind und die Verwandtschaft zwischen Alarmrufer und Hörer nahe genug ist, um zu bewirken, daß die bewußte Gleichung den Alarmruf-Genen eine positive Tauglichkeit verleiht. Wir haben gute Gründe anzunehmen, daß ebendas geschieht, und obwohl nicht alle Rufer und Hörer notwendigerweise miteinander verwandt sind, so sind es doch genug, um die Entwicklung des Systems zu ermöglichen. Im übrigen ist das Rufen im allgemeinen auf Situationen beschränkt, in denen Verwandte in der Nähe sind.

Die rundschwänzigen Backenhörnchen sind Nager, die in mancher Hinsicht den Präriehunden ähneln. Die Männchen wandern ziemlich weit umher, und wenn wir eine Kolonie dieser Tiere im Frühling betrachten, stellen wir fest, daß die Männchen meist nicht mit ihren Nachbarn verwandt sind. Was geschieht, wenn ein Räuber erscheint? Sie haben es erraten. Christopher Dunford von der University of Arizona beobachtete zwischen Januar und April 25 Alarmrufe, und von diesen wurden 23 von Weibchen ausgestoßen. Ein weiterer Test: Die Jungen kommen später im Jahr zur Welt, und im Sommer sind die Jungtiere, die in der Nähe ihrer Mütter bleiben, von nahen Verwandten umgeben. Zu diesem Zeitpunkt, und das ist mehr als nur ein Zufall, geben die Männchen ebensooft Alarm wie die Weibchen. Der Zoologe Paul Sherman von der University of California in Berkeley fand ähnliche Ergebnisse bei einer intensiven Studie einer anderen Art von Backenhörnchen. Weibchen mit Nachkommen in der Nähe rufen öfter Alarm als solche ohne Nachkommen; ortsansässige rufen öfter als durchziehende, und Weibchen rufen allgemein öfter als Männchen. Wie zu erwarten, leben die Männchen dieser Spezies fern von ihren Verwandten (männliche Tiere gesellen sich oft weniger häufig zu ihren Verwandten, wahrscheinlich weil sie mehr dazu neigen, das konkurrierende Geschlecht zu sein), während die Weibchen in der Nähe leben.

Ein anderes Beispiel: Weißwedelhirsche schnauben, wenn sie ein Raubtier sehen, und warnen dadurch ihre Gefährten. Weibchen, die in Verwandtschaftsgruppen ziehen, lassen dieses altruistische Schnauben häufiger hören als Männchen, die Junggesellengruppen von nichtverwandten Mitgliedern bilden. Wenn wir Hirsche während der Fortpflanzungszeit beobachten, finden wir höchstwahrscheinlich einen Bock mit einem Rudel Weibchen, aber er »führt« dieses Rudel nicht und läßt seinen Mitgliedern gegenüber wenig Altruismus erkennen. Wenn, zum Beispiel, ein Puma erscheint, folgen alle Kühe und Kälber dem ältesten Weibchen, das mit vielen von ihnen verwandt ist. Der Bock? Er springt davon, so schnell er kann.

Dieser Unterschied zwischen Männchen und Weibchen kann ziemlich weit verbreitet sein. Der Genetiker Glayde Whitney von der Florida State University meint, daß weibliche Säugetiere im allgemeinen stärker für den Altruismus prädestiniert sind als die Männchen, wegen der verschiedenen Genetik von Männlichkeit und Weiblichkeit. Weibchen teilen mehr Chromosomen mit anderen Weibchen, weil alle

Weibchen in einem Chromosomenpaar zwei X-Chromosomen haben, während man bei Männchen im entsprechenden Paar ein X- und ein Y-Chromosom findet.* Dies ist eine interessante Vorstellung, vor allem da sie eine entgegengesetzte Tendenz bei Vögeln voraussagt, wo die Männchen das doppelte X-Chromosom haben und die Weibchen ein X- und ein Y-Chromosom. Was wir (vielleicht) bezeichnenderweise beobachten, ist tatsächlich dies: Männliche Vögel zeigen häufiger Altruismus gegenüber ihren Brüdern und überlassen die »Schwesterschaften« den Säugetieren.

Erinnern Sie sich an die mörderischen Hulmans, die Junge töteten, die sie nicht selbst gezeugt hatten? Es ist interessant, daß trotz der Gefahr einer Verletzung durch die größeren, stärkeren Männchen ältere Weibchen oft halfen, die als Opfer ausersehenen Jungen zu verteidigen. Wir wissen nicht, ob diese hilfsbereiten altruistischen Weibchen mit den Beschützten verwandt waren, aber es ist anzunehmen. Bei japanischen Affen zieht ein Angriff auf ein Junges Vergeltung durch seine Mutter, seine Schwestern, Tanten und Großmütter – die ganze erboste weibliche Seite der Familie – nach sich. Ist es da verwunderlich, daß erwachsene männliche Affen den Jungen gegenüber sehr tolerant sind? Man hat sie sogar schon davonlaufen sehen, wenn ein Junges in ihre Nähe kam. Der Anthropologe Jeffrey Kurland von der Pennsylvania State University stellte fest, daß angegriffene japanische Affen oft von anderen Angehörigen der Horde verteidigt wurden und daß mehr als 80 Prozent dieser altruistischen Verteidigungen innerhalb der »mütterlichen Linie« – der Gruppe der weiblichen Verwandten – stattfanden.

In der extremsten Form ist das Gegenteil von Altruismus wahrscheinlich wohl der Antagonismus, der zu einer Minderung der Tauglichkeit des Opfers führt. Japanische Affen verletzen sich gegenseitig nicht ernstlich. Tun sie es aber wirklich, so ist bezeichnend, daß der Angreifer gewöhnlich ein nicht Ortsansässiger und nicht Verwandter ist. Näher bei uns selbst in geographischer Hinsicht führen vorindustrielle menschliche Gesellschaften oft Krieg – nicht die organisierten Eroberungskriege großen Maßstabs, die in unseren »fortgeschrittenen« Gesellschaften üblich sind, sondern eher ständige Fehden und Geplänkel. Und nicht weniger als bei den japanischen Affen zählt dabei die Verwandtschaft. Diesen Feindseligkeiten ist besonders schwer Einhalt zu gebieten, da sie oft eine aus der Vergangenheit

* In einem gewissen Sinne ist daher die genetische Beziehung zwischen zwei weiblichen Säugern ähnlich der zwischen Schwesterbienen, wenn wir nur die Geschlechtschromosomen in Betracht ziehen. Diese Analyse mag jedoch anfechtbar sein, da sehr wohl auch wesentliche, aber unbeachtete Gene auf dem Y-Chromosom lokalisiert sein können. Nichtsdestoweniger regt die Idee zum Nachdenken an.

stammende »Blutschuld« zu rächen trachten. Ein Mord schreit nach Rache, und auf jeder Seite müssen alle Verwandten mithelfen. Selbstverständlich fordert eine gelungene Rache neuerliche Rache seitens der zuletzt gekränkten Partei, und so geht es weiter ohne Ende. Obwohl dieses System der Rache der Verwandten für den Verwandten hart für die Opfer ist, dient es doch als Dämpfer für einen massiven destruktiven Antagonismus, da jeder Betroffene weiß, daß das an einem anderen begangene Unrecht Vergeltung zur Folge hat. Jedes Individuum ist durch ein eigenes Netzwerk von Verwandten geschützt. Hauptsächlich aus diesem Grunde fürchten sich die Frauen vieler tropischer Stämme am Amazonas davor, mit einem Mann in einem fernen Dorf verheiratet zu werden – unter lauter Fremden werden sie keine Verwandten haben, die sie vor der zu erwartenden Brutalität des Mannes schützen.

Wir alle leben in einem sehr realen und personifizierten Gewebe von Verwandtschaften, das in unserer Nähe am dichtesten gewoben ist und immer lockerer wird, je weiter wir uns entfernen. Daher erwarten – und finden – wir den größten Altruismus innerhalb unserer unmittelbaren Familie, weniger bei denen, mit denen wir weniger nahe verwandt sind, und schließlich vielleicht sogar einen regelrechten Antagonismus gegenüber (und auf seiten von) Fremden. Wir alle können dieses Schema im täglichen Leben erkennen. Wir *geben* denen, die uns nahestehen, Weihnachtsgeschenke, ohne zu berechnen, was wir dafür bekommen; wir wechseln Glückwunschkarten mit denen, die wir kennen, aber nicht »lieben«; und was einen völlig Fremden, beispielsweise einen Kaufmann, anbetrifft, haben wir unter Umständen kaum Bedenken, ihn zu betrügen (sofern nicht er uns betrügt), wenn wir damit durchkommen. Und damit stehen wir kaum allein da. Der Anthropologe Marshall Sahlins von der University of Michigan zeigte, daß in nichtindustrialisierten Gesellschaften etwas, was einem selbstlosen Altruismus gleichkommt, innerhalb eines Haushalts und in geringerem Maße unter entfernteren Verwandten herrscht; ein »Wie du mir, so ich dir« gilt innerhalb des Dorfes oder der größeren ethnischen Gruppe, und die Interaktionen zwischen Dörfern und Stämmen können offen ausbeuterischer Natur sein. Die enge Übereinstimmung zwischen den Erwartungen der Soziobiologie und den Tatsachen des menschlichen Sozialverhaltens ist besonders überraschend, wenn wir bedenken, daß Sahlins bei seiner Schilderung keine soziobiologischen Betrachtungen anstellte. Wenn amerikanische Universitätsprofessoren, Mädchen vom Amazonas und Honigbienen unabhängig voneinander zu dem Schluß gelangen, daß zwei und zwei gleich vier ist, vertrauen wir irgendwie mehr darauf, daß sie recht haben.

Brechen in einem Dorf Fehden aus, so besteht die ernstliche Gefahr, daß das ganze soziale Gewebe zerrissen wird. Daher entsteht ein starker Druck in Richtung auf eine friedliche Beilegung der Streitigkeit durch Schiedsspruch. Gewöhnlich wird sie durch unparteiische Individuen, die bezeichnenderweise mit keinem der Streitenden oder, was häufiger vorkommt, mit beiden verwandt sind, vorgenommen. Wenn jedoch die Gegner weiter voneinander entfernt sind – und beispielsweise in verschiedenen Dörfern wohnen oder gar verschiedenen Stämmen angehören –, empfinden weniger Beteiligte das Bedürfnis nach einer Schlichtung.
Die Nuer im südlichen Sudan haben keine formelle Regierung. Wie bei den meisten nichtindustrialisierten Völkern sind ihre sozialen Beziehungen hauptsächlich durch die Verwandtschaft geregelt. Bis vor wenigen Jahrzehnten noch führten sie beinahe ständig Krieg untereinander, es sei denn sie schlossen sich zusammen, um einen anderen Stamm, die Dinka, zu überfallen, mit denen sie selbstverständlich nicht verwandt waren. Es gibt ein altes arabisches Sprichwort: »Ich gegen meinen Bruder; ich und mein Bruder gegen unsere Vettern; ich, mein Bruder und meine Vettern gegen die, die nicht mit uns verwandt sind; ich, mein Bruder, meine Vettern und Freunde gegen unsere Feinde im Dorf; sie alle und das ganze Dorf gegen das nächste Dorf . . .« So ist es immer gewesen, und – wenn es nach unseren Genen geht – so könnte es auch immer sein.

Der gemeinsame Besitz von Genen scheint also für gewisse Aspekte des Sozialverhaltens entscheidend zu sein. Obwohl Gruppen von Lebewesen zusammen leben können, ohne Gene gemeinsam zu haben, wird man in solchen Fällen nicht viel altruistisches Verhalten erwarten dürfen. Andererseits ist Altruismus dort zu erwarten, wo die genetische Verwandtschaft groß ist.
Mein Wörterbuch von Webster definiert Nepotismus als »Günstlingswirtschaft gegenüber einem Verwandten aufgrund der Verwandtschaft«. Webster und seine Mitarbeiter waren keine Soziobiologen, und ebensowenig sind es die meisten Menschen, aber wir alle sind Träger von Genen, die bei ihren evolutiven Kosten-Gewinn-Rechnungen gut abgeschnitten haben. Das erklärt wohl zum Teil, warum der Nepotismus eine allgemein-menschliche Erscheinung ist. Die Verwandtschaft ist ein fundamentales Organisationsprinzip in allen menschlichen Kulturen. Sie ist das Rückgrat, das die Gesellschaft des *Homo sapiens* stützt, und die Soziobiologie liefert eine eindeutige Erklärung für das Warum: wir maximieren unsere inklusive Tauglichkeit, wenn wir Verwandte anders behandeln als Fremde. Offensichtlich ist nicht jedes besondere Detail des menschlichen Soziallebens

durch die Forderungen unserer inklusiven Tauglichkeit determiniert, aber die Biologie liefert den Mutterboden – die Torte, die die Menschen je nach ihrer kulturellen Verschiedenartigkeit mit ihrem Zuckerguß überziehen. Was könnte natürlicher sein?

Bei den Fulani-Hirten in Afrika werden während der feuchten Jahreszeit große kommunale Lager gebildet. Die Bewohner des Lagers betrachten sich als Angehörige eines Clans und suchen, oft viele Generationen zurück, gemeinsame Ahnen, die sie verbinden sollen. Während der trockenen Jahreszeit, wenn sich die Bevölkerung auf einzelne Wasserstellen verteilen muß, werden kleinere Gruppen gebildet, und jede von diesen leitet sich von einem jüngeren Ahn her, oft nur von einem Großvater oder manchmal gar nur von einem Vater. Hier wie überall, wo man auf den *Homo sapiens* stößt, wäre ein Mensch ohne Verwandte völlig verloren.

Obwohl unsere Spezies einzigartig ist mit ihrer Leidenschaft, Blutsverwandtschaften festzustellen, organisieren auch viele Tiere ihr Sozialleben und ihre Verwandtschaft – ihre Gene sind nicht weniger intelligent als unsere. Es gibt, zum Beispiel, soviel ich weiß, nur einen Fall, in dem sich zwei Männchen ständig ein Weibchen teilen – den seltsamen Fall des tasmanischen Huhns. Hier werden oft beständige Dreiecksverhältnisse gebildet, die aus zwei Hähnen und einem Huhn bestehen. Diese Trios sind bei der Aufzucht der Jungen erfolgreicher als die einfachen Duos aus Hahn und Henne, weil der zusätzliche Hahn hilft, die Küken zu bewachen, Futter zu suchen und so fort. Jeder der beiden Hähne läuft jedoch Gefahr, nicht der Vater der Küken zu sein. Wie »lohnt« sich also dieses System im Hinblick auf die vom Männchen stammenden Gene? Es verhält sich einfach so, daß die beiden Hähne immer Brüder sind, so daß jeder Hahn, der nicht Vater wird, zumindest die Gewähr hat, ein Onkel zu sein, wodurch er im Sinne seiner inklusiven Tauglichkeit profitiert. So beeinflußt die Verwandtschaft die soziale Organisation dieser Tiere.

Ein weiteres Beispiel liefern uns die nordamerikanischen wilden Truthühner, von denen unsere Weihnachtsputen abstammen. Die Truthähne stolzieren in Paaren umher, die sich schon früher bildeten, als jeweils zwei Brüder gegeneinander antraten und um den Vorrang kämpften. Wenn die Paarungszeit kommt, balzt jedes Brüderpaar gemeinsam im Wettstreit mit anderen Brüderpaaren. Ist eine Henne zur Paarung bereit, weichen unterlegene Brüderpaare dem überlegenen, und innerhalb dieses Paares weicht wiederum der unterlegene dem dominierenden Bruder. In einem Fall, zum Beispiel, besorgten von 170 Hähnen auf dem Balzplatz zuletzt nur 6 die gesamte Paarung. Auch hier wieder profitieren die unterlegenen Brüder (durch Verwandtschafts-Selektion), auch wenn sie »altruistischerweise« ledig bleiben, solange sich ihr dominierender Bruder erfolgreich fortpflanzt. Es lohnt sich für einen Truthahn, seines Bruders Helfer – wenn schon nicht sein Hüter – zu sein.

Selbstverständlich ist die Polyandrie (bei der ein Weibchen mit vielen Männchen verpaart ist) in der Natur sehr selten, wahrscheinlich wegen der Biologie des Männlichen und Weiblichen, die Männchen dazu treibt, eher mit anderen Männchen zu kämpfen, als die Weibchen mit ihnen zu teilen. Erwartungsgemäß ist sie auch beim Menschen sehr selten. Bei einem Überblick über 565 menschliche Gesellschaften praktizierten nur vier die Polyandrie, und selbst bei diesen war sie zum Teil mit Polygynie kombiniert. Reiche, erfolgreiche Männer an der Spitze der Gesellschaft hatten mehrere Frauen, während sich die am wenigsten erfolgreichen auf der untersten Stufe des Systems eine Frau teilten. Eine halbe Frau war offenbar immer noch besser als gar keine.

Wir können ferner voraussagen, daß, wo Polyandrie auftritt, die »Bruder«-Polyandrie bevorzugt werden müßte – das heißt, daß sich Brüder eine Frau teilen wie bei den tasmanischen Hühnern und den wilden Truthühnern. Eine solche Regelung würde bedeuten, daß jeder Mann in seiner inklusiven Tauglichkeit sowohl Nichten und Neffen hätte (Verwandtschaftsgrad gleich ¼), wenn sein Bruder mit der gemeinsamen Frau Kinder zeugte, als auch seine eigenen Kinder (Verwandtschaftsgrad gleich ½), wenn er selbst Vater wäre. Tatsächlich zeigt sich, daß die Bruder-Polyandrie die vorherrschende Form ist. Sie kam vor bei den Toda in Südindien und wurde von den Tupa-Kawahib im tropischen Brasilien berichtet. Daß sich Brüder eine Frau teilen, ist außerdem bei gewissen Völkern im Himalaja üblich, wo ein Mann oft monatelang auf einem Salzhandelszug unterwegs sein kann. Während er fort ist, bleibt sein Bruder daheim und kümmert sich um das Geschäft und offenbar auch um die Frau, so daß »alles in der Familie bleibt«.

Bei den Tre-ba in Tibet gab es in jeder Familie in jeder Generation immer nur eine Heirat. Die Söhne taten sich zusammen und teilten sich eine Frau, wobei alle im selben Haushalt blieben. Die Tre-ba besaßen sehr viel Land, und obwohl die Söhne vielleicht lieber eine Frau für sich allein gehabt hätten, wurde die Polyandrie akzeptiert, weil sie die Aufteilung des Grundbesitzes der Familie verhinderte.

Bei einigen der Pahari sprechenden Völkern Nordindiens legen Brüder ihre Geldmittel zusammen und kaufen sich eine Frau, die in sexueller Hinsicht allen gehört. Wenn sie es sich leisten können, kaufen sie eine zweite und vielleicht noch eine dritte und so fort. Das Ergebnis ist der einzige bekannte Fall, in dem mehrere erwachsene

Männer mit mehreren erwachsenen Frauen zusammen leben, ohne daß zwischen einem bestimmten Mann und einer bestimmten Frau eine besondere Bindung besteht.

Die Fälle der Tre-ba und der Pahari enthalten mehrere interessante Punkte. Erstens sehen wir wieder die Polyandrie als den gemeinsamen Besitz der Frau durch *Brüder*, nicht durch Männer, die nicht miteinander verwandt sind. Zweitens gilt in beiden Fällen immer noch das typische Schema der männlich-weiblichen Sexualpolitik. Obwohl eine Familie aus mehreren Männern und nur einer Frau bestehen kann, sind es die Männer, die sich die Frau nehmen, und nicht umgekehrt. Außerdem sind die Männer nicht Haremsfrauen gleichzustellen; sie beherrschen ihre Frau, die sich jedem ihrer Ehemänner fügen muß. Und wenn sie ihnen keine Kinder gebären kann, wird sie gegen eine andere ausgetauscht. Wieder scheint es so, als sagten uns ganz verschiedene Völker, daß zwei und zwei gleich vier ist.

Genetische Verwandtschaft und menschliches Sozialverhalten haben offensichtlich mehr als nur einen geringen Einfluß aufeinander. In manchen Fällen kann die Lage wirklich sehr komplex sein, und über die Verwandtschaftsordnungen der australischen Eingeborenen hat sich eine Armee von Anthropologen generationenlang den Kopf zerbrochen. Es zeigt sich jedoch, daß hinter vielem, was da vorgeht, eine gute soziobiologische Logik steckt. Man denke beispielsweise über die selbstsüchtige evolutive Weisheit des »großzügigen« Yanomamo-Häuptlings nach, der überzählige Frauen seinen Brüdern schenkt. Bei afrikanischen Viehhirten wie den Masai, Zulu und Swasi kann eine Frau nur durch »Brautzahlungen« erworben werden, die von zehn bis zwanzig Stück Vieh gehen können. Die Zahl der Frauen, die ein Mann haben kann, ist also offensichtlich durch seinen Viehbestand beschränkt, und da der Besitz von Vieh in diesen Gesellschaften den Männern vorbehalten ist, müssen Väter und Söhne miteinander konkurrieren, da sie auf dieselben Herden zurückgreifen, um Frauen zu bekommen. Also wieder einmal Ödipus? Vielleicht, aber ich vermute, die Wirklichkeit ist viel praktischer. Die Väter müssen wünschen, Kinder zu zeugen, denn jedes Kind teilt mit ihnen die Hälfte ihrer Gene. Ja sie müssen Kinder Enkelkindern vorziehen, die sie bekommen, wenn ihre Söhne Kinder zeugen. Das folgt daraus, daß ein Erwachsener die Hälfte der Gene mit seinen Kindern gemeinsam hat, daß aber diese Verwandtschaft in jeder folgenden Generation um die Hälfte vermindert wird. Ein Großvater hat daher nur ein Viertel seiner Gene mit seinen Enkeln gemeinsam. Daher muß jeder Mann eine Frau für sich selbst einer Frau für seinen Sohn vorziehen.

Für die Söhne verhält es sich genau umgekehrt: sie würden Kinder

(½) Halbgeschwistern (¼) vorziehen. Und hier läßt sich nun eine Voraussage machen, die geradezu danach schreit, getestet zu werden: Väter sollten mehr gewinnen, wenn ihre Söhne drei Frauen im Vergleich mit ihrer einen kauften, denn $3 \times 1/4 = 3/4$, was mehr ist als ½. Daher führen Erwägungen der Verwandtschafts-Selektion zu der Annahme, daß sich sehr wenige Masai- oder Zulu-Väter dafür entscheiden würden, eine weitere Frau für sich zu kaufen, wenn sie mit demselben Brautgeld drei Frauen für ihre Söhne bekommen könnten. Natürlich wäre bei einer Berechnung großen Maßstabs die Möglichkeit, daß Vater oder Sohn gehörnt werden, mit einzubeziehen, desgleichen die ökonomische und soziale Fähigkeit des Vaters wie des Sohnes, erfolgreiche Nachkommen großzuziehen, und andere Faktoren. Die einfachen Tauglichkeitsrechnungen der Evolution werden in der Praxis ziemlich schwierig.

Nichtsdestoweniger scheinen wir Menschen uns im allgemeinen recht gut an die Biologie zu halten. So ist beispielsweise bei 80 Prozent aller menschlichen Gesellschaften die vorherrschende Wohnform die patrilokale, das heißt, Ehepaare wohnen mit der Familie des Ehemanns zusammen. Möglicherweise ist dies einfach nur ein weiteres Beispiel für die Beherrschung der Frau durch den Mann, aber der Soziobiologe darf mit gutem Recht fragen: Warum wählen Menschen überhaupt ein solches System? Ein Ergebnis des patrilokalen Wohnens im Hinblick auf die Evolution ist, daß die Familie ihre evolutive Investition überwachen kann. Die Eltern der Frau können ohnehin beruhigt sein. Sie wissen, daß ihre Tochter, wo immer sie lebt und wer immer der Vater ist, ihre eigenen Kinder gebären wird, die ihrerseits die Hälfte ihrer Gene und ein Viertel der Gene der Eltern der Tochter haben werden. Die Familie der Braut kann es sich leisten, »sie fortzugeben«. Die Familie des Mannes dagegen ist eher geneigt, ihre neue Schwiegertochter zu beaufsichtigen. Es wäre interessant zu erfahren, ob im allgemeinen die Familien der Männer gegenüber der Untreue der Frau intoleranter sind als die Familien der Frauen gegenüber der Untreue der Ehemänner.

Abgesehen davon, daß es der Familie des Mannes gestattet ist, ihre genetische Investition zu überwachen, erleichtert dieses patrilokale System auch die Polygynie, die Ehe eines Mannes mit mehreren Frauen. Wenn der Mann bei der Familie der Frau lebte, wären seine weiteren ehelichen Wahlmöglichkeiten offensichtlich auf andere weibliche Verwandte beschränkt, die auch dort leben, vielleicht auf die Schwestern seiner ersten Frau. Bleibt er aber daheim, so kann sich eine theoretisch unbegrenzte Anzahl von (verwandten oder nichtverwandten) Frauen seinem Harem anschließen.

Diese Regelung kann natürlich alles andere als idyllisch sein. Selbst wenn die Frauen miteinander verwandt sind, so sind sie mit ihren eigenen Kindern immer noch näher verwandt als mit den Kindern jeder anderen. Wir können daher sehr viel Eifersucht und Verleumdung voraussagen, wobei jede Frau die Aufmerksamkeit übelnimmt, die eine andere genießt, und bestrebt ist, den Erfolg ihrer Nachkommen zu maximieren, wo nötig auf Kosten anderer.

Ein ähnliches Rezept für Konflikte war im traditionellen chinesischen Familienleben anzutreffen. Dort bestand der ideale Haushalt aus den alten Eltern, ihren unverheirateten Töchtern, ihren Söhnen und den Frauen und Kindern ihrer verheirateten Söhne. Die Anthropologin Marjorie Wolf schreibt dazu jedoch:

*»Dieses Ideal wird gelegentlich erreicht von den Reichen, aber bei den Armen erhalten zwei verheiratete Brüder nach dem Tod ihres Vaters selten einen gemeinsamen Haushalt aufrecht. Die Frau des einen ist zu sehr davon überzeugt, daß die Frau des anderen ihren Kindern mehr zu essen gibt, wenn sie mit dem Kochen an der Reihe ist, oder daß sie sich davor drückt, ihren Anteil an der Hausarbeit zu übernehmen. Solange die Mutter der Brüder noch lebt und rüstig ist, kann sie Streitigkeiten in der Küche unterdrücken oder wenigstens zwischen den Streitenden vermitteln, aber die Verliererin eines Streits wird bestimmt ihrem Mann etwas von der Begünstigung der Kinder seines Bruders durch seine Eltern zuflüstern . . .«*

Das Schema ist vertraut. Die Großmutter ist mit allen Enkeln gleichermaßen verwandt, und wie zu erwarten, gleicht sie jede potentielle Günstlingswirtschaft innerhalb der Familie aus. Aber die Frauen sind miteinander oder mit den Nachkommen der anderen nicht verwandt, und beim Tode der Schwiegermutter macht sich auch schon die Biologie der Verwandtschafts-Selektion geltend. Die jungen Ehemänner, und das ist interessant, sind offensichtlich weniger eifersüchtig als ihre Frauen. Schließlich sind sie mit den Nachkommen des jeweils anderen als biologische Onkel verwandt.

Als allgemeine Regel läßt sich sagen, daß Ehe und Legitimität von viel größerer Bedeutung sind in Gesellschaften mit patrilinealer Abstammung, das heißt mit der Festlegung der Verwandtschaft durch die männliche Linie. Auch das ist zweckmäßig, da eine größere »Notwendigkeit« besteht, die genetischen Interessen der Männer zu schützen. Man vergleiche die afrikanischen Nuer, bei denen hohe Brautgelder die Regel sind, mit den (bereits geschilderten) Nayar in Indien, die das Avunkulat haben und die Ehe als unbedeutend betrachten. Da die biologischen Väter bei den Nayar nicht viel zählen und die Vaterschaft oft nicht einmal mit Sicherheit festgestellt werden kann, ist es vollkommen richtig, daß die Nayar nicht viel zahlen, um eine Frau zu bekommen. Die Nuer-Männer dagegen »bekommen« die Vaterschaft

und müssen daher auch für sie zahlen, indem sie Vieh gegen Frauen – und Tauglichkeit – austauschen.
Ein anderes übliches Ehesystem ist das Levirat, das man bei den alten Hebräern findet (siehe 5. Mose 25; 5-6) und das unter anderen noch die Beduinen Arabiens und Nordafrikas praktizieren. Bei diesem System wird, wenn ein verheirateter Mann stirbt, seine Witwe von seinem Bruder übernommen oder manchmal sogar von seinem Sohn, sofern dieser Sohn von einer anderen Frau stammt. Das Ergebnis ist, daß die Gene in der Familie bleiben oder, um genau zu sein, daß die Familie erweitert wird, um die Gene zu umfassen. Die meisten Anthropologen unterscheiden zwischen dem eigentlichen Levirat und der »Witwenerbschaft«, bei der die Witwe tatsächlich die Gattin des Bruders oder Sohnes ihres toten Mannes wird und alle Kinder, die sie gebiert, als dem neuen Ehemann gehörend betrachtet werden. Beim echten Levirat heiratet die Witwe nicht wieder, so daß, gesellschaftlich gesehen, der tote Ehemann der »Vater« aller noch kommenden Kinder bleibt. Biologisch gesehen, ist er natürlich der Onkel (oder Großvater).
Die Nuer im Sudan treiben das System der Witwenerbschaft noch weiter und praktizieren die »Geisterehe«. Wenn ein Mann stirbt, bevor er heiratete und Söhne hatte, muß sein Bruder eine Frau im Namen des Toten heiraten. Alle Kinder aus dieser Ehe »gehören« dem toten Bruder, nicht dem wirklichen Vater. Die Folgen – ob die Beteiligten sich ihrer bewußt sind oder nicht – sind, daß ein Mann die Gewißheit hat, einige genetische Spuren zu hinterlassen, auch wenn er früh stirbt. Dies ist nicht weniger als ein System der evolutiven Lebensversicherung. Es lohnt sich für die Gene eines Mannes, eine Police abzuschließen, auch wenn die Erklärung der Gesellschaft lauten mag, all das geschehe nur, um seinen Namen zu erhalten.
Eine ähnliche evolutive Zweckmäßigkeit hat die »Schwestern-Polygynie«, bei der Schwestern denselben Mann heiraten. Die Kinder der Mitfrauen sind dann zugleich Vettern oder Kusinen und Halbgeschwister. Wenn eine Mitfrau den Kindern einer anderen hilft, hilft sie auch dem Fortbestand ihrer eigenen Gene.
Ein letztes Beispiel noch: Wenn auch die meisten menschlichen Gesellschaften den außerehelichen Geschlechtsverkehr verbieten, so beschränken diejenigen, die ihn erlauben, ihre Billigung auf Beziehungen zwischen angeheirateten Verwandten, also beispielsweise zwischen einer Frau und ihrem Schwager. Vielleicht ist ein Mann sexuell weniger eifersüchtig auf seinen Bruder als auf einen Fremden. Es ist aber auch wahr, daß Brüder, da sie die Hälfte ihrer Gene teilen, weniger haben, worauf sie eifersüchtig sein müßten, gleich ob sie etwas von Genetik verstehen oder nicht.

Was die Evolution betrifft, zählt immer die Wirkung eines Verhaltens, nicht die Erklärung, die der Mensch dafür findet. Wie die Bienen, die helfen, ihre Schwestern aufzuziehen, oder die Eskimo, die perfekte Iglus bauen, ohne etwas von Thermodynamik zu verstehen, tun wir vielleicht sehr vieles, was adaptiv ist, ohne tatsächlich zu wissen, warum.

Wir sind vielleicht bald imstande, ein maßgeschneidertes Experiment auf dem Gebiet der Verwandtschafts-Selektion durchzuführen: das Klonen. Bei diesem Verfahren wird das genetische Material aus einem Ei entfernt und durch einen Zellkern ersetzt, der von einer anderen Person stammt. Wenn sich dieses Ei normal entwickelt, entsteht ein Individuum, das mit dem Spender genetisch identisch ist. Das Klonen wurde bereits erfolgreich durchgeführt bei Pflanzen und sogar bei Fröschen, und die Zeit scheint nicht mehr fern zu sein, in der es uns auch gelingen wird, Menschen zu klonen. Wir brauchen nur ein weibliches Ei zu »entkernen«, den Kern durch das genetische Material eines anderen Menschen zu ersetzen und dann das Ei in den Uterus einer Frau oder in eine Retorte einzusetzen. Dann warten wir neun Monate und, Hokuspokus, schon ist die perfekte Xerox-Kopie eines Menschen fertig.
Ich bin nicht unbedingt ein Befürworter dieses Verfahrens, aber wenn es je durchgeführt wird – und es fällt mir schwer zu glauben, daß es in nicht allzu ferner Zukunft nicht durchgeführt werden sollte –, müssen wir es sehr genau beobachten. Gewiß hat das außerordentliche Interesse, das das Klonen schon erweckt hat, an sich etwas Bedeutsames zu sagen. Könnte es sein, daß die Vorstellung, uns selbst zu kopieren, zutiefst anregend wirkt, weil es sich um eine perfekte Replik unserer eigenen Gene handelt? Jedenfalls wird das, wonach wir Ausschau halten müssen, der extreme Altruismus zwischen geklonten Individuen sein, da sie miteinander genetisch identisch sind. Aber würde er sich zwangsläufig ergeben? Wie eineiige Zwillinge (ein seltener, aber natürlicher Fall) würden geklonte Menschen ohne den Vorteil einer langen Evolutionsgeschichte entstehen, in deren Verlauf eine solche altruistische Tendenz durch die Selektion stark begünstigt worden wäre. Ein Gen, das seinem Körper die Weisung gab, »nett zu seinem Klon zu sein«, hat es in unserer Evolution nie gegeben und konnte daher auch nicht durch die natürliche Selektion begünstigt werden. Deshalb bin ich nicht ganz sicher, daß man tatsächlich einen außergewöhnlichen Altruismus zwischen einer Person und ihrem Klon erwarten dürfte.

Die soziobiologische Regel, daß genetische Verwandtschaft Altruismus schafft, kann vielleicht zu einem großen Teil auch das »Verhal-

ten« der verschiedenen Teile ein und desselben Körpers zueinander erklären. Der menschliche Körper baut sich buchstäblich aus Millionen von Zellen auf, die zusammenarbeiten, um einen gesunden, erfolgreichen Organismus zu bilden. Und der Hauptgrund dafür, daß sie so gut miteinander auskommen, könnte sehr wohl der sein, daß sie alle tatsächlich genetisch identisch sind. Die Zellen, die unsere Haut, unser Hirn, unsere Nieren oder unsere Keimdrüsen bilden, entstammen alle demselben befruchteten Ei, und die Unterschiede zwischen ihnen gehen ausschließlich auf die Unterschiede in den chemischen und physischen Milieus dieser Zellen im Laufe der embryonalen Entwicklung zurück. Es liegt durchaus im selbstsüchtigen Interesse jeder Zelle, ihre Arbeit zum Wohl des ganzen Körpers zu verrichten. Das mag eine neue Art sein, unseren Körper zu betrachten, aber sie steht im Einklang mit unserer Erkenntnis, wie die Evolution arbeitet.
Man betrachte, was beispielsweise im Falle des Krebses geschieht. Gewisse Zellen geraten außer Kontrolle und vermehren sich exzessiv (indem sie Tumoren bilden), zum Schaden des betroffenen Individuums. Es ist vielleicht kein Zufall, daß Krebszellen oft Mutationen aufweisen. Im Gegensatz zu normalen Körperzellen sind sie nicht genetisch identisch mit dem übrigen Körper und daher weniger an seinem Schicksal »interessiert«.
Ähnlich könnte man das Altern interpretieren. Während wir alle älter werden, neigen die Zellen, die unseren Körper bilden, immer mehr dazu, sich voneinander zu unterscheiden, da individuelle Mutationen, die während des Lebens jeder Zelle auftreten, an die Tochterzellen weitergegeben werden. Kein Wunder, daß sie träger werden und weniger auf die Bedürfnisse des Körpers als Ganzes eingehen. Bezeichnenderweise haben die Biologen bereits festgestellt, daß ältere Menschen mehr Antikörper zu ihrem eigenen Gewebe produzieren als jüngere. Der Körper eines älteren Menschen behandelt manche seiner Teile als irgendwie anders als die anderen Teile, und diese auto-immune Reaktion mag zumindest teilweise verantwortlich sein für die allgemeine Abnahme der Vitalität, die wir mit dem Altern assoziieren. Vielleicht wird es in Zukunft eine noch neuere Wissenschaft geben – die Soziobiologie individueller Körper.

Wir sind Meister in der Kunst der Selbsttäuschung. Das ist auch vollkommen sinnvoll, wenn wir bedenken, daß wir von unseren selbstsüchtigen Genen so oft genötigt werden, andere zu täuschen. Die besten Lügner sind diejenigen, die ihre eigenen Unwahrheiten glauben, denn sie können sich nicht selbst verraten. Da die Verwandtschaft als eine so mächtige Kraft Solidarität und Altruismus fördert, ist es keineswegs überraschend, daß wir von ihr auch Gebrauch machen, wenn sie biologisch nicht wirklich vorhanden ist, solange sie nur letzten Endes einen die Tauglichkeit erhöhenden Wert hat. Es ist schwer, dem Appell an die »Bruderschaft« aller Menschen zu widerstehen, und die Sprache der Gegenkultur ist voll von Anspielungen auf eine Pseudo-Geschwisterschaft. In Kurt Vonneguts Roman *Slapstick* erhielten die nach einem Atomkrieg desorganisierten Amerikaner ein neues Leben, als Computer jedem einen neuen Mittelnamen zuteilten und damit augenblicklich für alle eine Familie schufen. Alle »Narzisse 11« fühlten sich sofort solidarisch, und nicht nur das: sie konkurrierten antagonistisch mit allen »Himbeere 13«. Einmal kam ein junger Yanomamo in ein Dorf, in dem er keine Verwandten hatte. Er nannte den Häuptling »Vater«, erlernte rasch alle Genealogien und übernahm sofort alle Verhaltensmuster der Verwandtschaft dieses Mannes, beispielsweise indem er davon Abstand nahm, seinen neuen »Schwestern« den Hof zu machen. Die Pygmäen in Zaire nennen den Premierminister Mobutu ihren »Vater«. Die Verwandtschaft – auch eine nur erfundene – ist ein mächtiges Flüstern in uns.

Ebenso könnten wir einen kurzen Blick auf bäuerliche Gesellschaften werfen, Landbewohner, die in der Nähe von Städten oder anderen urbanen Siedlungszentren leben, in denen sie für ihre landwirtschaftlichen Produkte industrielle einhandeln. Für solche Menschen ist die Verwandtschaft noch wichtig, wenn auch im allgemeinen nicht in dem Maße wie für Angehörige eines Stammes. Wir können dort die Entwicklung einiger ziemlich komplizierter sozialer Fiktionen beobachten, zum Beispiel das *compadrazgo*-System in Lateinamerika. Zwei an sich fremde Elternpaare verbinden sich als *compadres* dadurch, daß jedes Paar zu Taufpaten der Kinder des anderen wird.* Ähnliche Schemata, wenn auch mit einer anderen Terminologie, finden sich im Mittelmeerraum und in Teilen von Nepal, Tibet und Indien.

Carolyn Attneave an der University of Washington gehört zu unseren größten Neuerern unter den klinischen Psychologen. Aus den Erfahrungen ihrer indianischen Abstammung schöpfend, erkannte sie die Bedeutung sozialer Netzwerke – die gewöhnlich, aber nicht ausschließlich aus Verwandten bestehen – für die normale, gesunde Funktion des Menschen. Sie entwickelte eine gigantische Form von »Gruppentherapie«, die mehr einer Bürgerversammlung ähnelt als einer persönlichen Therapiesitzung. Der emotional gestörte Patient muß zusammen mit ungefähr vierzig anderen erscheinen, die ihn

* *Compadre* entspricht dem deutschen »Gevatter«, das u. a. ebenfalls die Bedeutung »Taufpate« hatte (Anm. d. Übers.).

mögen – oder jedenfalls genug Anteil an ihm nehmen, um mitzukommen. Was das Problem eines Individuums gewesen war, wird nun zu einem kommunalen Anliegen, das von der künstlichen, aber wirkungsvollen, von der Therapeutin geforderten »Superfamilie« behandelt wird. Die Therapie hat Erfolg. Noch ist keiner von uns so weit vom Stammeswesen entfernt, daß er nicht von der emotionalen Hilfe und Sicherheit profitieren könnte, die ein so umfassendes Netzwerk bietet. Das moderne Leben trägt viel dazu bei, uns dieser Hilfe zu berauben, und je mehr das geschieht, desto mehr können wir von Angstgefühlen heimgesucht werden. Der verwandtschafts-selektierte Altruismus wirkt in beiden Richtungen. Er gibt uns nicht nur Gelegenheiten, unsere inklusive Tauglichkeit zu maximieren, indem wir unseren Verwandten nützen, sondern bietet uns auch Gelegenheiten, von dem verwandtschafts-selektierten Altruismus anderer zu profitieren.

Kurt Vonnegut prägte die Begriffe »Kavass« und »Gran Falloon«. Ein Kavass ist eine Gruppe von Menschen mit einer tiefen Bindung. Für die Soziobiologie sind ein Individuum und seine nahen Verwandten ein Kavass. Ein Gran Falloon ist eine Gruppe von Menschen, die eine Zusammengehörigkeit proklamieren, in Wirklichkeit aber nur eine unbedeutende Bindung untereinander haben. So sind, zum Beispiel, die Einwohner von Indiana – die »Hoosiers«, wie ihr Spitzname lautet – ein Gran Falloon. Ebenso sind es alle politischen Parteien, der Jahrgang 62, Büro-Partys und »The Benevolent and Protective Order of Elks«. Unsere Empfänglichkeit für Gran Falloons könnte sehr wohl zurückgehen auf unsere biologische Neigung zur Bildung von Netzwerken, die sich während des größten Teils unserer Evolutionsgeschichte auf Verwandtschaftsgruppen konzentrierten, das heißt auf Vereinigungen, die eine tiefe Bedeutung hatten. Es ist daher nicht verwunderlich, daß wir beinahe auf Schritt und Tritt versuchen, sie neu zu schaffen. Jugendliche tun es am häufigsten, vielleicht, weil sie im Begriff sind, sich von ihrem Kernfamilien-Kavass (der »Herkunftsfamilie«) zu lösen und noch keine eigene reproduktive Einheit (»Fortpflanzungsfamilie«) geschaffen haben. In der *West Side Story* singen die jungen Leute: »Wenn du ein feiner Pinkel bist, bist du ein feiner Pinkel durch und durch . . . du bist nie allein, du bist nie ohne Beziehungen . . .«

Menschen sind wunderbar einfallsreich, wenn es darum geht, Beziehungen herzustellen, Bündnisse zu schließen und sich der Gruppe zu widmen. Oft vereinigen sie sich durch Symbole – Maskottchen, Embleme, Kennmelodien oder einfach Namen. Die Amerikanische Legion, die Demokratische Partei, der Clan des Laufenden Bären, die Mods and Rockers, die Volksrepublik China. Diese Gran Falloons sind nicht nur wichtig für unsere geistige Gesundheit, sie können

ebenso auch einen offenkundigeren praktischen Wert haben. Verwandtschaftsbande verlaufen im allgemeinen vertikal, von einer Generation zur nächsten, aber wenn eine große Anzahl einsatzbereiter junger Männer benötigt wird, um beispielsweise, das Dorf zu verteidigen oder das Land, ist es nützlich, auch horizontale Zugehörigkeiten zu haben. Dieses Problem ist am besten gelöst worden durch das kriegerische Volk Ostafrikas, das kampfbereite Krieger braucht, um seine kostbaren Rinderherden zu verteidigen und zu vergrößern. Männliche Masai werden in eine »Altersgruppe« hineingeboren, eine Verbindung Gleichaltriger, die ihre Gran-Falloon-Einheit ihr ganzes Leben lang beibehält. Selbstverständlich ist das Ganze nicht einfach eine Cliquenwirtschaft. Solange sie jung, wild und kräftig sind, bilden sie die gefürchteten *Moran* – die Hüter der Rinder. Und Falloons wie diese hielten den modernen britischen Waffen viele Jahre lang erfolgreich stand.
Es ist etwas Großartiges, wenn ein Gran Falloon in einen Kavass verwandelt werden kann, das heißt, wenn aus einem künstlichen Zusammenschluß etwas mit starken evolutiven Folgen wird. Es sollte nicht überraschen, daß die Menschen Meister darin sind, ebendies zustande zu bringen, und daß sie es ferner oft dadurch bewerkstelligen, daß sie genetische Bindungen zwischen Menschen herstellen, zwischen denen vorher keine Bindung bestand. Wir können aus selbständigen Erwachsenen keine siamesischen Zwillinge machen, aber wir tun das Nächstbeste, indem wir Gruppen dadurch vereinigen, daß wir sie zu Teilhabern an der nächsten Generation machen. Im Laufe der ganzen Geschichte wurden Bündnisse durch die Verheiratung der Nachkommen verschiedener sozialer Netzwerke geschlossen. Mit Erfolg, denn sosehr wir auch mit unserer angeheirateten Verwandtschaft zanken mögen: wir sind nicht geneigt, Krieg gegen sie zu führen. Dies ist vielleicht die primäre soziale Bedeutung der Exogamie – der nahezu allgemeinen Tendenz, außerhalb des Kreises der näheren Verwandten zu heiraten. Sie macht potentielle Gegner zu Verbündeten, wenn auch manchmal zu unbequemen. In 1. Mose 34; 16 steht das alles schon geschrieben: »Dann wollen wir unsere Töchter euch geben und eure Töchter uns nehmen und bei euch wohnen und ein Volk sein.«

Für die Munducuru in Brasilien gibt es nur zwei Arten von Menschen: sie selbst und *pariwat* – alle anderen. Diese ethnozentrische Kurzsichtigkeit ist nicht auf sie beschränkt. Auf Java, zum Beispiel, wird für »menschlich« und »zur eigenen Gruppe gehörig« dasselbe Wort gebraucht. Du bist entweder für uns oder gegen uns, entweder ein Freund oder ein Feind. Intoleranz, Antagonismus und Ausbeutung bilden die Kehrseite der Medaille des Altruismus der Soziobiologie. Wenn wir, wie hier angedeutet wurde, selektiert sind, gut zu unseren Verwandten zu sein, dann haben wir vielleicht wenig Hemmungen, den Nichtverwandten zu übervorteilen. Aber wie erkennen wir unsere Verwandten? Wie erkennen unsere Gene unsere Verwandten? Wie erkennen unsere Gene sich selbst in anderen?

Ganz so schwierig ist das nicht. Sogar Tiere können ziemlich sicher sein, daß Nachbarn näher verwandt sind als Fremde, und Gene, die sagen: »Sei gut zu deinen Nachbarn und weniger gut zu Fremden«, werden wahrscheinlich durch Verwandtschafts-Selektion verbreitet. Durch ihr Gutsein tragen sie zum Erfolg anderer zum Gutsein auffordernder Gene bei ihren Nachbarn bei – von denen viele Verwandte sind –, während sie selbstsüchtig auf Kosten Fremder profitieren, die weniger oder keine Gene derselben Art haben.

Gute Nachbarschaft ist aber nur eine der möglichen Strategien. Eine andere besteht darin, genauer zu unterscheiden und Altruismus ausschließlich den Verwandten vorzubehalten. Das erfordert aber irgendeine Möglichkeit, die eigenen Verwandten zu erkennen. Für Eltern und ihre Jungen mag das leicht sein. Ebenso für Geschwister – betrachte nur deine Wurfgenossen, wenn du eine Maus, deine Nestgenossen, wenn du ein Rotkehlchen bist, oder achte darauf, wen deine Mutter als nächsten stillt, wenn du ein Affe oder ein Mensch bist.

Es gibt andere Hinweise auf genetische Verwandtschaft, von denen manche ebenso kultureller wie biologischer Natur sein können. Weißscheitel-Sperlinge, die in verschiedenen Teilen der Buchtgegend von San Francisco leben, »sprechen« anders, sie gebrauchen in ihrem Gesang verschiedene Dialekte, die von erfahrenen Ornithologen (und vermutlich ebenso von Angehörigen derselben Gruppe) erkannt werden können. Beim Menschen ist die Sprache eine echte Grenze für die Interaktion. Aber selbstverständlich einigt sie auch. Wir sind meistens enger verwandt mit Menschen, die unsere Sprache sprechen, und selbst innerhalb derselben Gesellschaft dienen Geheimcodes und Parolen dazu, »uns« von »ihnen« zu trennen.

Eine weitere Möglichkeit, die Verwandten zu erkennen, ist die, daß Tiere tatsächlich imstande sein können, ihre Verwandten direkt zu identifizieren – durch feine Signale wie Aussehen, Geruch und Verhalten und durch noch unbekannte Faktoren. Bei einer neueren Untersuchung trennten Warren Holmes und Hannah Wu, die am »Regional Primate Center« in Seattle arbeiten, kleine Schweinsaffen bei der Geburt von ihren Müttern. Einige Zeit später brachten Holmes und Wu die jungen Affen (die nun zwischen mehreren Wochen und neun Monaten alt waren) mit zwei Jungen zusammen, von denen eines

ein Halbgeschwister und das andere ein nicht verwandtes Junges von gleichem Geschlecht und Alter war. Das Ergebnis war verblüffend. Die jungen Affen zogen konsequent ihren eigenen Verwandten vor, obwohl sie ihn nie zuvor gesehen hatten! Zudem waren die Affen nur durch die Väter verwandt, die sie ebenfalls nie gesehen hatten.
Holmes setzte diese Arbeit weiter fort mit Backenhörnchen, Tieren, die fremde Junge bereitwillig adoptieren. Er stellte vier Paare von Jungen zusammen: biologische Geschwister, die zusammen aufgezogen wurden, biologische Zwillinge, die getrennt aufgezogen wurden, nicht verwandte Individuen, die zusammen, und nicht verwandte Individuen, die getrennt aufgezogen wurden. Dann brachte er die verschiedenen Paare zusammen und beobachtete, wie sie sich zueinander verhielten. Wieder war das Ergebnis eine überzeugende Bestätigung der Fähigkeit, Verwandte zu erkennen. Biologische Geschwister, ob zusammen oder getrennt aufgezogen, waren »netter« zueinander als die »soziologischen Geschwister«. Sie zeigten weniger Aggression, kuschelten sich häufiger zusammen und pflegten sich gegenseitig mehr. Der eigentliche Nutzen ist klar: Gene helfen sich selbst, indem sie gut zu sich sind, auch wenn sie in verschiedenen Körpern eingeschlossen sind. Und vermutlich verwenden sie irgendeinen Ähnlichkeitsaspekt (Aussehen? Geruch?), der ihnen sagt, wer ihre Verwandten sind, das heißt, wo mit größter Wahrscheinlichkeit Kopien ihrer selbst zu finden sind.
Forscher, die mit Schulkindern experimentierten, haben gezeigt, daß diese ein Klassenzimmer rasch in verschiedene Lager mit einem echten Zusammenschluß in jeder Gruppe und Antagonismus zwischen ihnen aufteilen können, indem sie sich einfach auf irgendein erkennbares Merkmal konzentrieren, das die eine Einheit von der anderen trennt. Zum Beispiel blaue und graugrüne Augen auf der einen Seite gegen braune Augen auf der anderen. Oder es genügt die rein willkürliche Einteilung in Mannschaften bei den »Farbenkriegen« (»Blau« gegen »Rot«) in Sommerlagern. Wir scheinen immer mit einem geradezu peinlichen Eifer darauf bedacht zu sein, von solchen Unterscheidungen Gebrauch zu machen, auch wenn wir noch sehr jung sind, und wenn die so entstehende Diskriminierung »unmenschlich« zu sein scheint, so zeigt die Theorie von der Verwandtschafts-Selektion und der inklusiven Tauglichkeit, daß ein solches Verhalten nur allzu menschlich ist. Ja sie zeigt sogar eine evolutive Tendenz zum Rassismus.
Menschen verschiedener Rassen *sind* verschieden. Obwohl wir alle einer Spezies angehören und durchaus imstande sind, Gene auszutauschen, bleibt die Tatsache bestehen, daß die Angehörigen der einen Rasse mehr Gene miteinander gemeinsam haben als mit Individuen

einer anderen Rasse. Äußere Ähnlichkeit korreliert mit großer Sicherheit mit genetischer Ähnlichkeit, und wir können erwarten, daß die Prinzipien des auf Verwandtschafts-Selektion beruhenden Altruismus aufgrund dieser Tatsache wirksam werden. Genauer gesagt, wir können Antagonismus – die Kehrseite der Medaille – gegen diejenigen erwarten, die anders sind.

Wir wissen noch nicht genau, warum die Menschenrassen so sind, wie sie sind. Man hat viele Erklärungen für die groben Rassenunterschiede gefunden – Schutz gegen übermäßige Ultraviolettstrahlung bei Schwarzhäutigen in den Tropen, Absorption von knappem ultraviolettem Licht bei Hellhäutigen in Skandinavien, Bewahrung der Körperwärme bei den untersetzten Eskimo und so fort. Das entscheidende Problem ist aber vielleicht nicht, warum die Unterschiede entstanden, sondern daß sie überhaupt entstanden und daß sie bis zu einem gewissen Grade mit genetischen Unterschieden korrelieren.

Der holländische Soziologe H. Hoetink vertritt die Ansicht, daß die Beziehungen der Menschenrassen stark beeinflußt werden von dem, was er »somatische Normbilder« nennt. Diese sind oft unbewußte Stereotypen der äußerlichen Erscheinung, die von jeder Gesellschaft akzeptiert werden – Haut-, Haar- oder Augenfarbe, Körperbau und so weiter. Gewiß sind diese somatischen Normbilder nicht immer sehr konsequent (wie viele Deutsche bemerkten, daß Hitler wohl kaum der blonde, blauäugige »Arier« war, dessen Vorzüge er rühmte?). Dennoch halten sich diese Stereotypen, und Hoetink meint, daß der rassische Antagonismus am größten gegenüber Menschengruppen ist, deren somatische Normen am stärksten von dem Bild abweichen, das jede Rasse von sich selbst hat. Seine Theorie wurde im besonderen auf Rassenbeziehungen in der Karibik angewandt. Es ist interessant, daß sich Hoetink selbst der bemerkenswerten Konvergenz seiner Beobachtungen und der Prinzipien der Verwandtschafts-Selektion nicht bewußt war. Wieder einmal sagt uns jemand, daß zwei und zwei gleich vier ist. Diesmal aber hat die Gleichung einen entschieden unangenehmen Klang.

Tatsächlich ist die Anwendung offensichtlicher körperlicher Merkmale als Indikatoren genetischer Verwandtschaft wahrscheinlich auf Situationen beschränkt, in denen stark unterschiedliche Rassengruppen miteinander in Berührung kommen, vielleicht nach Kriegen oder Massenwanderungen. Unter seßhaften Völkern und in jüngerer Zeit könnte es sein, daß in erster Linie kulturelle Merkmale dazu dienen, verwandte Gruppen von nicht verwandten zu unterscheiden. Äußerlichkeiten wie Mundart, Kleidung oder Haartracht helfen, eine genaue Unterscheidung zwischen Nachbargruppen zu treffen, deren genetische Unterschiede tatsächlich vorhanden, aber nicht besonders auffällig sein mögen. Ironischerweise können uns unsere Bräuche oft eine nützlichere Handhabe für die Biologie liefern als die Biologie selbst.

In *South Pacific* verliebt sich ein junger weißer Leutnant in die hübsche Tochter von Bloody Mary, einer Polynesierin. Als er auf den Widerstand einer rassistischen Gesellschaft stößt, singt er zornig: »Ihr müßt gelehrt werden, bevor es zu spät ist, bevor ihr sechs oder sieben oder acht seid, alle Menschen zu hassen, die eure Verwandten hassen. Ihr müßt es gründlich gelehrt werden, ihr müßt es gründlich gelehrt werden.« Er mag recht haben, aber was muß man uns wirklich lehren? Wenn die Soziobiologie recht hat, muß man uns gründlich lehren, andere, die sich von uns unterscheiden, *nicht* zu hassen, eben weil wir wahrscheinlich biologisch dafür prädisponiert sind.

Wenn uns die Evolution bis zu einem gewissen Grade zu Rassenfanatismus neigen läßt, so bedeutet das gewiß nicht, daß eine solche Neigung gerechtfertigt sei. Was unter den Bedingungen unserer frühen Evolution adaptiv gewesen sein mag, nämlich als die Gruppen selten aufeinandertrafen und ein starker Konkurrenzkampf entstand, wenn dies geschah, ist heute nicht nur gefährlich und dumm und in sozialer Hinsicht tadelnswert, sondern auch beklagenswert unadaptiv. Wir könnten natürlich warten, bis die Evolution aufholt und solche rassistischen Tendenzen selektiv benachteiligt und ausmerzt, aber das würde wahrscheinlich einige hundert Generationen dauern. Eine Lektion, die uns die Soziobiologie lehrt, ist vielleicht die, daß wir von unseren kulturellen Institutionen – Schulen etc. – fordern müssen, »gründlich gelehrt« zu werden, einander zu lieben. Denn es ist traurig, aber wahr: es sieht nicht so aus, als wären wir aus eigenem Antrieb dazu imstande.

Die kräftigen Tschuktschen in Sibirien legten mit ihren Ren-Herden große Entfernungen zurück. Wie der sprichwörtliche Seemann, der in jedem Hafen eine Braut hat, konnten auch erwachsene Tschuktschen damit rechnen, bei jeder Rast auf ihren Wanderungen eine zu finden. Aber ein solches Arrangement konnte man nicht dem Zufall überlassen; das gestattete die rauhe arktische Umgebung nicht. Der Norden setzt einen sehr hohen Preis auf Zusammenarbeit, und daher schlossen die Tschuktschen gegenseitige Frauen-Leihverträge mit anderen Männern in fernen Teilen ihres Gebietes ab. Jeder Mann hatte solche Vereinbarungen mit mehreren anderen, die in Gegenden lebten, durch die er gewöhnlich kam. Im Grunde ging es um das Prinzip »Kratzt du meinen Rücken, so kratz' ich deinen Rücken«, nur hatte der Tschuktsche die Gewähr, daß ihm jemand anderer zur Verfügung gestellt wurde, der ihm »den Rücken kratzte«.

Die Männer, die diese Vereinbarung trafen, brauchten nicht miteinander verwandt zu sein. Und tatsächlich benahmen sie sich auch keineswegs wirklich altruistisch. Sie profitierten von ihrer »Großzügigkeit« durch die Garantie, daß sie die gleichen Vorteile genossen, wenn sie selbst unterwegs waren. Der Fall der Tschuktschen ist ein Beispiel für einen weiteren wichtigen Aspekt der Biologie des Altruismus, der vielleicht nur der Verwandtschafts-Selektion und dem Begriff der inklusiven Tauglichkeit nachsteht: Gegenseitigkeit. Die Verbindung von Gegenseitigkeit und Tauglichkeit ist das Geisteskind des Harvarder Soziobiologen Robert Trivers, der darauf hinwies, daß unter gewissen Bedingungen scheinbarer Altruismus auch zwischen Individuen adaptiv sein kann, die überhaupt nicht miteinander verwandt sind. Die Hauptforderung ist, daß der, der gibt, zu einem späteren Zeitpunkt derjenige ist, der bekommt. Unter dieser Bedingung konnten Gene für ein solches Verhalten durch die natürliche Selektion begünstigt und verbreitet werden, denn der Endeffekt der Teilnahme an einem System des gegenseitigen Nutzens ist, daß jeder Beteiligte profitiert und seine Tauglichkeit erhöht.
Daher ist Gegenseitigkeit – manchmal fälschlich reziproker Altruismus genannt – alles andere als Altruismus. Sie ist reine, unverfälschte Selbstsucht, da die Handlung in der Erwartung vollzogen wird, daß der persönliche Gewinn größer sein wird als die Kosten. Verwandtschafts-Selektion fördert im Gegensatz dazu ein Verhalten, von dem der individuelle Altruist keinen übermäßigen persönlichen Nutzen hat. Der verwandtschafts-selektierte Altruist ist, wie wir gesehen haben, auch nicht wirklich altruistisch, insofern als er schließlich einen Lohn in Form von Genen erhält, die im Körper eines Verwandten überleben. Nichtsdestoweniger unterscheiden sich verwandtschafts-selektierter Altruismus und Gegenseitigkeit von einer so offensichtlichen Selbstsucht wie dem Hamstern von Nahrung und anderen Formen der Sorge für »Nummer Eins« – das eigene Ich – darin, daß bei Altruismus und Gegenseitigkeit genetisch selbstsüchtige Ziele durch ein Verhalten erreicht werden, das, oberflächlich betrachtet, aufopfernd zu sein scheint.
Das Interessante an alldem ist, daß es eine biologische Grundlage für so etwas wie die Goldene Regel geben könnte: »Tu für andere, was du möchtest, daß andere für dich tun.« Nach den Begriffen der Evolution ausgedrückt, klingt das etwas selbstsüchtiger: »Tu etwas für andere, wenn du Grund zu der Annahme hast, daß sie das gleiche für dich tun werden; wenn sie es nicht tun und du nicht mit ihnen verwandt bist, dann soll sie der Teufel holen.«
Das Prinzip der Gegenseitigkeit findet man beispielsweise auch bei Pavianen. Wenn ein Männchen, nennen wir es A, sieht, wie sich das

Männchen B an ein Weibchen heranmacht, kann es die Hilfe eines Verbündeten, C, in Anspruch nehmen. Dieses scheinbar altruistische Individuum hilft dann dem Männchen A, indem es mit ihm zusammen das Männchen B bei dem Weibchen bedroht. Das hat oft Erfolg, und A bekommt dann das Weibchen. Was hat aber der Pavian C davon? Er hat einen Kampf mit B riskiert, nur um A zu helfen, mit dem er nicht einmal verwandt ist. Wir bekommen die Antwort eine Weile später, wenn sich C von einem Weibchen angezogen fühlt, das schon besetzt ist. Sie haben es erraten: C geht zu A und erinnert ihn an seine Schulden. Bezeichnenderweise reagieren Pavianmännchen nicht, wenn ein junger Affe ihre Hilfe in Anspruch nehmen möchte. Wahrscheinlich wäre das ein schlechter Handel für den erwachsenen Affen, denn der junge hat nicht genug soziales Gewicht, um seinerseits den Gegenseitigkeitspakt zu erfüllen.

Ein brauchbares System der Gegenseitigkeit muß Individuen betreffen, die einander kennen, die oft genug zusammen sind, so daß jeder dem anderen trauen kann, und die klug genug sind, ein gutes Geschäft zu machen. Obwohl manche Tiere wie, zum Beispiel, die Paviane die Gegenseitigkeit kennen, dürfte das Gegenseitigkeitsprinzip als Lebensweise doch eine Spezialität des Menschen sein.

Die Gegenseitigkeit reguliert menschliches Verhalten als eine mächtige Kraft. Handel und Austausch sind nahezu überall anzutreffen, und der Begriff des fairen Handels geht weit über den Austausch materieller Güter hinaus. Wenn ein Rwala-Beduine einen Gruß erwidert, ist er verpflichtet, dem Betreffenden in Zukunft zu helfen – ein Band entstand allein durch den sozialen Austausch. Auf den Molukken konnte die Kopfjagd nur von hinten vorgenommen werden. Nachdem man das Gesicht des Gegners gesehen hatte, wäre die Tötung Mord gewesen. Die beiden Parteien würden dann nämlich etwas »ausgetauscht« haben, und sei es nur den gegenseitigen Anblick der Gesichter. In den meisten Fällen ist der Austausch konkreter. In Lateinamerika ist es üblich, daß die Statue des Schutzheiligen eines Dorfes bei großen Festen zu einem Besuch in ein anderes Dorf getragen wird, und dieser Besuch wird von dem Schutzheiligen des anderen Dorfes im folgenden Jahr erwidert. Das Bedürfnis der Erwiderung ist sehr stark. Wir fühlen uns meistens schuldig, wenn wir von jemandem eine Weihnachtsgrußkarte erhalten und feststellen, daß wir ihm keine geschickt haben!

Oft ist es eine schwere Beleidigung, ein Geschenk zurückzuweisen, vielleicht, weil mit der Annahme die Erwartung einer Gegengabe ausgelöst wird. Wenn wir von jemandem nichts annehmen, brauchen wir ihm auch nichts zu geben. Bei den berühmten Potlatches (Festen anläßlich einer Hochzeit, eines Begräbnisses etc.) der Kwakiutl-

Indianer an der Nordwestküste des Pazifiks wetteiferten die großen Häuptlinge miteinander, indem sie Geschenke machten. Große Mengen von Nahrung oder Decken wurden den Gästen der Potlatch-Feste geschenkt oder manchmal sogar, um den Reichtum des Besitzers zu zeigen, vernichtet. Die Gäste empfingen ihre Gaben mit sauren Mienen, während sich der Schenkende seiner Großzügigkeit rühmte, davon sprach, wie sehr er seine Rivalen beschämte, und zeigte, daß er »von allen Häuptlingen der größte« war. An der Verdrossenheit der »Beschenkten« war natürlich die Forderung schuld, daß sie sich in gleichem Maße revanchieren mußten – und wußten, daß sie ihr Ansehen einbüßten, wenn sie es unterließen.

Die Größe einer Gabe in einer gegenseitigen Beziehung zeigt weitgehend den Grad der inneren Bindung an, was bei der Teilung von Nahrung besonders deutlich wird. Der Soziologe Saul Feinmann weist darauf hin, daß wir unseren Bekannten Kaffee anbieten, während Freunde zum Abendessen bleiben. Die Teilung der Nahrung ist eine außerordentlich starke Handlung, sie ist selten bei Primaten und oft auf die nächsten Verwandten beschränkt. Die Männer der Copper-Eskimo raufen sich um die besten Anteile am Robbenfleisch, wobei alle gleichzeitig versuchen, die bevorzugten Stücke für sich und – natürlich – ihre unmittelbaren Angehörigen herauszuschneiden. Es wird sogar gesellschaftlich akzeptiert, daß dabei einer einem anderen einen Finger abschneidet, und die Bereitschaft, in dem Handgemenge den Verlust eines Fingers zu riskieren, wird als Zeichen von Männlichkeit betrachtet. Die sonst so freundlichen Pygmäen Zentralafrikas teilen Fleisch nur nach langen Diskussionen und voller Argwohn, obwohl es auch hier nahen Verwandten gegeben wird, und bezeichnenderweise kann die besondere Verpflichtung bestehen, Fleisch mit schwangeren Frauen zu teilen.

Die Teilung von Nahrung löst beinahe allgemein Spannungen. Mit jemandem zu essen, bedeutet, ihn als Verwandten zu behandeln – und Verwandte werden im allgemeinen gut behandelt. Aber es kann auch noch ein weiteres Band geschaffen werden, das sich letzten Endes auf eine tief verwurzelte Erwartung einer Gegenleistung gründet. Ein Anthropologe berichtete einmal, wie ihm ein rein zufälliges Knabbern an einer Ingwerwurzel in Gegenwart eines Papuas das Leben rettete. Als er einige Zeit später erfuhr, daß sein Gefährte Kopfjäger und Kannibale war, fragte er ihn, ob sein Leben in Gefahr gewesen sei. Der Papua erklärte ihm, daß er sicher gewesen sei, da sie »zusammen gegessen« hätten. In großen Teilen Polynesiens war die Kindestötung stets etwas, was als natürlich akzeptiert wurde, aber sie ist nur erlaubt, wenn das Kind noch nicht gestillt wurde. Und über seine russische Heimat schrieb Fürst Kropotkin 1903: »Auch heute noch, da die

Fehden im Kaukasus beendet sind, berührt der Schuldige die Brust der ältesten Frau des Stammes mit den Lippen und wird so zum ›Milchbruder‹ aller Männer der gekränkten Familie.«

Die Gegenseitigkeits-Schemata, die in den meisten Gesellschaften auftreten, dienen dazu, daß wir biologisch ehrlich oder zumindest der Maximierung unserer Tauglichkeit treu bleiben. Unsere Neigung, uns Jüngeren gegenüber altruistisch zu verhalten, könnte sehr wohl etwas mit der Wahrscheinlichkeit zu tun haben, daß sie in der Zukunft imstande sein werden, es uns zu entgelten. Altruismus gegenüber älteren Menschen ist wahrscheinlich ein echterer Altruismus, insofern, als das Individuum, dem wir helfen, sterben kann, bevor es Gelegenheit hatte, sich zu revanchieren, und wenn das geschieht, hat der Altruist einen Verlust erlitten. Stammt daher vielleicht unsere beklagenswerte Vernachlässigung der Alten? Es ist kein Zufall, daß Gesellschaften, die sich den Alten gegenüber menschlicher verhalten, solche sind, in denen die Alten noch eine nützliche Rolle spielen. Und es ist wahrscheinlich auch kein Zufall, daß sich in den Vereinigten Staaten viel mehr Ärzte der Kinderheilkunde als der Geriatrie zuwenden oder daß Plakate, die zur Hilfe für hungernde Völker aufrufen immer ein unterernährtes Kind und nie einen Erwachsenen zeigen.

Wir sollten diese Einführung in das Prinzip der Gegenseitigkeit und des Altruismus abschließen, indem wir zu den Grundlagen zurückkehren: zu unseren selbstüchtigen Genen. Wir haben schon gesehen, daß Gene ihre Reproduktion durch ein Verhalten fördern können, das den Körper, der sie beherbergt, opfert, solange dabei andere Körper, die Kopien dieser Gene enthalten, hinlänglich profitieren. Das ist die Verwandtschafts-Selektion, und sie hat die Maximierung der inklusiven Tauglichkeit zur Folge. Die Theorie der Gegenseitigkeit erklärt, wie Gene ihre Reproduktion durch Selbstaufopferung – auch für nicht verwandte Personen – fördern können, solange von den Nutznießern erwartet werden kann, daß sie diesen Genen ihre Schulden in der Zukunft zurückzahlen.

Ein System dieser Art hat, wie jeder geschickte Betrüger weiß, seine Schwächen. Warum nicht den Altruismus anderer in Anspruch nehmen und dann die Rückzahlung schuldig bleiben? Wenn dies geschieht, sind Gene für Altruismus benachteiligt, da sie nur Unkosten, aber keinen Gewinn haben. Und Betrüger gewinnen doppelt, da sie einmal vom Altruismus der anderen profitieren und dann noch einmal dadurch, daß sie sich der Rückzahlung entziehen. Vielleicht macht sich also das Verbrechen doch bezahlt.

Natürlich kann der Evolutionsprozeß ebenso berechnend sein wie der Betrüger oder sogar noch berechnender. Wenn selbstsüchtige Individuen in einem auf Gegenseitigkeit beruhenden System betrügen, könnte die Auslese diejenigen Altruisten begünstigen, die imstande sind, echte Gegenleistungen Bietende von denen zu unterscheiden, die beim letztenmal geschwindelt haben. So könnte eine endlose Spirale entstehen: größere Aufmerksamkeit auf seiten der zur Gegenleistung Bereiten wirkt sich selektiv auf größere Durchtriebenheit seitens der Betrüger aus, was wiederum ein größeres Unterscheidungsvermögen seitens der Altruisten selektiv begünstigt und so fort. Wohin das alles führt? Sie brauchen sich nur umzusehen.

Kein menschliches Verhalten wird allein von unseren Genen bestimmt. Wir müssen immer bedenken, daß unser Verhalten das Ergebnis von Wechselwirkungen zwischen unserer genetischen Ausstattung und unserem Lernen ist, und zwar in einem spezifischen ökologischen Zusammenhang. Diese Wechselwirkungen sind komplex und beim gegenwärtigen Stand unseres Wissens so gut wie unmöglich im einzelnen zu erkennen. Die amerikanischen Anthropologen Ted und Nany Graves führten, von Neuseeland aus arbeitend, faszinierende Untersuchungen in der Grauzone zwischen Psychologie und traditioneller Anthropologie durch. Einige ihrer Ergebnisse werden beschrieben in einer Studie mit dem Titel: »Der Einfluß der Modernisierung auf die Persönlichkeit eines polynesischen Volkes oder Wie man einen nervösen, konkurrenzsüchtigen westlich denkenden Menschen aus einem unbekümmerten, großzügigen Bewohner einer pazifischen Insel macht«.
Die Graves studierten die Bewohner der dem Paradies von Tahiti gleichenden Cook-Inseln, die warmherzig und großzügig sind, und verglichen sie mit Neuseeländern, die in ihrer relativ aggressiven Einstellung zum Leben den Menschen des Westens verkörpern. Bei einem Test spielten Kinder von den Cook-Inseln und aus Neuseeland ein Spiel, das ihnen verschiedene Wahlmöglichkeiten bot. Die Regel lautete, daß ein Kind, jedesmal wenn es eine Wahl traf, eine bestimmte Menge Pennies bekam und ein anderes Kind entweder mehr oder weniger oder gleich viele Pennies, je nachdem, wie die Wahl des ersten Kindes ausfiel. Ein Kind konnte also wählen zwischen zwei Pennies für sich selbst und nur einem für ein anderes oder einem für sich selbst, während die anderen gleichzeitig zwei bekamen, und so fort. Dann wurden die Kinder nach den Entscheidungen klassifiziert, die sie getroffen hatten, und zwar als »selbst-maximierende« (die immer das meiste für sich selbst nahmen, ohne Rücksicht darauf, was das für den anderen bedeutete), »altruistische« (die eher die Einnahmen eines anderen maximierten als ihre eigenen) oder »konkurrenzsüchtige« (boshafte, die die Einnahmen der anderen so niedrig wie

möglich hielten, auch wenn dies einen geringeren Gewinn für sie selbst bedeutete).

Die Ergebnisse waren höchst aufschlußreich. Die Selbst-maximierenden waren bei den Angehörigen beider Kulturen ungefähr gleich stark vertreten (30 bis 40 Prozent der Kinder), aber 45 Prozent der Kinder von den Cook-Inseln waren altruistisch, verglichen mit nur 18 Prozent der neuseeländischen Kinder. Die neuseeländischen waren weit häufiger konkurrenzsüchtig als die von den Cook-Inseln. Woher rührt dieser Unterschied? Die Graves weisen darauf hin, daß das traditionelle Verhalten der Bewohner der Cook-Inseln in hohem Grade sozial und großzügig ist und daß die Kinder gelehrt werden, hilfsbereit und freigebig zu sein. Dieses Verhaltensmuster ist sicherlich biologisch sehr sinnvoll. Kleine, isolierte Populationen setzen sich meistens aus zahlreichen Verwandten zusammen, daher konnte die Verwandtschafts-Selektion allein die Gelegenheiten für Altruismus vermehren. Aber auch die Gelegenheiten für Gegenseitigkeit sind zahlreich, und ein solches Verhalten ist in hohem Grade adaptiv. (»Ich helfe dir, dein Dach zu decken, du hilfst mir, mein Dach zu decken.«) Das bedeutet nicht, daß Menschen von den Cook-Inseln genetisch prädisponiert sind, großzügiger zu sein als Neuseeländer, obwohl das tatsächlich der Fall sein könnte. Das menschliche Verhalten ist innerhalb eines adaptiven Bereichs flexibel, und wenn wir alle den Wert der Gegenseitigkeit erkennen, so erkennen wir doch auch, daß sie nur wertvoll ist, wo sie wirksam werden kann. Und es ist wahrscheinlicher, daß sie an Orten wie den Cook-Inseln wirksamer wird als auf Neuseeland – oder in London oder in New York.

Es gibt genug Gründe für die Annahme, daß die Bewohner der Cook-Inseln lernen können, ebenso konkurrenzsüchtig zu werden wie Kinder im Westen, und die Graves haben auch dafür starke Indizien. Ältere Kinder, die der vom Wettbewerb beherrschten Umgebung von auf den Inseln errichteten Schulen westlichen Stils ausgesetzt wurden, waren bald ebenso »konkurrenzsüchtig« wie ihre Altersgenossen auf Neuseeland. Sehr vieles weist darauf hin, daß diese Menschen dabei sind zu lernen, »nervös« und selbstsüchtiger zu werden, als sie es je zuvor waren.

Es ist heutzutage Mode, das Verschwinden traditioneller Lebensweisen zu beklagen, besonders wenn sie so idyllisch gewesen zu sein scheinen. Aber die Verwestlichung kommt unvermeidlich über die Cook-Inseln, und es mag sein, daß der Konkurrenzgeist westlicher Machart adaptiv für jeden ist, der diesen Lebensstil übernehmen muß. Unglücklicherweise kann eine solche Adaptation der Individuen für ihre Gesellschaften schädlich sein. Die Graves weisen darauf hin, daß ein Schulunterricht westlichen Stils eher zu Rivalität als zu Altruismus zu führen scheint, und »die Kinder, die am intensivsten und mit Erfolg für künftige Führungsrollen geschult werden, sind zugleich auch diejenigen, die mit der *geringsten* Wahrscheinlichkeit den Wunsch haben werden, ihre Talente zum Wohl der ganzen Gemeinschaft zu nutzen«.

Situationen dieser Art sind nicht auf das sich rasch verändernde Paradies der Cook-Inseln beschränkt. Im Laufe der ganzen Menschheitsgeschichte mußten Gesellschaften und Individuen Übereinstimmungen zwischen den selbstsüchtigen Neigungen des einzelnen und dem Wohl aller erzielen. Genetische Selbstsucht kann, wie wir gesehen haben, direkt ausgedrückt werden durch Verhaltensweisen, die dem Individuum und seinen Nachkommen förderlich sind, oder weniger direkt durch Verwandtschafts-Selektion und die Sorge um entferntere Verwandte oder am wenigsten direkt durch das Gegenseitigkeitsprinzip, bei dem sich ein scheinbarer Altruismus entwickelt durch den Austausch von Vergünstigungen zwischen Individuen, die nicht einmal miteinander verwandt zu sein brauchen. In diesem letzteren Falle tritt die Gesellschaft in Erscheinung. Bei den Nambikwara-Indianern im tropischen Südamerika verläßt sich der Stamm ganz auf seinen Häuptling. Er stellt seine Erfahrungen bei der Jagd zur Verfügung, seinen Mut im Kampf und seine eigenen materiellen Güter, wenn es zu Knappheiten kommt. Und als Gegenleistung erhält er – zusätzliche Frauen. Er trägt somit zur Tauglichkeit der Gruppe bei, und die Gruppe ihrerseits trägt zu der seinen bei.

Komplexe Nationalstaaten sind weniger direkt in ihren Gegenleistungen, aber ihre Bedürfnisse sind in allem ebenso wirklich wie die der Nambikwara. Der Müll muß abgeführt, Übeltäter müssen abgeschreckt, Verwaltungsaufgaben müssen gelöst werden. Wie bringen diese komplexen Gesellschaften Individuen dazu, sich der größeren Gruppe gegenüber altruistisch zu verhalten? Im wesentlichen ebenso wie die Nambikwara. Die Gesellschaft kann existieren, weil diejenigen, die zum Nutzen der größeren Gruppe arbeiten, nicht weniger durch selbstüchtige Tauglichkeitsmaximierung motiviert werden als der Nambikwara-Häuptling. Wir bezahlen die Wohltäter der Gesellschaft gut und geben ihnen oft obendrein noch Ansehen und Macht. Vor mehr als zweihundert Jahren erkannte Adam Smith die Macht des Appells an selbstsüchtige Motive: »Nicht von dem Wohlwollen des Fleischhauers, des Brauers oder des Bäckers erwarten wir unser Abendessen, sondern von ihrer Bedachtnahme auf ihr eigenes Interesse. Wir wenden uns nicht an ihre Menschlichkeit, sondern an ihre Eigenliebe, und wir sprechen mit ihnen nie von unseren eigenen Bedürfnissen, sondern von ihren Vorteilen.« Und ein andermal

schrieb er: »Wir sind nicht bereit, von irgend jemandem anzunehmen, daß es ihm an Selbstsucht mangle.«
Es ist ganz natürlich, daß die Gesellschaft den Individuen, an die sie besondere Forderungen stellt, auch besondere Belohnungen zukommen läßt. Renten für Kriegsteilnehmer könnten als Beispiel genannt werden oder die gefühlsbetonten öffentlichen Begräbnisse für Polizisten, die in Ausübung ihres Dienstes ums Leben kamen. In den meisten Fällen sind die Belohnungen weniger auffällig, aber nicht weniger wirklich und bedeutend.

Erinnern Sie sich an die »Drei Musketiere«? – »Alle für einen und einer für alle!« Wie wäre das als Grundlage für die Evolution des Altruismus? Könnte nicht die natürliche Auslese altruistisches Verhalten begünstigen, wenn ein solches Verhalten dazu diente, den Erfolg der Gruppe zu erhöhen? Wenn die Gruppe dank der Großzügigkeit ihrer Mitglieder gedeiht, wird gewiß auch jeder einzelne seinen Nutzen haben. Diese Vorstellung hat eine große Anziehungskraft, weil sie beschreibt, wie wir gern möchten, daß die Menschen sich verhielten, nämlich so, daß sie ihre persönliche Selbstsucht hinter dem Wohl des Ganzen zurücktreten ließen. Als Spezies sind wir bemüht, uns selbst zu lehren, »die Rechte anderer zu achten«. Ich erinnere mich, daß dafür in meinem Zeugnis der vierten Klasse sogar eine eigene Spalte vorgesehen war. Bis zu einem gewissen Grade fanden auch die Biologen diese Idee ansprechend, und sie prägten den Ausdruck »Gruppen-Selektion«, um den Evolutionsprozeß zu beschreiben, bei dem die einzelnen ihr Streben nach persönlicher Tauglichkeit zum Wohl der Gruppe sublimieren. Das ist ein ganz anderer Prozeß als die Selektion, die auf Individuen oder ihre Gene wirkt.
Das Problem ist, daß die Gruppen-Selektion, so anziehend sie sein mag, an den Klippen der Selbstsucht scheitert. Die Altruisten wären immer auf Gedeih und Verderb den Widerspenstigen ausgeliefert, die in »Achtung vor den Rechten anderer« schlechte und in »eigener Tauglichkeit« entsprechend gute Noten bekämen. Es ist richtig, daß Gruppen, in denen Altruisten vorhanden sind, besser abschneiden als solche ohne Altruisten, aber individuelle Altruisten in diesen Gruppen sind ihren selbstsüchtigen Kollegen gegenüber im Nachteil. Leser mit mathematischen Neigungen werden erkennen, daß die Gruppen-Selektion immer noch theoretisch möglich ist, wenn sich altruistische Gruppen schnell genug reproduzieren, um den Verlust von Altruisten in jeder Gruppe wettzumachen. Aber das ist sehr unwahrscheinlich.
Es ist traurig, aber wahr: die Selbstsucht einiger setzt den Altruismus

anderer wirklich schweren Belastungen aus. Dieses Buch wurde in Kalifornien geschrieben, das um diese Zeit unter der größten Trockenheit seiner Geschichte litt. Das Wasser wurde rationiert, und jeder Haushalt mußte sich mit seiner monatlichen Zuteilung begnügen. In einem gewissen Sinne ist Kalifornien eine Gruppe (ein »Gran Falloon«, wenn es je einen gab), und die Gruppe als Ganzes konnte profitieren, wenn der Wasserverbrauch eingeschränkt wurde. Appelle an den individuellen Altruismus erwiesen sich jedoch als unzulänglich, und strengere Quoten mußten eingeführt werden. Aber selbstsüchtige Individuen konnten immer noch zusätzliches Wasser bekommen, beispielsweise indem sie in einer öffentlichen Anstalt duschten, wobei sie dieselbe Wassermenge in Anspruch nahmen, die sie daheim verbraucht hätten. Die Gruppe litt infolge ihrer Selbstsucht, aber da das verbrauchte Wasser nicht an den Zählern in den Häusern der Nicht-Altruisten abzulesen war, kamen sie mit ihrem Schwindel auf Kosten aller anderen Gruppenangehörigen davon.

In diesem Falle waren freilich die Vorteile für die Selbstsüchtigen und die Kosten für die Altruisten unerheblich. Nur wenige Menschen sterben, weil sie nicht duschen können, wenngleich ich vermute, daß sich ihr Fortpflanzungserfolg möglicherweise verringern könnte. Aber man braucht sich nur vorzustellen, das Verhalten hätte etwas Wichtiges betroffen, zum Beispiel die Weigerung, Nahrung zu teilen, oder die Zeugung einer übermäßig großen Nachkommenschaft zum eigenen Nutzen (im Sinne der Evolution), aber auf Kosten anderer durch Übervölkerung, Kampf um knappe Versorgungsgüter und so fort. In solchen Fällen gewinnen die Selbstsüchtigen, und die Altruisten verlieren. Es ist eine Tatsache, daß Hinweise auf das Wohl der Gruppe nur selten stärker sind als die potentielle Lockung der individuellen Selbstsucht, oder, um genauer zu sein: Individuen, die die Gruppe höher stellen als sich selbst, sind im Nachteil, verglichen mit anderen, die selbstsüchtig darauf bestehen, ihrem Eigennutz entsprechend zu handeln. Es muß daher wohl als allgemeine Regel gelten, daß die auf Gruppenebene wirkende Selektion keinen Altruismus hervorbringen wird.

Es wurde auch die Meinung geäußert, Altruismus könnte sich möglicherweise als Folge der Manipulation der Kinder durch ihre Eltern entwickeln. Man stelle sich vor, ein Vater oder eine Mutter könnte eines der Kinder dazu zwingen, sich »altruistisch« zum Wohl seiner Geschwister zu opfern. In einem solchen Fall wäre es denkbar, daß das manipulierte Kind an Tauglichkeit verliert, während der betreffende Elternteil gewinnt, da er durch die von seinen anderen Kindern erlangten Vorteile profitiert. Gewisse Kinder selektiv zu töten und womöglich noch an die anderen zu verfüttern, wäre ein extremes Beispiel für eine solche Manipulation.

Diese Hypothese kann getestet werden und wurde getestet. Man wird sich erinnern, daß bei den sozialen Insekten, in unserem Fall bei den Bienen, die Arbeiterinnen ¾ ihrer Gene mit den anderen Arbeiterinnen und nur ¼ mit den Drohnen teilen. Die Königin dagegen ist mit Arbeiterinnen und Drohnen gleich verwandt (½ in jedem Fall). Ihre Majestät würde es daher vorziehen, daß Arbeiterinnen und Drohnen gleiche Futtermengen erhalten, da sie mit beiden gleichermaßen verwandt ist. Es läßt sich aber voraussagen, daß die Arbeiterinnen anderer Meinung sein werden und es vorziehen, in dem gleichen Verhältnis zu investieren, in dem sie verwandt sind: 3 zu 1 – ¾ in die Arbeiterinnen, ¼ in die Drohnen. Bei der Überprüfung dieser Annahme stellten die Soziobiologen Robert Trivers und Hope Hare tatsächlich fest, daß Arbeiterinnen anderen Arbeiterinnen dreimal soviel Nahrung geben wie den Drohnen und nicht gleich viel, wie es die Königin wünschen würde. Die Arbeiterinnen gewinnen den Kampf der Generationen. Das weist darauf hin, daß wir die Königin vielleicht eher als eine tyrannisierte und gut gepflegte Eierlegemaschine betrachten sollten denn als eine souveräne Herrscherin, die von ihren manipulierten Arbeiterinnen Altruismus erzwingt.
Obwohl elterliche Manipulation kaum imstande zu sein scheint, viel Altruismus zu schaffen, können Eltern gelegentlich fähig sein, ihre Kinder zu manipulieren, besonders wenn diese noch klein und hilflos sind. Bei der Kindestötung, zum Beispiel, kann ein Kind wohl kaum etwas unternehmen, wenn der Erwachsene beschlossen hat, es zu töten. Man erinnere sich auch an unsere Erörterung der »spontanen« Fehlgeburten. Eine Frau kann ihre Tauglichkeit erhöhen, indem sie einen Fetus abstößt, der andernfalls mehr Ressourcen beanspruchen würde, als er nach den Begriffen des gesamten Reproduktionserfolgs des Erwachsenen wert ist. Wir können erwarten, daß der Fetus die ganze Angelegenheit anders sieht. Nichtsdestoweniger hat die erwachsene Frau mehr Macht und kann sich wahrscheinlich durchsetzen. Andererseits kann der Fetus in manchen Fällen auch »wollen«, daß er abgestoßen wird. Man bedenke, daß der Fetus die Hälfte der Gene mit seiner Mutter teilt und daß er wiederum die Hälfte seiner Gene mit dem nächsten Kind seiner Mutter teilen wird (wenn in beiden Fällen derselbe Vater angenommen wird). Wenn der Fetus dadurch, daß er selbst aufgibt, dem nächsten reproduktiven Versuch seiner Mutter einen zweifachen Vorteil verschafft, würde der altruistische Selbstmord selektiv begünstigt werden. Dies wäre dann jedoch Verwandtschafts-Selektion und nicht Manipulation des Kindes durch die Mutter, da das Kind *seine eigene* inklusive Tauglichkeit maximieren würde.
Dieses Beispiel weist auf ein echtes Problem bei der evolutionsbezo-

genen Analyse des Altruismus hin: die verschiedenen Mechanismen der natürlichen Auslese sind oft schwer auseinanderzuhalten. Verwandte, beispielsweise, leben oft in Gruppen zusammen. Wenn nun Altruismus auftritt, ist es schwer zu sagen, ob Verwandtschafts- oder Gruppen-Selektion dafür verantwortlich ist. Liegt beides vor, könnte man fragen: wieviel von jedem? Oder da ist die Tatsache, daß sowohl Verwandte als auch Gruppenangehörige oft in der Lage sind, später Gegenleistungen zu erbringen, so daß es schwerfällt, das Prinzip der Gegenseitigkeit auszuschließen. Oder es kann die Möglichkeit bestehen, daß ein Individuum nur altruistisch handelt, weil es von seinen Eltern manipuliert wurde. Oder es ist schließlich schwer, mit Bestimmtheit zu sagen, daß ein gewisses Verhalten doch nicht wirklich selbstsüchtig ist, was bei der Gegenseitigkeit normalerweise der Fall ist.

Wenn ältere Hulman-Weibchen helfen, ein Junges gegen ein mörderisches Männchen zu verteidigen, können sie dem Diktat der Verwandtschafts-Selektion gehorchen (da die Verteidigerinnen wahrscheinlich Tanten, Kusinen etc. sind). Andererseits könnten sie aber auch einen auf Gegenseitigkeit beruhenden Verteidigungspakt geschlossen haben. (»Ich helfe dir, dein Kind zu verteidigen, du hilfst mir, meines zu verteidigen.«) Oder vielleicht macht sich Gruppen-Selektion bemerkbar (wenn Gruppen mit Verteidigerinnen besser abschneiden als andere, obwohl innerhalb solcher Gruppen die Verteidigerinnen größerer Gefahr ausgesetzt sind als selbstsüchtig Abseitsstehende, die sich auf nichts einlassen wollen). Oder vielleicht ist sogar elterliche Manipulation am Werk (wenn Großeltern irgendwie darauf »bestehen«, daß ihre Töchter helfen, die Jungen anderer zu verteidigen).

Die Probleme der Erkenntnis der Ursachen dieses Altruismus gelten auch für die meisten anderen altruistischen Verhaltensweisen. Da ist, zum Beispiel, die interessante Situation der »Helfer am Nest«. Bei gewissen Vögeln, wie etwa den Buschhähern in Florida, helfen gewöhnlich halberwachsene Männchen Altvögeln, eine neue Brut aufzuziehen. Das scheint ihrerseits altruistisch zu sein, da erwachsene Vögel mit Helfern mehr Junge großziehen als solche ohne Helfer, und während sie den Erwachsenen helfen, verzichten die jungen Männchen auf die eigene Fortpflanzung. Die beste Erklärung für dieses Verhalten scheint die Verwandtschafts-Selektion zu sein, denn es stellt sich heraus, daß diese Jungvögel im allgemeinen ihren eigenen Eltern helfen, eine zweite Brut aufzuziehen. Das heißt, sie helfen, Geschwister aufzuziehen, mit denen sie die Hälfte ihrer Gene teilen – wie mit ihrer eigenen Nachkommenschaft. Es ist aber auch möglich, daß sie von ihren Eltern eine Gegenleistung erhalten; zum Lohn für ihre Hilfe bei der Versorgung der Jungen erlauben die Eltern den halb Erwachsenen vielleicht, in der Nähe des heimatlichen Nests zu bleiben, in einem Gebiet, das sicher ist und wo Futter zu finden ist. Und es gibt noch weitere Möglichkeiten. Gruppen von Vögeln mit Helfern könnten erfolgreicher sein als Gruppen ohne Helfer, so daß Gruppen-Selektion nicht mit Bestimmtheit auszuschließen ist. Oder vielleicht werden die Helfer von ihren Eltern irgendwie »gezwungen«, ihre Sohnespflichten zu erfüllen – letztlich zum Nutzen der Eltern selbst (elterliche Manipulation). Oder die jungen Helfer sammeln Erfahrungen, während sie helfen, und wenn es einen Kampf um Nistplätze oder Weibchen gibt, ist es vielleicht auf alle Fälle besser für sie, eine Weile zu warten, bevor sie versuchen, sich fortzupflanzen. Mit anderen Worten, ihre Hilfe kann reine Selbstsucht sein. Und natürlich gibt es keinen Grund anzunehmen, daß nicht mehrere dieser Motive zugleich wirksam sein könnten.

Es können also alle diese Faktoren zu dem betreffenden altruistischen, hilfreichen Verhalten führen. Ich versprach eingangs, daß die Soziobiologie wertvolle Einsichten bieten und daß sie obendrein unterhaltsam sein werde, aber ich habe nie behauptet, sie werde alle unsere Probleme lösen – oder nicht kompliziert sein!

*»Unsere Tugenden sind meist nur verkleidete Laster.«*

*»Die Dankbarkeit der meisten Menschen ist nur ein geheimer Wunsch, noch größere Vorteile zu erhalten.«*

Diese Aussprüche werden dem im 17. Jahrhundert lebenden, schwadronierenden französischen Herzog de La Rochefoucauld zugeschrieben, der Soldat, Liebhaber berühmter Frauen und einer der besten Aphoristiker aller Zeiten war. Seine recht boshaften Ansichten über die menschliche Natur haben einiges mit dem Denken der Soziobiologie gemein. Michael Ghiselin, Historiker, Systematiker und Meeresbiologe, stellt es so dar:

*»Keine Spur von echter Nächstenliebe verbessert unsere Anschauung von der Gesellschaft, sobald man einmal die Sentimentalität beiseite gelassen hat. Was als Mitarbeit gilt, entpuppt sich als eine Mischung von Opportunismus und Ausbeutung. Die Antriebe, die ein Tier dazu bewegen, sich für ein anderes zu opfern, dienen, wie sich zuletzt zeigt, nur dazu, einen Vorteil über ein drittes zu erlangen; und Handlungen ›zum Wohle‹ der einen Gesellschaft werden zum Schaden der übrigen vollzogen. Wo es in seinem eigenen Interesse liegt, kann man von jedem Organismus vernünftigerweise erwarten, daß er seinen Genossen hilft. Wo er keine Alternative hat, beugt er sich dem Joch der gemeinsamen Knechtschaft. Gibt man ihm aber die volle Chance, in seinem eigenen Interesse zu handeln, so wird ihn allein Zweckmäßigkeit davon abhalten zu brutalisieren, zu verstümmeln, zu morden – seinen Bruder,*

*seinen Geschlechtspartner, seinen Vater oder sein Kind. Kratz einen ›Altruisten‹, und sieh einen Heuchler bluten.«*

Der Soziobiologe Richard Alexander von der University of Michigan vertrat die Ansicht, daß die bemerkenswerte, explosive Entwicklung des menschlichen Gehirns durch Kriege zwischen Horden primitiver Menschen ausgelöst worden sein könnte, und es gibt tatsächlich viele fossile Indizien, die dafür sprechen, daß unsere Vorfahren einander nicht unbedingt nach den Regeln der Genfer Konvention behandelten. Unser gefährlichster Feind können sehr gut wir selbst gewesen sein, und die Selektion würde diejenigen Individuen begünstigt haben, deren Gehirne groß genug waren, um ihnen zu gestatten, wirksame Bündnisse zu schließen und die Verteidigung – und Aggression – gegen andere Gruppen zu organisieren.

Der Staatswissenschaftler Roger Masters aus Dartmouth bedient sich der Soziobiologie, um ein etwas weniger blutrünstiges Bild unserer evolutionären Vergangenheit zu entwerfen. Unser großes Gehirn ist offensichtlich adaptiv für den Krieg, für die Herstellung von Werkzeugen oder praktisch jeden anderen Zweck. Natürlich ist es uns auch manchmal im Weg, und das ist wörtlich zu nehmen, nämlich gerade im entscheidendsten Augenblick unseres Lebens – wenn wir geboren werden. Wir haben schon darauf hingewiesen, daß der große Kopf des Kindes nur unter einem unangenehm starken Druck den Beckenkanal der Mutter passiert, vor allem da unser aufrechter Gang die Geburtswege verengt hat. Wir sind einzigartig unter den Tieren hinsichtlich der Sterberate gebärender Mütter, und es scheint vernünftig zu sein, daß dies der möglichen Gehirngröße eines Neugeborenen Grenzen setzen müßte. Dazu kommt, daß der Tod im Kindbett gewiß häufiger eintritt, wenn die Mutter allein ist, als wenn sie Hilfe von anderen erhält. Sie werden bereits verstanden haben, worauf das Ganze hinausgeht: Nach Masters kann altruistisches Verhalten während des Gebärens bei unseren Homininen-Ahnen zur Entwicklung unseres großen Gehirns beigetragen haben. Die Verwandtschafts-Selektion käme als der wahrscheinlichste Mechanismus in Betracht. Die Verwandten standen einander beim Gebären bei. Die Evolution würde jede Korrelation zwischen größeren Gehirnen und altruistischen Tendenzen wie der Unterstützung der Frau während der Wehen und der Geburt stark begünstigen. Mir gefällt die Idee recht gut, daß die Arbeit der Hebammen und die Geburtshilfe buchstäblich unsere ältesten Berufe sein könnten oder jedenfalls die, die unser Menschsein »zur Welt brachten«. Wenn es so war, wurden sie in der Währung der Evolution bezahlt – durch Tauglichkeit. Und durch die genetische Aufteilung der Honorare hätten alle Verwandten des Neugeborenen ihren Profit dabei gehabt.

Für die Evolutionsbiologie ist es völlig klar, daß die Frage »Was habe ich davon?« ein alter Refrain alles Lebenden ist, und es gibt keinen Grund, den *Homo sapiens* auszuschließen. Charles Darwin sagte einmal, wenn je nachgewiesen würde, daß ein einziges Merkmal eines Lebewesens allein zum Nutzen einer anderen Spezies existierte, so würde das seine Theorie von der Evolution durch natürliche Selektion zunichte machen. Eine bemerkenswert kühne Feststellung – und eine, die mehr als hundert Jahre sorgfältiger Untersuchung standgehalten hat.

Bis zum heutigen Tage konnte bei keiner Pflanze und bei keinem Tier echter Altruismus nachgewiesen werden, ein Verhalten, dessen einzige Wirkung es ist, einem anderen Individuum Vorteile zu verschaffen, und sei es einem derselben Spezies. Es bleibt festzustellen, ob das auch auf den *Homo sapiens* zutrifft. Wir alle können wahrscheinlich von – echten oder erdachten – Vorfällen berichten, bei denen jemand etwas tat, was eine Handlung von selbstlosem Heldentum zugunsten eines anderen zu sein scheint: sei es, daß er einen Ertrinkenden rettete, ein brennendes Haus betrat, um ein eingeschlossenes Kind zu befreien, oder sein Leben aufs Spiel setzte, um Juden aus Nazideutschland oder Schwarze aus der Sklaverei zu schmuggeln. Vielleicht ist dies wahrer Altruismus. Wenn er es ist, ist unsere Spezies einzigartig. Andererseits kann ein solches Verhalten die akkumulierte, fortwährende Indoktrination jedes einzelnen in so gut wie jeder menschlichen Gesellschaft widerspiegeln. Praktisch von Geburt an werden wir gelehrt, daß es gut ist, anderen zu helfen, und daß es sogar irgendwie tadelnswert ist, einen Lohn dafür zu erwarten. Wenn wir »von Natur« altruistisch wären – wozu dann all diese Ermahnungen? Es könnte gut sein, daß Menschen keinen echten Altruismus kennen, außer wenn sie von der Gesellschaft dazu gezwungen werden.

Betrachten wir eine mögliche Ausnahme: die Kamikaze-Piloten. Der Legende nach wurde Japan im 14. Jahrhundert vor den koreanischen »Barbaren« durch einen göttlichen Wind, den *kamikaze*, gerettet, der die koreanische Kriegsflotte vernichtete. Während es im Zweiten Weltkrieg schon mit dem Tode rang, hauchte das kaiserliche Japan offenbar etwas von diesem Wind seinen Piloten ein, um die gleiche Zerstörung in der amerikanischen Flotte anzurichten. Diese Bemühung war erfolglos, aber können wir den Altruismus, der dabei im Spiel war, in Frage stellen? Schließlich brachten diese Piloten das größte Opfer dar – ihr Leben. Und im Gegensatz zu den Arbeitsbienen waren sie mit den meisten von denen daheim, die sie zu retten hofften, nicht verwandt. Es könnte sich lohnen, diese japanischen Kamikaze-Piloten etwas genauer zu betrachten.

Zunächst stellt sich heraus, daß man ihnen ein »ewiges Leben« versprach, wenn sie bei der Verteidigung ihres Kaisers starben. Außerdem erhielten sie nicht nur einen himmlischen Lohn. Kamikaze-Piloten genossen den Beifall der Nation und gewisse Vorrechte; wenn diese sexuelle Privilegien mit einschlossen, konnte ihre Tauglichkeit doch noch erhalten werden. (Damit soll nicht gesagt sein, daß diese Piloten direkt von der Arithmetik der evolutiven Tauglichkeit motiviert wurden, aber ihre »Rezeptoren für Süß« erkannten ein gutes Geschäft.) Ihre Familien gewannen außerdem einen höheren Status, und es ist interessant, daß diese Männer, bevor sie sich freiwillig für den Kamikaze-Flug meldeten, oft nur ein geringes Ansehen genossen, und zwar in sozio-ökonomischer Hinsicht ebenso wie – als Piloten – unter ihren Kameraden. Ihre Gewinn-Kosten-Rechnung mußte also für den Altruismus sprechen. Wenn sie sich im Augenblick der Wahrheit zu fliegen weigerten, wurden sie erschossen, und wenn sie flogen und gestartet waren, hatten sie keinen Fallschirm und nur genug Benzin, um die amerikanischen Kriegsschiffe zu erreichen. Es mußte eine Reise ohne Wiederkehr sein. Vielleicht darf man doch die Frage stellen, ob der Handel, den diese Männer abschlossen, ein rein altruistischer war.

Wohin haben wir es also gebracht? Die Evolution hat uns ein fragwürdiges Erbe hinterlassen, selbstsüchtige Gene in schwachen Körpern, die für ihren Erfolg die Gesellschaft brauchen, aber bereit sind, sich über die Gesellschaft und die Körper anderer hinwegzusetzen, wenn es ihren Zwecken dient. Wir sind selbstsüchtige Altruisten, paradoxe Geschöpfe, deren geteilte Loyalitäten nie wirklich miteinander ausgesöhnt werden. Wenn unsere »menschliche Natur« uns dazu treibt, uns selbstsüchtiger zu verhalten, als der Gesellschaft lieb sein kann, darf es nicht überraschen, daß die Gesellschaften überall Techniken entwickelt haben, um uns ihrem Willen gefügig zu machen. Es gibt keine menschliche Gesellschaft ohne ihr »Du sollst« und »Du sollst nicht«, ihre moralischen Vorschriften, die schmeicheln, gut zureden, warnen, drohen und strafen. Ob wir damit einverstanden sind oder nicht – es ist sinnvoll, denn insofern, als uns die Evolution mehr egozentrisch als »altrozentrisch«, auf andere bedacht, geschaffen hat, ist es Sache der Gesellschaft, uns fügsamer zu machen. Wenn wir je hoffen wollen, im menschlichen Verhalten einen echten, nicht durch eigensüchtige Interessen verfälschten Altruismus zu erreichen, tun wir besser daran, von der Gesellschaft zu erwarten, daß sie uns diesen Altruismus einhämmert, denn einen anderen Weg scheint es nicht zu geben.

Als Sozialpsychologe wies Donald Campbell darauf hin, daß echte Weisheit in den Zehn Geboten und anderen Sittengesetzen dieser Art stecken könnte – vom Standpunkt der Gesellschaft aus, wenn schon nicht von dem jedes einzelnen Bürgers. Vielleicht muß man uns sagen, daß wir nicht stehlen, töten oder unseres Nächsten Weib begehren dürfen, denn ebendas sind die Dinge, die uns das Flüstern in uns zu tun heißt, wenn sie uns nützen und wenn wir ungestraft davonkommen.

Tatsächlich erklärt die egozentrische Einstellung, die das Geschenk der Biologie für jeden von uns ist, weitgehend eines der verwirrendsten Paradoxa der Menschheit. Es ist absolut unleugbar, daß sich ein großer Teil der Welt in einem furchtbaren Zustand befindet. Hungersnöte, Seuchen, Tyrannei und unverhüllter brutaler Mord sind in erschreckendem Ausmaß zu beobachten. Wir sind dabei, unseren Planeten, den einzigen, den wir haben, rasch zu zerstören; wir verschmutzen ihn und verbrauchen seine unersetzlichen Rohstoffe in einem gewissenlosen Tempo. Wir schwanken ständig am Rand der thermonuklearen Vernichtung dahin. Und dennoch widmet praktisch jeder seine ganze Zeit und Energie rein persönlichen Angelegenheiten, die weitgehend ihn selbst und seine unmittelbaren Angehörigen und Freunde betreffen. Es ist in vielerlei Hinsicht eine höchst absurde Situation. Die soziobiologische Theorie kann uns wenigstens helfen zu verstehen, was vorgeht und warum wir alle Neros sind, die mit Grillpartys, Haarschnitten und lauter Nichtigkeiten ihre Zeit vertrödeln, während die Welt brennt.

Andererseits gestatten uns vielleicht die Evolutionsmechanismen für den Altruismus genug Großzügigkeit, Güte und geistige Größe, um zu beginnen, aus eigenem bewundernswerte Geschöpfe zu werden. Vielleicht werden wir eines Tages imstande sein, die ganze Menschheit und alles Lebendige als Teil unserer auf Gegenleistung gegründeten Gruppe oder im tiefsten Sinne des Wortes als unsere Verwandten zu betrachten. Es hängt so viel davon ab.

# 6
# Konkurrenz: Kampf, Männergruppen und Krieg

Die meisten Menschen wollen ihres Platzes an der Sonne, ihres Anteils am Kuchen, ihres Maßes an Tauglichkeit versichert sein. Wenn sie von alldem nicht genug bekommen – oder das Gefühl haben, nicht genug zu bekommen –, beginnen sie meistens, mit ihren Nachbarn, Freunden und sogar Verwandten in Wettstreit zu treten. Sind die Umstände schlimm genug, können sie sogar kämpfen und töten.

Jedesmal wenn in den amerikanischen Südstaaten der Baumwollpreis sank, nahm die Häufigkeit der Lynchmorde zu. Diese gräßliche Korrelation verrät sehr viel über die Soziobiologie der Konkurrenz und der Aggression: Wenn die Ressourcen knapp werden (wenn, zum Beispiel, »König Baumwolle« ein wenig zu zittern beginnt), werden die meisten Lebewesen aggressiver. So unangenehm das sein mag: diese Reaktion ist einfach ihre Methode, zu bekommen, was sie brauchen. Offensichtlich ist die Aggression beim heutigen *Homo sapiens* oft auf gröbste Weise unadaptiv, da aber die Aggressivität ein Teil von uns allen ist, tun wir gut daran, die Evolutionsbiologie unserer Ekelhaftigkeit nüchtern zu betrachten. Was wir sehen, mag uns vielleicht nicht gefallen, doch das ist nur ein Grund mehr, uns zu vergewissern, daß wir es nicht übersehen.

Nach der Evolutionstheorie erwarten wir von Individuen, daß sie miteinander konkurrieren, sooft diese Konkurrenz ihre Tauglichkeit erhöht. In der Sprache der Gene würden wir sagen, daß sich ein Konkurrenzverhalten entwickelt, sooft Gene, die dieses Verhalten hervorrufen, mehr Kopien ihrer selbst hinterlassen als Gene, die ihre Träger veranlassen, sich weniger wettbewerbstüchtig zu verhalten. Kurz, wir erwarten, daß Konkurrenz, wenn sie funktioniert, eine erfolgreiche Revolutionsstrategie ist. Wenn sie versagt, das heißt, wenn sie die Tauglichkeit nicht erhöht, erwarten wir, daß sie von vornherein ausbleibt.

Natürlich können manche Lebewesen nicht viel tun, um mit anderen zu konkurrieren oder zu kämpfen: es gibt nicht viel, was eine Auster unternehmen kann, wenn ihre eine andere Auster die Nahrung wegfängt. Bäume können immerhin miteinander um das Sonnenlicht konkurrieren; die Verlierer müssen im Schatten verkümmern. Und ganz anders sieht es bei beweglichen Tieren aus. Leoparden, Bisons oder Menschen können auf eine viel dramatischere Weise miteinander konkurrieren als nur dadurch, daß sie versuchen, schneller zu wachsen als ihre Rivalen.

Damit die Konkurrenz adaptiv ist, muß ein Tier nicht nur die Fähigkeit, sondern auch einen Grund haben zu konkurrieren. Konkurrenz wird nur selektiv begünstigt, wenn ihr Gewinn die Kosten überwiegt. Der Kampf mit anderen kostet Zeit und Energie, und wenn es hart auf hart geht, kann er sogar sehr gefährlich sein. Besonnenheit ist ausnahmslos der bessere Teil der Tapferkeit, sofern es nicht gute – das heißt die Tauglichkeit erhöhende – Gründe gibt, sich aggressiv zu verhalten. So kann, zum Beispiel, eine kritische Knappheit eintreten – an Geschlechtspartnern, Nistplätzen oder Nahrung. Wenn das geschieht, ist der Konkurrenzkampf unvermeidbar. Wohlwollen ist in der Evolution ein Luxus der Reichen. Bertolt Brecht schrieb in der *Dreigroschenoper:* »Zuerst müßt ihr uns was zu fressen geben, dann könnt ihr reden: damit fängt es an . . . Erst kommt das Fressen, dann kommt die Moral. Erst muß es möglich sein auch armen Leuten, vom großen Brotlaib sich ihr Teil zu schneiden.« Dieses »Mackie-Messer-Prinzip« erhellt einen großen Teil des menschlichen Konkurrenzverhaltens. Die schrecklichen Szenen aggressiver Rauferei bei der Verteilung von Nahrungsmitteln in Katastrophengebieten sagen alles.

Das Entscheidende ist, daß Aggression eine Konkurrenzmethode ist, eine Methode, die oft angewandt wird, wenn sie sich als adaptiv erweist. Demagogen im Laufe der ganzen Geschichte haben diese Tendenz erkannt und sie dazu verwendet, menschliches Verhalten zu manipulieren. In schweren Zeiten sind die Menschen nur zu gern bereit, ihre Aggressivität an jedem Sündenbock auszulassen, der gerade zur Hand ist. Um so besser, wenn sich die Sündenböcke auch noch leicht von den Angehörigen der dominierenden Gruppe unterscheiden lassen (und daher kaum viele Gene mit den Aggressoren teilen). Das war das Schicksal der Juden in Nazideutschland und der Schwarzen in den amerikanischen Südstaaten.

Eine Menge Tinte wurde vergossen, um die Frage zu klären, ob der Mensch aus Instinkt aggressiv sei. Im soziobiologischen Denken tritt diese Frage zurück hinter der Erkenntnis, daß es im allgemeinen zu einem aggressiven Verhalten kommt, wenn dieses die Tauglichkeit maximiert. Die ersten groben Instinkt-Theorien behaupteten, daß wir ein angeborenes und automatisches Bedürfnis besäßen, auf eine bestimmte Weise zu handeln, und daß die Entladung der Aggressivität daher unvermeidlich sei. So schlägt der Verhaltensforscher Konrad Lorenz vor, daß wir unsere Aggressionstriebe auf konstruktivere (oder zumindest weniger destruktive) Ziele wie, zum Beispiel, den

Wettkampf in der Raumfahrt umorientieren sollten. Die Soziobiologie vertritt dagegen die Ansicht, daß es unser wichtigstes Bedürfnis ist, unsere Tauglichkeit zu maximieren. Wenn wir also beispielsweise die msnchliche Aggressivität verstehen wollen, ist es ratsamer, die volutiven Kosten und Gewinne der Aggressivität unter spezifischen Bedingungen zu untersuchen.

Es gibt im menschlichen Verhalten nur wenig, was automatisch oder das Produkt einer extrem einfachen Beziehung zwischen Ursache und Wirkung wäre. Die Aggression ist weder ein Resultat eines Instinkts, noch ist sie ein unvermeidliches Ergebnis des Vorgangs der natürlichen Auslese. Die Aggression ist eine höchst gefährliche Handlungsweise für den Organismus und nicht etwas, was leichtfertig unternommen wird. Man geht zu ihr erst über, wenn alle möglichen Faktoren in Betracht gezogen worden sind. Manche dieser Faktoren sind in unseren Genen enthalten, manche in der Umwelt, die uns durch Erfahrung erschlossen wird. Unsere Gene raten uns, wann Aggression eine angemessene (die Tauglichkeit maximierende) Reaktion auf unsere Erfahrung ist. In diesem Sinne, und nur in diesem, können wir als »instinktiv« aggressiv betrachtet werden.

Wir haben gesehen, daß Konkurrenz und Aggression zunehmen, wenn die Existenzmittel knapp werden. Das gilt für alle Tiere, solange die betreffenden Existenzmittel verteidigt werden können. Kein Tier kämpft beispielsweise um Luftraum. Möwen, die ihr Futter auf See suchen, verteidigen keine Reviere, da die Fischschwärme, von denen sie leben, ihren Standort ständig wechseln, so daß »Grundbesitz« auf dem Meer eine schlechte Investition wäre. Dagegen sind Möwen sehr aggressiv bei der Verteidigung ihrer Nester, da ein Nest eindeutig ein Existenzmittel ist, wichtig für die Tauglichkeit und daher wert, verteidigt zu werden.

Die Verteilung eines Existenzmittels kann ebenfalls wesentlich sein für die Entscheidung, ob es sich lohnt, darum zu kämpfen. In diesem Zusammenhang ist der Unterschied zwischen »ländlichen« und »städtischen« Affen interessant. Freilebende Rhesusaffen in Indien durchstreifen in Horden die Wälder. Sie fressen eine Vielfalt von Früchten und Grünzeug und kämpfen selten miteinander. Rhesusaffen werden jedoch auch von vielen Hindus für heilig gehalten, und viele Tempel wimmeln von diesen Tieren, die regelmäßig zur Fütterung erscheinen. Wenn Futter in dieser Umgebung angeboten wird, kommt es zu Zänkereien und Kämpfen. Es scheint klar zu sein, daß diese »städtischen« Affen um das Futter kämpfen, weil es ihnen in konzentrierter Form dargeboten wird. Das Futter ihrer »ländlichen« Vettern dagegen ist normalerweise über Wälder und Felder verstreut, so daß der Konkurrenzkampf reduziert wird, der entstehen könnte, wenn jeder versuchte, seinen Anteil zu bekommen. Natürlich kann auch das dichtere Beisammensein der Tempel-Affen für die größere Konkurrenz ausschlaggebend sein, denn sie neigen dazu, sich zu konzentrieren, wo das Futter konzentriert ist.

Was für Rhesusaffen gilt, kann auch für den Menschen gelten. Ländliche Bevölkerungen sind weit verstreut, ebenso wie ihre Ressourcen – es gibt Wild für die Jäger, Grünflächen für die Viehzüchter und Ackerland für die Bauern. Die Urbanisierung drängt die Menschen dagegen zusammen, und wir können erwarten, daß sie nun um Ressourcen kämpfen, die eher konzentriert als verstreut sind. Man darf das Problem nicht übermäßig vereinfachen, aber es würde kaum einen Soziobiologen überraschen, wenn es sich zeigte, daß Aggression, Verbrechen und allgemeiner Konkurrenzgeist beim städtischen *Homo sapiens* größer sind.

Die Evolutionsbiologie sagt auch voraus, daß die Neigung, um ein Existenzmittel zu kämpfen, mit seinem Wert variiert. Natürlich wird ein und dasselbe Mittel einen unterschiedlichen Wert für verschiedene Menschen haben, so daß wir erwarten können, daß ein Individuum am hartnäckigsten um die Dinge kämpfen wird, die ihm »viel bedeuten«. Die natürliche Auslese gewährleistet, daß die Dinge, die »viel bedeuten«, diejenigen sein werden, die für die Tauglichkeit wichtig sind.

Ein rangniedriges Eichhörnchen, das an seine untergeordnete Rolle gewöhnt ist, wird sich normalerweise nicht gegen ein dominierendes Eichhörnchen stellen – jedenfalls nicht lange. Nachdem sich aber das untergeordnete Männchen mit einem Weibchen gepaart hat, wird es dieses sehr entschieden gegen andere Männchen verteidigen, auch gegen manche, vor denen es sonst davonlaufen würde. Vielleicht ist die Tapferkeit des untergeordneten Männchens durch die Kopulation stimuliert worden, vielleicht »liebt« es seine neue Gefährtin und beschützt sie aus diesem Grund. Was für blumige Worte wir auch verwenden, Tatsache ist, daß ihm seine neue Geliebte »viel bedeutet« – sicherlich jedenfalls für seine potentielle Tauglichkeit. Nach der Kopulation hat es viel zu gewinnen, wenn es andere Männchen seinem Weibchen fernhält, denn es hat nun die Chance, Vater zu werden. Jedes andere Männchen, das »sein« Weibchen begattet, verringert die Wahrscheinlichkeit, daß »seine« Gene in der nächsten Eichhörnchengeneration das Licht der Welt erblicken werden. Da sich die Gewinn-Kosten-Gleichung des künftigen Vaters durch seine geglückte Kopulation geändert hat, ist der Nutzen des Kampfes größer, und er ist eher gewillt, etwaige Kosten auf sich zu nehmen. Seine »Tapferkeit« hat auch eine interessante Wirkung auf die anderen Eichhörnchen. Da sie die Motivation ihres Gegners spüren, scheinen sie

weniger als er dazu bereit zu sein, einen Kampf und eine mögliche Verletzung zu riskieren.
Aus diesem Beispiel lassen sich weitreichende Schlüsse auf den Menschen ziehen. Wir kämpfen am entschlossensten für das, »woran wir glauben«, und das, woran wir glauben, ist mit der größten Wahrscheinlichkeit eng verbunden mit unserem Heim und unserer Familie, unserer »fundamentalen Lebensweise«. Viele Regierungen im Laufe der Geschichte haben die Wildheit und Entschlossenheit unterschätzt, mit der sonst friedliche Völker ihr Heim, eine in reproduktiver Hinsicht wichtige Ressource, verteidigen. Napoleon und Hitler hätten eine Lektion in Soziobiologie brauchen können, und sie würden es sich zweimal überlegt haben, in Rußland einzumarschieren. Und dasselbe gilt natürlich für Amerika in Vietnam. Ein gutes Projekt für einen der wenigen Historiker, die sich für die Konstanten in den menschlichen Angelegenheiten interessieren, wäre das Studium von Invasionen und dem Grad des Widerstands, auf den sie stießen.

Es ist nicht ganz leicht, ein Pinguin zu sein. Da stehen Sie den ganzen Tag im eisigen Wind, nur um ein Ei warmzuhalten. Wenn Sie endlich eine Mittagspause machen können, müssen Sie ins Meer springen, wo vielleicht gefräßige Seeleoparden lauern. Wenn einer Sie erwischt, zieht er Ihnen bei lebendigem Leibe die Haut ab und schluckt Sie als Ganzes. Wie zu erwarten, sind Pinguine sehr vorsichtig, was das »Schwimmengehen« anbetrifft. Sie scharen sich oft zu Hunderten, ja zu Tausenden auf treibenden Eisschollen zusammen, bis einige durch das Drängeln der Menge hinter ihnen ins Wasser gestoßen werden. Wenn sie nicht gefressen werden, springen ihnen die anderen nach. Ihrem Verhalten nach zu urteilen, scheinen sich diese Tiere wenig umeinander zu kümmern: sie sind die »einsame Masse« *par excellence*. Wie Pendler, die in einen Wagen der U-Bahn gepfercht werden, kennen Pinguine ihre Nachbarn meistens nicht, und sie sind nicht mit ihnen verwandt. Dementsprechend gibt es auch wenig, was Konkurrenz hemmen, noch weniger, was Interesse am andern schaffen, und viel, was durch Versagen verloren werden kann.
Konkurrenzkampf läßt das Herz härter werden – besonders wenn es keine gemeinsamen Gene gibt, um die Schläge abzumildern. Das gilt für Pinguine und beinahe mit Gewißheit auch für Menschen. Eine der stärksten menschlichen Hemmungen betrifft die Aggressivität gegenüber Verwandten. Die Theorie der Verwandtschafts-Selektion sagt voraus, daß wir weniger gehemmt sein müssen, wenn wir mit Fremden kämpfen, als wenn wir mit unseren Freunden und Verwandten kämpfen. Daher können wir erwarten, daß es eine gute Strategie für die Verringerung der Aggressivität wäre, die genetische Verwandt-

schaft zu betonen. Wenn der Verwandtschaftsgrad niedrig ist (wie bei den Pinguinen auf den Eisschollen), sagen wir weniger Hemmungen hinsichtlich des Konkurrenzkampfs und der Aggression und daher mehr Drängen und Stoßen voraus. Dieser Sachverhalt läßt interessante Schlüsse auf Gesellschaften zu, die von Einwanderern gegründet wurden, wie die Vereinigten Staaten. Eine hohe Einwanderungsrate bedeutet im allgemeinen eine geringere Verwandtschaft zwischen Individuen, was wiederum weniger Altruismus und mehr Konkurrenzkampf bedeutet. Es dürfte kein Zufall sein, daß eine Gesellschaft, in der der durchschnittliche Verwandtschaftsgrad niedrig ist und in der der Altruismus als gering und der Konkurrenzkampf als groß vorausgesagt werden kann, das Bollwerk des Weltkapitalismus ist.* Interessanterweise erwartete Karl Marx, daß die Industrienationen wie England und Deutschland am ehesten für den Kommunismus reif sein würden, während er tatsächlich den spektakulärsten Erfolg in ländlichen, vorwiegend von Bauern gebildeten Gesellschaften wie Rußland und China hatte, das heißt in Gesellschaften mit einer seßhaften Bevölkerung, innerhalb deren die Neigungen zum Konkurrenzkampf geringer gewesen sein mögen und in denen sich der Kapitalismus großen Maßstabs noch nicht etabliert hatte. Ich will damit gewiß nicht behaupten, daß Russen und Chinesen von Natur aus altruistischer und weniger auf Konkurrenz eingestellt seien als Amerikaner, aber es könnte sehr gut ein menschlicher Wesenszug sein, am meisten zur Zusammenarbeit und am wenigstens zur Konkurrenz zu neigen, wenn man in festen Gruppen lebt, die weitgehend aus Verwandten und Menschen, die potentiell Gegenleistungen erbringen, bestehen. Bis zu einem gewissen Grade kann der Wert der potentiellen Gegenseitigkeit die Exklusivität der Verwandtschaftsgruppen überwiegen, besonders in Pioniersiedlungen. Gegenseitigkeit hat vielleicht den rauhen, kämpferischen Individualismus der Bewohner der Westgrenze Amerikas gemildert. Die Nachbarschaftshilfe, die man einem Rancher gewährt, dessen Stall niedergebrannt ist, gehört zu unseren klassischen Geschichten aus dem »Wilden Wesen«. Und natürlich ist eine solche Hilfe am wahrscheinlichsten, wenn sie sowohl durch das Prinzip der Gegenseitigkeit als auch durch Verwandtschafts-Selektion gefördert wird. Ich würde mehr Altruismus im ländlichen Montana suchen als in Chicago oder

* Zugegeben, dieses Denken stellt ein Beispiel für ein allgemeines Problem dar, das sich ergibt, wenn man die Soziobiologie auf den Menschen anwendet. Wir können Korrelationen zwischen dem, was Menschen tun, und dem, was sie nach den Voraussagen der Soziobiologie tun müßten, vorschlagen und manchmal sogar nachweisen. Aber was weiter? Haben wir Ursache und Wirkung gezeigt? Das vermag vorerst niemand zu sagen. Wir beginnen gerade erst, einige Korrelationen zu entdecken. Unser nächster Schritt wird es sein, die Ursachen zu enträtseln.

Birmingham. Und wenn ich ihn nicht fände – wie bei den Ik –, würde ich vermuten, daß etwas Schreckliches geschehen sein muß.
Man bedenke jedoch, daß eine komplexe Wechselwirkung zwischen Genetik und Erfahrung besteht. Obwohl, zum Beispiel, viele Tiere instinktiv zu wissen scheinen, wie sie kämpfen müssen, müssen sie lernen, gegen wen sie kämpfen sollen. Wenn wir eine junge Maus oder Ratte isolieren und sie dannn mit anderen Mäusen oder Ratten zusammenbringen, kämpft das isolierte Individuum mit weniger Hemmungen als ein Individuum, das sozialisiert wurde, indem es mit einem normalen Wurf aufwuchs. Der Einsiedler hat einfach die Spielregeln nicht gelernt und spielt daher nicht fair.
Psychologen haben viele Methoden entdeckt, Tiere zum Kämpfen zu bewegen. Durch die Steuerung ihrer Erfahrungen kann eine Maus vom Typ eines Schwächlings in einen fürchtenswerten Gegner verwandelt werden. Wenn der Versuchsleiter einen Kampf zu ihren Gunsten manipuliert, wird eine »geborene Verliererin« in zunehmendem Maße zu einer Siegerin. Stellt man eine Maus einer anderen gegenüber, der man beispielsweise zwei Beine zusammengebunden hat, so gewinnt natürlich die unbehinderte. Sammelt sie weitere Siegeserlebnisse, so steigt ihre Chance, in zukünftigen Kämpfen zu siegen, auch wenn der Gegner nicht behindert ist. Die bloße Kampferfahrung erhöht die Wahrscheinlichkeit, daß eine Maus einen Kampf beginnt. Wie es scheint, lernen Tiere zu kämpfen, indem sie kämpfen, und siegen, indem sie siegen. Ein ähnliches Schema könnte für den Menschen gelten. Professionelle Rugby-Teams wollen auch bei Freundschaftsspielen nicht verlieren. Sie wollen eine »Siegespsychologie« entwickeln. Das Verfahren, wie man unter Nagetieren einen Gladiator heranzieht, ähnelt auf bemerkenswerte Weise den Techniken eines geschickten Managers, der einen jungen Boxer »aufbaut«: Gib ihm jedesmal einen etwas besseren Gegner, aber führe ihn langsam voran, indem du immer einen aussuchst, den er noch schlagen kann. Stell ihn nicht bei seinem ersten Kampf Muhammad Ali gegenüber.
Sozialwissenschaftler haben viele andere Erklärungen für aggressives Verhalten gefunden, die allesamt Variationen über das allgemeine Thema des sozialen Lernens sind. Solche Theorien brauchen nicht im Gegensatz zu biologischen Deutungen zu stehen. Ein Streit darum, ob Instinkt oder Lernen Aggression hervorbringt, ist wie ein Streit um die Frage, ob für die Herstellung einer Münze die Vorder- oder die Rückseite wichtiger sei. Die Evolution ist der Graveur, der beide geschaffen hat, und eine genauere Prüfung verschiedener Lerntheorien zeigt, daß sie alle bemerkenswert gut mit den Theorien der Evolution vereinbar sind. Lebewesen machen Gebrauch von ihren

Erfahrungen, um zu einem adaptiven Verhalten zu gelangen; dieser Vorgang gilt nicht weniger für die Aggression als für die Gattenwahl, das Elternverhalten oder jedes andere Verhalten.
Um ein anderes Beispiel zu wählen: Psychologen und Psychiater haben darauf hingewiesen, daß Frustration eine Hauptursache der Aggression ist. Wenn wir eine hungrige Ratte in einen Tunnel setzen, an dessen anderem Ende sich Futter befindet, läuft sie darauf zu. Lassen wir kurz, bevor sie ihr Ziel erreicht, eine Schranke nieder, so wird sie meist »wütend«, das heißt, sie kann sehr leicht mit einer anderen Ratte zu kämpfen beginnen, sofern eine da ist. Gewiß ist Frustration auch beim Menschen eine wesentliche Ursache der Aggression, und wahrscheinlich aus ähnlichen Gründen. Da es beim Menschen gewöhnlich nicht eine künstliche Schranke, sondern ein anderes Individuum ist, das sich ihm in den Weg stellt, kann ein frustriertes Individuum nicht nur seine Frustration erleichtern, indem es kämpft, sondern den Kampf auch dazu benutzen, sein Ziel zu erreichen. Daß Frustration zu Aggression führt, läßt sich beinahe mit Gewißheit als adaptiv bezeichnen.
Experimente haben gezeigt, daß, wenn man zwei Ratten in einen Käfig setzt und einer einen elektrischen Schlag versetzt, diese meistens mit der anderen zu kämpfen beginnt. Schmerz erhöht offenbar die Wahrscheinlichkeit der Aggression, und das wiederum aus guten adaptiven Gründen. Während der Evolution der Ratten, und wohl auch der Menschen, wurde Schmerz eher durch ein anderes Individuum verursacht als durch einen elektrischen Schlag. Es ist also nicht verwunderlich, daß Schmerz zum Kampf aufreizt.
Zu Kämpfen kommt es meist auch, wenn sich soziale Systeme verschlechtern. Ein Zeichen, an dem man eine normal funktionierende soziale Ordnung bei Tieren erkennt, ist das allgemeine Fehlen von Beschädigungskämpfen. Obwohl es sich für Individuen oft eher lohnt, einen untergeordneten Status zu akzeptieren, als sich auf einen aussichtslosen Kampf einzulassen, lohnt es sich für sie natürlich auch, ihre Position zu verbessern, wenn sie dazu imstande sind. In einem gewissen Sinne sind beinahe alle Lebewesen Status-Sucher, und was für eine bessere Zeit kann es für einen Aufstieg geben, als wenn alles drunter und drüber geht? Zumindest einige Gene könnten dafür programmiert sein, Unruhe zu stiften, wenn es den Anschein hat, daß die etablierte Rangfordnung ins Wanken geraten ist.
Da Kämpfen ein gefährliches Verhalten ist, sollten wir von jedem Mitglied einer Gruppe erwarten, daß es sorgfältig auf seine Kosten und Gewinne abgestimmt ist. Und bei sozialen Tieren – besonders beim Menschen – kommt diese Abstimmung durch Lernen zustande. Spielerische Kämpfe und Balgereien lehren die Individuen in unge-

fährlichen Situationen, die Grenzen ihrer Fähigkeiten und die Folgen der Überschreitung dieser Grenzen zu erkennen. Um diese Art von Erziehung geht es vielleicht zum großen Teil in der Kindheit. Wir Menschen haben von allen Spezies die längste Kindheit, sicherlich deshalb, weil wir am meisten über die Welt und uns selbst und über unsere Beziehungen zu anderen zu lernen haben.

Wenn es auch gelingen kann, einem alten Hund noch neue Kunststücke beizubringen, sind junge Hunde doch viel lerneifriger. Kinder sind sich ebenfalls ihrer sozialen Umwelt stark bewußt, und sie können sehr leicht besonders auf das Auftreten und die Folgen aggressiven Verhaltens eingestimmt werden. Ihre Empfindsamkeit kann auch die bemerkenswerte Faszination erklären, die Gewalt auf uns ausübt, sei es, daß wir bei einem Autounfall die Hälse recken oder Rugby-Spiele oder Kriegsfilme sehen.

Auf eine subtile Weise kann die Gefahr der im Fernsehen gezeigten Gewalttätigkeit darin liegen, daß sie eine unrealistische und daher gefährliche Vorstellung von Kosten und Gewinn bei Kampf und Aggression vermittelt. Es mag für John Wayne oder Clint Eastwood gut und schön sein, einen Fausthieb mitten ins Gesicht zu bekommen, aber wenn so etwas in Wirklichkeit geschieht, sieht es doch völlig anders aus. Wenn ein Kind sein Pensum von rund zehntausend Morden im Fernsehen absolviert hat, ist es nicht nur im Hinblick auf schwere körperliche Gewalttätigkeit abgestumpft, sondern auch über ihre Folgen falsch informiert. Es könnte sich zeigen, daß das Fernsehen für uns alle unadaptiv ist.

Unter den als Lippfische bekannten tropischen Korallenfischen gibt es mindestens eine Spezies, bei der die Weibchen imstande sind, ihr Geschlecht zu wechseln und Männchen zu werden, wenn dies ihrer Tauglichkeit förderlich ist. Normalerweise hält sich ein einziges Männchen einen Harem von vielen Weibchen, aber wenn dieses Männchen ausfällt, wird das dominierende Weibchen zum Männchen und besamt die Eier der übrigen Weibchen. Dieser neue männliche Führer ist offensichtlich tauglicher, als er es zuvor als Weibchen war, denn er kann sich nun mit jedem der übrigen Weibchen paaren. Aber wie verhält es sich mit diesen anderen Weibchen? Vermutlich könnten sie doch alle tauglicher sein, wenn sie Männchen würden. Warum werden sie es also nicht? Einfach deshalb, weil jedes Weibchen, das ein Männchen würde und dann im Wettkampf mit einem anderen angehenden Männchen unterläge, vollkommen ausgeschaltet wäre. Es würde nicht nur den Kampf um die Herrschaft über den Harem verlieren, sondern auch dem Harem nicht mehr angehören können. Unter diesen Umständen ist der Fisch besser dran – tauglicher –, wenn er den untergeordneten Status akzeptiert, sich als Weibchen fortpflanzt und seine Zeit abwartet, bis er selbst zum dominierenden Mitglied des Harems wird. Wenn dann das Männchen stirbt oder schwach wird, übernimmt er die Führerschaft.

Diese Lippfische sind ungewöhnlich durch ihre Fähigkeit, im Laufe ihres Lebens das Geschlecht zu wechseln, aber sie sind keineswegs ungewöhnlich im Hinblick auf einen anderen Aspekt ihres Verhaltens: Wenn sie nicht Nummer Eins sein können, begnügen sie sich damit, Nummer Zwei zu sein oder Nummer Drei und so fort. Irgendeine solche Art von Rangordnung gibt es bei vielen Spezies einschließlich des *Homo sapiens*, sooft zusammenlebende Individuen um dieselben Dinge kämpfen. Unweigerlich sind manche Individuen erfolgreicher als andere, entweder weil sie älter, stärker und geschickter sind oder einfach weil sie mehr Glück haben. Es fällt uns nicht schwer, das Verhalten der Sieger vorauszusagen. Sie genießen die Früchte ihres Sieges, und wir können sie als »dominierende« Individuen bezeichnen.

Und die Verlierer? Sie haben viele Möglichkeiten zur Wahl. Die meisten Spezies besitzen nicht die zweckmäßige Flexibilität der Lippfische, die sich gegen Verluste absichern, indem sie lieber Weibchen bleiben als untergeordnete Männchen werden. In manchen Fällen, zum Beispiel bei den Hulmans, ziehen die Verlierer einfach fort, um allein oder vielleicht auch in Junggesellengruppen zu leben; wie wir gesehen haben, können solche unzufriedene Ausgestoßene ihr Glück später noch einmal probieren. Für viele Arten kommt jedoch das Alleinsein nicht in Betracht. Es gibt, zum Beispiel, nur sehr wenige Einzelgänger bei den Pavianen; zumindest bleiben sie nicht lange allein, denn alleinlebende Individuen sind eine leichte Beute für Leoparden und andere Raubtiere. Auch für einen Pavian, der kein besonders erfolgreicher Rivale ist, kann es gute Gründe geben, zu bleiben, wo er ist. Dadurch, daß er seine Position akzeptiert – die wir »untergeordnet« nennen –, kann er wenigstens überleben.

Eine soziale Organisation, die sich auf Dominanz und Unterordnung gründet, wird Hierarchie (oder Rangordnung) genannt. Sie braucht nicht tatsächlich sehr hierarchisch zu sein. Es kann, zum Beispiel, ein linear abgestuftes System geben, wie man es auf dem Hühnerhof findet. A dominiert B, B dominiert C etc. bis hinunter zur Henne Z, die von allen anderen beherrscht wird. Oder es können ein oder mehrere Individuen an der Spitze stehen, und ihnen sind alle anderen untergeordnet, wie es bei den Gorillas der Fall ist. Oder man findet eine regelrechte Oligarchie vor wie bei den Pavianen der Savanne, wo einige ältere Männchen sich gegenseitig helfen, an der Macht zu bleiben, indem sie einander zu Hilfe eilen, wenn eines bedroht wird.

Ein wesentlicher Punkt ist, daß Dominanz nicht ein unveränderlicher, gottgegebener Besitz von sozialen Systemen oder Individuen ist. Sie ist einfach die Folge davon, daß jeder versucht, den bestmöglichen Handel abzuschließen. Außerdem kann Dominanz in einem Zusammenhang gegeben sein und in einem anderen nicht. So kann eine Mutter dominieren, wenn es darum geht, für ihre Jungen zu sorgen, aber untergeordnet sein, wenn Nahrung geteilt wird.

Soziale Unterordnung ist einfach unsere Bezeichnung für Techniken, die Individuen anwenden, um einen Konkurrenzkampf zu vermeiden, der zu ihrem Nachteil ausgehen würde. Bei manchen Tierarten können die Folgen der Unterordnung rein verhaltensmäßiger Natur sein. Zum Beispiel zeigte eine unlängst durchgeführte Studie über den »Publikumseffekt« bei der Paarung von Widdern, daß untergeordnete Widder Hemmungen haben, bereitwillige Schafe zu besteigen, wenn ein dominierender Widder anwesend ist, während der dominierende durch untergeordnete Zuschauer nicht gestört wird. In anderen Fällen kann die Unterordnung physiologische Folgen haben, wie bei der sogenannten »psychologischen Kastration«. So hat man bei untergeordneten Affen beobachtet, daß sie kleinere Hoden und niedrigere Geschlechtshormon-Spiegel haben als dominierende; oft sind sie unfähig, eine Kopulation zu vollziehen oder lebensfähige Spermien zu produzieren. Theoretisch könnte diese verminderte Sexualität die Ursache ihres niedrigen sozialen Status sein, und nicht seine Folge. Aber diese Theorie wurde dadurch widerlegt, daß man dem untergeordneten Tier künstlich erlaubte, dominierend zu werden – bei einem Experiment, indem man die dominierenden Individuen entfernte, bei einem anderen, indem man sie kampfunfähig machte. In beiden Fällen waren die Wirkungen drastisch: die Hoden wurden größer und sowohl der Geschlechtshormon-Spiegel als auch die Produktion lebensfähiger Spermien stiegen. Die zuvor untergeordneten Individuen waren tatsächlich »nicht kastriert«.

Das Leben sieht jedoch für die Untergeordneten oder Rangniedrigen nicht ganz so trostlos aus. Während sie älter werden und Erfahrung und Kraft dazugewinnen, können sie schließlich in der Rangordnung aufsteigen. Die Lehrzeit, eine der Methoden, Macht zu erwerben, hat eine lange und bemerkenswerte Geschichte in der Natur. Wie zu erwarten, versuchen die Alten, ihre Führerrolle zu behalten, solange sie können. Oft herrschen sie nur noch aufgrund des Rufes ihrer früheren Tapferkeit. Das alte Pavianmännchen beherrscht seine Horde noch, obwohl seine Eckzähne abgekaut oder vielleicht sogar schon ausgefallen sind. Wenn ihre Konkurrenzfähigkeit abnimmt, gewähren alte, dominierende Individuen den anderen zuerst Zugang zu Ressourcen, die am wenigsten wichtig sind, und auf die wichtigen verzichten sie erst, wenn ihnen keine andere Wahl mehr bleibt. Die Anthropologen Irven DeVore und Joseph Popp berichten, daß Kovu, ein alternder Pavian, zwar bei der Nahrungsverteilung an letzter Stelle kam, aber immer noch seine Autorität in bezug auf die Begattung brünstiger Weibchen ausübte.

Der Psychiater Alfred Adler hatte ein besonders feines Gespür, was Fragen der Dominanz im menschlichen Verhalten anbetraf. Er prägte den Ausdruck »Minderwertigkeitskomplex« und meinte, wir würden, wie wir es auch nennen wollen, beim Menschen immer diese große Linie finden – den Kampf um den Aufstieg von einer niedrigen Stellung zu einer höheren, von der Niederlage zum Sieg, von unten nach oben. Adler war kein Soziobiologe, aber er mag die verräterischen Zeichen der Wirkung der Evolution auf den sozialen Konkurrenzkampf gesehen haben. Es wäre vielleicht schön, wenn Unternehmergeist und Kampf um soziale Dominanz das menschliche Verhalten nicht auf eine so elementare Weise beherrschten. Und es ist richtig, daß wir so sozial sind, daß die verschiedenen Formen von »Altruismus«, die wir zu erkennen geben, diese bis zu einem gewissen Grade modifiziert haben. Aber unter jeder Bereitschaft zur Zusammenarbeit verbirgt sich unzweifelhaft ein Fundament von kompromißloser Selbstsucht, das die Zusammenarbeit ebenso wie die Annahme einer untergeordneten Rolle zuläßt – nämlich nur insofern, als das eine wie das andere letzten Endes unserer Tauglichkeit dient.

Für eine Spezies, die in einem komplexen sozialen Netzwerk lebt, wie der frühe *Homo sapiens*, müssen solche kritischen Entscheidungen hinsichtlich des richtigen Zeitpunkts für einen »Schritt nach oben« in der sozialen Rangordnung ungeheuer wichtig gewesen sein. Noch heute stehen wir einige Ängste aus, wenn wir lediglich den Chef um eine Gehaltserhöhung bitten wollen. Ein Ethologe vertrat die Ansicht, daß die Wichtigkeit der Entscheidung über den günstigsten Zeitpunkt, den Führer zu stürzen, eine starke Selektion in bezug auf die rasche Evolution unseres großen Gehirns ausgeübt haben könnte. Um Marx und Engels zu paraphrasieren: Die Untergeordneten hatten außer ihrer Unterordnung nichts zu verlieren – und eine Welt an Tauglichkeit zu gewinnen!

Wir haben bisher nur davon gesprochen, warum und wann ein Kampf zu erwarten ist, aber wir haben nichts darüber gesagt, wie er zustande kommt. In den meisten Konfliktsituationen wären beide Kampfteilnehmer besser dran, wenn es gar nicht zum Kampf käme. Nehmen wir an, es besteht ein wirklicher Unterschied in der Kampftüchtigkeit zweier Individuen, die beide dasselbe wollen: ein Weibchen, ein Stück von einer Frucht oder einfach einen bequemen Platz am Lagerfeuer.

Der weniger Tüchtige würde klüger handeln, wenn er ohne Kampf nachgäbe, da er wahrscheinlich ohnehin verlieren wird und obendrein verletzt werden kann. Der Tüchtigere würde auch besser daran tun, nicht zu kämpfen, denn er verliert Zeit und Energie und kann, auch wenn er zuletzt Sieger ist, ebenfalls verletzt werden. Unter der Annahme, daß diese Geschöpfe imstande sind, einander zu erkennen und sich an ihren Status im Verhältnis zueinander zu erinnern, würden beide am tauglichsten sein, wenn sie je nach ihren vergangenen Erfahrungen aufeinander reagierten. Der weniger Tüchtige müßte dem Tüchtigeren nachgeben. Wenn es nötig ist, einem schwachen Gedächtnis nachzuhelfen, oder wenn der Untergeordnete nicht schnell genug nachgibt, würde es genügen, daß sich das tüchtigere Individuum auf eine Weise verhielte, die das andere an seinen Status erinnert. Dominierende Wölfe recken ihren Schwanz steil in die Höhe, untergeordnete klemmen ihn unauffällig zwischen die Beine. Dominierende Affen stolzieren und richten sich hoch auf, untergeordnete schleichen sich davon und sehen klein aus.

Die Zurschaustellung des Status funktioniert, solange alle Gruppenangehörigen alle anderen in der Gruppe kennen und jeder weiß, auf welchen »Platz« er gehört. Aber was geschieht, wenn Fremde einander begegnen, zwischen denen noch keine Beziehungen der Dominanz und Unterordnung hergestellt worden sind? Bei solchen Gelegenheiten beobachten wir ein charakteristisches Imponiergehabe. Die Konkurrenten plustern sich auf, oder sie sträuben die Fellhaare oder zeigen ihre Zähne, Schnäbel oder Klauen, sie geben laute Geräusche von sich und versuchen allgemein, den Fremden durch ihre Wildheit zu beeindrucken. Es gibt eine Menge Bluff und Prahlerei, und wenn keiner allzu sehr vom anderen beeindruckt ist, können die beiden zu einem stilisierten »Kampf« übergehen. Die Anführungszeichen sind berechtigt, denn solche Kämpfe sind tatsächlich mehr Schein als Substanz. Wie mittelalterliche Ritter bei einem Turnier halten die Gegner im allgemeinen sehr genaue Regeln der Etikette ein.

Scheinkämpfe (Rang- oder Kommentkämpfe) gibt es bei vielen Spezies. Interessanterweise ist eine Klapperschlange gegen das Gift einer Artgenossin nicht immun, sie kann durch einen Biß getötet werden. Sie kämpfen daher so, als hätten sie keine Giftzähne, und ringen miteinander, um den Gegner zurückzudrängen. Hirsche benutzen ihre spitzen Geweihe, um sie ineinander zu verkeilen, aber sie vermeiden es, die ungeschützte Flanke des Gegners anzugreifen. Ich habe Filme von einem solchen »Kampf« zwischen Rehböcken gesehen. Die beiden Böcke gingen im Stechschritt »breitseits imponierend« nebeneinander her, ihre mörderischen Gehörne nur wenige Handspannen voneinander entfernt. In regelmäßigen Abständen, wie auf ein vorher vereinbartes Signal hin, wandten sie sich einander zu und stießen die Gehörne zusammen, dann ließen sie voneinander ab und nahmen das Breitseits-Imponieren wieder auf. Einmal wandte sich einer der Böcke dem anderen zu, der jedoch weiterschritt, so daß er seinem Rivalen in die Seite oder den Bauch hätte stoßen können. Anstatt aber einen solchen Überraschungsangriff durchzuführen, nahm er einfach das stilisierte Imponieren wieder auf, bis der andere bereit war, auf die herkömmliche Weise zu kämpfen. Nebenbei bemerkt, fehlt den Ricken, die kein Gehörn haben, auch diese Hemmung. Sie stoßen sich gegenseitig in die Rippen, natürlich mit geringer Wirkung.

Südamerikanische Zauneidechsen haben eine große Knochenplatte, die ihren Nacken abdeckt. Sie »kämpfen« miteinander, indem sie dem Gegner rituell den Nacken zum Beißen anbieten und dann auf die ritterlichste Weise abwechselnd beißen und sich beißen lassen. Sie beurteilen einen Gegner offenbar nach der Stärke seines Bisses und können vielleicht auch seine Reaktion auf das Gebissenwerden abschätzen, etwa indem sie beobachten, ob er zusammenzuckt. In mindestens einem beobachteten Fall gab sich ein Eidechsenmännchen geschlagen, nachdem es zugebissen hatte, ohne selbst gebissen worden zu sein. Vermutlich wußte es, daß es unterlegen war, als es »seinen besten Schuß abgefeuert« und das andere Männchen ihn gelassen hingenommen hatte.

Konrad Lorenz berichtet, daß ein im Kampf unterlegener Wolf seine verwundbarste Stelle – die weiche Unterseite des Halses – dem Sieger anbietet, der durch eine Beißhemmung daran gehindert wird, seinen besiegten Rivalen zu töten.

Wenn zwei rivalisierende Fische einander begegnen, versuchen sie oft, einander zu imponieren, indem sie sich so groß wie möglich machen. Oft schlucken sie Wasser und blähen sich buchstäblich auf. Sie spreizen vielleicht auch ihre Kiemendeckel ab und versuchen ihr »bestes« (das heißt ihr größtes) Profil zu zeigen. Wenn die Frage der Überlegenheit noch immer ungeklärt ist, schwimmen sie manchmal nebeneinander her und bewegen ihre Körper abwechselnd so, daß einer dem anderen eine Druckwelle zuschlägt. Je größer und stärker der Fisch, desto besser ist er vermutlich im Wellenschlagen. Wenn dieses Ritual das Kräfteverhältnis zwischen den Gegnern noch immer nicht klärt, gehen sie vielleicht mit offenen Mäulern aufeinander los – aber nur selten, um zu beißen. Häufiger lassen sie sich auf ein »Tauziehen«, ein »Maulzerren«, ein, bei dem der Stärkere seine Tüchtigkeit beweisen kann. Als letztes bleibt der eigentliche Kampf, das heißt der Beschädigungskampf, der jedoch gewöhnlich kurz und entscheidend ist und bei dem der Verlierer flieht – oft um eine böse Erfahrung reicher.

Es gibt viele andere Beispiele für diese Art von Wettkampf, und das Ergebnis ist gewöhnlich dasselbe. Kämpfe unter Tieren führen nur selten dazu, daß ein Individuum ein anderes derselben Spezies tötet.

Die ersten Verhaltensforscher waren gebannt von der turnierähnlichen Natur der Tierkämpfe und sahen darin ein Beispiel dafür, daß die Evolution »zum Wohle der Art« wirkt. Wenn eine Spezies, so argumentierten sie, die Ausrüstung zum Töten besitzt, so tut sie gut daran, sie nicht gegen Mitglieder derselben Spezies zu verwenden, oder diese wäre bald ausgestorben. Obwohl diese Theorie, oberflächlich betrachtet, einleuchtet, setzt sie doch voraus, daß sich eine Art von Gruppen-Selektion über eine ganze Spezies ausgebreitet hätte, was biologisch gesehen einfach unsinnig ist. Nehmen wir an, mein Rivale erleidet zunächst eine Niederlage, aber zuletzt gelingt es ihm doch, mich zu überwältigen. Daß ich davon Abstand nahm, ihn zu töten, als ich die Gelegenheit dazu hatte, wäre eine echte altruistische Handlung und als solche selektiv benachteiligt. Ich befände mich im Nachteil gegenüber anderen, die weniger ritterlich sind und keine Gnade kennen, obwohl ihre kurzsichtige, selbstsüchtige Nutzung eines Vorteils dazu führen könnte, daß die ganze Gruppe leidet oder vielleicht sogar die Spezies ausstirbt.

Eine realistischere Erklärung für die Zurückhaltung beim Kampf ist die, daß auch sie selbstsüchtig ist. Kann der Sieger seine Überlegenheit beweisen, ohne seinen Vorteil auszunutzen, so ist er wahrscheinlich besser dran, wenn er sich zurückhält, da er andernfalls Gefahr läuft, selbst verletzt zu werden. Sein Gegner könnte außerdem ein Verwandter sein oder ein Individuum, das für die Gruppe des Siegers so nützlich ist, daß es selbstsüchtig-vorteilhaft für den Sieger sein kann, »großherzig« zu sein. Zudem könnte ein großherziger Sieger sogar in der Zukunft durch eine Gegenleistung direkt profitieren. Wenn bei Tieren Gene vorhanden sind, die zu Nachsicht anregen, so wahrscheinlich deshalb, weil ihre Wirkung zuletzt darin besteht, daß mehr Kopien von *ihnen selbst* existieren können als von hartherzigen Genen, die gleichsam mit dem Daumen nach unten zeigen und kein Erbarmen mit einem unterlegenen Gegner kennen.

Soweit ist das meiste von dem, was wir über das *Wie* des Kämpfens bei Tieren gesagt haben, auch auf den Menschen anwendbar. Manche von uns sind herrisch, andere wissen, wo ihr Platz ist, und wir prahlen und bluffen oft, wenn wir versuchen, Rivalen durch unsere Härte, Entschlossenheit und Größe zu beeindrucken. Wir brüllen nicht nur vor Zorn und werden rot im Gesicht, wir recken auch die Brust heraus und versuchen, so groß wie möglich zu erscheinen. Viele Kulturen haben Äquivalente zu den »Mensur-Schmissen« mancher deutscher Studenten, die Mut und Wildheit zur Schau stellen sollen.

Aber wenn auch das unblutige ritualisierte Kämpfen in unserer Gesellschaft kulturell entwickelt wurde, so ist es doch kein biologischer Teil unserer Natur. Zumindest fehlen uns die automatischen Hemmungen, die bei vielen anderen Tieren so häufig sind. Dieser Mangel kann kritisch sein – und sehr gefährlich. Eine weiße Fahne und erhobene Arme mögen »allgemeingültige« Zeichen der Unterwerfung sein, aber My Lai, Auschwitz, Wounded Knee und das Massaker der Bartholomäusnacht zeigen, daß es keine garantierten Hemmungen gibt, nicht einmal gegen das Töten von Kindern. Warum muß es diesen Unterschied zwischen uns und »bloßen Tieren« geben? Sind wir weniger zivilisiert als Rehböcke oder Klapperschlangen?

Im Gegensatz zum Wolf, zum Rehbock oder zur Klapperschlange fehlt dem Menschen eine gut entwickelte biologische Fähigkeit zum Töten. Es ist sehr schwierig für einen nackten, ungeschulten Menschen, einen anderen zu töten. Unsere »Klauen« sind nur Fingernägel, brauchbare Werkzeuge, aber alles andere als schreckliche Waffen; unsere Zähne sind zu klein, und unsere Kiefer springen nicht weit genug vor. Doch trotz dieser Mängel sind wir die gefährlichsten Tiere der Welt geworden. Unsere Fähigkeit zu töten nahm zu mit der kulturellen Entwicklung immer wirksamerer und mörderischerer Waffen: Keulen, Speere, Pfeil und Bogen, Gewehre, Kanonen, Bomben und Raketen. Alle diese Waffen sind Erfindungen, technische Verlängerungen unseres Körpers, die uns über die Biologie hinausführen. Die kulturelle Evolution schreitet, verglichen mit der biologischen, in einem atemberaubenden Tempo fort, so daß alle potentiellen nichtkriegerischen, hemmenden Instinkte, die wir besitzen, außerstande waren, mit unserer ständig zunehmenden Fähigkeit zur gegenseitigen Vernichtung Schritt zu halten. Die Warnungen der biologischen Evolution wurden nur sehr leise, als bloßes Flüstern, vernommen auf unserem überstürzten Lauf den schlüpfrigen Pfad der kulturellen Evolution hinunter.

Natürlich sind auch Tiere nicht ganz so »unschuldig«. Die Tötung des eigenen Artgenossen ist keineswegs so selten, wie die ersten Beobachter tierischen Verhaltens gern glaubten. Sie kann sogar verhältnismäßig häufig vorkommen, besonders wenn die Opfer mit dem Tötenden nicht verwandt sind und wenn ihr Tod kaum größere Gefahren für ihn bedeutet. Die Tatsache bleibt jedoch bestehen, daß viele Tiere starke Tötungshemmungen haben, auch wenn der evolutionsbedingte Grund dafür wahrscheinlich eher Eigennutz als echter

Altruismus ist. Es ist nicht sehr verwunderlich, daß wir Menschen nicht zu diesen Spezies gehören, denn wir haben allgemein weniger instinktive Mechanismen als andere Tiere. Aber selbst wenn wir irgendeine automatische, angeborene Aggressionshemmung hätten, so würde uns unser Einfallsreichtum bei der Erfindung von Tötungswerkzeugen befähigen, aus so großer Entfernung zu töten, daß sich die Hemmung nicht bemerkbar machen könnte. Ein geschlagener Feind, der ein Unterwerfungsverhalten zeigt, könnte von einem Bomberpiloten in 9000 m Höhe nicht gesehen werden, geschweige denn von einem Politiker mit dem Finger auf dem bewußten Knopf.

Stellen Sie sich folgende Situation vor: Sie haben sich für ein psychologisches Experiment in visueller Wahrnehmung freiwillig gemeldet. Sie betreten zusammen mit vier anderen Personen einen Raum, und man zeigt Ihnen eine gerade Linie. Parallel zu ihr sind drei andere Linien gezogen, von denen eine genau so lang ist wie die erste, während die beiden anderen verschiedene Längen haben. Sie werden aufgefordert zu sagen, welche von den dreien in ihrer Länge der ersten am nächsten kommt. Die Wahl ist denkbar einfach. Sie wählen jedoch als letzter, und unglaublicherweise hören Sie, wie jeder der vier anderen Teilnehmer die gleiche (offensichtlich falsche) Antwort gibt. Was tun Sie? Bei einem solchen Experiment stimmten 35 Prozent der Versuchspersonen dem Fehlurteil ihrer Vorgänger zu. Dieses Experiment war natürlich nicht wirklich ein Wahrnehmungstest, sondern Solomon Aschs nun schon klassische Studie in Sozialpsychologie. Die vier anderen Teilnehmer waren vom Versuchsleiter bezahlte Helfer, denen man im voraus eingeschärft hatte, was sie sagen sollten. Aschs Studie demonstriert den unglaublich starken Konformitätszwang. Es ist schwer, für die Wahrheit einzutreten, wenn alle anderen etwas anderes sagen. Bezeichnenderweise erhielt man beinahe immer die richtige Antwort, wenn man das Experiment mit immer nur einer Versuchsperson durchführte.

Obwohl diese Art von Widerstandslosigkeit etwas Unangenehmes an sich hat, ist das Bedürfnis, mit anderen übereinzustimmen, ein sehr realer menschlicher Wesenszug. Wir sind ausgesprochen soziale Tiere, die gleichzeitig stark auf Konkurrenz eingestellt und selbstsüchtig auf ihre eigene evolutive Verbesserung bedacht sind. Infolgedessen befinden wir uns in einem seltsamen Zwiespalt gegenüber unseren Mitmenschen und unserer Gesellschaft. Während wir die Gesellschaft brauchen, um erfolgreich zu funktionieren, kann die Gesellschaft selbst nicht effektiv funktionieren, wenn ihre Mitglieder ihre selbstsüchtigen Impulse nicht zu zügeln vermögen. Die Gesellschaft fordert daher, daß wir zumindest einen Teil unserer Individualität unterdrükken, wenn die größere menschliche Einheit überhaupt funktionieren soll. Das Ergebnis ist eine Konformität, durch die wir alle in einem gewissen Sinne meineidig werden – einfach deshalb, weil »niemand eine Insel ist«.

Eine noch bedrückendere Demonstration der Macht der Konformität lieferte der Soziologe Stanley Milgram in Yale. Bei einer klug ausgedachten Studie, über die seither viel geschrieben wurde, sagte er Versuchspersonen, sie sollten an einem Experiment teilnehmen, bei dem man anderen Versuchspersonen eine Lernaufgabe geben wolle. Die Aufgabe der ersten Versuchsperson bestand darin, dem Lernenden bei jeder falschen Antwort einen elektrischen Schlag zu versetzen. Wenn der Lernende mehr Fehler machte, wurde die Versuchsperson aufgefordert, die Spannung des elektrischen Schlags zu erhöhen. Die Skala begann bei 15 und endete bei 450 Volt. Bei 75 Volt hörte man den Lernenden stöhnen, bei 150 Volt bat er jedesmal, das Experiment abzubrechen, bei 180 Volt schrie er, der Schmerz sei zu groß, und bei höheren Spannungen hämmerte er nur gegen die Wand oder, was das Schlimmste war, versank in tiefes, unheilvolles Schweigen. Ein Wissenschaftler in weißem Mantel stand neben der Versuchsperson an der Schalttafel und gab ihr die Weisung, die Spannung zu erhöhen – ungeachtet der Schreie der anderen Versuchsperson, die angeblich im angrenzenden Zimmer in einem Sessel festgeschnallt war.

Wieder war das Experiment, wie Sie vermutet haben werden, nur vorgetäuscht. Was getestet werden sollte, war nicht die Wirkung einer Strafe auf das Lernen, sondern die Bereitschaft eines Menschen, einer Autorität zu gehorchen. Niemand war in dem anderen Raum an die Elektroden angeschlossen, und man hatte einfach einem Helfer Anweisung gegeben, die entsprechenden Laute auszustoßen. Das aber wußten die wirklichen Versuchspersonen nicht. Was sie wußten, war, daß man ihnen befahl, einem anderen Stromschläge zu versetzen, und es ist wahrhaft unglaublich, daß 62 Prozent der Versuchspersonen die Spannung bis zur obersten Grenze steigerten. Auf jede Person, die das tat, was die meisten von uns zweifellos »das Richtige« nennen würden (das heißt, die den Anweisungen nicht gehorchte), kamen zwei, die taten, was man ihnen befahl. Es scheint, daß für viele Menschen dasjenige das Richtige ist, was man ihnen sagt. Milgrams Untersuchung verleitet zu der Annahme, daß in vielen von uns ein kleiner Eichmann stecken könnte.

Unsere Tendenz zur Konformität enthält offenbar eine Neigung, Befehlen zu gehorchen – ein angemessenes Verhalten für eine Spezies mit einer festen Dominanzordnung. Diese Tendenz mag verstärkt worden sein durch die lange Periode unserer Geschichte, in der wir Jäger waren und koordiniertes Handeln von besonderer Bedeutung war. Der Anthropologe W. S. Laughlin nannte die Jagd »das hauptsächliche Verhaltensmuster der menschlichen Spezies«, und er sieht in ihr eine Lebensweise und nicht nur ein Mittel, Nahrung zu beschaffen. Eine erfolgreiche Jagd erfordert oft Gruppenkoordniation, Gehorsam gegenüber einer Autorität und einen hohen Grad von Konformität, besonders wenn das Beutetier groß und gefährlich ist. Während dieser Phase hinterließen diejenigen, die sich einfügten und gute »Team-Spieler« waren, mit an Sicherheit grenzender Wahrscheinlichkeit mehr Nachkommen als die anderen, die starrsinnig darauf bestanden, als Individualisten zu handeln. Mit anderen Worten, wenn die Auslese all denen gewisse Vorteile geboten haben mag, die genug Unternehmungsgeist besaßen, um sich irgendwie auszuzeichnen, so begünstigte sie ebenso auch Konformität und Gehorsam.

Es mag unangenehm für alle sein, die moralische Richtlinien in unserer Evolutionsgeschichte suchen, aber es scheint so, daß auch der Krieg eine wesentliche Kraft bei der natürlichen Auslese des Menschen darstellte. Bewaffnete Konflikte zwischen Horden oder Stämmen dürften einen tiefen Einfluß auf unsere Evolution ausgeübt haben, da durch sie große Gehirne, geschickter Waffengebrauch, die Fähigkeit, komplizierte Strategien (und Täuschungen) zu besprechen, ebenso wie Konformität und Gehorsam gegenüber der Autorität selektiv begünstigt wurden.

Die Kriegführung ist (und war vermutlich auch) eine beinahe ausschließlich männliche Betätigung in allen menschlichen Gesellschaften. Das heißt nicht, daß Männer deshalb gescheiter seien als Frauen, sondern einfach, daß die überlegene Körpergröße, Kraft und Aggressivität – die vielleicht alle das evolutive Ergebnis der Teilnahme am Krieg sind – dem Durnhschnittsmann einen Konkurrenzvorteil gegenüber der Durchschnittsfrau verschafften. Der Anthropologe Marvin Harris vertritt sogar die Ansicht, daß der Vorrang des Mannes bei der Kriegführung irgendwie für die soziale Ungleichheit von Mann und Frau verantwortlich sei. Wie der Krieg ist auch die Jagd eine geschlechtlich differenzierte Tätigkeit – oder zumindest ist sie etwas, was Männer »normalerweise« tun, Frauen aber nur unter gewissen Umständen und mit weit weniger sozialer Billigung. Dieser Ausschluß der Frauen von der Jagd kann auf ihre biologischen Funktionen des Kindergebärens und Stillens zurückgehen, die sie notwendigerweise mehr an das Heim banden, ebenso aber auch auf ihre anatomischen Unterschiede, die ihre Eignung für die Jagd auf Großwild verringerten.

Es ist richtig, daß in heutigen nicht-westlichen Gesellschaften Frauen gelegentlich jagen. Die Frauen der Copper-Eskimo jagen sogar Robben und Karibus, und bei den Ainu in Nordjapan jagten Frauen und Kinder gelegentlich Hirsche mit Stöcken, Seilen und Hunden.

Doch das sind Ausnahmefälle. Frauen gehen sehr selten auf die Jagd, und wenn, ist ihre Beute gewöhnlich Kleinwild. Beinahe nie erlaubt man ihnen den Gebrauch von regelrechten Jagdwaffen wie Speeren, Harpunen oder Pfeil und Bogen. Für unsere Erörterung ist von Belang, daß der Ausschluß der Frau von der Jagd ein starker Antrieb für die Bildung reiner Männergruppen gewesen sein kann, die sich als so wichtig erweisen für die Kriegführung, die Politik und andere Formen der sozialen Aktion ebenso wie des Konkurrenzkampfs.*

Wenn wir annehmen, daß uns heutige nicht-westliche Völker einen Einblick in die Vorgeschichte gewähren, gewinnen wir von diesem Abschnitt der Evolution des Menschen ein ziemlich männlich-chauvinistisches Bild. Jäger und Krieger mit haariger Brust, blutig und tapfer, bringen den Speck und gelegentlich auch einen Skalp nach Hause, während die Frauen Wurzeln ausgraben, Beeren sammeln und Kinder gebären. Dieses Bild ist in jüngster Zeit ein wenig korrigiert worden durch Untersuchungen, die zeigten, daß das Sammeln in vielen Fällen mehr Kalorien liefert als das Jagen. Und da das Sammeln hauptsächlich Frauenarbeit ist, verweisen Feministinnen auf die Bedeutung des Beitrags der Frauen zur Ernährung des prähistorischen Menschen und treten dafür ein, primitive Völker »Sammler und Jäger« zu nennen. Männliche Chauvinisten betonen selbstverständlich den großen Wert von tierischem Eiweiß und sind dafür, die herkömmliche Bezeichnung »Jäger und Sammler« beizubehalten. Jedenfalls war, unabhängig davon, welches Geschlecht mehr zum Überleben beitrug, offensichtlich eine Arbeitsteilung vorhanden, wobei die Frauen sammelten und die Männer jagten und kämpften.

Nehmen wir an, daß der primitive Krieg wie die Jagd so etwas wie eine »Hauptadaptation« für die menschliche Spezies war. Wenn das

* In einem bizarren Fall von reiner Männerpolitik ist es sogar wichtiger, Verbündete zu gewinnen, als sich der Vaterschaft zu vergewissern. Die Birom im nördlichen Nigeria praktizieren den »Cicisbeismus« (von *cicisbeo,* im 16.–19. Jh. in Italien Begleiter und Gesellschafter einer verheirateten Frau. Anm. d. Übers.) Nach diesem Brauch darf eine Frau neben ihrem gesetzlichen Ehemann noch einen oder mehrere Liebhaber haben. Bezeichnenderweise muß der Liebhaber dem Ehemann für dieses bequeme Arrangement eine Zahlung leisten, und ebenso muß er mithelfen, für die Kinder seiner Geliebten zu sorgen – die natürlich seine eigenen biologischen Nachkommen oder die des gesetzlichen Ehemanns sein können. Liebhaber und Ehemann werden durch diese Regelung feste Verbündete. Um die Jahrhundertwende berichteten empörte Missionare, daß ein mächtiger Birom-Häuptling neun Frauen und zwölf Geliebte besaß und daß jede der letzteren dazu noch einen Ehemann hatte. Dieser Häuptling hatte nicht nur viele Nachkommen, sondern auch viele Verbündete. Trotz der offensichtlichen sexuellen Freizügigkeit, die die Birom-Matrone genießt, ist es aber für eine Frau ungehörig, mehr als zwei oder drei Liebhaber zu haben; die Männer dagegen versuchen, so viele verheiratete Geliebte wie möglich zu bekommen. Sie ziehen sie unverheirateten Mädchen vor und akkumulieren damit Prestige, Macht und Tauglichkeit.

zutrifft, können wir erwarten, daß er, im Guten wie im Bösen, primär eine männliche Tätigkeit war. Jedenfalls haben die Männer in praktisch allen heutigen Gesellschaften die Streitkräfte und das öffentliche Leben zu ihrem Monopol gemacht. Zu diesem Monopol gehört eine entsprechende grundlegende ökonomische und politische Kontrolle, die oft durch die Bildung reiner Männergruppen ausgedrückt und gefestigt wird. Die anthropologische Literatur ist voll von Geheimbünden, Ritualen und Versammlungsorten, die für Frauen »tabu« sind. Von weiblichen Geheimbünden wird so gut wie nichts berichtet.

Das Ergebnis dieser Trennung der Tätigkeiten ist, daß Frauen automatisch von der Regierung und anderen Machtpositionen ausgeschlossen sind. Andererseits mag es freilich mehr als nur eine anekdotische Wahrheit sein, daß Frauen ihre Machtlosigkeit kompensieren, indem sie die »Macht hinter dem Thron« in der Hand haben und außerdem größere Autorität in häuslichen Dingen ausüben. Es ist ein uralter Witz in manchen Familien, daß der Vater für alle »wichtigen« Entscheidungen zuständig ist, also etwa für die Bürgerrechte, die optimale Verteilung des Bundesbudgets und die Handelsbeziehungen mit China, während die Mutter die »kleineren« Fragen regelt, zum Beispiel wann ein neues Auto angeschafft wird, ob man in den Urlaub fährt (und wenn ja, wohin), und wann man in Pension geht.

Doch von solchen Scherzen abgesehen: der Ausschluß der Frauen von größeren politischen Rollen ist ein internationales, unsere ganze Spezies betreffendes Problem. Obwohl die Frauen in jedem Land mehr als die Hälfte der Bevölkerung ausmachen, sind sie selten mit mehr als 5 Prozent in den staatlichen Parlamenten vertreten (einige Beispiele: Frankreich 4 Prozent, Norwegen 4 Prozent, Großbritannien 3 Prozent und Vereinigte Staaten 2 Prozent). In Rußland waren 17 Prozent der Mitglieder der Duma weiblichen Geschlechts, aber in der Sowjetunion liegt die Macht in den Händen des Obersten Sowjets, der gelegentlich einmal ein weibliches Mitglied hat, meistens aber keines. Von ebenso großem Interesse ist, daß erfolgeiche Politikerinnen beinahe ausnahmslos »entsexualisiert« sind und im allgemeinen die Wechseljahre hinter sich haben und wenig anziehend aussehen wie Indira Gandhi, Golda Meir, Senator Margaret Chase Smith und die Gouverneure Ella Grasso und Dixy Lee Ray. Das soll nicht heißen, daß eine Frau aufgrund ihrer Jugend und ihres guten Aussehens als eine effektive politische Kraft beurteilt werden sollte; vielmehr scheint es ein unglückliches Nebenprodukt unserer Biologie zu sein, daß Frauen als Politiker abgelehnt werden, es sei denn, ihre Weiblichkeit ist sichtlich unterdrückt.

Es gibt eine aufschlußreiche Ausnahme von dieser allgemeinen Regel. Als Kwame Nkrumah in Ghana kritisiert wurde, weil er nicht genug für die Frauen tat, ernannte er zehn weibliche Parlamentsmitglieder. Viele waren äußerlich sehr attraktiv, und sofort wurde behauptet, sie hätten ihre sexuelle Gunst verschenkt, um ihre Stellungen zu erhalten. Entscheidend ist nicht, ob diese Beschuldigung stimmte, sondern daß sie überhaupt erhoben wurde. Es sieht so aus, als ob das bloße Erscheinen sexuell attraktiver Frauen in politischen Machtstellungen das rein männliche System des Jagens, Kriegführens und Politisierens erschütterte. Wir können eine Jacqueline Kennedy als begehrenswerte Frau eines unserer Führer akzeptieren – ja sogar bewundern –, aber es wird vielleicht noch lange dauern, bis Menschen beiderlei Geschlechts ihre Biologie überwinden und eine offensichtlich sexuell attraktive Frau als Führerin akzeptieren können.

Obwohl Männer andere Männer als Gefährten bei der Jagd, im Krieg, bei der Verteidigung der Gruppe und bei der Ausübung von Führerschaft brauchen, gibt es unter ihnen auch einen Konkurrenzkampf. Dieser Kampf beschränkt sich nicht auf Gleichaltrige. Immer wächst eine junge Generation heran – Neulinge, die sowohl gebraucht als auch gefürchtet werden.

Die Menschen auf dem ganzen Erdball haben viele verschiedene Methoden entwickelt, um mit ihren ambivalenten Gefühlen gegenüber der nächsten Generation fertig zu werden. Eine der üblichsten ist der als Initiation bekannte Übergangsritus. Schlußexamen, Konfirmation und Bar-mizwa sind den meisten von uns vertraut, und sie stellen nur eine kleine Auswahl dar. Soziologen und Anthropologen haben solche Aktivitäten ganz richtig als ein notwendiges Stadium bei der Übergabe der Macht und Verantwortlichkeit an die nächste Generation gesehen. Aber die soziobiologische Betrachtungsweise läßt vermuten, daß die Leidenschaft unserer ganzen Spezies für Initiationen auch selbstsüchtige, die Konkurrenz betreffende Untertöne haben könnte.

Wie vorauszusagen, unterscheiden sich Reifungs-Riten nach den Geschlechtern in Übereinstimmung mit einer evolutionsbedingten Anschauung von Männlich und Weiblich. In den meisten Kulturen und als algemeine Regel werden Mädchen zu Frauen, indem sie einfach aufwachsen. Einweihungszeremonien für Frauen feiern im allgemeinen die Menarche, aber diese erste Menstruation (die gewöhnlich dem Beginn der Frauenschaft gleichgesetzt wird) erfordert keine direkte Aktion seitens der Heranwachsenden. Margaret Mead führt aus:

*»Das kleine Mädchen lernt, daß es ein Kind haben wird – nicht, weil es*

*stark oder energisch ist oder die Initiative ergreift, nicht, weil es arbeitet und kämpft und versucht und zuletzt Erfolg hat, sondern einfach weil es ein Mädchen* ist *und nicht ein Junge, und Mädchen werden Frauen und bekommen schließlich – wenn sie ihre Weiblichkeit bewahren – Kinder. Die Gesellschaft mag älteren Mädchen gewisse Maßnahmen vorschreiben – sie müssen vielleicht Speiseverbote beachten oder sich mit Nesseln einreiben, damit ihre Brüste wachsen; aber immer liegt das Hauptgewicht auf dem Schutz einer natürlichen Entfaltung, allenfalls einer leichten Förderung der Größe der Brüste, nicht auf Anstrengung und Kampf. Ihre Geschlechtszugehörigkeit mag nun nicht so auffällig sein wie die ihres Bruders, aber sie braucht nur zu warten, zu sein – und eines Tages wird sie ein Kind haben.«*

Natürlich müssen auch Jungen nicht irgend etwas Besonderes *tun*, um körperlich zu reifen. Ihre Stimmen werden tiefer, und ihre Körperbehaarung wird als Teil des normalen Reifungsprxesses stärker. Aber Männer als das biologisch mehr auf Wettkampf eingestellte Geschlecht müssen auch eine *soziale* Reife beweisen, oft durch peinigende Zeremonien und anstrengende Initiationsriten, denen Frauen nur selten unterworfen werden. Diese verschiedenen Auffassungen von Reife machen sich gewöhnlich schon sehr früh im Leben bemerkbar. Wieder bemerkt Margaret Mead:

*»Der kleine Junge lernt, daß er handeln muß wie ein Junge, etwas tun, beweisen, daß er ein Junge ist, und es immer und immer wieder beweisen, während das kleine Mädchen lernt, daß es ein Mädchen* ist, *und alles, was es tun muß, ist, es unterlassen, sich wie ein Junge zu benehmen.«*

Ehrgeizige junge Männer müssen sich auf zwei Ebenen bewähren: erstens müssen sie mit anderen jungen Männern um den gesellschaftlichen und schließlich den reproduktiven Erfolg konkurrieren, und zweitens müssen sie auch mit den Männern der vorausgehenden Generation konkurrieren, für die sie oft eine echte Bedrohung sind. Junge Frauen stellen weit weniger eine Bedrohung der Tauglichkeit anderer Frauen dar, so daß die Konkurrenz unter ihnen im allgemeinen geringer ist, und ihre Übergangsriten sind schwächer ausgeprägt und weniger gefährlich.

Aber wenn es für menschliche Gesellschaften vor allem typisch ist, daß Jungen oft durch anstrengende, schmerzhafte und gefährliche Aufgaben ihren Wert als Männer beweisen müssen, so werden manchmal auch an die jungen Frauen Forderungen gestellt. Die Mädchen der Potok in Afrika, zum Beispiel, unterziehen sich einer (auch bei vielen anderen Stämmen üblichen) öffentlichen Beschneidung durch Entfernung der Klitoris und beweisen damit ihren Mut. Aber es ist bemerkenswert, daß auch in diesem Fall die jungen Frauen darauf bestehen, daß potentielle Liebhaber ihre Zuneigung durch große Geschenke beweisen. Die jungen Männer sind schließlich gezwungen, sich mit der Bitte um Hilfe an ihre Angehörigen zu wenden. Mit anderen Worten, wiederum müssen sich die Männer bewähren.

Die wenigen Beispiele anstrengender weiblicher Initiation sind nichts im Vergleich mit der allgemeinen Forderung, daß Jungen ein regelrechtes Trauma erleben müssen, wozu oft verschiedene Arten der Beschneidung und der rituellen Verstümmelung oder lange und schwierige Lehrzeiten gehören, in denen sie sich als Jäger bewähren oder vielleicht auch eine Vision haben müssen. Bei den ostafrikanischen Masai mußte ein junger Mann einen Löwen töten; ein angehender tapferer Crow-Indianer mußte einen Büffel erlegen und einen Skalp nach Hause bringen. Ein Junge aus dem Hochland von Neuguinea mußte einen Menschenkopf vorweisen. Bei den Prärie-Indianern waren die Alternativen klar: man mußte ein Krieger sein oder wurde, wenn einem dies nicht gelang, eine *berdache*, eine »Mann-Frau«, die Kleidung und Verhalten einer Frau annahm und sogar als Frau heiratete. In seinen *Tristes Tropiques* schreibt der Anthropologe Claude Lévi-Strauss:

*»Bei sehr vielen nordamerikanischen Stämmen wird das Sozialprestige des Individuums durch die Umstände der mit der Pubertät verbundenen Prüfungen bestimmt. Manche junge Männer lassen sich auf einsamen Flößen ohne Nahrung treiben; andere suchen die Einsamkeit der Berge auf, wo sie wilden Tieren ebenso ausgeliefert sind wie Kälte und Regen. Tage-, wochen- oder monatelang, je nachdem, essen sie nicht ordentlich, sondern leben nur von grober Nahrung, oder sie fasten lange und verschlimmern ihren angegriffenen Gesundheitszustand durch die Einnahme von Brechmitteln. Alles wird in ein Mittel der Kommunikation mit dem Jenseits verwandelt. Sie stehen lange im eisigen Wassser, verstümmeln absichtlich eines oder mehrere ihrer Fingerglieder oder zerreißen ihre Bindegewebshaut, indem sie schwere Lasten ziehen, die mit Stricken an spitzen, unter die Rückenmuskulatur eingeschobenen Pflöcken hängen. Wenn sie nicht zu solchen Extremen schreiten, erschöpfen sie sich zumindest dadurch, daß sie nacheinander alle ihre Körperhaare auszupfen oder Fichtenzweige abstreifen, bis nicht eine einzige Nadel übrigbleibt, oder Steinblöcke aushöhlen.«*

Das Schema ist unleugbar: es ist schwerer für einen Jungen, ein Mann, als für ein Mädchen, eine Frau zu werden.

Die älteren erwachsenen Männer, die jede Gesellschaft beherrschen, anerkennen, daß sie die kommende Generation brauchen und zugleich auch den Konkurrenzkampf mit ihr. Sie haben die Ressourcen (zum Beispiel Frauen), die den jüngeren Männern fehlen, und da die Polygynie erfordert, daß eine gewisse Anzahl junge Männer ledig bleiben müssen, ist ein Konkurrenzkampf mit Sicherheit zu erwarten. Die älteren Männer haben alles auf ihrer Seite, nur nicht Zeit, und sie kaufen sich davon ein wenig, indem sie von den jüngeren Männern die Ausführung vorgeschriebener Dinge verlangen, bevor sie als Männer anerkannt, das heißt, bevor sie als gesellschaftliche Rivalen betrachtet werden können. Natürlich schadet es nichts, wenn die jungen Männer dabei etwas tun, was den älteren zugute kommt – zum Beispiel jagen oder Kriegsdienst leisten.

Es scheint eine lange Evolutionsgeschichte hinter diesem Schema von Rivalität und Spannung zwischen heranreifenden Männern und der etablierten Erwachsenen-Hierarchie zu stecken. Bei vielen Tierarten zerstreuen sich die Jungen – sie verlassen das Zuhause –, wenn sie die Geschlechtsreife erreichen. Oft werden reifende Männchen von den dominierenden erwachsenen Männchen verjagt. Der Primaten-Experte K. R. L. Hall beschrieb den Fall eines Familienverbandes von Patas (Husarenaffen), der zufällig in demselben Käfig gehalten wurde. Das erwachsene Männchen wurde zusehends aggressiver gegen das junge Männchen, sobald dessen Hoden hervortraten und es somit zum Geschlechtskonkurrenten wurde. Man mußte den jungen Affen schließlich aus dem Käfig entfernen, um sein Leben zu retten.

Die Reifung ist viel komplizierter in unserer Gesellschaft, aber es ist vielleicht kein Zufall, daß in Europa die Jungen üblicherweise in die Lehre gegeben wurden, bevor sich zu Hause Schwierigkeiten zusammenzubrauen begannen. Helfen der Besuch einer Universität oder einer Handelsschule an einem anderen Ort oder die Einberufung zum Wehrdienst, Erschütterungen und Kämpfen innerhalb der Reproduktionseinheit, das heißt der Familie, vorzubeugen? Die Psychoanalytiker haben sich lange für den Ödipuskonflikt interessiert, von dem man annahm, er sei das Ergebnis des Konkurrenzkampfes zwischen Sohn und Vater um die sexuelle Gunst der Mutter. Die soziobiologische Betrachtungsweise erweitert den Herd dieses Konflikts und interpretiert den Antagonismus zwischen Vater und Sohn als einen Sonderfall des Konflikts zwischen Mann und Mann über die Generationskluft hinweg. Und tatsächlich hat es den Anschein, als fielen Streit und Trennung beim *Homo sapiens* mit dem Augenblick zusammen, in dem man die Entwicklung eines Reproduktionskonflikts erwarten könnte.

Es ist in biologischer Hinsicht einleuchtend, daß die Jugendkriminalität bei Jungen häufiger auftritt als bei Mädchen und daß Männer mehr zu Gewaltverbrechen neigen als Frauen. In den Vereinigten Staaten werden 85 Prozent aller Morde von Männern verübt, und bei Trunkenheit am Steuer stellen die Männer 93 Prozent. Aufschlußreich ist auch, daß die Kraftfahrzeugversicherung die höchsten

Prämien von unverheirateten Männern unter 25 Jahren verlangt. Diese höheren Prämien drücken die allgemeine Erkenntnis aus, daß ein auffälliges, zu Unfällen führendes Verhalten am häufigsten in der aufstrebenden Generation zu finden ist. Sie spiegeln aber auch die Voraussagen der Evolutionsbiologie wider.

Die kulturellen Mittel, durch die reifende Männer der Tradition nach ihre Männlichkeit beweisen müssen, können variieren, aber der biologische Zweck ändert sich nie. Wir können mit ziemlicher Sicherheit annehmen, daß in der Vergangenheit die der Initiation Unterworfenen selbst willige, und in den meisten Fällen eifrige Teilnehmer an diesem Vorgang waren, und zwar durch das Eigeninteresse, das das Vermächtnis der Evolution an die »menschliche Natur« ist. Seither hat sich jedoch alles rasch geändert. Der Mann aus dem Hochland von Neuguinea macht sich bei seiner neuen Regierung westlichen Stils unbeliebt, wenn er auf Kopfjagd geht. In den Vereinigten Staaten sind solche Gelegenheiten, die Männlichkeit zu beweisen, viel unklarer und zeitlich stark verzögert. Natürlich gibt es unmittelbare Befriedigungen, aber sie erfordern oft den vorzeitigen Abgang von der Schule und führen häufig zu Straffälligkeit und anderen sozial schädlichen Verhaltensweisen, wie der Verursachung einer unerwünschten Schwangerschaft. Wir können die berechtigte Frage stellen, ob unsere Gesellschaft unseren jungen Menschen befriedigende und konstruktive Gelegenheiten zur Verfügung stellt, so daß sie auf das Flüstern in ihnen achten können. Achten sie nicht darauf, so sind die Folgen offensichtlich schmerzhaft.

Als William Durham vor einigen Jahren Student der höheren Semester an der University of Michigan war, drückte er sein Interesse an der ketzerischen Vorstellung aus, daß die natürliche Auslese eine tiefe Wirkung auf das menschliche Verhalten haben und daß unser Verhalten daher zum großen Teil auf die Maximierung der Fortpflanzung unserer Gene ausgerichtet sein könnte. Man schlug ihm vor, seine Anschauungen zu klären, indem er über primitive Kriege nachlese, denn von allen Verhaltensweisen schien die Kriegführung die unadaptivste zu sein. Lernen Sie mehr über den Krieg, sagten ihm seine Berater, und Sie werden menschliches Verhalten als Minderung der Tauglichkeit von seiner schlechtesten Seite sehen. Er schloß statt dessen seine Arbeit mit einer neuen Einsicht in den adaptiven Wert menschlichen Verhaltens ab. Unglücklicherweise wurde die aus seinen Studien hervorgegangene Abhandlung »Ressource Competition and Human Aggression: A Review of Primitive War« (»Kampf um Ressourcen und menschliche Aggression: Ein Überblick über den primitiven Krieg«) in einer biologischen Fachzeitschrift veröffentlicht, so daß Durham zu denen sprach, die ohnehin mit der größten Wahrscheinlichkeit seine Ansichten teilten, statt zu den Sozialwissenschaftlern, für die seine Untersuchungsergebnisse vielleicht eher eine Enthüllung gewesen wären.

Durhams Arbeit ist außerordentlich wichtig für unsere Bemühungen, menschliches Verhalten durch die Linse der Soziobiologie zu sehen. Von allen menschlichen Tätigkeiten empfinden wir den Krieg wohl als die sinnloseste, destruktivste und im eigentlichen Sinne böseste. Daher muß sich jede Behauptung, daß das menschliche Verhalten durch die Berücksichtigung der Tauglichkeits-Maximierung beeinflußt werde, mit dem weitverbreiteten Auftreten, der Grausamkeit und Unausrottbarkeit des Krieges auseinandersetzen. Wie kann ein Verhalten, das so offensichtlich zerstörerisch ist, eine adaptive Bedeutung haben? Durhams Schlußfolgerung lautete, daß zumindest in relativ kleinen Gesellschaften mit einer einfachen Technologie die Aggressivität zwischen verschiedenen Gruppen tatsächlich adaptiv für die betroffenen Individuen sein könnte. Um diese Anschauung zu verstehen, müssen wir noch einmal zu dem Kampf um die Ressourcen, die natürlichen Existenzmittel, zurückkehren, der den Schlüssel für einen so großen Teil der adaptiven Aggression bei Tieren liefert.

Durham weist darauf hin, daß auch innerhalb menschlicher Gruppen eine enge, umgekehrt proportionale Beziehung zwischen Ressourcen und Aggression besteht. Wenn Ressourcen reichlich vorhanden und weit verstreut sind, ist der Konkurrenzkampf selten; werden jedoch die Ressourcen knapp, so nimmt der Konkurrenzkampf zu. Wir haben wieder das »Mackie-Messer-Prinzip«.

Der Konkurrenzkampf kann natürlich in bezug auf gewisse Ressourcen sehr heftig, in bezug auf andere aber sehr schwach sein. Die Buschmänner der afrikanischen Kalahari-Wüste werden oft als friedliche, unkriegerische Gesellschaft zitiert, und es ist richtig, daß sie nicht um Jagdterritorien kämpfen. In der Kalahari tritt das Wild unvorhersehbar an verschiedenen Orten auf, daher wird kein Territorium als Besitz eines einzelnen oder eines Stammes betrachtet, und eben darum kämpft man nicht um Territorien. Die einzelnen Buschmänner scheinen frei zu ziehen und zu jagen, wo es ihnen beliebt, in einem idyllischen, wenn auch recht trockenen Garten Eden, in dem es auf den ersten Blick keine eifersüchtige Sorge um »Mein« und »Dein« gibt. Tatsächlich aber gibt es andere Ressourcen, die knapp sind und verteidigt werden können. Sie sind Gegenstand großer aggressiver Auseinandersetzungen. Anthropologen, die die »friedlichen« Buschmänner studierten, berichten folgendes:

*»Die fruchtbaren Gebiete, in denen hauptsächlich die wilden Knollenfrüchte wachsen, die Haine der Mangettinußbäume, Beerensträucher,*

*Fruchtbäume und die seltenen, begehrten Stellen, wo es Tsi gibt – sie alle sind bekannt. Diese wichtigen Nahrungsquellen werden mit strengen Grenzen von den Horden besessen und eifersüchtig gehütet. Da gibt es nichts Unbebestimmtes oder Zufälliges.«*

Die Eskimo, ein anderes oft zitiertes Beispiel für eine Gesellschaft, die keine Kriege führt, entsprechen ebenfalls den Voraussagen der Evolution. Die Gelegenheiten, Nahrung zu finden, variieren für die Eskimo sehr stark von einem zum anderen Mal, und angesichts der Unwirtlichkeit ihrer Umwelt, sind sie gezwungen zu wandern, wenn die Ressourcen knapp werden, hauptsächlich während des arktischen Winters. Es ist nicht verwunderlich, daß diese Menschen keinen Krieg führen. Sie müssen sich beeilen, um einen Ort zu erreichen, wo es Nahrung gibt. Menschen, die so knapp am Rande des Hungers leben, gewinnen wenig dadurch, daß sie sich gegenseitig bekriegen. Oder vielmehr, sie würden viel weniger gewinnen, als sie zu verlieren haben, und maximieren folglich ihre Tauglichkeit, indem sie ihre Energien dem Überleben und seinen Erfordernissen widmen.

Man unterscheidet normalerweise zwischen Aggression innerhalb einer Gesellschaft und Feindseligkeit zwischen verschiedenen Gesellschaften oder Gruppen, und nur letztere werden als Krieg betrachtet. Obwohl die Ergebnisse dieser beiden Arten von Konflikt unterschiedlich sein können, wäre es gut möglich, daß die auslösende Ursache dieselbe ist: ein Kampf um Ressourcen, der – trotz des schrecklichen Zolls an Blut und menschlichem Elend – Aggression und Krieg zu Mitteln der Förderung der individuellen Tauglichkeit macht. Und es ist wichtig, im Auge zu behalten, daß die Soziobiologie ihrer Natur nach weniger über das Verhalten großer Gruppen zu sagen hat als über die Individuen, aus denen sie sich zusammensetzen. Sie vermittelt mehr Einsichten in das Privatleben des Präsidenten eines Staates (ob er eine Geliebte hat, wie er seine Kinder behandelt, worüber er sich ärgert etc.), als daß sie ein Licht auf die Außenpolitik dieses Staates wirft. In diesem Sinne können wir erwarten, daß uns die Evolutionsbiologie weniger über Kriege, wie sie zwischen Gesellschaften geführt werden, sagen wird als über die Kämpfe zwischen Individuen. Nichtsdestoweniger hat der Krieg reale und direkte Folgen für die Tauglichkeit der betroffenen Individuen. Besonders bei primitiven Gesellschaften ist er etwas Personifiziertes, Individuelles – jedenfalls in höherem Grade, als es die Massenvernichtungskriege der Nationalstaaten sind.

Durham studierte am gründlichsten die Mundurucu in Brasilien, ein bekannt gewalttätiges Volk, bei dem »der Krieg ein wesentlicher und nicht in Frage gestellter Teil seiner Lebensweise war und fremde Stämme angegriffen wurden, weil sie einfach der Definition nach

Feinde waren«. Hier hatte man ein Volk vor sich, dessen Neigung zum Krieg keinerlei adaptiven Sinn zu ergeben schien. Einer der ersten Anthropologen, der diesen wilden Stamm studierte, schrieb:

*»Wenn nicht direkte, spezifische Fragen gestellt wurden, schrieben die Mundurucu bestimmten Kriegen nie besondere Ursachen zu. Die Notwendigkeit, daß sie jemals ihr heimisches Territorium hätten verteidigen müssen, wurde geleugnet, und an Provokationen durch andere Gruppen als Kriegsursache in der Mundurucu-Tradition erinnerte man sich nicht. Man könnte sagen, daß feindliche Stämme die Mundurucu durch ihre bloße Existenz in den Krieg zu ziehen veranlaßten, und das Wort für Feind bezeichnete einfach jede Gruppe, die nicht Mundurucu war.«*

Die Absurdidät der Kriege der Mundurucu hatte dieses Volk zu einem der klassischen Beispiele eines im höchsten Grade unadaptiven Verhaltens gemacht. Wie ließ sich ein solches unprovoziertes Gemetzel mit der Evolution und der Maximierung der individuellen Tauglichkeit in Einklang bringen?

Durhams gründlichere Untersuchung zeigte, daß der Krieg auch bei den Mundurucu im Grunde weniger willkürlich und sinnlos sein kann, als es auf den ersten Blick den Anschein hat. Theoretisch kann eine Gruppe eine andere auf viele Arten zum Krieg provozieren, am leichtesten offensichtlich durch einen direkten Angriff. Ein weniger offensichtlicher, aber nicht weniger realer Grund ist der, daß eine Gruppe »durch ihre bloße Existenz« die Ressourcen einer anderen ernstlich gefährden kann. Wenn Gruppen um dieselben Ressourcen konkurrieren, so kann jede, wie beim direkten Konkurrenzkampf zwischen Individuen, die Tauglichkeit der anderen bedrohen. Eine Gleichung, die derlei Feststellungen über Gruppen mit Überlegungen hinsichtlich der individuellen Tauglichkeit verbindet, ist nicht schwer aufzustellen. Die Tauglichkeit eines Individuums innerhalb einer Gruppe leidet am meisten, wenn diese Gruppe gezwungen ist, Ressourcen mit Individuen einer anderen Gruppe zu teilen. Die persönliche Tauglichkeit dieser Individuen konnte daher tatsächlich durch den Krieg erhöht werden, vorausgesetzt, daß die Kosten der Kriegführung geringer waren als der erzielte Gewinn. Wir müssen außerdem zwei zusätzliche Faktoren in Betracht ziehen: erstens, daß primitive Kriege oft weit weniger verheerend sind als unsere »zivilisierten«, und zweitens, daß es immer eine gewisse Anzahl junger Männer zu geben scheint, die innerhalb des sozialen Systems noch keine Erfolge vorzuweisen haben. Diese jungen Männer haben wahrscheinlich am stärksten das Bedürfnis, sich zu bewähren, um den Konkurrenzkampf zwischen den Männern im sozialen System erfolgreich bestehen zu können; daher nehmen sie auch mit größter

Wahrscheinlichkeit an einem Krieg teil. Und damit sind wir auch schon dabei, eine überzeugende Gleichung abzuleiten.

Was wir noch brauchen, ist der Beweis dafür, daß für diese Menschen irgendein wichtiges Existenzmittel knapp war und daß der Krieg dazu beitrug, diese Knappheit zu beseitigen. Nun waren die Munduruсu Jäger, die mit jedem Nachbarvolk um den begrenzten Wildbestand konkurrierten. Die Mundurucu wachten tatsächlich sehr streng über ihren Wildbestand, und jeder, der Tiere ohne Grund, das heißt »verschwenderisch«, tötete, hatte mit schweren Strafen zu rechnen. Es war zulässig, eine unbegrenzte Anzahl von Jaguaren zu töten, so wie es zulässig war, eine unbegrenzte Anzahl von Menschen zu töten – sofern sie einem anderen Stamm angehörten. Jaguare sind natürlich Raubtiere und reißen Hirsche und Wildschweine, die auch von den Mundurucu gegessen werden. Nachbarstämme konkurrierten wie die Jaguare mit den Mundurucu um Jagdwild. So wie die Verwandtschafts-Selektion keinen Altruismus zwischen Menschen und Jaguaren fördert, verhindert sie weniger wirksam die Aggression zwischen verschiedenen Gruppen als innerhalb einer Gruppe. Wir können erwarten, daß wir mehr Gene mit einem Angehörigen des eigenen Stammes gemeinsam haben als mit einem Mitglied eines anderen Stammes, und alle etwaigen Aggressionshemmungen werden weiter geschwächt durch die Tatsache, daß verschiedene Stämme verschiedene Bräuche haben, verschiedene Sprachen sprechen und so fort.

Wenn die Enten- oder Hirschjagd unergiebig ist, beklagen sich amerikanische Sportler beim *Fish and Wildlife Service.* Die Buschmänner verlegen in ähnlichen Fällen ihren Wohnort. Und die Mundurucu? Sie führen Krieg. Obwohl ihnen vielleicht gar nicht bewußt wird, daß sie dadurch letzten Endes die Menge des für sie jagdbaren Wilds vergrößern, weisen einige ihrer Rituale auf eine tief verwurzelte Kenntnis der praktischen Ursachen ihrer Aggression hin. So legen die Mundurucu großen Wert auf die Kopftrophäen der im Krieg getöteten Feinde.

*». . . der bedeutendste Status war der des Besitzers einer Kopftrophäe, der Dajeboisi genannt wurde. Wörtlich bedeutet dieser Titel ›Mutter des Nabelschweins‹, eine Anspielung darauf, daß die Mundurucu andere Stämme als den Jagdtieren gleichwertig betrachteten. Das Wort ›Mutter‹ in diesem Titel leitet sich von der Kraft des Trophäenkopfs her,* Wild anzuziehen und seine zahlenmäßige Vermehrung zu verursachen, *und der Kopfjäger erhielt diesen Titel wegen seiner offensichtlich die Fruchtbarkeit fördernden Funktion.« (Hervorhebung durch den Autor.)*

Durham führt ein ähnliches Argument für die Tsembaga Maring an, ein Volk auf Neuguinea, das in Zehn- bis Zwölf-Jahres-Zyklen Kriege führt, die immer dann auftreten, wenn ihr Bestand an zahmen Schweinen so groß wird, daß er die ökologische Basis bedroht, von der sie abhängig sind. Worauf all das hinausläuft, dürfte nun klar sein: nur wenige Menschen geben zu, daß sie den Krieg lieben, aber im Laufe der ganzen Geschichte haben Hunderte von Millionen Vertretern der Spezies *Homo sapiens* vielleicht kaum mehr getan als auf das Flüstern der Tauglichkeits-Maximierung gehorcht, als sie mit so schrecklicher und verheerender Regelmäßigkeit in den Krieg zogen.

Die Entdeckung der Soziobiologie, daß der Krieg eine adaptive Seite haben kann, ist gewiß keine Entschuldigung für den Krieg – für den der Mundurucu oder den des modernen, technologischen *Homo sapiens.* Aus der bloßen Tatsache, daß ein Verhalten einen adaptiven Nutzen hat (oder hatte) folgt nicht, daß es »gut« sei. In jedem Fall ähnelt der Krieg bei nichtindustrialisierten Völkern oft nur einem kleinen Gefecht, und er ist etwas völlig anderes als der Vernichtungskrieg, der heute in Reichweite der Supermächte liegt. Wenn der Krieg der Mundurucu für die individuellen Teilnehmer adaptiv ist, so muß das daher kommen, daß die Gefahr, verwundet oder getötet zu werden, gering genug ist, um durch die potentiellen Gewinne eines Sieges aufgewogen zu werden. Die Folgen eines modernen Krieges sind ganz anderer Art. In einem dritten Weltkrieg könnte es keine Sieger geben, und der Gewinn könnte auf keinen Fall höher sein als die Kosten.

Es mag jedoch sein, daß sich unsere genetisch beeinflußte Vorstellung von Aggression und Krieg in den langen Jahrtausenden herausbildete, in denen wir uns mehr wie die Mundurucu verhielten als wie Supermächte mit ferngesteuerten Raketen und Vereinigten Stabschefs. Sind wir imstande zu erkennen, daß sich durch die moderne Technologie die Spielregeln geändert haben? Können wir unsere Einsicht und Vernunft gebrauchen, um das gefährlich altmodische Flüstern in uns zu überhören? Wir würden gut daran tun.

# 7
# 1. Teil: Zu einer Evolutionsbiologie des Geistes

Die Soziobiologie hat offensichtlich sehr viel über unser Verhalten zu sagen, aber was wir *tun*, bedeutet letzten Endes weniger, als was wir *sind*. Wir haben den »Geist« noch nicht betrachtet, jenes stille und geheimnisvolle Wesen, das sich irgendwie zwischen unser Gehirn und unsere Handlungen schaltet. Obwohl sich der Geist nicht immer durch Verhalten in die Welt projiziert (wir können denken, ohne zu handeln), können auch unsere unbewußten Gedanken beeinflussen, was wir tun. Da die Evolution so eng mit unserem Verhalten verknüpft ist, sollte sie auch großen Einfluß auf unseren Geist haben. Das Geist-Körper-Problem ist uralt: eine ungeheure Kluft scheint zwischen unseren einzigartigen, persönlichen Gedanken und Empfindungen einerseits und den Zellen, den chemischen Verbindungen und den elektrischen Schaltkreisen, die unser Gehirn bilden, andererseits zu bestehen. Doch der menschliche Geist – seine bewußten wie seine unbewußten Aspekte, seine Gedanken wie seine Empfindungen – entspringt irgendwie dem konkreten, unpersönlichen menschichen Gehirn. Und dieses Gehirn ist das Produkt der Evolution.

Der Romancier Samuel Butler, kein großer Anhänger der Evolutionstheorie, machte Darwin den Vorwurf, er habe »den Geist aus dem Universum verbannt«. Tatsächlich tat Darwin nichts dergleichen. Er zeigte vielmehr, wie alle Lebewesen so wurden, wie sie sind – nicht nur ihre Anatomie und Physiologie, sondern auch die Funktion ihres Geistes. Die Evolution verbannt den Geist keineswegs. Ganz im Gegenteil, sie ermöglicht die Einverleibung des Geistes in die Welt der Natur. Sie kann sogar dazu beitragen, aus dem Studium des Geistes etwas so Wissenschaftliches zu machen wie das Studium der Knochen. Unsere Körper sind, wie wir in diesem ganzen Buch gesehen haben, die Medien, die unsere Gene zu ihren eigenen Diensten geschaffen haben. Und unser Geist gehört zu den Vorrichtungen, die dazu dienen, diese Körper zu lenken. Die Zellstruktur des Gehirns und die psychische Struktur des Bewußtseins sind die Ergebnisse von Millionen Generationen im Laufe der Evolution, in denen Gene, die sich mit größerem Erfolg reproduzierten, auf Kosten der weniger fähigen gediehen. Unsere Gene haben uns programmiert, das zu tun, was das Beste ist. Unser Geist dient vermutlich diesem Endzweck nicht weniger als unsere Hände oder unsere Nieren.

Bedeutet diese Behauptung eines genetischen Einflusses auf den Geist, daß es keinen Unterschied zwischen unserer Programmierung und der irgendeines anderen Tieres gebe? Selbstverständlich nicht. Obwohl Gene ihre Träger programmieren, sich so zu verhalten, daß sie ihre Tauglichkeit maximieren, sind die Techniken, die zur Erreichung dieses Ziels angewandt werden, bei jedem Träger von Genen anders. Regenwurm-Gene, zum Beispiel, scheinen sich am erfolgreichsten zu reproduzieren, wenn sie ihre Träger auf ein relativ starres Verhaltensmuster festlegen; Menschen-Gene scheinen am leistungsfähigsten zu sein, wenn sie ihren Trägern große Handlungsfreiheit gewähren.

Wenn Sie auf einem Pferd einen steilen, schlammigen Hang hinunterreiten, werden Sie in Schwierigkeiten geraten, wenn Sie darauf bestehen, jeden seiner Schritte zu lenken. Sie haben gar nicht genug Zeit, dem Pferd zu sagen, wann und wohin es jedes Bein bewegen soll, und außerdem kennt es seine Fähigkeiten besser als Sie. Ihre beste Strategie ist es, ihrem Pferd »seinen Kopf« zu lassen, das heißt, ihm zu erlauben, seine Schritte selbst zu wählen. Eine ähnliche Strategie wenden die menschlichen Gene an, die im Lauf der Zeit »entdeckt« haben, daß sie besser abschneiden, wenn sie uns »unseren Kopf« lassen, als wenn sie darauf bestehen, eine starre Kontrolle auszuüben. Unsere Gene haben uns mehr Freiheit gegeben als die Gene aller anderen Lebewesen ihren Trägern, aber so wie ein Pferd letzten Endes eben doch noch von seinem Reiter gelenkt wird, ist es unwahrscheinlich, daß wir vollkommen frei sind. Ungezügelte Freiheit wäre wahrscheinlich eine schlechte Strategie: die Gene waren Millionen Jahre lang einer strengen Selektion ausgesetzt, und die, die überlebten, waren dazu imstande, weil sie etwas Wertvolles weiterzugeben hatten. Wir sind zwar frei, aber wir sind nur frei, um unsere Tauglichkeit und die unserer stillen genetischen Reiter zu maximieren.

Wir sind nun imstande, Computer so zu programmieren, daß sie Schach spielen. Im allgemeinen gehören zu diesem Verfahren die Beschreibung der Spielregeln und die Eingabe gewisser Grundstrategien in die Maschine. Zum Beispiel: Laß deinen König nie ungedeckt, bedrohe, wenn möglich, zwei Steine deines Gegners zugleich, bewerte die Dame höher als einen Turm, einen Turm höher als einen Läufer und so fort. Aber sobald die Partie beginnt, ist die Maschine auf sich selbst gestellt. Der Programmierer ist kein Puppenspieler, der jeden Zug direkt lenkt. Wir können sogar Programme entwerfen, die es einem mechanischen Spieler ermöglichen, durch Erfahrung besser zu werden, aus seinen eigenen Fehlern zu lernen. Manche dieser Schachmaschinen sind erstaunlich gut und können regelmäßig die

Programmierer schlagen. Sie verhalten sich, als wären sie von ihren Konstrukteuren unabhängig, und auf eine seltsame Weise sind sie es tatsächlich. Aber obwohl ihr Verhalten nicht zu jedem gegebenen Zeitpunkt mit Sicherheit vorausgesagt werden kann, sind sie letzten Endes nichts anderes als die Instruktionen, die ihnen gegeben wurden, und sie können nicht mehr tun als die Ziele ihrer Konstrukteure verfolgen.

Unsere Konstrukteure sind unsere Gene. Ihre Strategien stammen letzten Endes von der Evolution her; sie haben uns – gewiß, mit sehr viel Flexibilität – programmiert, das Spiel zu gewinnen, unsere Tauglichkeit (und damit auch ihre) zu maximieren. Dabei werden wir oft durch eines der weniger wichtigen Nebenprogramme abgelenkt. Beim Schach leiten wir ein Manöver ein, um einen Springer zu schlagen, im Leben angeln wir vielleicht nach einer Beförderung, oder wir versuchen, uns mit jemandem zu verabreden, der sehr attraktiv ist. Wir können uns mit diesen vergleichsweise unwichtigen Dingen so sehr beschäftigen, daß wir das größere Bild aus den Augen verlieren und vergessen, worum es eigentlich geht, aber die Befriedigung untergeordneter Bedürfnisse ist wahrscheinlich adaptiv, denn so wie wir beim Schachspiel nicht nur die beiden Könige im Auge behalten (obwohl es letzten Endes um sie geht), leben wir nicht nur mit der Maximierung der Tauglichkeit vor Augen. Tatsächlich sind wir oft so sehr abgelenkt, daß unser Geist alles andere zu sein scheint als ein Mittel, sie zu erreichen. Das Ziel der Evolution ist kompliziert und nicht leicht zu definieren. Doch daß wir das Ziel nicht kennen, hat uns nicht daran gehindert, uns am Spiel zu beteiligen.

Der hochbegabte, tragische amerikanische Dichter Theodore Roethke mag von alldem etwas erahnt haben, als er schrieb:

*Viele Ankünfte machen uns leben: der Baum, der*
*Grünt, ein Vogel, der den obersten Zweig streift,*
*Ein Same, der über sich hinauswächst . . .*
*Was tut, was es soll, braucht nichts mehr.*
*Der Körper bewegt sich, langsam zwar, dem Verlangen zu.*
*Wir kommen zu etwas, ohne zu wissen, warum.*

Der menschliche Geist ist bemerkenswert flexibel – so flexibel, daß er sein Vergnügen daran findet, eine volle Wendung zu machen und zu versuchen, sich selbst zu verstehen. Die Psychologen bemühen sich seit einiger Zeit um dieses Verständnis, und schon lange vor ihnen die Philosophen, aber die einen wie die anderen erzielten nur fragwürdige Ergebnisse. Mehr als zweitausend Jahre ist es nun her, seit Sokrates forderte: »Erkenne dich selbst«, aber die uralte Ironie seines Ratschlags besteht immer noch, und unser Geist bleibt sich selbst großenteils fremd.

Es könnte nützlich sein, zwei große philosophische Schulen miteinander zu vergleichen, die sich mit dem Denken befaßten. Ein einflußreicher Gesichtspunkt wurde vor allem von David Hume und einer Gruppe französischer Philosophen entwickelt, die man kollektiv die Enzyklopädisten nennt. Ihrer Ansicht nach gibt es keine angeborene menschliche Natur, und alles menschliche Wissen rührt von den Erfahrungen jedes Individuums her, während es lebt und wächst. Zu Beginn des 18. Jahrhunderts beschrieb John Locke den menschlichen Geist als ein Stück »weißen Papiers, bar jeden Charakters, ohne jegliche Ideen; wie wird es gefüllt? Darauf erwidere ich mit einem Wort, durch die *Erfahrung*«. Diese Philosophie der Erfahrung übte einen ungeheuren Einfluß auf die frühe Entwicklung der Naturwissenschaft aus, einen Einfluß, der heute noch spürbar ist. Mit ihrem Motto »Zeig es mir« konnten Hume, Locke und ihre Kollegen sich die ersten (sprichwörtlich ungläubigen) Bewohner von Missouri nennen, und tatsächlich gingen sie noch weiter: »Ich bin nur das, was man mir zeigt, nicht mehr und nicht weniger.« Obwohl diese Betonung des empirischen Wissens uns geholfen hat, das Atom zu spalten und den Weltraum zu erobern, war sie nicht besonders wertvoll als Hilfe zum Verständnis des menschlichen Verhaltens, vor allem weil sie sich auf die Beschreibung konzentriert und wenig Erklärungskraft besitzt.*

Die zweite bemerkenswerte Philosophie des Geistes betont, daß dieser angeboren sei. Ihr hervorragendster Vertreter war Immanuel Kant. Kants Betrachtungsweise unterscheidet sich von der der empirischen Philosophen insofern, als sie eine menschliche Natur annimmt. Nach Kant und seinen jüngeren intellektuellen Nachfolgern wie Sigmund Freud, dem Anthropologen Claude Lévi-Strauss und dem Sprachwissenschaftler Noam Chomsky bedient sich der menschliche Geist zwar der Erfahrung, um sich sein Bild von der Wirklichkeit zu machen, aber er macht dabei von seiner angeborenen »Tiefenstruktur« Gebrauch, um diese Erfahrung zu organisieren und ihr einen Sinn zu verleihen.

Kant wies überzeugend nach, daß die empirische Philosophie die Existenz gewisser eingeborener menschlicher Züge voraussetzt. Damit, zum Beispiel, Erfahrung gedeutet und in ein geistiges Gewebe eingewoben werden kann, muß es im voraus existierende, apriorische Begriffe geben, die der Geist mit der Außenwelt konfrontiert. Diese

* Der vielleicht bemerkenswerteste moderne Nachfahr Humes ist der Harvarder Psychologe B. F. Skinner, der das Wort »Geist« verabscheut und darauf besteht, daß alles, was wir am Menschen diskutieren können, sein Verhalten sei. Er behauptet, daß so gut wie alles, was wir tun, eine Folge davon sei, wie (und ob) wir für ähnliche Handlungen in der Vergangenheit belohnt wurden. Seine Techniken der Verhaltensmodifikation sind machtvolle Werkzeuge für die Manipulation des Verhaltens, aber es fehlt ihnen auf eigentümliche Weise jegliches Verständnis dieses Verhaltens.

tiefenstrukturellen Begriffe schließen die Vorstellungen von Raum und Zeit, Ursache und Wirkung mit ein. In Anbetracht der geistigen Armut einer auf der Erfahrung fußenden Philosophie sollte man annehmen, daß die Kantsche Auffassung ungeheuer einflußreich gewesen wäre, zumindest in den Wissenschaften, die sich mit dem Verhalten befassen. Aber sie erlangte diesen Einfluß nie, großenteils weil Kant nicht erklären konnte, warum die apriorischen Begriffe des menschlichen Geistes – seine menschliche Natur – mit der Natur der Wirklichkeit so gut übereinstimmten. Die Welt der Philosophie genoß zuletzt das Schauspiel, wie Immanuel Kant, der Rationalist durch und durch, einräumte, es müse alles »ein glücklicher Zufall« sein. Die einzige Alternative war Gott.

Es klingt vielleicht unbescheiden, aber wir könnten jetzt die Antwort besitzen, die Kant entging. Die Evolution kann der Schlüssel zu der Erklärung sein, warum der menschliche Geist so bemerkenswert gut darauf eingestellt ist, mit ebender Erfahrung fertig zu werden, die er mit großer Wahrscheinlichkeit machen wird. Durch das Sieben und Sichten der natürlichen Selektion waren Gene und Genkombinationen, die Individuen dafür ausrüsteten, in den Wechselfällen des Lebens erfolgreich zu bestehen, imstande, mehr Kopien ihrer selbst zu hinterlassen als andere, die schlechter auf die Wirklichkeit abgestimmt waren, wie sie für mittelgroße, auf der Erde lebende Organismen existierte. Selbstverständlich besitzen wir apriorische geistige Strukturen, und selbstverständlich reflektieren sie genau die Natur der Welt: es ist adaptiv, daß sie das tun.

Die Evolution versöhnt die Kantsche Philosophie des Angeborenen nicht nur auf überzeugende Weise mit unserem Streben nach wissenschaftlicher Erklärung, sondern auch mit ihrer Erzfeindin, der Philosophie der Erfahrung. Wenn die Evolution durch natürliche Auslese die Quelle der apriorischen Strukturen unseres Geistes ist, dann stammen diese Strukturen in einem gewissen Sinne auch von der Erfahrung her – nicht von der unmittelbaren, kurzfristigen Erfahrung eines einzelnen, sich entwickelnden Organismus, sondern von der langfristigen Erfahrung einer sich entwickelnden Population. Nur durch die Interaktion zwischen Lebewesen und ihren Umwelten wurden gewisse Individuen erfolgreicher als andere. Die Evolution ist dann das Resultat unzähliger Erfahrungen, die während einer beinahe unvorstellbar langen Zeit akkumuliert wurden. Der apriorische menschliche Geist, anscheinend vorprogrammiert und mindestens ein wenig unabhängig von persönlicher Erfahrung, *ist* tatsächlich nichts anderes als die Erfahrung selbst.

Die Welt unserer Vorfahren war offensichtlich anders als die, in der wir heute leben. Aber sie war dennoch eine Welt von Zeit und Raum, eine Welt, in der nicht zwei Gegenstände zur gleichen Zeit denselben Platz einnehmen konnten, und in der Ereignisse linear aufeinanderfolgten. Sie war wie die unsere eine Welt von Felsen und Bäumen, von Wind und Regen, von Freunden und Feinden, von Kindern und Eltern, von Freude und Schmerz. Sie war eine Welt, in der eine Wirkung auf eine Ursache folgte – schlag ein Tier mit einer Keule, und es fällt tot um. Dies war und ist die Welt der Erfahrungen, auf die die elementaren Tiefenstrukturen unseres Geistes abgestimmt sind. Im großen und ganzen sind wir sogar sehr gut abgestimmt, doch in dem Maße, in dem die Wissenschaft über den Bereich der unmittelbaren persönlichen Erfahrung hinausgeht – besonders in der Astronomie, der theoretischen Physik und der Erforschung subatomarer Teilchen –, verlieren wir die Orientierung. Es fällt dem menschlichen Geist sehr schwer, so ungeheure Entfernungen wie Lichtjahre zu begreifen – oder Dinge, die so klein sind, daß sie buchstäblich unmeßbar sind. Da wir uns in einer Welt von mittelgroßen Objekten entwickelten, die sich mit mäßiger Geschwindigkeit bewegten, verstehen wir leicht Isaac Newtons Physik vom fallenden Apfel. Sie hat etwas intuitiv Ansprechendes und Befriedigendes. Aber da wir keine frühere Bekanntschaft mit Geschwindigkeiten machten, die sich der des Lichts nähern, ist etwas ausgesprochen Enervierendes an Einsteins Formulierung, daß Materie und Energie austauschbar sind, oder an der »Tatsache«, daß ein Gegenstand, der sich nahezu mit Lichtgeschwindigkeit bewegt, physikalisch kürzer wird und daß sich die Zeit verlangsamt.

Die moderne Physik konfrontiert den biologisch entwickelten Menschen mit einigen echten Paradoxa, die, gelinde gesagt, irrsinnig sind. Etwas kann gleichzeitig eine Welle und ein Teilchen sein, und Geschehnisse können zeitlich rückwärts und vorwärts verfolgt werden. Antimaterie vernichtet Materie, und Elektronen existieren eher als Wahrscheinlichkeits-Wolken denn als einzelne Teilchen. Wir verlieren einfach den Boden unter den Füßen und fühlen uns so verwirrt und fehl am Platz wie ein Tiefseefisch, den man plötzlich in die Mojavewüste wirft.

Der Biologe, Mathematiker und Philosoph J. B. S. Haldane drückte unsere Verwirrung gut aus, als er schrieb: »Die Welt ist nicht nur sonderbarer, als wir sie uns vorstellen, sie ist sonderbarer, als wir sie uns vorstellen *können.*« Bei der Bildung der fundamentalen apriorischen Natur unseres Geistes gab uns die Evolution nicht nur einen Ausgangspunkt; sie kann uns auch Grenzen gesetzt haben, wie weit wir gehen können – buchstäblich: wieviel wir uns vorzustellen vermögen.

Nachdem wir von Kant bis Darwin, von unseren altsteinzeitlichen Ursprüngen bis zur Welt der relativistischen Physik geschweift sind,

wollen wir mit einem Blick auf das Auge eines Frosches enden. Es kann uns vielleicht sehr viel über uns selbst sagen. In einer wunderbaren Abhandlung mit dem Titel »Was das Froschauge dem Froschhirn sagt«, schilderten Wissenschaftler vom MIT (Massachusetts Institute of Technology) ein Experiment, bei dem sie Frösche unter verschiedenen Beleuchtungen verschiedene Arten von Objekten betrachten ließen und Elektroden verwendeten, um die Funktion der Sehnerven aufzuzeichnen, die Borschaften vom Auge des Frosches zu seinem Gehirn sandten. Sie spionierten regelrecht aus, was bei der Übertragung der Wirklichkeit in das Gehirn des Tiers geschieht. Es zeigte sich, daß das Froschhirn ein sehr entstelltes Bild von seiner Umgebung erhält, jedenfalls ein nach unseren Begriffen entstelltes. Es gibt in der Mittelschicht der Retina des Frosches nur fünf verschiedene Zelltypen, und jeder reagiert auf einen beschränkten Reiz: einer ist empfänglich für die Veränderung der Beleuchtung, ein anderer für einen plötzlichen Wechsel von Hell zu Dunkel, ein anderer für bewegliche Kanten (möglicherweise Freßfeinde wie Reiher oder Schlangen?), wieder ein anderer für kleine bewegliche Punkte (Insekten-Detektoren?) und so fort. Das Bild des Frosches von der Welt ist einfach die Summe dieser sehr beschränkten Wahrnehmungen und sonst nichts.
Natürlich ist ein Frosch kein Geistesriese, und da seine sensorischen Bedürfnisse beschränkt sind, erhält er von seinen Sinnesorganen nur Informationen, die sein beschränktes Gehirn auch verarbeiten kann. Der Frosch hat keine Verwendung für ein vollständiges Bild der wirklichen Welt, obwohl ein solches Bild genauer sein mag als das, das er jetzt erhält. Menschen ihrerseits sehen die Welt völlig anders. Wir sind keine Frösche, die auf nah eingestellte Insekten-Detektoren beschränkt sind. Wir haben vielmehr komplizierte Vorrichtungen wie Radar und Infrarot-Sensoren konstruiert, um unser Wahrnehmungsvermögen weit über unsere biologische Ausrüstung hinaus auszudehnen. Vermutlich ist das, was uns unsere Biologie und unsere Geräte sagen, wahr – oder doch nicht? Nicht weniger als der Frosch sind wir das Produkt der Evolution durch natürliche Auslese, ausgestattet mit einer Menschennatur und gewissen geistigen Eigenschaften. Frösche verbringen wohl kaum viel Zeit damit, über die Natur ihres Geistes nachzudenken, aber Menschen, die über die ihre nachdenken, könnten zu dem Schluß gelangen, daß sie sich nicht wirklich so sehr von den Fröschen unterscheiden, wie sie gern hoffen möchten.

Können wir, wenn wir die Verschiedenheiten des menschlichen Verhaltens nüchtern genug betrachten, das, was Henry James das »blühende, summende Durcheinander« des Lebens nannte, reduzieren auf die

Einfachheit biologischer Spezies, die Naturgesetzen gehorchen? Ein »Reduktionismus« dieser Art ist ein anstößiges Wort für die meisten Sozialwissenschaftler, deren Mehrheit noch immer mit Emile Durkheim, einem der Gründer der Soziologie, der Meinung ist:

*»Zwischen Psychologie und Soziologie besteht derselbe Bruch eines Zusammenhangs wie zwischen der Biologie und den physikalisch-chemischen Wissenschaften. Daher können wir jedesmal, wenn ein soziales Phänomen direkt durch ein psychologisches Phänomen erklärt wird, sicher sein, daß die Erklärung falsch ist.«*

Soziale Fakten müssen nach Durkheim durch andere soziale Fakten verstanden werden und nicht dadurch, daß man sie auf Fakten der Psychologie oder der Biologie reduziert. Natürlich lebte Durkheim vor dem Erscheinen der Biochemie, Molekularbiologie und Biophysik, sonst hätte er wohl den ersten Teil seiner Behauptung unterlassen, der heute so offenkundig unwahr ist.

Ich glaube aber, Durkheim hatte ebenso unrecht mit seiner Behauptung, daß psychologische Phänomene nicht imstande seien, soziologische Vorgänge zu erklären. Doch die entscheidende Frage ist letzten Endes nicht, ob menschliches Verhalten auf die Psychologie oder die Evolutionsbiologie oder schließlich auf Zellen oder gar Moleküle oder Atome reduziert werden kann. Wir sollten uns vielmehr fragen, wie weit wir unser Verständnis vertiefen, wenn wir erkennen, daß wir sowohl biologische als auch kulturelle Wesen sind.

Die Bemühungen, das menschliche Verhalten auf einen einzelnen erklärenden Faktor zurückzuführen, begannen lange vor der Soziobiologie. Im 15. Jahrhundert isolierte der schottische König Jakob IV. mehrere Kinder unmittelbar nach ihrer Geburt, um zu verhindern, daß sie irgendeine menschliche Sprache hörten. Sein Ziel war zu entdecken, ob der Mensch eine angeborene, von Gott gegebene Sprache besitze. Unglücklicherweise starben die Kinder, bevor sie überhaupt sprechen, geschweige denn König Jakobs fromme Hoffnung erfüllen konnten, daß sie miteinander auf natürliche Weise Hebräisch zu sprechen beginnen würden.

Der im 19. Jahrhundert lebende Sozialphilosoph John Stuart Mill nahm einen völlig anderen Standpunkt ein als Durkheim:

*»Die Gesetze der Phänomene der Gesellschaft sind und können nichts anderes sein als die Gesetze der Handlungen und Leidenschaften der im Sozialstaat versammelten Menschen. Menschen in der Gesellschaft haben keine Eigenschaften als die, welche abgeleitet sind von den Gesetzen der Natur individueller Menschen und in diese aufgelöst werden können.«*

Die »Gesetze der Natur individueller Menschen« sind nach Mill die Gesetze der Natur, nicht mehr und nicht weniger.

Einer der Bahnbrecher der Psychoanalyse, C. G. Jung, teilte den unbewußten menschlichen Geist in zwei Teile: das persönliche Unbewußte, das Produkt der privaten Erfahrungen eines Individuums, und das kollektive Unbewußte, das die Erfahrungen enthält, die unsere Spezies im Laufe ihrer Evolutionsgeschichte akkumuliert hat. Diese kollektive, die Spezies umfassende Weisheit lenkt angeblich zum großen Teil unser unbewußtes Verhalten und taucht oft auf in Mythen und Legenden und besonders in Träumen als allgemeine »Archetypen«. Soviel ich weiß, hat noch niemand versucht, Jungs Archetypen ganz speziell mit dem Blick auf die Evolutionsbiologie zu analysieren, aber das wäre höchstwahrscheinlich ein interessantes Projekt.

In jüngerer Zeit ließ sich ein Trend zu einer »humanistischen Psychologie« feststellen, der von Erforschern des menschlichen Verhaltens wie Abraham Maslow und Carl Rogers beeinflußt wurde. Maslow stellt eine Rangordnung von »organismisch begründeten Bedürfnissen« auf, und zu diesen gehören: 1. Physiologie (Hunger, Durst, Geschlechtstrieb etc.), 2. Sicherheit, 3. Liebe und Zugehörigkeit, 4. Wertschätzung (weitgehend als Ergebnis der Leistung) und 5. Selbstverwirklichung. Das Individuum strebt danach, dasjenige dieser Bedürfnisse zu befriedigen, das frustriert wurde. Bezeichnend ist, daß jeder von uns, wie hier angenommen wird, mit dem Niedrigsten in der Hierarchie beginnt und sich zum Höchsten hinaufarbeitet. Dieses Schema ist im Hinblick auf die Evolution zutiefst sinnvoll, denn es spiegelt eine Hierarchie menschlicher Bedürfnisse wider, die sich nicht signifikant von denen unterscheiden, für die sich die natürliche Auslese entschieden hat.

Der Sprachwissenschaftler Noam Chomsky war ein Pionier auf dem Gebiet der »strukturalistischen Linguistik«, einer Disziplin, die eine gemeinsame, fundamentale Tiefenstruktur in der außerordentlichen Vielfalt der menschlichen Sprachen zu erkennen versucht. Nach Chomsky ist diese Tiefenstruktur in jeder Sprache durch eine Reihe von Regeln ausgedrückt, die die Umwandlung der Tiefenstruktur in die augenscheinliche Oberflächenstruktur – die Sprache selbst – bestimmen. Wenn wir »verstehen«, was ein anderer sagt oder schreibt, benutzen wir die Umkehrung dieser Regeln, um die Oberflächenstruktur in unsere eigene Tiefenstruktur zurückzuverwandeln. Während unsere Tiefenstruktur sehr persönlich ist und den privaten und unbewußten Besitz eines jeden von uns darstellt, ist sie zugleich etwas, was wir mit allen anderen Menschen gemeinsam haben. Indem sie einen Aspekt des menschlichen Geistes auf diese Weise reduzieren, betonen Chomsky und seine Schule unsere Beziehung zur Biologie und ebenso auch unsere Verwandtschaft untereinander.

Der große Schweizer Kinderpsychologe Jean Piaget interessierte sich besonders für die Strategien, die Kinder anwenden, um ihre Umwelt zu verstehen, und er schrieb viele, auf sorgfältigen Studien beruhende Bücher über Themen wie die Vorstellung des Kindes von Zeit, Raum, physischer Wirklichkeit und moralischen Prinzipien. Seine großartigen Werke sollten im Zusammenhang mit seinem größeren Interesse an der Epistemologie, der Lehre von den Grundlagen des Wissens, untersucht werden: Wie können wir als Menschen die Welt erkennen? Welches ist der Entfaltungsprozeß, durch den sich der menschliche Geist mit der Wirklichkeit auseinandersetzt? Und bis zu welchem Grade irren wir in unseren Wahrnehmungen wegen unserer Begrenztheiten als biologische Geschöpfe? Piaget studierte ursprünglich Biologie und war Spezialist für die wissenschaftliche Benennung von Schnecken und Muscheln. Sein reduktionistisches Denken wird deutlich offenbar in seinen Forschungen am Menschen, wo es Einsichten in den sich entwickelnden Geist des Kindes vermittelt. Piaget hat gezeigt, daß Kinder einzelne und voraussagbare Stadien durchmachen, in denen sie eine Fähigkeit entwickeln, ihre Welt zu deuten und auf sie zu reagieren.

Schließlich führten Clyde Kluckhohn, ein Anthropologe, und der Sozialpsychologe Henry Murray einen brauchbaren Rahmen für den Reduktionismus ein, als sie erklärten:

*Jeder Mensch ist in gewissen Hinsichten*

*a. wie alle anderen Menschen*
*b. wie manche andere Menschen*
*c. wie kein anderer Mensch.*

Dies ist kein Test, bei dem unter mehreren Antworten die richtige anzukreuzen ist. Alle obigen Behauptungen stimmen, und ebendas macht die Menschheit so interessant und doch so schwer zu studieren. Wir sind wie niemand sonst, da jeder von uns genetisch anders und einzigartig ist und da auch unsere individuellen Lebenserfahrungen immer anders sind. Da aber alle Menschen innerhalb der einen oder anderen Kultur aufwachsen, haben sie vieles mit den anderen in ihrer Gesellschaft gemeinsam. In diesem Sinne sind wir alle wie manche andere Menschen. Darüber hinaus haben wir als *Homo sapiens* einen gemeinsamen Kern des Menschseins, der uns wie alle anderen Menschen sein läßt. Zu dieser letzten Erkenntnis leistet die Soziobiologie ihren stärksten Beitrag, obwohl wir die Sätze von Kluckhohn und Murray noch durch die zusätzlichen Feststellungen ergänzen könnten, jeder Mensch sei in gewissen Hinsichten auch

*1. wie alle Lebewesen*
*2. wie alle Tiere*
*3. wie manche Tiere.*

Der Reduktionismus hat seine schlechten und seine guten Seiten. Er verengt zwar unsere Perspektive und scheint unsere Anschauung von uns selbst ärmer zu machen, aber er befähigt uns auch, unsere Verwandtschaft mit allem Lebendigen klarer zu sehen und uns dadurch unermeßlich zu bereichern.

Eine reduktionistische Ansicht des menschlichen Geistes, die freigebig mit der evolutionsbiologischen Theorie der Tauglichkeits-Maximierung durchsetzt wäre, könnte sehr wohl neue Einsichten in alte Ideen vermitteln. Unser Gewissen, beispielsweise, läßt Warnsignale aufblinken, wenn wir unsere Grenzen überschritten haben und einem anderen auf die Zehen getreten sind, vielleicht weil wir bei der Verfolgung unserer eigenen Tauglichkeit in den Bereich eines anderen eingedrungen sind, der das gleiche Ziel hat. Was wir Gewissen nennen, könnte in Wirklichkeit unsere eigene adaptive Erkenntnis sein, daß wir zu weit gegangen sind und Gefahr laufen, ertappt zu werden; es könnte ein Mittel sein, uns – in unserem eigenen Interesse – zu ermahnen, vorsichtiger zu handeln und besser auf die Regeln und Erwartungen der Gesellschaft zu achten.

Ähnliche Auslegungen ließen sich für beinahe alle unsere geistig-seelischen Prozesse finden. Die Liebe kann gewährleisten, daß tauglichkeitserhöhende Investitionen in die richtigen Individuen gemacht wurden wie, zum Beispiel, den Geschlechtspartner, die Eltern, die Kinder, andere Verwandte und Freunde. Eifersucht kann die Folge einer geistigen Berechnung sein, die zu dem Resultat führt, daß eine andere Person einen »unfairen Anteil« an mit der Tauglichkeit zusammenhängenden Vorteilen bekommt. Zorn kann als ein Zustand hoher Erregung gesehen werden, in dem sich unser Körper auf eine aggressive Interaktion vorbereitet und zugleich diesen Zustand anderen mitteilt. Er informiert damit andere über das Ausmaß des Mißfallens und kann sie in vielen Fällen dazu bewegen, ihr Verhalten zu ändern, um eine Auseinandersetzung zu vermeiden. Trauer – oder Kummer – ist ein weiterer auffälliger Verhaltenszustand, einer, der im allgemeinen mit Bedürftigkeit assoziiert wird; er wird ausgelöst durch einen persönlichen Verlust oder irgendein anderes Unglück und kann gewöhnlich erleichtert, wenn nicht geheilt werden, durch das teilnahmsvolle Verhalten anderer. So wie Kinder als Reaktion auf Bedürfnisse weinen, die dann oft befriedigt werden, weinen oder trauern auch Erwachsene, wenn sie Kummer haben, und gewöhnlich erhalten sie dann auch Hilfe. Glücklichsein kann gesehen werden als Zustand der Freude über eine Erhöhung der Tauglichkeit. Wenn das glückliche Individuum allein ist, ist sein Verhalten gewöhnlich eher unauffällig. In der Öffentlichkeit ist das Verhalten eines glücklichen Menschen gewöhnlich eher laut und Aufmerksamkeit erregend. In dieser Umgebung ist Glücklichsein eine Ankündigung, daß wir etwas erreicht haben, und, da jeder einen Sieger liebt, vermutlich ein wirksames Mittel, die Wahrscheinlichkeit zu erhöhen, daß es einem auch weiterhin gutgehen wird.

Wenn all diese Deutungen kraß mechanistisch und daher unangenehm klingen, so mag es sich lohnen, sich mit der Frage zu beschäftigen, ob unser Widerstreben, die tauglichkeitsfördernden Aspekte unseres eigenen Verhaltens zu akzeptieren, nicht an sich schon die Tauglichkeit erhöhen könnte. Da wir alle schon sehr früh im Leben lernen, daß es den Mitmenschen nicht gefällt, wenn wir uns zu selbstsüchtig benehmen, könnte es unsere Tauglichkeit mindern, wenn wir zugeben, daß wir in Wirklichkeit sehr darauf bedacht sind, unser eigenes Wohlergehen zu fördern.

Es ist sogar möglich, daß der ständige, von der Biologie herrührende Konflikt zwischen persönlichem und gesellschaftlichem Nutzen zwei mächtige Aspekte des menschlichen Geistes geschaffen hat: die Sittlichkeit und das Unbewußte. Was die Sittlichkeit anbetrifft, haben seit Darwin manche Biologen und Philosophen die Ansicht vertreten, daß wir unser ethisches System auf die Theorien der Evolution gründen können und sollten. Im 19. Jahrhundert verwandelten die Apologeten des Kolonialismus und des liberalen Kapitalismus das »Überleben des Tauglichsten« von einer biologischen Beschreibung des Wirkens der Welt der Natur in ein soziales Rezept, wie die Welt beschaffen sein sollte. Für manche Biologen des 20. Jahrhunderts, die über den früheren Mißbrauch des Werkes Darwins entsetzt, aber nichtsdestoweniger entschlossen waren, ein System der Evolutionsethik zu entwickeln, bedeutete »Überleben des Tauglichsten«, daß man allem einen positiven Wert beimessen müsse, was der Entwicklung von Lebewesen förderlich ist. Sie traten ein für Vielseitigkeit und den möglichst vollen Ausdruck des genetischen Potentials, während sie gegen alles Stellung nahmen, was zum Aussterben einer Art führte. Beide Bemühungen scheinen schlecht begründet zu sein, und die Version des 19. Jahrhunderts mit ihren Befürwortern des Sozialdarwinismus war geradezu völlig abwegig.

Es gibt nichts von Natur aus Gutes oder Böses an dem Gift einer Klapperschlange, wenngleich ich mir vorstellen kann, daß eine Klapperschlange und eine Feldmaus in diesem Punkt geteilter Meinung sein könnten. Ebenso ist die Mutation, die den Organismen hilft, sich weiterzuentwickeln, indem sie mehr genetische Verschiedenartigkeit schafft, in keinem Sinne besser als die Selektion, die den Bereich der Verschiedenartigkeit einengt. Die Evolution *ist.* Sie ist eine Tatsache. Aber Tatsachen sind auch Aussterben, Ausscheidung von Exkrementen und Typhus. Als denkende Menschen können wir beschließen, von diesen Dingen oder irgendwelchen anderen zu sagen, daß sie »sein sollen« oder »nicht sein sollen«, aber an ihrer Existenz an sich ist nichts, was sie automatisch gut oder böse macht.

Obwohl die Verbindung zwischen Evolution und Ethik subtiler ist als die bloße Ableitung der einen von der andern, kann sie nichtsdestoweniger tatsächlich existieren. Die Evolution wird uns nicht sagen, was gut oder böse ist, aber sie kann uns sehr viele Hinweise darauf geben, was wir Menschen uns angewöhnt haben, als gut und böse zu betrachten, und warum. Während alle menschlichen Gesellschaften eindeutige Ansichten über Recht und Unrecht haben, ist es möglich, daß sich alle Menschen individuell in einem Konflikt zwischen dem befinden, was sie privat als richtig für sie selbst betrachten, und dem, was sie öffentlich als richtig für sie selbst und andere verkünden. Die persönliche menschliche Sittlichkeit kann sich daher letzten Endes auf Erwägungen der Tauglichkeit gründen, wobei ein Verhalten, das die Tauglichkeit maximiert, allgemein höher bewertet wird als eines, das sie reduziert. Gleichzeitig kann jedoch ein Verhalten, das meine Tauglichkeit maximiert, die Ihre reduzieren und umgekehrt, so daß Individuen, die bei der selbstsüchtigen Verfolgung ihrer Tauglichkeit zu weit gehen, Gefahr laufen, von der übrigen Gesellschaft diskriminiert zu werden, so daß ihre Handlungen zuletzt einen Verlust für sie bedeuten: in Form von Geldstrafen, Verletzungen, Inhaftierung oder sogar Hinrichtung. Andererseits ist die Gesellschaft meistens bereit, Individuen zu unterstützen, die öffentlich auf selbstsüchtigen Gewinn verzichten oder irgendwie durch ihr Verhalten zeigen, daß sie sich im Umgang mit anderen »sittlich« verhalten. Damit sind die Voraussetzungen für mehrere Konflikte gegeben: wir können das eine sagen und das andere tun, und wir können unsere Mitmenschen drängen, sich an ein moralisches System zu halten, das in Wirklichkeit ausschließlich unsere Tauglichkeit maximiert.

Das soll nicht heißen, daß es nicht tatsächlich echte sittliche Führer gibt, Männer und Frauen, die sich die Moral, die sie predigen, selbst zu eigen machen. Schließlich ist die Erdbevölkerung groß genug, um eine unglaubliche Vielfalt von Menschen hervorzubringen. Im Laufe der aufgezeichneten Geschichte haben wir von Führern wie Konfuzius, Moses, Christus, Buddha und Mohammed gelernt. Dennoch kann ich nicht umhin, mich zu fragen, ob der öffentliche Beifall, der den Predigern edler Empfindungen gezollt wird, nicht großenteils von der Erkenntnis des Individuums herrührt, daß es ihm selbst besser ergehen würde, wenn sich *alle anderen* auf die empfohlene Weise verhielten.

Wir können mit einer ähnlichen Betrachtungsweise neue Einsichten in den unbewußten Geist des Menschen gewinnen. Es scheint kaum bezweifelt zu werden, daß das Unbewußte, wenn es auch nur schlecht verstanden wird, etwas Wirkliches ist und auf gewissen dunklen Wegen unser Verhalten beeinflußt. Wir können daher voraussagen, daß es ein Produkt unserer Evolution ist und daß es, besonders da es allgemein vorhanden und »normal« ist, ebenso auch ein adaptives Produkt sein sollte. Was können wir über die Evolution des Unbewußten und seine adaptive Bedeutung folgern?

Thomas Hobbes schrieb im 17. Jahrhundert, die Menschen seien »ihrer Natur nach« unerbittlich selbstsüchtig, und er warnte vor dem fortwährenden und unvermeidlichen »Krieg aller gegen alle«, wenn sich die Gesellschaft nicht vermittelnd einschaltete. Nach Hobbes' Ansicht ist es also die Rolle der Gesellschaft, jene biologischen Tendenzen zu zügeln, die gewinnbringend für die Individuen, aber potentiell vernichtend für das Ganze sein können. Als soziale Geschöpfe haben wir alle eine sehr geringe Tauglichkeit, sofern wir uns nicht mit unseren Mitmenschen zusammenschließen; daher leben wir zu unserem persönlichen Nutzen in sozialen Gruppen. Zugleich aber müssen diese sozialen Gruppen, wenn die Gesellschaft überleben soll, unsere krasseren ichbezogenen Handlungen im Zaum halten. Wir befinden uns in einem frustrierenden Dilemma: wir brauchen die Gesellschaft zu unserem eigenen Nutzen, aber eine erfolgreiche Funktion innerhalb dieser Gesellschaft fordert von uns, daß wir auf eine auffällige Verfolgung dieses Nutzens verzichten.

Wenn die menschliche Gesellschaft fordert, daß jeder von uns seine selbstsüchtigen, die Tauglichkeit maximierenden Strategien sublimiert, dann ist ein großer Teil unseres sozialen Verhaltens stark gehemmt und in Wirklichkeit ein komplexes Gewebe von Lügen und Täuschungen. Nach Reinhold Niebuhr ist das Ich versucht, seinen Wunsch zu herrschen hinter einer angeblichen Hingabe an die Welt zu verbergen, und jedes reife Benehmen ist daher von einem Element der Unehrlichkeit und Unaufrichtigkeit infiziert. Die Lüge ist immer eng verbunden mit der Sünde des Egoismus. Nun ist das Lügen natürlich nichts, was wir offen zugeben und worauf wir stolz sind. Tatsächlich sind die besten Lügner diejenigen, die sich der Lüge gar nicht bewußt sind; sie können die überzeugendste Miene aufsetzen, in der sich keine Anzeichen eines inneren Kampfes verraten. Das Produkt dieser Verdrängung ist das Unbewußte, ein innerer Kern von biologisch entwickelter gieriger Selbstsucht (ähnlich der Freudschen Vorstellung vom Es), der sich mit unseren personalisierten Mechanismen verbunden hat, mit deren Hilfe wir die Umwelt bewältigen. Da es gewöhnlich unserem bewußten Geist nicht zugänglich ist, ermöglicht uns das Unbewußte, die Tauglichkeit maximierende, höchst egozentrische Verhaltensstrategien beizubehalten, ohne dessen gewahr zu werden.

Diese Theorie der adaptiven Bedeutung des Unbewußten fordert uns auf, unser Verständnis des Bewußten wie des Unbewußten bei Mensch und Tier noch einmal zu überprüfen. Seit jeher gehen die Meinungen darüber auseinander, ob Tiere einen Geist, eine Seele und ein Bewußtsein haben. Die meisten von uns sind gewohnt zu denken, daß der *Homo sapiens* einzigartig sei mit seinem Besitz eines bewußten Geistes. Tatsächlich sind wir aber vielleicht darin einzigartig, daß wir ein *Un*-Bewußtes haben, oder zumindest einzigartig in bezug auf den Grad der Entwicklung unseres Unbewußten. Während, zum Beispiel, die Täuschung bei Tieren nicht besonders üblich ist, ist sie beim Menschen gang und gäbe. Tieren fehlt daher vielleicht ein Unbewußtes in dem Maße, in dem ihr Sozialverhalten nicht durch von außen auferlegte Regeln eingeschränkt ist. Sofern Tiere als »ehrlich« betrachtet werden können, können wir von ihnen auch erwarten, daß sie bewußt sind. Im Geist eines Tieres geht wahrscheinlich wenig vor, was über das Offensichtliche hinausreicht, da es von minimalem adaptivem Wert wäre, etwas zu verbergen. Da die Menschen aber komplexe und restriktive soziale Regeln ausgearbeitet haben, könnten sie dadurch die Voraussetzungen für die Evolution eines ihrer typischen Merkmale geschaffen haben – nicht des Bewußtseins, sondern des Unbewußten.

Um diesen offensichtlich spekulativen Exkurs abzuschließen, versuche man sich vorzustellen, wie jemand wäre, der *kein* Unbewußtes hätte. Es gibt zwei Möglichkeiten, eine solche Situation zu interpretieren: entweder würden die Eigenschaften, die normalerweise im Unbewußten vorhanden sind, statt dessen im Bewußtsein dieser Person erscheinen und ihr Verhalten direkt beeinflussen – oder diese Eigenschaften würden überhaupt fehlen. Das Ergebnis? Im ersteren Falle würden die Individuen von der Gesellschaft abgelehnt, möglicherweise eingesperrt, verletzt oder gar getötet werden. Ihre Tauglichkeit wäre offensichtlich sehr gering. Im letzteren Falle würde einfach eine die Tauglichkeit maximierende Komponente in ihrem Verhalten fehlen, und dementsprechend wäre auch ihre Tauglichkeit gering.

Leibniz schrieb, wenn es Gott nicht gäbe, müßten wir ihn erfinden. Ebenso scheint es, daß wir das Unbewußte, wäre es nicht schon vorhanden gewesen, hätten entwickeln müssen.

Sigmund Freud war der erste Pionier, der die innere Arbeitsweise des menschlichen Geistes aufzeichnete. Wenn auch viele seiner Ideen anfechtbar sind, so liefern sie doch zumindest Ausgangspunkte für das Verständnis unseres verborgenen Ichs. Wie Piaget begann Freud seine Karriere als Biologe, und es gibt mehrere interessante Parallelen zwischen seinen Gedanken und den Theorien der modernen Soziobiologie.

In *Das Unbehagen in der Kultur* behauptete Freud, daß unsere Kultur, allgemein gesprochen, auf die Verdrängung der Instinkte gegründet sei. Viele andere Glaubenssysteme haben sich auf eine solche Vorstellung gestützt. Der Rationalismus, der sich im Denken Immanuel Kants ausdrückte, vertrat die Ansicht, daß sich die Vernunft zwischen uns und unsere Instinkte schiebe. Für die strengen Protestanten Neu-Englands war es die göttliche Gnade, die uns vor unserem sonst sündigen Ich bewahrte. Und für Freud war es das Überich, das dem Es entgegenwirken mußte.

Im Freudschen Schema hat unser Nervensystem nicht so sehr die Funktion, Erregung zu schaffen, als vielmehr sie auf ein Mindestmaß zu beschränken. Die Außenwelt wirkt ständig auf uns ein und verursacht Unsicherheit und daher Unbehagen. Unser Nervensystem reagiert darauf, indem es uns hilft, all das Unangenehme zu meiden, und indem es sich selbst in einem möglichst niedrigen Reizzustand hält – im Gleichgewicht. Es ist richtig, daß Menschen, und sogar kleine Kinder, oft einen leichten Reiz suchen, aber wenn er zu stark wird, schafft er Spannungen. Das menschliche Verhalten funktioniert daher so, daß es geistige Spannungen auf ein Mindestmaß beschränkt.

Freuds Ansicht ist durchaus mit dem soziobiologischen Denken vereinbar, und wir können die Erkenntnis der Soziobiologie hinzufügen, daß geistige Spannungen sehr leicht durch Situationen geschaffen werden, die nicht zur Maximierung der Tauglichkeit führen. Nehmen wir mit Freud an, daß der menschliche Geist programmiert ist, Spannung zu reduzieren, sooft sie empfunden wird; eine solche Spannung kann am größten sein, wenn wir uns in tauglichkeitsreduzierenden Situationen befinden. Als Resultat ergibt sich ein Schema, durch das der Geist programmiert wird, diese tauglichkeitsreduzierenden Situationen zu meiden und tauglichkeitsfördernde zu suchen.

Im allgemeinen befaßt sich die Soziobiologie mit dem adaptiven Wert des Verhaltens. Sie bietet eine Perspektive der Normalität und Gesundheit und betrachtet die meisten Merkmale als die evolutive Folge davon, daß Individuen diejenigen Strategien anwandten, die ihre Tauglichkeit maximierten. Sie kann auch eine Betrachtungsweise der geistigen Gesundheit bieten, die ganz anders ist als alles, was sich Freud je vorstellte. Wenn es das Ergebnis der natürlichen Selektion ist, daß wir nach einem Verhalten streben, das unsere Tauglichkeit maximiert, dann werden diejenigen, denen das gelingt, einen Zustand geistiger Gesundheit erleben. Solche Individuen werden wahrscheinlich auch von anderen als gesund betrachtet werden. Wenn sich jedoch gesunde Individuen außerstande sehen, sich auf eine die Tauglichkeit maximierende Weise zu verhalten, modifizieren sie ihr Verhalten oder ihre Umgebung, um wieder eine bessere Übereinstimmung herzustellen (oder, um Freuds Bild zu verwenden, die resultierende innere Spannung zu reduzieren). Ebensogut kann aber auch das Gegenteil der Fall sein: vielleicht betrachten wir die Maximierung der Tauglichkeit bei anderen als ein Anzeichen ihrer geistigen Gesundheit oder Krankheit. Ob wir uns dessen bewußt sind oder nicht, neigen wir vielleicht in der Praxis dazu, Geisteskrankheit als einen Verhaltenszustand zu definieren, in dem die Tauglichkeit nicht maximiert wird. Sicherlich wird ein Verhalten, das kraß antisozial oder selbstzerstörerisch ist, allgemein und in praktisch allen menschlichen Gesellschaften als »krank« beurteilt.

Damit soll nicht behauptet werden, daß jedes gesunde menschliche Verhalten immer direkt der Erhöhung der Tauglichkeit dienen muß. In manchen Gesellschaften kann »normales« Verhalten bis zu einem gewissen Grade unadaptiv sein und dennoch immer noch gut genug funktionieren, um den Erfolg derer, die es ausüben, zu gewährleisten, und die Weigerung eines Individuums zu tun, was die anderen tun, kann seine Tauglichkeit stärker reduzieren als die Übereinstimmung mit dem Verhalten der anderen. So groß sind die Macht der Konformität und unser Bedürfnis nach der sozialen Gruppe, daß sogar die Unfähigkeit, sich einer »verrückten« Gesellschaft anzupassen, selbst ein Symptom der Verrücktheit sein kann!

Bei den Korjaken in Sibirien, zum Beispiel, galt es als Glaubensartikel, daß Hunde in großer Zahl geopfert werden mußten, um die Tiergottheiten gnädig zu stimmen und eine gute Jagd im kommenden Jahr zu gewährleisten. Dieser Brauch scheint uns seltsam zu sein, wenn wir bedenken, daß die Korjaken am Rand des Verhungerns lebten. Doch obwohl sie darauf bestanden, eines ihrer wertvollsten Existenzmittel zu vernichten, eines, von dem ihr Überleben abhing, überlebten die Korjaken. Sie bekamen immer wieder neue Hunde von ihren Nachbarn (die sich gottloserweise weigerten, die ihren zu opfern) im Austausch gegen Fleisch und Pelze. Wenn aber die Kultur der Korjaken dem westlichen Beobachter »verrückt« erscheinen mag, so betrachten wir doch den einzelnen Korjaken nicht als verrückt. Jeder paßte sich den Normen seiner Kultur an und war geistig vielleicht nicht weniger gesund als ein Amerikaner, der 6000 Dollar für einen Wagen zahlt, der 190 km/h »hergibt«, aber selten mit mehr als 55 km/h gefahren werden kann, weil die Straßen so sehr mit anderen Wagen verstopft sind!

Wenn jedoch Ihr Nachbar nebenan begänne, Hunde zu opfern, um sich geschäftlichen Erfolg zu sichern, könnte er sehr leicht in einer

Nervenheilanstalt enden und als Psychopath diagnostiziert werden. Und seine Unterbringung in der Anstalt wäre wahrscheinlich eine richtige Reaktion der Gesellschaft. In Seattle wurde unlängst eine junge Frau wegen Kindesentführung festgenommen. Es stellte sich heraus, daß sie Katzenblut trank und ihre eigene magische Religion entwickelt hatte. Sie wurde – nach unseren Maßstäben zu Recht – in eine Nervenheilanstalt eingewiesen. Andererseits trinken die Masai in Ostafrika seit Generationen Rinderblut, aber niemand ist der Ansicht, daß sie in eine Anstalt gehören. Das Entscheidende ist: wenn *ein* Mensch etwas Sonderbares tut, halten wir ihn meist für verrückt. Wenn es mehrere tun, sprechen wir von einem Kult (wie im Fall der Leute in den südlichen Appalachen, die mit Schlangen umgehen und überzeugt sind, daß Klapperschlangen nur Menschen beißen, die nicht stark genug im Glauben sind). Wenn es viele tun, haben sie eine Kultur gebildet, und von Gesundheit oder Verrücktheit kann grundsätzlich nicht mehr die Rede sein. Der Geistesgestörte lebt in einer höchst unadaptiven Kultur eines einzelnen, und wir nennen ihn vielleicht mit Recht geistesgestört. Schließlich sind Menschen soziale, nach Konformität strebende Wesen, und in einem solchen System müssen »Ein-Mann-Kulturen« sehr untauglich sein.

Es erscheint seltsam, daß eine Krankheit adaptiv sein kann. Gewiß ist nichts Adaptives daran, sich eine Lungenentzündung zu holen, und wir erwarten keinen Applaus von unseren Genen, wenn wir uns von einem Lkw überfahren lassen. Es kann jedoch an den Reaktionen des Körpers auf diese unglücklichen Ereignisse sehr vieles sein, was die Tauglichkeit fördert. Wir sind es, zum Beispiel, gewohnt, Fieber als eine unangenehme Begleiterscheinung gewisser Krankheiten zu betrachten. Die meisten Menschen nehmen, wenn sie feststellen, daß sie Fieber haben, Aspirin, um es zu behandeln. Aber betrachten wir eine erhöhte Temperatur vom Standpunkt der Evolution aus. Wenn Lebewesen konsequent ihre Körpertemperatur erhöhen, sobald sie von Bakterien oder Viren befallen werden – könnte dann diese Reaktion nicht Teil einer die Tauglichkeit maximierenden Strategie sein? Wäre es nicht möglich, daß Individuen, die auf Krankheitserreger durch eine Erhöhung der Körpertemperatur reagieren, die Infektion erfolgreicher bekämpfen als Individuen, die es nicht tun? Jüngste Untersuchungen haben gezeigt, daß diese Hypothese richtig ist.

Bei dem betreffenden Experiment wurden Wüstenleguane verwendet, Echsen, die Kaltblüter sind und daher ihre Körpertemperatur normalerweise nicht durch Fieber erhöhen können. Sie können ihre Temperatur aber durch Verhalten erhöhen, nämlich indem sie eine warme Umgebung aufsuchen. Als Kaltblüter oder Wechselwarme nehmen diese Echsen rasch die Temperatur ihrer Umgebung an. Bei dem Experiment wurden den Versuchstieren gefährliche Bakterien injiziert. Dann wurden einige in einer Umgebung mit konstanter Temperatur gehalten und andere in eine Umgebung versetzt, in der verschiedene Temperaturen herrschten, zwischen denen sie wählen konnten. Es zeigte sich, daß Leguane, die die Bakterieninjektion erhalten hatten, eine höhere Körpertemperatur wählten als die gesunden Individuen, und daß sich die infizierten Leguane, die die Wahl hatten, sich ein »Fieber« zu holen, weit besser erholten als die anderen, die nicht auf diese Weise reagieren konnten. Dazu kam, daß Leguane, deren Fieber durch Injektion eines aspirinähnlichen Mittels gesenkt wurde, tatsächlich eine niedrigere Überlebensrate hatten als die, die keine Behandlung erhielten. Fieber kann also adaptiv sein, und vielleicht sollten wir es uns zweimal überlegen, bevor wir nach dem Aspirin greifen.

Wenn physiologische Reaktionen wie Fieber adaptiv sind, scheint es möglich zu sein, daß Verhaltensreaktionen ebenso die Tauglichkeit erhöhen können, auch Verhaltensweisen, die »krank« zu sein scheinen. Selbstverständlich können auch adaptive Reaktionen in extremer Form unadaptiv sein. Ein Fieber über 40,5° C kann sehr gefährlich sein. Ebenso können gewisse extreme Verhaltensweisen selbstzerstörerisch und eindeutig unadaptiv sein. Aber so wie eine Untersuchung des adaptiven Werts von Fieber uns hilft, sein Auftreten zu verstehen, könnte uns eine Betrachtung der Persönlichkeitsstörungen (»Geisteskrankheiten«) aus dem Blickwinkel der Evolution helfen, den Ursprung dieser verwirrenden Verhaltensweisen zu verstehen.

Die Depression, zum Beispiel, ist die unter Erwachsenen am weitesten verbreitete Störung. In ihrer milderen neurotischen Form kann sie einfach »Schwermut« sein – eine tiefe Traurigkeit, Klagen über dieses und jenes, ein Gefühl der Hoffnungslosigkeit. In schweren Fällen treten Schlafstörungen und Appetitlosigkeit auf, es kommt zur Weigerung oder Unfähigkeit, richtig zu handeln, und zum versuchten oder tatsächlichen Selbstmord. Wie kann ein Verhalten, das die Tauglichkeit offensichtlich so sehr reduziert, in Wirklichkeit die Tauglichkeit maximieren?

Nehmen wir an, daß die leichte Depression ein Hilferuf ist. Es gibt im Leben Zeiten, in denen man Beistand braucht, von den Eltern, von Freunden, vom Ehepartner, ja sogar von den Kindern. Alle sozialen Tiere besitzen ein Repertoire von »Fürsorge erbittenden« Verhaltensweisen, Handlungen, die sie vollziehen können, um die Wahrscheinlichkeit zu erhöhen, daß man sich ihrer annimmt. Bezeichnenderweise reagieren Freunde und Verwandte gewöhnlich auch wirklich durch fürsorgliche Verhaltensweisen, wenn ein Mensch Symptome leichter Depression zu erkennen gibt. Solche Hilfe wird geboten, solange die gestellten Forderungen maßvoll bleiben und die angebotene Hilfe tatsächlich etwas nützt. Schwerere Depressionen rufen üblicherweise größere Anstrengungen zu helfen hervor, und in diesem Fall kommt die Hilfe dann auch von seiten des Arztes.

Wenn wir die »Hilferuf«-Aspekte der Depression mit unserer Kenntnis der Soziobiologie der Unterschiede zwischen Männlich und Weiblich* kombinieren, wird ein großer Teil dessen, was uns an der Depression rätselhaft erscheint, klar. Aufgrund biologischer Erwägungen allein würden wir erwarten, daß Frauen besonders auf die Kompetenz der Männer als »gute Versorger« eingestellt sind, mehr jedenfalls, als es Männer auf Frauen sind. Dieser Unterschied hilft, die Tatsache zu erklären, daß Depressionen in allen Gesellschaften signifikant häufiger bei Frauen als bei Männern auftreten. Ihre Biologie macht es wahrscheinlicher, daß Frauen das Geschlecht sind, das Fürsorge erbittende Verhaltensweisen zeigt. Von den Männern wird erwartet, daß sie Fürsorge bieten. Depressionen sind auch häufig mit ehelichen Streitigkeiten verbunden, eine Feststellung, die mit der Annahme übereinstimmt, daß die Depression eine unbewußte Bemühung darstellt, Anteilnahme, Aufmerksamkeit und Ressourcen zu erlangen, in diesem Falle von einem teilnahmslosen oder nicht hinlänglich teilnahmsvollen Ehemann.

Wenn Depressionen im allgemeinen häufiger bei verheirateten als bei unverheirateten Frauen auftreten, so gilt für Männer das Gegenteil. Die Entdeckung, daß ledige Männer eher zu Depressionen neigen als verheiratete, war eine wichtige Waffe für radikale Feministinnen, da sie zu der Annahme verleitet, die Ehe selbst sei eine von den Männern erdachte Institution, die dazu dienen soll, die Männer von Depressionen zu befreien und die Frauen zu deprimieren, vermutlich durch die emotional belastenden, sexistischen Forderungen, die an die verheiratete Frau in der heutigen Gesellschaft gestellt werden. Es mag viel Wahres an dieser Behauptung sein, aber die männlich-weiblichen Unterschiede in bezug auf die Depression im Zusammenhang mit der Ehe stimmen auch gut mit der soziobiologischen Hypothese überein. Wenn Männer das Ressourcen bietende Geschlecht sind und Frauen

* Um die relevanten Unterschiede zwischen Männlich und Weiblich noch einmal kurz zusammenzufassen, sei daran erinnert, daß Männchen eine große Anzahl kleiner, billiger Spermien produzieren, die keine große elterliche Investition erfordern, während Weibchen eine kleinere Anzahl kostbarer Eier produzieren, die eine relativ große Investition darstellen. Männchen sind daher dahingehend selektiert, untereinander um den Zugang zu Weibchen zu kämpfen. Da Weibchen außerdem ausgelesen sind, Männchen zu wählen, die maximal zu ihrer Tauglichkeit beitragen, sind Männchen dafür ausgelesen, Zugang zu für die Reproduktion wichtigen Ressourcen zu suchen.

biologisch dazu prädisponiert sind, Ressourcen zu empfangen, und wenn die Depression tatsächlich eine Bitte um (emotionale, finanzielle etc.) Ressourcen darstellt, scheint es vernünftig zu sein, daß ledige Männer mit depressiven Neigungen nicht als attraktive Ehepartner betrachtet werden, während depressive Tendenzen bei Frauen bei weitem nicht so unerwünscht sind. Als Folge davon kann die Depression bei verheirateten Frauen und bei ledigen Männern einfach deshalb häufiger vorkommen, weil ledige, zu Depressionen neigende Männer von heiratsfähigen Frauen benachteiligt werden, während ledige Frauen mit ebensolchen Neigungen mit geringerer Wahrscheinlichkeit von einem Mann gemieden werden, der eine Partnerin sucht.

Wir könnten auch voraussagen, daß die Depression als Fürsorge erbittendes Verhalten besonders nach der Geburt eines Kindes auftreten müßte, das heißt in einer Zeit, in der eine Frau besonders hilfsbedürftig ist und besonders empfindsam auf das Verhalten ihres Mannes ihr gegenüber reagiert. Tatsächlich ist die Depression *post partum* ein wesentliches Problem, das Psychiatern gut bekannt ist.

Was bedeutet all das im Hinblick auf den Selbstmord, die drastischste Lösung im Falle schwerer Depressionen? Es scheint klar zu sein, daß jeder, der wirklich Selbstmord verüben will, dies auch tun kann, und daß die Gesellschaft kaum etwas unternehmen kann, um ihn daran zu hindern. Die meisten Selbstmordversuche werden als dramatische Gesten, als Hilferufe angesehen. Während Frauen, wie zu erwarten, den Selbstmord häufiger versuchen als Männer, kommt es bei Männern häufiger vor, daß sie sich wirklich töten. Es wurde allgemein beobachtet, daß Frauen den Selbstmord oft mit einer Überdosis irgendwelcher Tabletten versuchen und auf den Unfallstationen der Krankenhäuser gerettet werden können. Männer neigen eher dazu, sich das Leben zu nehmen, indem sie sich eine Kugel in den Kopf schießen. Frauen, die in Seattle von der Aurora-Brücke springen, landen meistens im Wasser und können leicht überleben. Wenn Männer von dieser Brücke springen, suchen sie sich eine andere Stelle aus und schlagen meistens auf einem asphaltierten Parkplatz auf. Wieder ist dieser Unterschied voraussagbar: Männer haben weniger als Frauen zu gewinnen, wenn sie ihre Not signalisieren. Schließlich erwartet man von ihnen, daß sie die Versorg*er*, nicht die Versorg*ten* sind. Frauen, die einen Selbstmordversuch unternehmen, können darin einen letzten, verzweifelten Versuch sehen, ihr Problem zu dramatisieren. Wenn Männer dieses Stadium erreichen, wissen sie oft nicht mehr, wohin sie sich wenden könnten.

Wie bei praktisch allen Problemen der auf den Menschen angewandten Soziobiologie wollen auch diese Mutmaßungen über männlich-weibliche Unterschiede in bezug auf Depressionen die Rolle des sozialen Lernens oder der Kultur nicht leugnen. Frauen können mehr Depression ausdrücken als Männer, weil sie – jedenfalls teilweise – entsprechend »sozialisiert« sind. Menschliche Gesellschaften lehren Männer im allgemeinen, daß sie ihre Probleme selbst lösen müssen (»Kehr mit deinem Schild zurück oder auf ihm«), während Frauen dazu erzogen werden, passiv zu sein und Hilfe von anderen zu erwarten. Aber diese Erklärungen bekräftigen sich gegenseitig und schließen einander nicht aus. Erstens ist es keineswegs sicher, daß solche männlich-weiblichen Unterschiede allein der unterschiedlichen Sozialisation zuzuschreiben sind, und zweitens können wir im Hinblick auf diejenigen, die es tatsächlich sind, die berechtigte Frage stellen, warum so viele menschliche Gesellschaften unabhängig voneinander auf das gleiche Grundschema der Sozialisation verfallen sind.

Eine ähnliche auf die Evolution gegründete Perspektive kann uns helfen, auch andere männlich-weibliche Unterschiede bei Persönlichkeitsstörungen zu verstehen. Die Statistik zeigt, zum Beispiel, daß Frauen häufiger als Männer an Depressionen, Neurosen und Hypochondrie leiden, während Männer häufiger als Frauen zu Drogensucht, wilden, unbeherrschten Manien und einer Reihe von antisozialen, oft quasi kriminellen Verhaltensweisen neigen, die allgemein als »Soziopathie« bezeichnet werden. Wiederum werden diese Feststellungen vorweggenommen durch die fundamentale Evolutionsbiologie des Männlichen und Weiblichen. Als das mehr auf Gefahr und Konkurrenz eingestellte Geschlecht zeigen Männer erwartungsgemäß häufiger ein auffälliges, die Aufmerksamkeit erregendes Verhalten. Aber die Tatsache, daß wir eine mögliche adaptive Funktion dieser Krankheiten vage zu erkennen vermögen, soll nicht bedeuten, daß diese Leidenden deshalb etwa weniger krank seien. Eine leichte Depression bei einer Frau kann durchaus adaptiv sein – ebenso wie ein leicht auffälliges Auftreten bei einem Mann –, aber wenn das eine oder das andere kraß übertrieben wird, ist offensichtlich etwas nicht in Ordnung, und sei es nur deshalb, weil diese Verhaltensweisen selbst »gegenproduktiv« geworden sind und die Betroffenen oft außerordentlich unglücklich sind.

Im allgemeinen können Persönlichkeitsstörungen eine unzulängliche oder schlecht erdachte Bemühung widerspiegeln, einen adaptiven Kurs in stürmischer See zu steuern. Wenn die Verhaltenskorrekturen des Leidenden in die richtige Richtung zu führen scheinen, sagen wir, das Individuum »bewältige« seine Umwelt, es sei »gut kompensiert«, es »passe sich an« und so fort. Kummer, zum Beispiel, wird als richtige

Reaktion auf den Verlust eines geliebten Menschen gesehen, die Depression nicht. Obwohl man sich Neurosen (wie, zum Beispiel, Zwangsneurosen) als Mechanismen zur Umweltbewältigung vorstellen könnte, die für das Individuum nützlich sind, werden sie oft eher als absonderlich betrachtet, da sie von der Mehrheit der »gesunden« anderen in der Gesellschaft nicht geteilt werden. Als Folge davon kann der Neurotiker auch unglücklich sein, wenn er wahrnimmt, daß er anders ist als die Mehrheit, eine Situation, in der sich der gesellige, soziale und nach Konformität strebende *Homo sapiens* nicht wohl fühlt. Das Unglücklichsein des Neurotikers kann schließlich adaptiv sein, insofern als es ihn veranlaßt, Hilfe zu suchen und so seine Abweichung zu korrigieren.

In extremen Fällen können sich Menschen in so schwierigen Umständen befinden, entweder wegen ihres Familienlebens oder vielleicht wegen einer echten organischen Behinderung, daß sie sich künstliche Welten schaffen, in denen es ihnen irgendwie besser ergeht. Das sind dann die »fixierten Wahnsysteme« vieler Psychotiker. Für jemanden, dessen Verhaltensweisen der Evolutionsbiologie sehr stark widersprechen, kann der Schmerz unerträglich groß werden, und eine konstruktive Therapie kann eine Herkulesarbeit, wenn nicht eine völlig unmögliche Aufgabe sein. Wie jene Echsen, die ihre Körpertemperatur künstlich erhöhen, um sich zu heilen, können manche Menschen »verrückt werden«, um »gesund zu bleiben«!

## 2. Teil: Anmerkungen über Biologie und Kultur

Der große Kernphysiker Niels Bohr schrieb einmal: »Das Gegenteil einer richtigen Behauptung ist eine falsche Behauptung. Aber das Gegenteil einer tiefen Wahrheit kann sehr wohl eine andere tiefe Wahrheit sein.« Es ist eine tiefe Wahrheit, daß das menschliche Verhalten kulturell beeinflußt, symbolhaft und erlernt ist – ein Produkt der Erfahrung. Aber es ist auch zutiefst wahr, daß das menschliche Verhalten seine Ursprünge in der Biologie hat, daß es das Produkt der Evolution ist. Wie die Mystiker des Ostens seit langem glauben, sind Gegensätze komplementär. Die Kultur ist eine unserer wichtigsten Adaptationen und braucht daher nicht als Gegensatz zur Biologie betrachtet zu werden. Wenn wir uns kulturell verhalten, verhalten wir uns auch biologisch. Unsere Kultur ist für uns natürlich, so wie Stacheln für ein Stachelschwein natürlich sind.

Es gibt überzeugende fossile Beweisstücke dafür, daß die zunehmende Größe unseres Gehirns und die Entwicklung der Kultur eng miteinander verbunden sind. Die anfängliche, rasche Evolution eines großen Gehirns trat jedoch erst ein, nachdem wir bereits gewisse elementare kulturelle Systeme erreicht hatten. Neuere Funde zeigen, daß die Australopithecinen, Verwandte unserer Vorfahren, relativ kleine Gehirne hatten und dennoch schon Waffen herstellten und gebrauchten. Eine elementare Fähigkeit, Waffen und andere Werkzeuge herzustellen und zu gebrauchen, machte primitive Menschen, die sie in höherem Maße besaßen, tauglicher als andere, denen sie weniger gegeben war. Diese Zunahme an Tauglichkeit führte zu einer sehr raschen Selektion zugunsten großer Gehirne und zu einem sehr gut organisierten System gegenseitiger Abhängigkeit. Unser Geist entwickelte sich im Kontext der Kultur, so wie Kultur immer durch das Wirken unseres Geistes hervorgebracht wurde.

Wegen dieser engen Verbindung zwischen Biologie und Kultur dienen sehr viele unserer Handlungen, die erlernt zu sein scheinen, ebenso auch der Erhöhung unserer Tauglichkeit. So gibt es, zum Beispiel, in vielen Gesellschaften ein Geschlechts-Tabu nach der Entbindung, das einer Frau verbietet, eine Zeitlang, oft sogar mehrere Jahre lang, Geschlechtsverkehr zu haben. Die verschiedenen Völker rationalisieren dieses Tabu auf unterschiedliche Weise, und sie kennen nur selten eine biologische Erklärung. Der Geschlechtsverkehr ist in dieser Zeit eben »unmoralisch«, und er kränkt die Götter, der Samen des Mannes verdirbt die Milch der Frau und so fort. Aber unabhängig von der von Ort zu Ort verschiedenen Rechtfertigung, erscheint das Verhalten in hohem Grade adaptiv, da es die Wahrscheinlichkeit verringert, daß eine Schwangerschaft zu rasch auf die andere folgt. Außerdem besteht eine Korrelation zwischen dieser Technik einer adaptiven Verlängerung der Zeitspanne zwischen den Geburten und dem Proteingehalt der jeweiligen Nahrung. Geschlechts-Tabus nach der Entbindung sind am stärksten in tropischen Gebieten, wo Protein weniger reichlich vorhanden ist und Schwangerschaft und Stillen daher eine größere Belastung darstellen. In gemäßigten Zonen, wo es mehr Protein gibt, sind solche Methoden der Geburtenbeschränkung weniger weit verbreitet.

Eltern verschaffen ihren Kindern überall bildungsmäßige Erfahrungen. In unserer Kultur schenken wir unseren Kindern Spielzeug. Wir haben dieses Verhalten von anderen gelernt. Wahrscheinlich bekamen wir selbst Spielzeug von unseren Eltern, und wir (und unsere Kinder!) beobachten oft Leute, die anderen Kindern Spielzeug schenken. Aber ist die Tatsache, daß es ein erlerntes Verhalten ist, der einzige Grund für das Schenken von Spielzeug? Es ist offensichtlich förderlich für unsere Tauglichkeit, wenn unsere Kinder nützliche Lernerfahrungen machen, und es ist sehr wahrscheinlich, daß wir entweder für Verhaltensweisen selektiert wurden, die unseren Nachkommen solche Gelegenheiten bieten, oder daß wir die Vorteile erkannten, die ein solches Verhalten mit sich bringt. Wir finden es »süß«, unsere Kinder glücklich zu machen, so wie Kinder glücklich gemacht werden durch Dinge, die ihre Tauglichkeit erhöhen – solche Dinge sind »süß« für sie.

Als ein weiteres Beispiel für die Adaptivität kulturellen Verhaltens können wir das Inzestverbot betrachten, das in der einen oder anderen Form allgemein verbreitet ist. Alle Gesellschaften verbieten den Geschlechtsverkehr und die Heirat zwischen nahen Verwandten, und sie kennen oft zusätzlich auch ausdrückliche Vorschriften hinsichtlich des Verwandtschaftsgrades, der eine Ehe ausschließt. Das Tabu betrifft am stärksten Beziehungen zwischen Mutter und Sohn, zwischen Geschwistern und zwischen Vater und Tochter. Die Verbote werden nur selten übertreten, wobei die Ausnahme gewisse königliche Geschlechter wie die Inkas in Peru und die Pharaonen in Ägypten bilden. In diesen Fällen waren Geschwisterehen üblich, und sie dienten dazu, Macht und Privilegien auf eine kleine Gruppe zu beschränken.

Freud war der Ansicht, daß das Inzest-Tabu wie der Ödipuskomplex einen für die ganze Menschheit fundamentalen Konflikt widerspiegle. Der Anthropologe Claude Lévi-Strauss vertritt die Meinung, daß das Verbot des inzestuösen Geschlechtsverkehrs das Erscheinen einer eindeutig menschlichen Gesellschaft kennzeichne (obwohl tatsächlich eine dem Inzestverbot ähnliche Vorschrift ebenso auch bei Tieren existiert). Für Lévi-Strauss sind die Unterschiede zwischen den menschlichen Gesellschaften am größten an der Oberfläche. Darunter spiegeln ihre gemeinsamen Wesenszüge die des menschlichen Geistes selbst wider. Die Allgemeingültigkeit des Inzestverbots könnte daher bedeuten, daß es etwas Wirkliches über die menschliche Natur aussagt, und vermutlich auch über den Evolutionsprozeß, der sie hervorbrachte.

Biologisch gesehen, führen Ehen zwischen nahen Verwandten oft zu einer erheblichen Schwächung der Tauglichkeit. Bei Kindern aus solchen Verbindungen treten mit signifikant größerer Häufigkeit geistige Entwicklungsstörungen, Zwergwuchs, Taubstummheit und ähnliche Behinderungen auf. Obwohl die »Schwächung durch Inzucht« nicht oft als Begründung für das Inzestverbot genannt wird, befolgen es die meisten Menschen trotzdem, was nicht verwunderlich ist.

Viele nichtwestliche Völker bedienen sich der Exogamie – der Heirat außerhalb der engsten Gruppe, des Stammes oder Clans – als Mittel, um politische, soziale und ökonomische Beziehungen zu festigen. Wir heiraten unsere Feinde (um sie zu unseren Freunden zu machen), ist eine oft zitierte Stammes-Maxime. Durch die Vermeidung des Inzests erhöhen daher diese Menschen ihre Tauglichkeit auf zwei verschiedene Arten: sie können eheliche Bindungen dazu verwenden, sich Vorteile durch die sozialen Beziehungen zu verschaffen, die so entstehen, und sie können die Inzucht mit ihren die Tauglichkeit reduzierenden Folgen vermeiden. Außerdem können sie die zerstörerischen Wirkungen sexueller Konkurrenz innerhalb der Familie vereiteln, die auftreten könnte, wenn das Inzest-Tabu nicht beachtet würde.

Die meisten Tiere vermeiden ebenfalls inzestuöse Paarungen. Mäuse, die in demselben Wurf aufgezogen werden, zeigen als erwachsene Tiere eine reduzierte Häufigkeit der Paarung miteinander, unabhängig davon, ob sie biologische Geschwister sind oder nicht. In diesem Fall beeinträchtigen offenbar früh im Leben erworbene Spiel-Verhaltensmuster die späteren sexuellen Verhaltensmuster. Etwas sehr Ähnliches kann auch beim Menschen geschehen. Der Soziologe Joseph Shepher studierte Heirats-Schemata unter Mitgliedern der als *kibbuzim* bekannten kollektiven Siedlungen in Israel. In diesen sozialen Einheiten werden Kinder, die biologisch nicht miteinander verwandt sind, gemeinsam in Kindergärten und später Kindertagesstätten erzogen. Shepher stellte fest, daß von 2769 Ehen zwischen Erwachsenen der zweiten Kibbuzgeneration nur sechs innerhalb der eigenen Gruppe irgendeines Kibbuz geschlossen wurden – und das trotz der Tatsache, daß die Behörden solche Eheschließungen aktiv förderten. Miteinander aufzuwachsen führt Kinder offenbar dazu, einander als Brüder und Schwestern zu betrachten und somit irgendwie als ungeeignet für eine eheliche Verbindung. Die letzten Endes die Tauglichkeit fördernde Grundlage ihres Verhaltens scheint klar zu sein, obwohl die Individuen in diesem Falle nicht einmal miteinander verwandt sind.

Die Abneigung des Menschen, mit jemandem geschlechtlich zu verkehren, mit dem er aufwuchs, ist in hohem Grade adaptiv, denn sie dient letztlich dem Ziel der Tauglichkeit, indem sie die Wahrscheinlichkeit eines Inzests verringert. Eine Form der traditionellen chinesischen Ehe, die *shim-pua* genannt wurde, eignet sich gut als Testfall. Es war die soziale Norm für reiche chinesische Familien, die zukünftigen Schwiegertöchter zu adoptieren, als sie noch kleine Mädchen waren, und sie zusammen mit ihren zukünftigen Ehemännern großzuziehen. Eine interessante Studie des Anthropologen Arthur Wolf zeigt, daß diese Regelung nicht sehr erfolgreich war. Bei neunzehn solcher Adoptionen in einem chinesischen Dorf weigerten sich siebzehn der angehenden glücklichen Paare trotz des Drängens ihrer Angehörigen und Freunde, die Ehe zu konsumieren. Im Fall der beiden erfolgreichen Heiraten waren die Mädchen zum Zeitpunkt der Adoption älter als üblich gewesen (eher schon herangewachsen als kleine Mädchen) und hatten daher offenbar keine geschwisterlichen Beziehungen zu ihren zukünftigen Ehemännern aufgenommen. Ob also Vertrautheit »Verachtung brütet« oder nicht – sie führt jedenfalls offensichtlich nicht zum »Brüten«.

Die Übereinstimmungen, die sich zwischen kulturellem Brauch und der Weisheit der Evolution beobachten lassen, können natürlich reiner Zufall sein. Andererseits können sie aber auch die Ergebnisse eines Prozesses ähnlich der natürlichen Auslese sein, die hier auf Bräuche, nicht auf Gene wirkt. Bräuche, die die Tauglichkeit ihrer Anhänger verringerten, würden schließlich aufgegeben und durch tauglichkeitsfördernde Bräuche ersetzt werden, nämlich durch Bräuche, die die Population derer, die sie ausübten, vergrößerten. Obwohl diese Erklärung hinsichtlich der Biologie nichts voraussetzt, wäre es möglich, daß eine direkte genetisch beeinflußte Tendenz zu adaptiven Verhaltensweisen existiert. Und wenn dies eine mögliche, wenn auch unwahrscheinliche Deutung sehr komplexer Bräuche zu sein scheint, so kann es nichtsdestoweniger eine umwegige, aber echte Verbindung zwischen Genen und adaptivem menschlichem Verhalten geben.

Das Fehlen einer genetisch vermittelten Tendenz, ein spezifisches Verhalten zu wählen, könnte kompensiert werden durch die Tendenz zu erkennen, welche Bräuche zu unserer Tauglichkeit beitragen, und sie dementsprechend zu übernehmen. Mit anderen Worten, wir können die Tauglichkeit als ein wichtiges (eingestandenes oder uneingestandenes) Kriterium anwenden, wenn wir uns entscheiden, ob wir einen bestimmten Brauch, sei es in bezug auf die Speisenzubereitung, auf Werberituale oder auf die Methoden der Kindererziehung, übernehmen sollen. Gewisse Verhaltensweisen sind natürlich eindeutig wichtiger für die Tauglichkeit als andere – man vergleiche etwa die Bräuche der Kindererziehung mit denen der Verzierung von Badezimmerspiegeln. Und da wir die Tauglichkeit betreffende Überlegungen eher im ersteren als im letzteren Fall anstellen, können wir erwarten, weit mehr Unterschiede zwischen den Gesellschaften in bezug auf vergleichsweise triviale Bräuche zu finden als in bezug auf solche, die für den biologischen Erfolg entscheidend sind.

Die Herausarbeitung gewisser Beziehungen zwischen Genetik und Kultur kann zu recht unerwarteten Ergebnissen führen. Das Milchtrinken, zum Beispiel, mag uns nicht sehr bemerkenswert erscheinen, aber soviel ich weiß, sind wir die einzige Spezies, bei der Erwachsene Milch trinken. Ebenso ungewöhnlich ist, daß wir die Milch einer anderen Spezies, des Rindes, trinken. Und doch ist das Milchtrinken nicht so allgemein verbreitet, wie wir glauben. Kuhmilch wird häufig konsumiert von vielen europäischen und von Europäern abstammenden Völkern wie den Amerikanern sowie von einigen rinderzüchtenden Völkern wie den Masai in Ostafrika. Aber dieser Brauch ist praktisch unbekannt bei Polynesiern, Eskimo, Indianern, australischen Eingeborenen und den meisten Orientalen. Die große Mehrheit aller Menschen trinkt keine Kuhmilch, und für manche ist dieser Brauch geradezu barbarisch.

Um Milch richtig verdauen zu können, brauchen Menschen das Enzym Laktase, das den Milchzucker, die Laktose, aufspaltet. Bei Erwachsenen, denen dieses Enzym fehlt, führt der Genuß von Milch oft zu Krämpfen, Blähungen und Durchfall. Alle Menschen können Laktase bei der Geburt produzieren, aber bei nicht milchtrinkenden Menschen endet diese Fähigkeit nach einiger Zeit zugleich mit der Entwöhnung. Es besteht eine sehr große Korrelation zwischen dem Vorhandensein von Laktase bei Erwachsenen und der Beibehaltung des Milchtrinkens in ihrer Kultur, und es ist nicht verwunderlich, daß die Völker, denen die Laktase fehlt, diejenigen sind, die keine Milch trinken, während die Angehörigen der milchverarbeitenden Kulturen, wie man sie in Nordeuropa oder bei den Masai findet, seit Generationen Milch und Milchprodukte genießen und daher die Fähigkeit behalten haben, auch als Erwachsene noch Laktase zu bilden.

Wir können nun mit gutem Grund die Frage stellen, welche der beiden Variablen die Ursache der anderen war. Ließen die Gene für Laktase bei Europäern und Masai irgendwie ihre Vorliebe für Milch entstehen, oder führte der Milchgenuß dieser Völker zu einer Zunahme von Laktase-Genen? Jede Alternative ist möglich. Es kann sein, daß innerhalb der menschlichen Populationen, die Gelegenheit hatten, Rinder zu züchten, Individuen, die von dem hohen Nährwert der Milch profitieren konnten, anderen gegenüber einen selektiven Vorteil hatten, und daß sich daher die Gene für Laktase vermehrten. Andererseits kann das anfängliche zufällige Vorhandensein von Laktase-Genen in gewissen Populationen diese dazu bewogen haben, weiterhin Milchkühe zu halten, während andere diese Absicht aufgaben, nachdem sie ihre Versuche mit schweren Verdauungsstörungen bezahlt hatten. Wir wissen nicht, wie sich das Milchtrinken entwickelte, und werden es vielleicht nie wissen. Wichtig ist jedoch zu erkennen, daß es mit großer Gewißheit irgendeinen Zusammenhang zwischen den ziemlich einfachen Genen für Laktase und dem weit komplizierteren Brauch des Menschen gibt, Milchwirtschaft zu treiben und Milch zu trinken. (Offensichtlich gibt es keine Gene für das Melken von Kühen.) Obwohl die Fähigkeit, Laktase zu bilden, uns nicht zwingt, Milch zu trinken, erhöht sie durch irgendeinen noch unbekannten Mechanismus die Wahrscheinlichkeit, daß wir es tun.

Wir haben keine Gene für das Gehen, und dennoch sind alle normalen Menschen schließlich imstande zu gehen. Unsere genetische Ausstattung gewährleistet, daß wir die Anatomie entwickeln, die das Gehen ermöglicht, ja sogar unvermeidbar macht. Gibt es eine ähnliche geistige Anatomie, die die Entwicklung bestimmter Bräuche wahrscheinlich macht?

Vielleicht gewinnt die Evolution nicht immer. Während wir vieles zu tun scheinen, um unsere Tauglichkeit zu erhöhen, tun wir auch sehr vieles, was biologisch gesehen nicht sehr sinnvoll ist. Der Anthropologe Weston LaBarre machte die folgende Bemerkung:

*»Ein lehrreiches Beispiel . . . kann dem Volksglauben der Kaschuben, eines bäuerlichen Volksstamms in Polen, entnommen werden. Es ist der Glaube an die geheimnisvolle Blüte des Farns, der nur in der Mittsommernacht um Mitternacht blüht. Die unheimliche Blüte ist von einem eigentümlichen Rot und scheint den Betrachter mit dem entnervenden Glitzern eines Glasauges anzustarren. Wenn sie jemand erblickt, darf er nicht stehenbleiben oder sprechen oder sich umsehen – auch wenn hinter ihm furchterregende Stimmen oder Schreie zu hören sind –, sonst stirbt er von der Hand einer Hexe. Die leuchtende Farnblüte kann mit einem roten Seidentuch gepflückt werden, was aber sehr schwierig ist, da der Zugang zu ihr durch Dornen oder durch den Leibhaftigen in Gestalt eines Affen, Stiers oder Wolfs verwehrt ist. Oder ein verspäteter Wanderer mag nach dem Weg fragen, und die Blüte verschwindet augenblicklich, wenn ihm jemand antwortet. Gelingt es einem Menschen jedoch wirklich, die Farnblüte zu pflücken, so ist er imstande, die Sprache der Tiere zu verstehen und große Horte vergrabener Schätze in der Erde zu sehen, und er wird heil und gesund ein hohes Alter erleben. Aber noch niemand hat sie gesehen. Dieser Umstand wird den Botaniker nicht überraschen – denn es gibt keine blühenden Farne. Der Botaniker kann sich aber verblüfft fragen, wie die Sage von einer Farnblüte je entstehen konnte, da es in der wirklichen Pflanzenwelt keinerlei Hinweise auf dergleichen gibt . . . Was den Nicht-Anthropologen überrascht, ist, daß die Kaschuben so viele detaillierte Kenntnisse über die Farnblüte besitzen – da sie doch kein Mensch je gesehen hat.«*

Psychiater mögen über dieses Paradoxon mehr zu sagen haben als Soziobiologen. Jede Kultur hat ihre rätselhafte »Farnblüte«, die der Logik – der Logik der Evolution und jeder anderen – zu widersprechen scheint. Einige Beispiele können uns helfen zu entscheiden, ob diese Rätsel in eine evolutionsbezogene Betrachtung des menschlichen Verhaltens passen oder nicht.

Die Sparganose ist eine in Südostasien weit verbreitete Augenkrankheit. Das Volksheilmittel für diese Krankheit besteht darin, daß man Packungen aus zerschnittenen Fröschen oder Froschgewebe enthaltende Kompressen auf die entzündeten Stellen auflegt. Nach den Theorien der alten chinesischen Medizin müßte dieses Verfahren Entzündungen aus zwei Gründen heilen: Erstens sind Infektionen heiß und Frösche kalt, daher muß Froschgewebe gegen Entzündungen wirken, so wie das kalte, feuchte *yin* das heiße, trockene *yang* ausgleicht. Zweitens weiß man, daß Augenentzündungen oft durch Würmer verursacht werden, und Frösche fressen Würmer. Was die Indochinesen nicht wissen, ist, daß die Sparganose tatsächlich durch einen embryonalen Wurm verursacht wird, der aber normalerweise als Parasit ausgerechnet in Fröschen lebt. Durch die Anwendung von Froschgewebe verbreiten sie daher die Krankheit eher, als daß sie sie heilen! Wenn ein Patient bei Beginn der Behandlung keine Sparganose hat, besteht die Wahrscheinlichkeit, daß er danach an ihr leidet. Als näherliegende Beispiele können wir nehmen, daß westliche Ärzte jahrhundertelang den Aderlaß praktizierten, und es scheint gerade erst gestern noch üblich gewesen zu sein, Kindern beim geringsten Anlaß (unnötigerweise) die Mandeln herauszunehmen.

Ein anderer ungewöhnlicher Fall von »Farnblüten«: Die Dinka in Afrika glauben, daß sie die Zugehörigkeit zum Krokodil-Clan davor schützt, von Krokodilen gefressen zu werden, und sie schwimmen daher, auch nachts, zuversichtlich durch Flüsse, in denen es von Krokodilen wimmelt. Wenn dafür auch keine Beweise vorliegen, darf man als wahrscheinlich annehmen, daß die Krokodile nicht tatsächlich zwischen Dinka, die das Krokodil als Totem haben, und anderen Dinka unterscheiden. Doch wenn der Glaube an den Schutz durch den Krokodil-Clan wahrscheinlich unadaptiv ist, so ist es bemerkenswert, daß die dem Löwen-Clan angehörenden Dinka nicht glauben, daß die Mitgliedschaft sie vor sogenannten *Man eaters* schützt; sie fühlen sich nur sicher vor den gewöhnlichen, normalen, Tiere fressenden Exemplaren. In diesem Fall spielt also die Wirklichkeit zumindest bis zu einem gewissen Grade noch eine Rolle.

Die Eingeborenen des Vorderlands von Neuguinea leiden seit langem an einer geheimnisvollen, *kuru* genannten Krankheit, die erwachsene Frauen und kleine Kinder beiderlei Geschlechts befällt und eine beachtlich hohe Sterblichkeit verursacht. Erst vor kurzem wurde als Krankheitserreger ein im menschlichen Gehirn lebendes Virus entdeckt. Die Kopfjäger infizieren sich mit diesem Virus, indem sie die Gehirne ihrer Opfer essen. Da die Speisenzubereitung den Frauen und Kindern obliegt, ziehen sie sich die Krankheit mit der größten Wahrscheinlichkeit zu, offenbar weil sie schon von den Speisen naschen, bevor sie gar gekocht sind! Nach unseren Maßstäben ist es ekelerregend, rohes Menschenhirn zu essen, und nach allen Maßstäben dürfte es auch unadaptiv sein. Wie die Froschkur bei Sparganose und die Zugehörigkeit zum Krokodil-Clan ist es ein kultureller Brauch, der die Tauglichkeit derer zu verringern scheint, die ihn ausüben.

Die Bewohner der Marquesas-Inseln und die Maori Neuseelands verwendeten Hochsee-Kanus, die riesige vertikale Heckbretter hatten. Diese Strukturen hätten nicht nur als Kielschwerter bessere Dienste geleistet, sie beeinträchtigten auch die Segeltüchtigkeit der Kanus, erschwerten ihre Manövrierbarkeit und erhöhten die Gefahr des Kenterns. Die polynesischen Seeleute glichen diese von ihnen selbst geschaffenen Schwierigkeiten dadurch aus, daß sie »Zauberfedern« von Seevögeln an diesen sonderbaren Heckflossen befestigten. Solche Talismane waren vielleicht gut für den Seelenfrieden, aber sie taten wohl kaum etwas für die tatsächliche Stabilität des Bootes.

Ein vertrauteres Beispiel für unadaptives Verhalten sind die Eß- und Bewegungsgewohnheiten des Durchschnittsamerikaners. Die meisten von uns verzehren in zu großen Mengen Nahrungsmittel, die reich an gesättigten Fettsäuren und Cholesterin sind – ungeachtet der Tatsache, daß diese Stoffe eindeutig schädlich sind und sogar lebensgefährlich sein können, wenn sie zu reichlich genossen werden. Die Fette verstopfen unsere Arterien und führen zu Herzkrankheiten, die heute in den Vereinigten Staaten die häufigste Todesursache sind. Zu dieser unklugen Ernährungsweise kommt erschwerend hinzu, daß wir dazu neigen, körperliche Bewegung zu vermeiden. Wir fahren, wenn wir zu Fuß gehen könnten, benutzen den Aufzug, wenn wir die Treppe hinaufsteigen könnten, und so fort.

Wie können wir diese und andere offensichtliche Abweichungen vom tauglichkeitsmaximierenden Verhalten erklären? Offen gestanden: ich weiß es nicht. Wahrscheinlich müßte jeder Fall für sich betrachtet werden, weil es vielleicht keine Erklärung gibt, die auf alle zutrifft. Die gefährlichen Eß- und Bewegungsgewohnheiten des Westens könnten die Folge davon sein, daß unsere kulturelle Entwicklung unsere biologische Evolution überholt hat. Die Menschen entwickelten sich als gelegentliche Fleischesser, wahrscheinlich in der afrikanischen Savanne. Man kann mit gutem Grund annehmen, daß wir dafür programmiert sind, gern tierisches Fett zu essen, eine sehr konzentrierte Nahrung und eine, die begreiflicherweise von allen fleischfressenden Tieren geschätzt wird. Das meiste Wild ist aber tatsächlich sehr mager, und eine fettreiche Mahlzeit muß daher ein seltener und sehr gesuchter Genuß gewesen sein. Da wir während unserer langen afrikanischen Evolution zweifellos mehr als genug körperliche Bewegung hatten, ist anzunehmen, daß jede Gelegenheit ergriffen wurde,

Bewegung zu vermeiden und nur gerade soviel körperliche Aktivität zu entfalten, wie nötig war, um den Körper leistungsfähig zu erhalten.
Aber heute mästen wir unser Schlachtvieh, wir genießen alles mit reichlich Butter und Öl und vergrößern das Problem noch durch die zusätzliche Aufnahme überflüssiger Kalorien in Form von Zucker, Bonbons und anderen wertlosen Süßwaren. Für einen in der Savanne aufgewachsenen Prähomininen wäre eine solche Kost der Himmel auf Erden gewesen, für uns kann sie tödlich sein. Nachdem sie uns die Gelegenheit gegeben hat, unsere primitiven Bedürfnisse (im Übermaß) zu befriedigen, verschlimmert die moderne Kultur die Lage noch, indem sie alle Arten von »arbeitsparenden Vorrichtungen« schafft, die es uns ermöglichen, die Bewegung zu vermeiden, die unsere körperliche Rettung sein könnte. Erst in jüngster Zeit ist das Problem, wenn schon nicht die Ursache, unserer schlechten körperlichen Verfassung in größerem Umfang erkannt worden: Jogging und Laufen sind allgemein beliebt, die meisten Menschen sind bis zu einem gewissen Grade kalorienbewußt, und Nahrungsmittel mit geringem Fettgehalt finden immer mehr Anklang.
Andere Fälle offenbar unadaptiven Verhaltens sind schwerer zu deuten, vielleicht weil wir sie weniger gut verstehen. Bräuche, die offensichtlich die Tauglichkeit verringern, sollten genauer untersucht werden. Der Anthropologe Marvin Harris vertrat allerdings die Ansicht, daß ein großer Teil des menschlichen Verhaltens, das unadaptiv zu sein scheint (wie, zum Beispiel, die Verehrung »heiliger Kühe« in Indien), tatsächlich auf lange Sicht eine ökologische Weisheit widerspiegeln könnte. Vieles, was auf den ersten Blick nutzlos oder gar schädlich aussieht, könnte einen funktionellen Wert haben. Das scheint, wie wir früher sahen, gewiß auf den primitiven Krieg zuzutreffen.
Immer ist jedoch ein gewisser Spielraum für den Irrtum gegeben, auch in der Evolution. Die natürliche Auslese liefert nicht die bestmögliche Lösung für jedes Problem, sondern immer nur die beste Lösung, die ihr von den Mutationen und Genkombinationen in jeder Generation ermöglicht wird. Das Knie und die untere Wirbelsäule des Menschen, zum Beispiel, hätten von einem guten Konstrukteur viel funktionstüchtiger entworfen werden können. Sie arbeiten so, wie sie sind, gut genug, verursachen uns aber endlose Beschwerden. Eines Tages entwickelt sich vielleicht eine bessere Konstruktion. Die menschliche Spezies ist wie jede andere mit einer ganzen Pandorabüchse voll nachteiliger Gene belastet, die uns regelmäßig Mongolismus, Wolfsrachen, Klumpfuß, juvenile amaurotische Idiotie, Zwergwuchs, Bluterkrankheit, Sichelzellenanämie und andere Krankheiten bescheren.

Es gibt einige gute – das heißt verständliche – Gründe dafür, daß die natürliche Selektion sie nicht ausgemerzt hat. Sie alle zu beschreiben, würde den Rahmen dieses Buches sprengen, aber es bleibt die einfache Tatsache: wenn die Evolution auch nicht die beste aller Welten hervorbringt, so hat sie doch die unsere hervorgebracht.
So wie gewisse nachteilige Gene ausgemerzt werden und schließlich verschwinden können, erleiden schädliche kulturelle Merkmale oder Bräuche, sobald sie einmal als solche erkannt wurden, oft ein ähnliches Schicksal. Der Aderlaß und die unnötige Tonsillektomie sind aus der modernen Medizin »ausgemerzt« worden. Die Behandlung der Sparganose mit Fröschen verschwindet ebenso wie der Krokodil-Clan-Glaube der Dinka, obwohl die Abschaffung solcher Praktiken tatsächlich ebensosehr der weltweiten Homogenisierung der Kulturen zuzuschreiben sein kann wie der Erkenntnis eines nachteiligen kulturellen Brauchs durch die Betroffenen selbst. Die *Kuru*-Krankheit ist dank der mit dem Nobelpreis ausgezeichneten Forschungsarbeit des amerikanischen Virologen Carleton Gajdusek nahezu ausgerottet. Die Heckflosse der polynesischen Kanus ist bereits verschwunden, und die Hochsee-Kanus sind durch Boote mit Benzin- oder Dieselantrieb ersetzt worden. Es ist klar, daß kulturelle Merkmale wie biologische durch neue ersetzt werden können. Und während ältere kulturelle Bräuche abgeschafft werden, wird die Biologie weiterhin eine maßgebliche, wenn auch noch nicht ganz analysierbare Rolle bei der Schaffung und Erhaltung und schließlich beim Ersatz der Verhaltensweisen spielen, die wir die unseren nennen.

# 8
# Politik: Ein Dickicht

Als sich Alice im Wunderland verirrt hatte, traf sie die Cheshire-Katze und fragte:
*»Würdest du mir, bitte, sagen, welchen Weg ich von hier aus einschlagen soll?«*
*»Das hängt zum großen Teil davon ab, wohin du willst«, sagte die Katze.*
*»Es ist mir ziemlich einerlei, wohin –«, sagte Alice.*
*»Dann ist es auch gleich, in welche Richtung du gehst«, sagte die Katze.*
*» – sofern ich nur* irgendwohin *komme«, fügte Alice erklärend hinzu.*
*»Oh, das wirst du schon«, sagte die Katze, »wenn du nur lange genug gehst.«*
Ich habe in diesem ganzen Buch zu zeigen versucht, daß ein Weg von der Evolutionsbiologie zum menschlichen Verhalten führt. Der Pfad mag steinig gewesen sein und an manchen Stellen etwas undeutlich zu erkennen, und es ist nicht völlig klar, wohin wir geraten sind. Gewiß gibt es noch mehr zu sehen, und ebenso gewiß ist, daß nicht alles davon schön sein wird. Im letzten Abschnitt seiner *Abstammung des Menschen* deutet Charles Darwin an, ihm sei schmerzlich bewußt, daß uns die Evolution nicht notwendigerweise sagt, was wir gern hören möchten. »Aber«, schrieb er, »uns geht es hier nicht um Hoffnungen oder Ängste, sondern nur um die Wahrheit, sofern es unser Verstand uns erlaubt, sie zu erkennen.« Seine Schlußfolgerung gilt offensichtlich nach wie vor.
Nichtsdestoweniger ist der Weg der Soziobiologie alles andere als frei von Schwierigkeiten. Und die Schwierigkeiten liegen nicht so sehr in der jungen Wissenschaft selbst, als vielmehr in ihren möglichen Folgerungen. Nach meinem eigenen Dafürhalten hat die Soziobiologie sehr wenige politische, ethische oder moralische Folgerungen. Aber für manche ist sie ebenso ein soziales Problem wie ein wissenschaftliches.
Praktisch von dem Augenblick an, in dem sie zum erstenmal bekannt wurde, geriet die Soziobiologie unter Beschuß, und zwar vor allem von der politischen Linken her. Es kann daher nützlich sein, die haupt-

sächlichen Kritiken in sozialer Hinsicht anzuführen, die an ihr geübt wurden, und auf jede eine Antwort zu geben. In vielen Fällen werden diese Antworten Punkte enthalten, die schon behandelt wurden, daher will ich mich kurz fassen.

1. *Die Soziobiologie ist rassistisch.* Das ist blanker Unsinn. Die bloße Erwähnung von Verhalten in Verbindung mit Genetik scheint für alle jene, die nicht imstande sind, Wissenschaft und Politik auseinanderzuhalten, schon das Gespenst des Rassismus heraufzubeschwören. Die Soziobiologie ist vielmehr ein Gegengift gegen den Rassismus, denn sie betont die Gemeinsamkeiten, die tiefer liegen als alle rassischen und kulturellen Unterschiede. Damit zeigt sie die Einheit der menschlichen Spezies. Wir sind eine einzigartige Spezies. Wir können Gene untereinander austauschen und tun es auch. Unser Verhalten ist das Ergebnis der natürlichen Auslese, und das gilt gleichermaßen für jeden von uns, ob wir Manager in der Wall Street, Krieger am Amazonas oder Buschmann in der Kalahari sind. Die Hautfarbe variiert und ebenso die Kultur, aber unsere fundamentale Biologie bleibt die gleiche.

Nichtsdestoweniger gibt es zumindest einigen Grund zur Besorgnis. In der Vergangenheit wurde die Biologie stark mißbraucht, um rassistische Doktrinen zu stützen. Das Schema war ziemlich konsequent immer wieder das gleiche. Die Unterschiede zwischen den Rassen – gewöhnlich Schwarz *gegen* Weiß – wurden als »Beweis« dafür ausgelegt, daß die eine – immer die weiße – besser sei. So erklärte beispielsweise Etienne Serres, ein französischer Anatom des 19. Jahrhunderts, allen Ernstes, schwarze Männer seien weißen unterlegen, weil der Abstand zwischen Penis und Nabel bei schwarzen Knaben im Laufe des Wachstums weniger rasch zunehme als bei weißen. Ein hoher Nabel sollte also offenbar eine höhere rassische Qualität andeuten. Hätte es sich umgekehrt verhalten und hätten weiße Männer einen niedriger angesetzten Nabel, so würde zweifellos dieser Befund ebenso dazu gedient haben, die Überlegenheit der weißen Rasse zu beweisen.

Eine Zeitlang beschrieb man Weiße als »höher entwickelt« als Schwarze, weil man fand, sie seien »stärker unterschieden« von den Affen – wobei man, weil es so paßte, Indizien ignorierte, die nicht weniger deutlich in die andere Richtung wiesen. Ebenso wurde behauptet, Schwarze seien minderwertiger, weil sie jugendliche Merkmale während des ganzen Lebens beibehalten, zum Beispiel eine schwächere Körperbehaarung. Dann, als es Mode wurde, die menschliche Evolution durch »Neotenie« zu erklären (wobei man von der Vorstellung ausgeht, daß wir fetalisierte Affen sind, die irgendwie die Fähigkeit entwickelten, sich fortzupflanzen), wurde das alles vergessen, und man argumentierte mit ebensoviel Überzeugung, daß die Weißen mit ihren kürzeren Schädeln, kleineren Kiefern und so fort die überlegene Rasse seien, weil sie jugendlicher sind!

Ich nehme an, es besteht eine ähnliche Gefahr, daß heute die Fakten und Theorien der Soziobiologie mißbraucht werden. Aber es ist kein Rassismus *in* der Soziobiologie, so wie kein Rassismus in der Nabelhöhe, Schädelform oder Kiefergröße ist. Tatsächlich ist die Soziobiologie nicht rassistischer als die Anatomie.

2. *Soziobiologie ist genetischer Determinismus.* Es ist richtig, daß die Soziobiologie stark der Vorstellung des genetischen Einflusses verpflichtet ist, aber das ist noch lange kein Determinismus. Tatsächlich machen unangebrachte Sorgen wegen der Gefahren des genetischen Determinismus blind für die Gefahren der gegenteiligen (und gleichfalls übertriebenen) Alternative: des Umwelt-Determinismus. Wenn die menschliche Natur ganz durch Kultur und soziales Lernen bestimmt wird, gibt es schließlich keine menschliche Natur und dementsprechend keine Maßstäbe, mit denen wir irgendein Gesellschaftssystem messen könnten. Wie können wir beispielsweise die Tyrannei als »unmenschlich« bezeichnen, wenn wir leugnen, daß »menschlich« irgendeine Bedeutung von Natur aus hat? Warum sollten Menschen, wenn sie keine essentielle Natur besitzen, nicht von jemandem beherrscht und gezwungen werden, der die Fähigkeit dazu hat? Wenn die menschliche Natur nicht existiert, ist eine große psychologische Schranke gegen die Manipulation des Schwächeren durch den Stärkeren beseitigt.

Tatsache ist, daß die Soziobiologie – dadurch, daß sie den biologisch evolvierten, die Tauglichkeit maximierenden Kern der menschlichen Natur identifiziert – beschreibt, was wir sind, und uns hilft, uns selbst zu verstehen. Das ist kein genetischer Determinismus.

3. *Die Soziobiologie schafft den freien Willen ab und nimmt uns dadurch unsere Menschenwürde.* Noch einmal: die Evolutionsbiologie ist nicht deterministisch, außer insofern, als sie gewisse Grenzen beschreibt, die uns von der natürlichen Welt gesetzt wurden, in der wir leben. Aber wir alle sind vielen Beschränkungen unterworfen. Wir können beispielsweise die Lichtgeschwindigkeit nicht überschreiten, und in diesem Sinne ist unsere persönliche Freiheit eingeschränkt. Ich könnte nicht behaupten, daß ich Einstein besonders böse wäre, weil er darauf hingewiesen hat, und es kann sogar nützlich sein, dergleichen zu wissen. Die Austauschbarkeit von Materie und Energie, die Unvermeidlichkeit der zunehmenden Entropie, das Gesetz der Schwerkraft – alle diese Wirklichkeiten schränken unsere Freiheit ein, aber realistischer betrachtet definieren sie unsere Welt. Anders gesagt: sie bestimmen die Grenzbedingungen für die Existenz. Und

wie die Zwölftonmusik Schönbergs oder strengen Forderungen gehorchende poetische Formen wie das japanische Haiku zeigen, schließen Grenzen die Kunst oder das Schöpferische nicht aus. Sie können sogar wesentlich für sie sein.

Der freie Wille kann sich am stärksten ausdrücken, wenn sich jeder seinen Neigungen entsprechend verhalten darf, gleich ob diese Neigungen auf frühe Erlebnisse, soziales Lernen, kulturelle Überlieferungen oder die Evolution zurückgehen. Die Soziobiologie bemüht sich lediglich, diesen letzten Beitrag zu verstehen. Natürlich besteht die Gefahr, daß die Soziobiologie zu einer Art von »sich selbst bestätigender Vorhersage« wird, zu einer Idee, die unser Verhalten beeinflußt, weil sie gewisse Tendenzen voraussagt. Aber wenn dies geschieht, ist es ein Mißbrauch des Wissens von der Evolution, der die irrige Vorstellung widerspiegelt, daß das, was ist, notwendigerweise gut ist, und daß das, was ist, sein muß.

Indem sie einen großen Teil des menschlichen Verhaltens nach den Begriffen der Tauglichkeits-Maximierung definiert – die Liebe, zum Beispiel –, neigt die Soziobiologie dazu, es zu entmystifizieren. Doch das gilt für jeden Versuch, uns selbst rational zu betrachten. Man nehme nur Freuds Erklärung der Liebe: »Ein an einen neurotischen Zwang erinnernder Zustand, der somit rückführbar ist auf eine Verarmung des Ichs im Hinblick auf die Libido zugunsten des Liebesobjekts.« Es hat etwas Kaltblütiges an sich, wenn wir in bezug auf uns selbst zu analytisch vorgehen, aber es ist auch etwas wunderbar Erregendes daran zu erfahren, warum wir tun, was wir tun, und festzustellen, was wir sind. Menschliche Freiheit und Würde beruhen darauf, daß wir tief im Innern etwas sind. Wir können nicht verarbeitet und verpackt werden wie Fernsehgerichte oder Frühstücks-Getreideflocken.

4. *Die Soziobiologie ist sexistisch.* Wenn die Feststellung evolutionsbedingter Verhaltensunterschiede zwischen Männern und Frauen sexistisch ist, dann müssen wir wahrscheinlich zu dem Schluß kommen, daß die Soziobiologie sexistisch ist. Ich halte es jedoch für nützlicher, den Ausdruck »Sexismus« der unterschiedlichen Bewertung eines Geschlechts gegenüber dem anderen vorzubehalten, die oft zur Diskriminierung eines Geschlechts – gewöhnlich der Frauen – durch die Gesellschaft führt. Es ist richtig, daß die Soziobiologie für solche Zwecke mißbraucht werden kann, aber daran ist nicht dieser Wissenschaftszweig schuld. Wie bei *yin* und *yang* ist weder das Weibliche noch das Männliche in sich vollständig, und beide gelten in der Evolution gleich viel. Wenn eine neue Generation geboren wird, sind beide Sieger.

5. *Die Soziobiologie unterstützt den Status quo.* Manche Kritiker sind

besorgt, daß die Soziobiologen ihre Wissenschaft dazu benutzen werden, die sozialen Einrichtungen, so, wie sie jetzt sind, zu rechtfertigen. Sie glauben, die Soziobiologen werden argumentieren, daß die sozialen Systeme durch Evolution entstanden sind und daher gut sein müssen.

Wir haben uns mit diesem Irrtum der Rechtfertigung schon speziell befaßt. Der Typhus ging aus der Evolution hervor; deshalb ist er nicht notwendigerweise gut. Das menschliche Verhalten ging ebenfalls aus der Evolution hervor; es ist ebensowenig notwendigerweise gut. Ganz gewiß ist es nicht gut, *weil* es aus der Evolution kommt! Es ist auch irreführend zu glauben, die Evolution könnte als Argument gegen Veränderung dienen – eine höchst sonderbare Vorstellung, wenn man bedenkt, daß doch die Evolution selbst nichts anderes ist als Veränderung. Im besonderen ist die Evolution die Veränderung der genetischen Ausstattung einer Population im Laufe der Zeit. Als Darwin um die Mitte des 19. Jahrhunderts seine Ideen zum erstenmal vortrug, galten sie als revolutionär, und zwar im buchstäblichen Sinne. Karl Marx war von dem Gedanken der natürlichen Auslese so beeindruckt, daß er angeblich *Das Kapital* Darwin widmen wollte. Für die eingewurzelte europäische Aristokratie andererseits war die Evolution eine gefährliche, fürchtenswerte Lehre, im besonderen weil sie eher eine Theorie der Veränderung war als eine Stütze des Status quo. Es ist wahrhaftig eine Ironie, wenn moderne Evolutionisten nun beschuldigt werden, sie widersetzten sich der Veränderung.

6. *Die Soziobiologie liefert Entschuldigungen für Ungerechtigkeit und ein Grundprinzip für soziale Untätigkeit.* Die hier angedeutete Gefahr ist, daß manche argumentieren werden, wir seien das, was wir sind, aufgrund unserer Biologie, womit wir irgendwie der Verantwortung enthoben sind, Ungerechtigkeit zu korrigieren. »Ungerechtigkeit« ist unser Urteil über die Art, wie die Dinge auf der Welt sind. Gewiß gibt es viele Ungerechtigkeiten, und es ist unser Recht und unsere Pflicht, auf sie hinzuweisen, wo immer wir sie entdecken, und zu versuchen, sie zu beseitigen. Die Soziobiologie hilft uns, einige der möglichen Ursachen unserer Ungerechtigkeit zu entdecken – männliche Vorherrschaft, Rassismus und so fort. Aber sie hat sie nicht geschaffen. Wenn eine Veränderung stattfinden soll, eine radikale oder auch nur eine kosmetische, tun wir gut daran, die biologische Natur unserer Spezies zu verstehen – das, was wir wirklich sind.

Ein recht hoffnungsvoller Aspekt unserer Natur ist es, daß Merkmale, die für unsere Tauglichkeit besonders wichtig sind, der Veränderung zu widerstehen scheinen. Ein Kinderpsychologe beschrieb diesen Widerstand unlängst als eine »Absprache der Gene«, die dazu dient, trotz einer Vielfalt möglicher Erfahrungen auf seiten jedes Individuums das adaptive Ziel zu erreichen. Ein Mensch kann sehr viel Strafe erleiden und sich dennoch bemerkenswert gut entwickeln. Unter anderem erklärt dies auch, warum menschliche Populationen keine feststellbaren Unterschiede in ihrer geistigen Funktion aufweisen trotz der Tatsache, daß sie sehr unterschiedliche Erfahrungen gesammelt haben und offensichtlich auch genetisch verschieden sind. Und es zeigt, wie gut wir gegen unzuträgliche und potentiell schädigende Umwelten abgeschirmt sind.

In Shakespeares *Sturm* sagt Prospero über den bösen, mißgestaltenen Caliban: »Ein Teufel, ein geborener Teufel ist's, an dessen Art Erziehung nimmer haftet.« Das ist unwahrscheinlich. Da alles Verhalten aus dem Zusammenwirken von Genen und Erfahrung (Natur* und Erziehung) resultiert, gibt es keine Natur, an der Erziehung nimmer haftet. Und daher gibt es auch keine aus der Evolution ableitbare Entschuldigung für die Weigerung, sich an Hilfsprogrammen für die Unterprivilegierten zu beteiligen, die »unzulängliche« frühe Erfahrungen hatten. Kurz, die genetisch beeinflußte Seite unserer Natur ist ihrer Umwelt gegenüber sowohl widerstands- als auch anpassungsfähig. Es gibt keinerlei Grundlage dafür, jemanden aufzugeben, weil es eben »in seinen Genen ist«. Die Evolution unterstützt nicht die soziale Untätigkeit.

Obwohl sie nicht politisch motiviert ist, entwirft die Soziobiologie dennoch ein Bild von der menschlichen Natur, das marxistischen Ideologen nicht ohne Grund mißfällt, da die natürliche Auslese im wesentlichen ein Prozeß genetischer Selbstsucht ist, und selbstsüchtiger Individualismus verträgt sich nicht gut mit dem selbstlosen Kommunismus, der als Idealzustand der Menschheit angesehen wird. Daher richtete Marx einen erbitterten Angriff gegen »jene Leidenschaften, die zugleich die heftigsten, niedrigsten und abscheulichsten sind, deren des Menschen Brust fähig ist: die Furien des Eigennutzes«. Und ein halbes Jahrhundert später ließ sich ein etwas milderer Leo Trotzki wie folgt vernehmen: »Die mächtige Kraft des Konkurrenzkampfs ... wird in einer sozialistischen Gesellschaft nicht verschwinden, aber ... sie wird sublimiert werden.«

Wenn wir mit der soziobiologischen Theorie annehmen, daß auf dem Grunde des menschlichen Verhaltens ein Keim von genetischer Selbstsucht liegt, könnte den Marxisten ein Stück harter Arbeit bevorstehen, wenn sie wirklich ihre Version einer idealen Gesellschaft schaffen wollen. Selbstverständlich sagt dies nichts darüber aus, ob der Sozialismus – oder irgendein anderer »ismus« – gut oder schlecht ist.

* Bei Shakespeare steht in dem vorausgegangenen Zitat auch *nature*, wo es in der Schlegel-Tieckschen Fassung »Art« heißt, so daß man bei ihm schon das Begriffspaar Natur–Erziehung *(nature–nurture)* vorgeprägt findet. (Anm. d. Übers.)

Tertullian, ein Kirchenvater, der im 3. Jahrhundert lehrte, schrieb: »Es ist unnatürlich, in Theaterstücken zu spielen, das Gesicht zu schminken oder gefärbte Stoffe zu tragen.« Was, wenn Tertullian recht hatte? Ist es auch unnatürlich zu sprechen (wir müssen es schließlich erst lernen), eine Regierung zu bilden, fernzusehen, zum Mond zu fliegen? Es erscheint absurd, etwas zu verbieten, weil es »unnatürlich« ist, zum Teil schon deshalb, weil es so schwierig ist, zwischen natürlich und unnatürlich zu unterscheiden, wo es um den Menschen geht. Wenn etwas wirklich unnatürlich ist, mögen größere Anstrengungen nötig sein, Menschen dazu zu bringen, es zu tun, aber das Ergebnis könnte immerhin lohnend sein. Schließlich ist für uns als Nachkommen von frei in den Bäumen lebenden Primaten, die ihre Exkremente einfach aus ihren Behausungen in den Wipfeln auf die Erde fallen ließen, die Erziehung zur Reinlichkeit nichts Natürliches. Aber niemand hat etwas gegen eine solche unnatürliche Erziehung einzuwenden.

Herbert Marcuse schrieb, die Verherrlichung des Natürlichen sei ein Teil der Ideologie, die eine unnatürliche Gesellschaft in ihrem Kampf gegen die Befreiung schützt. Das Problem, so wie er es sieht, ist, daß repressive Gesellschaftssysteme als »natürlich« gerechtfertigt wurden. Das mag sein. Marxistische Philosophen wie Marcuse möchten die Gesellschaft im Interesse der persönlichen Befreiung neu schaffen. Vermutlich wären dann die befreiten Menschen in einem solchen Idealstaat frei von den Zwängen »unnatürlicher« Gesellschaften. Aber ist nicht auch das eine »Verherrlichung des Natürlichen«? Die Moral von der Geschichte ist einfach die: Menschen, die eigennützige soziale oder politische Zwecke verfolgen, werden das, was ihnen nicht gefällt, »unnatürlich«, und das, was sie tun, »natürlich« nennen. Davor wollen wir uns alle hüten.

In mindestens einem Sinne ist die Evolution leider eine natürliche Zielscheibe für politische Aktivisten. Die Evolutionsbiologie hat eine lange und düstere Geschichte des Mißbrauchs – hauptsächlich zum Zweck der Rechtfertigung von Rassismus, Imperialismus und sozialer Ausbeutung, wie sie im späten 19. Jahrhundert vorherrschten. Es war dies der sogenannte Sozialdarwinismus, eine Lehre, die versuchte, die Ausbeutung als das Wirken des »Überlebens des Tauglichsten« zu rechtfertigen. Noch bevor Darwin seine *Entstehung der Arten* veröffentlichte, trat Herbert Spencer gegen die Beseitigung der Armut durch soziale Wohlfahrtsprogramme ein, da es, wie er sagte, nur natürlich sei, daß manche Menschen in Not lebten und entrechtet seien.

»*. . . die Armut der Unfähigen, die Nöte, die die Unklugen heimsuchen, die Entbehrungen der Idealisten . . . sind die Fügungen einer großen,*

*weitblickenden Güte ... unter der natürlichen Ordnung der Dinge scheidet die Gesellschaft ständig ihre ungesunden, schwachsinnigen, schwerfälligen, unentschlossenen, unzuverlässigen Mitglieder aus.«*
Eine Variante zu dem Wort Jesu: »Ihr habt allezeit Arme bei euch« – mit einem anderen Motiv allerdings.

Es besteht kein Zweifel: die Evolutionslehre wurde mißbraucht, um unangenehme politische und soziale Doktrinen zu unterstützen. So stiftete, zum Beispiel, 1900 der riesige deutsche Rüstungsbetrieb Alfred Krupp, später ein Bollwerk des nazistischen Militarismus, einen Preis für einen Essay-Wettbewerb zur Behandlung des Themas: »Was lernen wir aus den Prinzipien der Deszendenztheorie in Beziehung auf die innerpolitische Entwicklung und Gesetzgebung der Staaten?«* Und Später klärte John D. Rockefeller eine Sonntagsschulklasse darüber auf, daß »das Wachstum eines größeren Geschäftsunternehmens lediglich ein Überleben des Tauglichsten ist ... das Wirken eines Gesetzes der Natur und eines göttlichen Gesetzes«.

Tatsächlich entstanden und entstehen, so wie die Schönheit im Auge des Betrachters entsteht, die sozialen und politischen Implikationen der Evolution in den Augen der sozialen Aktivisten gleich welcher Richtung. Wie es die Historikerin Gertrude Himmelfarb beschreibt, war der Sozialdarwinismus für alle alles mögliche:

*»In dem Meinungs-Spektrum, das unter dem Namen Sozialdarwinismus lief, war beinahe jede Glaubensschattierung enthalten. In Deutschland wurde der Sozialdarwinismus hauptsächlich von Demokraten und Sozialisten vertreten, in England von den Konservativen. Nationalisten beriefen sich auf ihn als Argument für einen schwachen Staat. Er wurde von den einen als aristokratische Doktrin verdammt, die dazu bestimmt war, Macht und Größe zu glorifizieren, und von anderen, wie Nietzsche, als eine Mittelstandsdoktrin, die den Mittelmäßigen und Unterwürfigen zusagte. Manche Sozialisten sahen in ihm die wissenschaftliche Gültigkeitserklärung ihrer Lehre, andere die Verneinung ihrer moralischen und spirituellen Hoffnungen. Militaristen fanden in ihm die Sanktion des Krieges und der Macht der intellektuellen und moralischen Überredung ... Die einen beklagten sich, weil er die Menschen zu Übermenschen oder Göttern erhob, die anderen, weil er sie zu Tieren degradierte. Politische Theoretiker lasen aus ihm die Bestätigung der Notwendigkeit von Ungleichheit in der Gesellschaftsordnung heraus, die der Ungleichheit in der Natur entsprach, oder, im Gegenteil, sie sahen ihn als ein egalitäres System, in dem Menschen und*

* Den 1. Preis gewann der bayrische Arzt und Privatgelehrte Wilhelm Schallmayer mit der Schrift »Vererbung und Auslese im Lebenslauf der Völker. Eine staatswissenschaftliche Studie auf Grund der neueren Biologie«. (Anm. d. Übers.)

*Tiere sich in einem undifferenzierten Zustand der Gleichheit befanden. Bertrand Russell sah nicht ein, wie ein resoluter Egalitarier einem Argument zugunsten des ›Wahlrechts für Austern‹ widerstehen könnte.«*

Heute ist der Sozialdarwinismus selbstverständlich völlig in Mißkredit geraten. Er ignorierte die entscheidende Tatsache, daß die natürliche Auslese durch differentielle Reproduktion wirkt, und nicht durch zügellosen Konkurrenzkampf, und er versuchte außerdem, Ehtik und Moral aus der Natur abzuleiten. Eine solche Verbindung läßt sich einfach nicht herstellen.

In den Jahren 1930 bis 1960 war die Sowjetunion in eine der bemerkenswertesten und tragischsten Episoden in der Geschichte der modernen Wissenschaft verwickelt. Die Genetik wurde in Rußland von Grund auf umgeschrieben unter der Leitung eines gewissen T. D. Lysenko, der Daten fälschte, führende sowjetische Genetiker ins Gefängnis brachte und die russische Landwirtschaft eine ganze Generation zurückwarf mit seiner Behauptung, erbliche Veränderungen könnten durch entsprechend eingerichtete Umwelten herbeigeführt werden (ein moderner Lamarckismus also). Unglaublicherweise geschah es erst in der Ära nach Chruschtschow, daß man Lysenko Einhalt gebot und die sowjetische Genetik wieder Vernunft annahm.

Warum fand Lysenko Anklang? Wissenschaftlich gesehen, war er auf einem völlig falschen Wege, aber politisch betrachtet, hatte er das richtige Ziel anvisiert. Da ist einmal die Betonung des Konkurrenzkampfs in der Darwinschen natürlichen Auslese, bei der den Marxisten recht unbehaglich wird. Wie wir gesehen haben, klingt die Soziobiologie sehr nach einem liberalen Kapitalismus, der im Reich der Gene wirkt. Wie Adam Smith der Meinung war, daß wohlausgewogene und harmonische Wirtschaftssysteme entstehen, wenn jedes Individuum seine eigenen Interessen am besten wahrt, so sagt die Soziobiologie, daß Menschen (oder Gene) selektiert wurden, ihre eigene Tauglichkeit zu maximieren ... auf selbstsüchtige Weise. Adam Smith:

*». . . jeder einzelne . . . ist, indem er [seinen] Fleiß auf solche Weise einsetzt, daß sein Produkt den größten Wert hat, nur auf seinen eigenen Gewinn bedacht und wird in diesen wie in vielen anderen Fällen von einer unsichtbaren Hand gelenkt, um einen Zweck zu fördern, der nicht in seiner Absicht lag . . . indem er sein eigenes Interesse verfolgt, fördert er oft das der Gesellschaft wirksamer, als wenn er wirklich beabsichtigte, es zu fördern.«*

Der Evolution ist es selbstverständlich einerlei, ob Individuen oder Gene kapitalistisch handeln. Sofern sie es tun, ist die politische

Metapher ein brauchbares Mittel, den Vorgang zu beschreiben. Aber »genetischer Kapitalismus« rechtfertigt ein bestimmtes politisches System ebensowenig wie die Tatsache, daß »Verbrennung« eine passende Metapher für den menschlichen Stoffwechsel darstellt, eine Rechtfertigung für Brandstiftung liefert!

Stalin und seine Mitarbeiter betrachteten jedoch die Lehre Lysenkos als politisch zweckdienlich. Daß sie wissenschaftlich falsch war, wurde entweder nicht bemerkt oder als irrelevant abgetan. Lysenko fand Anklang, weil seine Methode eine rasche Verbesserung der sozialistischen Massen versprach. Nach seinem Schema war zu erwarten, daß einige Generationen des »richtigen« politischen Systems den vollkommenen sozialistischen Bürger hervorbringen würden. Der Lysenkoismus gehört nun der Geschichte an, aber dieses traurigste Kapitel der Wissenschaft des 20. Jahrhunderts lebt fort als Warnung, was geschehen kann, wenn die Wissenschaft für politische Zwecke entstellt wird. Als Antwort auf die Polemiken einer in Boston ansässigen Gruppe, die sich *Science for the People* (Wissenschaft für das Volk) nennt, schrieb der Soziobiologe E. O. Wilson: »Auf humane Weise erworbenes und weit verbreitetes Wissen, auf menschliche Bedürfnisse bezogen, aber frei von politischer Zensur, das ist die richtige Wissenschaft für das Volk.«

In einem gewissen Grade neigten sowohl die Soziobiologen als auch ihre Gegner dazu, über die reine, objektive Wissenschaft hinauszugehen, besonders wo es sich um den Menschen handelte. Und wie wir soeben gesehen haben, waren politische Ewägungen oft von großer Bedeutung, wenngleich sie bisher mehr die Gegner zu motivieren schienen als die Soziobiologen selbst. Tatsächlich gibt es noch einen anderen Grund für den Widerstand, vor allem unter den orthodoxen Sozialwissenschaftlern, die seit langem einer umweltmäßigen Betrachtungsweise des menschlichen Verhaltens – der Anschauung, daß der Mensch bei seiner Geburt eine »leere Tafel« sei – verpflichtet sind. Im Grunde ist die Soziobiologie eine im weitesten Sinne des Wortes »radikale« Lehre. Sie stellt nicht nur eine neue Anschauung über die Wurzeln des Verhaltens dar, sondern unterminiert auch radikal die traditionelle Methode und Schulung vieler professioneller Experten auf dem Gebiet des menschlichen Verhaltens.

Vielleicht fürchten solche Fachleute, daß die Soziobiologie ihre Ausbildung – und sie selbst – als altmodisch und überholt erscheinen läßt. Diese Furcht ist nicht gut begründet. Die Soziobiologie kommt, um die Sozialwissenschaften aufzuwerten, nicht, um sie zu begraben. Von der Evolution ausgehende Überlegungen allein werden niemals ausreichen, um unser Verhalten vollständig zu erklären. Wenn die Soziobiologie des Menschen je eine eigenständige Disziplin werden soll, wird sie bedeutende Beiträge seitens der bestehenden Sozialwissenschaften brauchen. Allermindestens jedoch bringt die Soziobiologie eine Brise frischer Luft und eine neue Art, die Dinge zu sehen. Aber Wissenschaftler gehören eben trotz allem selbst der Spezies *Homo sapiens* an. Die meisten neigen dazu, sich gegen neue Ideen, alle neuen Ideen, zu wehren, oft aus keinem anderen Grund als dem, daß das Neue mit dem in Konflikt geraten muß, was man sie zuvor gelehrt hat. Der große Physiker Max Planck sagte, eine neue wissenschaftliche Wahrheit triumphiere nicht dadurch, daß sie ihre Gegner überzeuge und ihnen die Augen öffne, sondern eher weil ihre Gegner schließlich stürben und eine neue Generation heranwachse, die mit ihr vertraut sei.

Es scheint immer klarer zu sein, daß uns die Soziobiologie zwingen wird, unser Selbstbild zu revidieren, wie es die Arbeiten von Kopernikus, Darwin und Freud getan haben. Aber wie ihre Vorgänger wird uns die Soziobiologie von sich aus nicht sagen, was gut ist oder was wir mit unserem Leben anfangen sollen. Die Evolution ist kein Programm für soziale oder politische Aktion. Sie ist weniger eine Botschaft als vielmehr ein Spiegel: Blicken Sie hinein, und Sie werden Ihre eigenen Neigungen und Vorurteile sehen. Wenden Sie sich nicht an ihn um Rat oder Führung, denn er spiegelt nur wider, was schon in Ihnen ist.

Sind Sie ein begeisterter Anhänger der Gegenkultur und davon überzeugt, daß die moderne technologische Gesellschaft grausam freudlos und im Grunde ungesund ist? Suchen Sie wissenschaftliche Anleitung für einen eigenen biologischen Gartenbau, schmerzlose Geburt und das einfache Leben mit einem Minimum an Künstlichem? Sie werden sie sicherlich in der Soziobiologie finden können. Denken Sie an den Mangel an zeitlicher Übereinstimmung zwischen kultureller Veränderung und evolutiver Veränderung. Die erste geht so schnell und die zweite so langsam vor sich, daß die Kluft zwischen den beiden notwendigerweise groß ist und immer größer wird. »Offensichtlich« besteht der Weg zum persönlichen Glück darin, diese Kluft zu verringern und sich unserer Biologie anzupassen.

Oder andererseits: Erregen Sie die jüngsten Fortschritte der Technologie? Begeistern Sie die Raumforschung, schnell rechnende Digital-Computer und die bemerkenswerten Entdeckungen der Physik der Elementarteilchen und der Medizin? Dann ist die Soziobiologie auch etwas für Sie. Wir sind nicht von der Natur getrennt, und das menschliche Verhalten scheint den Regeln der Tauglichkeitsmaximierung zu folgen. Gewiß ist die Kultur unsere bedeutendste biologische Anpassung, daher wollen wir alles aus ihr herausholen, was sie zu bieten hat. Weniger zu tun hieße unser Menschsein verleugnen.

Die recht komplizierte Tatsache ist die, daß wir nicht wissen, wie schnell die Evolution in menschlichen Populationen wirkt, und wir haben keine Ahnung, ob wir mit unserer Biologie »asynchron« sind und wenn ja, wie weit. Und selbst wenn wir es wüßten, würde uns das keine klaren Richtlinien für unser Verhalten bieten. Vielleicht gehört es gerade zu unserer Biologie, daß wir uns selbst immer fremd sein müssen.

Andererseits wiederum: während wir so gut wie nichts über die Übereinstimmung zwischen unserer Biologie und unserer Kultur sagen können, wissen wir doch einiges über die Kultur und auch über die Evolution. Und es besteht kein Zweifel daran, daß erstere sehr reale Auswirkungen auf letztere hat. Wir greifen sehr entschieden in unsere Evolution ein – als erste Spezies, die das bewußt tut. Wir tun es jedesmal, wenn wir ein Medikament einnehmen, Familienplanung treiben oder uns für einen Ehepartner entscheiden. Und wie an der Evolution selbst, ist daran nichts falsch oder richtig; es *ist* einfach.

Einer weitverbreiteten, irrigen Vorstellung nach wird der Mensch der Zukunft einen sehr großen Kopf und einen kleinen Körper haben. Angeblich wird das so sein, weil wir heute unseren Kopf so viel und unseren Körper so wenig gebrauchen. Tatsächlich ist das nichts anderes als reiner Lamarckismus, die Vererbung erworbener Eigenschaften, und es ist falsch. Die einzige Möglichkeit, daß unsere Kindeskinder wie körperlose Gehirne aussehen könnten, wäre die, daß Menschen mit großen Gehirnen und kleinen Körpern (und einer genetisch bedingten Tendenz dazu) mehr Nachkommen haben als wir anderen alle. Und ich sehe keine Anzeichen dafür, daß das geschehen sollte. Ähnliche Behauptungen werden verbreitet: daß wir den Wurmfortsatz des Blinddarms (Appendix) oder unsere kleinen Zehen oder unsere Ohrläppchen verlieren werden, alles aus dem Grunde, weil wir keinen Gebrauch von ihnen machen. Auch das wird nur geschehen, wenn es von der Auslese begünstigt wird, der natürlichen oder der künstlichen, wie immer Sie es nennen wollen.* Das Entscheidende ist, daß die künftige Evolution des *Homo sapiens* allein bestimmt wird durch die differentielle Reproduktion von Individuen

* Interessanterweise verlieren wir vielleicht tatsächlich unsere Appendizes, aber nicht, weil wir sie nicht gebrauchen. Vielmehr entwickeln wir uns zu einer appendixlosen Spezies, wenn Individuen, die keine oder kleinere Appendizes (und eine genetische Basis für dieses Merkmal) haben, mehr erfolgreiche Nachkommen hinterlassen als solche mit normal großen Appendizes. Das kann geschehen, indem die Selektion auf dem Umweg über die Appendizitis arbeitet, da diese Krankheit eine keineswegs unerhebliche Sterblichkeitsrate hat. Andererseits können wir, da die Kultur nun durch die Appendektomie eingreift, jeden etwa bestehenden »natürlichen« Trend zu kleineren Appendizes verlangsamen.

der Art *Homo sapiens* und durch die Wirkung, die diese auf die Verteilung der Gene in künftigen Generationen hat.
Es gibt eine Evolution in unserer Zukunft, wie es sie in der Vergangenheit gab. Sie zu vermeiden ist unmöglich. Und wenn die Soziobiologie irgendeine Gültigkeit besitzt, wird sich unsere menschliche Natur zweifellos ändern, so wie sie sich bisher in unserer Evolutionsgeschichte geändert hat. Und sofern uns die Soziobiologie helfen kann zu verstehen, was wir sind, kann sie uns auch helfen zu verstehen, was wir sein werden. Doch wie die Cheshire-Katze kann uns die Soziobiologie nicht sagen, welche Straße wir wählen sollen. Sobald wir uns jedoch entschieden haben, könnte sie uns viel darüber sagen, was wir wahrscheinlich unterwegs antreffen werden.

Ja, es gibt eine menschliche Natur, so wie es eine Evolution, eine natürliche Auslese und eine Soziobiologie gibt – und ebenso diejenigen, die den Wunsch haben könnten, sie alle zu mißbrauchen. Es wäre ebenso töricht, die politischen Konsequenzen dieser Tatsache zu übertreiben, wie sie zu ignorieren, aber der größte aller Irrtümer wäre es, Ignoranz, Bequemlichkeit oder Ideologie an die Stelle der wissenschaftlichen Beweise und unserer eigenen, sehr realen Biologie zu setzen. Wenn die Soziobiologie, auf das Verständnis menschlichen Verhaltens angewandt, kompliziert erscheint, so scheinen der Gebrauch und Mißbrauch, den der Mensch von der Soziobiologie macht, noch komplizierter zu sein – ein rechtes Dickicht. Dieses Bild gebrauchte Darwin im Schlußabsatz seines Werkes *Die Entstehung der Arten:*
*»Es ist interessant, ein Dickicht zu betrachten, ein Stück Land, voll von vielen Pflanzen vieler Arten, mit Vögeln, die in den Büschen singen, mit zahllosen Insekten, die hin und her schwirren, und mit Würmern, die durch die feuchte Erde kriechen, und zu überlegen, daß diese kunstvoll konstruierten Formen, die voneinander so verschieden sind und auf so komplexe Weise voneinander abhängen, alle geschaffen wurden von den Gesetzen, die um uns her wirken . . . Es ist etwas Erhabenes an dieser Auffassung, daß das Leben mit seinen verschiedenen Kräften vom Schöpfer ursprünglich in wenige Formen oder in nur eine eingehaucht wurde und daß, während sich dieser Planet nach dem unabänderlichen Gesetz der Schwerkraft weiterdrehte, aus einem so einfachen Beginn eine endlose Zahl der schönsten und wunderbarsten Formen sich entwickelte und noch weiter entwickelt.«*
Nun wissen wir dank der Soziobiologie endlich, daß auch wir unseren Platz in diesem Dickicht haben.

# Hinweise und Anmerkungen

*1. Einleitung: Hottentottengötter und der seltsame Fall des gerupften Ozelots*

Der einleitende Gedankengang wurde durch eine Bemerkung Margaret Meads angeregt, die Clifford Geertz in seinem Kapitel in Platt (1965)* zitiert.

Für den interessierten Leser, der eine ausführliche wissenschaftliche Behandlung der Soziologie sucht, gibt es nichts Besseres als Wilson (1975). Ein anderes klassisches Werk von sehr großem Einfluß auf die Entwicklung des soziobiologischen Denkens ist *Adaptation and Natural Selection* von dem Evolutionsbiologen George C. Williams (1966). Mein eigenes Buch (Barash 1977a) ist im wesentlichen ein Elementarbuch für Laien in den ersten Studiensemestern. Wilsons neueres Buch *On Human Nature* befaßt sich direkt mit der Soziobiologie des Menschen. Wertvolle Artikel mit einer soziobiologischen Betrachtungsweise der Anthropologie finden sich in den von DeVore (1978) und Chagnon und Irons (1979) herausgegebenen Bänden. Bezüglich einer biologisch orientierten Kritik an der modernen Sozialwissenschaft siehe vor allem *The Imperial Animal* von Tiger und Fox (1971), ein polemisches und anregendes Buch für den Laien, und Pierre van den Berghes *Man in Society* (1975), eine unkonventionelle Einführung in die Rolle der Biologie in der Soziologie. Maddis Erörterung der Kernelemente und der peripheren Elemente ist in seinem soliden Werk *Personality Theories* (1968) enthalten. Das Zitat von Evans-Pritchard ist einer Sammlung von Vorträgen der BBC über Anthropologie mit dem Titel *The Institutions of Primitive Society* (1954) entnommen. Diese und andere Sammlungen von anthropologischem Material sind ergiebige Jagdgründe für den angehenden Studenten der Soziobiologie des Menschen. Das Zitat von Geertz findet sich in seinem Kapitel in Platt (1965), einem weiteren umfassenden Werk. Geertz danke ich auch für den Hinweis auf die Zitate von Johnson und Racine. Weston LaBarre (1954), für den Kultur »die Unsterblichkeit der Toten« ist, ist ein führender Anthropologe, der gegenwärtig an der Duke University lehrt. Ob man mit

* Siehe die anschließende Bibliographie

ihm übereinstimmt oder nicht – was immer er sagt, ist im allgemeinen so gut gesagt, daß es ein Vergnügen ist, es zu lesen! Die tragische Fehlübersetzung von *mokusatsu* wird beschrieben von William J. Coughlin in *The Great Mokusatsu Mistake* (1953). Lionel Tiger (1969) bin ich dankbar für die Mitteilungen über die Verfilmung von *Lord of the Flies.*

## *2. Wo wir stehen: Trunksüchtige Mäuse und Warum Zucker süß ist*

Richard Dawkins ist ein Oxforder Ethologe, dessen neuestes Buch, *The Selfish Gene* (1976), lebendig schildert, wie Lebewesen ebendas sind: selbstsüchtig – jedes versucht, seinen eigenen Reproduktionserfolg zu maximieren. Dieses Buch hat, obwohl es nicht als wissenschaftliches Fachbuch gedacht war, auch bei Fachleuten große Aufmerksamkeit gefunden. Der Leser, der mehr fundamentales Wissen über die Evolution sucht, kann unter mehreren ausgezeichneten Leitfäden wählen, z. B. Maynard Smith (1966), Moody (1970) oder Dobzhansky (1974). Meine Informationen über die Huntingtonsche Chorea stammen aus Bruyn (1968) und von den hingebungsvollen Mitarbeitern am »Clinical Research Center, Palo Alto Veterans Hospital«, besonders Dr. Ken Davis und Dr. Phil Berger. Die Verhaltensgenetik ist ein junges Forschungsgebiet. Eine auf den neuesten Stand gebrachte Zusammenfassung bietet das ausgezeichnete Buch von Ehrman und Parsons (1976). Obwohl die beiden Autoren sich auf die Verhaltensgenetik der *Drosophila* spezialisieren, führt ihr Buch alle Tierarten einschließlich des *Homo sapiens* betreffende Beispiele an. Daniel Janzen ist Ökologe an der University of Pennsylvania; er wandte vor allem soziobiologische Prinzipien auf das »Verhalten« von Pflanzen an. Seine wissenschaftliche Schrift aus dem Jahre 1977 (a) behandelte Vergewaltigung, Sprödigkeit etc. bei Pflanzen, während sich eine andere (1977b) mit der Evolutionsstrategie des Verschimmelns, Verderbens und Verfaulens befaßte. Der Ethologe William Dilger von der Cornell University veröffentlichte einen ausgezeichneten, reich illustrierten Artikel über das Verhalten hybrider Sperlingspapageien in *Scientific American* (1962). Die Ethologen Roger Sharpe und Paul Johnsgard (1966) aus Nebraska berichteten über die Genetik des Werbeverhaltens von Stockenten.

Es gibt mehrere ausgezeichnete Einführungen in die Ethologie. Die von Eibl-Eibesfeldt (1966) vertritt nachdrücklich den »klassischen europäischen« Standpunkt, der eher eine historische als eine funktionelle Methode der Anwendung der Evolution auf das Studium des Verhaltens betont. Dieses Buch enthält außerdem Material über eine »Humanethologie«. Jerram Browns Buch *The Evolution of Behavior* (1975) ist viel stärker soziobiologisch orientiert, klammert aber leider den Menschen völlig aus. K. und M. Breland, die die »knauserigen Waschbären« beschreiben, waren Schüler des Harvarder Psychologen und führenden Apostels der Konditionierung B. F. Skinner. Ihr Artikel »The Misbehavior of Organisms« (1961) ist humorvoll und lehrreich zugleich und offensichtlich eine Parodie auf Skinners sehr einflußreiches Buch aus den dreißiger Jahren, *The Behavior of Organisms*, in dem es um das Verhalten weißer Ratten beim Niederdrücken von Hebeln ging. Den »Beitrag« Beethovens zu meinen Gedanken über Humangenetik verdanke ich einem Artikel in der *London Times* vom 18. Oktober 1977. Über die Pupillenerweiterung wurde wissenschaftlich berichtet von den Chicagoer Psychologen Hess und Polt (1960). Der Anthropologe Napoleon Chagnon (1968) beschrieb sehr lebendig die Yanomamo. Diese Bewohner der Regenwälder am Amazonas gehören zu den wildesten Völkern der Erde, und sie scheinen viele von den Soziobiologen vorausgesagte menschliche Wesenszüge zu exemplifizieren; ich glaube jedoch, daß das nicht so sehr an ihrer Aggressivität an sich liegt, sondern eher daran, daß Chagnon einer der sehr wenigen Anthropologen ist, die auf Ähnlichkeiten zwischen den auf die Evolution gegründeten Erwartungen und der Wirklichkeit dessen hinweisen, was viele Völker tatsächlich tun. Eine ähnlich gründliche Beschreibung anderer Völker würde vielleicht Parallelen sichtbar machen. Die spekulative Schilderung der Ursprünge menschlicher Intelligenz von dem Astronomen Carl Sagan (1977) enthält eine sehr lesbare Abhandlung über das menschliche Gehirn in Begriffen der Computertechnik und der Evolution. Er ging, als er sein Buch schrieb, noch weiter über die Grenzen seines Fachgebiets hinaus als ich bei meinem Buch! Das Laughlin-Zitat stammt aus seinem Kapitel in Lee und DeVore (1968), einer Goldmine an Beispielen, die alle Völker der Jäger und Sammler betreffen. Die Bemerkungen über die Menstruation bei den Arapesch stammen aus *Male and Female* (1949) von Margaret Mead, einer der beliebtesten Anthropologinnen Amerikas. Ihr Buch ist mit einer Fülle von Einzelheiten, Einfühlungsvermögen und sehr viel Poesie geschrieben.

### *3. Sexismus: Fortpflanzungsstrategien oder Wann ist Bienenwachs soviel wie ein Ferrari?*

Das Mead-Zitat stammt wieder aus *Male and Female* (1949), und der Vergleich der männlichen und weiblichen Einstellungen zum Geschlechtsverkehr wurde dem Buch von Smith und Smith (1974) entnommen. Sigusch und Schmidt (1971) vergleichen männliche und weibliche Einstellungen zum Geschlechtsverkehr bei Deutschen der unteren Bevölkerungsschichten. Meine eigenen Abhandlungen berichteten über Ehebruch bei Hüttensängern (1976) und Vergewaltigung bei Stockenten (Barash 1977b). Robert L. Trivers ist ein brillanter Soziobiologe, der entscheidende Beiträge auf diesem Gebiet leistete und in den siebziger Jahren wichtige theoretische Abhandlungen veröffentlichte. Seine Arbeit über die elterliche Investition und ihren Einfluß auf die Gattenwahl (1972) ist bereits ein moderner Klassiker. Burney LeBoeuf, Professor an der University of California in Santa Cruz, studierte ursprünglich Psychologie. Dann sah er einen neuen Weg vor sich und begann mit biologischen Studien über das Sozialverhalten eines ungewöhnlichen Säugers, der Elefantenrobbe. Sein Bericht (1974) ist ein wertvolles Werk über den Konkurrenzkampf bei diesen übergroßen Tieren, und Cathleen Cox und LeBoeuf (1977) beschreiben die Rolle des Weibchens als Anstifterin bei diesem Kampf. Der Forscher John Money von der John Hopkins University ist einer der führenden Fachleute in bezug auf die hormonalen Aspekte der Unterschiede zwischen Mann und Frau. Sein Buch *Man and Woman, Boy and Girl* (1972), das er zusammen mit dem Psychiater Anke Ehrhardt schrieb, betont vor allem die Rolle der Hormone bei der Entwicklung in der Kindheit. Bezüglich der homosexuellen Vergewaltigung bei Würmern siehe den Bericht von Abele und Gilchrist (1977). Das Ausstoßen des Kopulationspflocks bei japanischen Affen wurde in dem detaillierten Bericht über ihre Soziobiologie von Jeffrey Kurland (1977), einem Anthropologen der Penn State University, geschildert. Das LaBarre-Zitat stammt aus seinem Buch *The Human Animal* (1944), das sich dadurch auszeichnet, daß es die Anthropologie zugleich vom biologischen und vom psychoanalytischen Standpunkt aus behandelt. Trivers und Willard (1973) vertraten als erste die Idee, daß die natürliche Auslese die Fähigkeit der Eltern, das Geschlechterverhältnis ihrer Nachkommenschaft zu variieren, begünstigen könnte, obwohl sich die klassische Arbeit über das zahlenmäßige Verhältnis der Geschlechter und die Evolution in Sir Ronald Fishers kleinem, aber überzeugenden Buch *The Genetical Theory of Natural Selection* (1930) findet. Das Zitat von Marvin Harris ist seinem Artikel (1977b) in der *New York Times* mit dem Titel »Why Men Dominate Women« entnommen. Ich glaube, er irrt sich in bezug auf das Warum, hat aber offensichtlich recht, wenn er sagt, *daß* es sich so verhält. Seine Ideen über den »kulturellen Materialismus« stehen insofern der Soziobiologie sehr nahe, als sie den adaptiven Wert scheinbar nicht adaptiver Merkmale beachten. Die Tötung von Mädchen in der Oberschicht von Chinesen und

Hindus beschreibt die Anthropologin Mildred Dickeman von der Sonoma State University (California) in ihrem Kapitel in Chagnon und Irons (1979). Gute Hinweise auf Polyandrie bei Tieren bietet die Abhandlung des Ethologen Donald Jenni (1974) von der University of Montana. Sie wurde bei einem sehr wichtigen Symposion vorgelegt, das 1972 in Washington, D. C., unter dem Titel *The Ecology and Evolution of Social Organization* abgehalten wurde. Wäre der Ausdruck damals schon allgemein geläufig gewesen, so würde der Titel *Sociobiology* gelautet haben.

Der Ökologe Gordon Orians von der University of Washington ist wahrscheinlich der größte Experte der Welt in bezug auf die Rotflügel-Stärlinge. Er wandte auch als erster die natürliche Auslese auf die sozialen Systeme von Tieren an und betonte die Rolle der vom Weibchen getroffenen Wahl in seiner Abhandlung »On the Evolution of Mating Systems in Birds and Mammals« (1969). Bezüglich der Prostitution bei Kolibris siehe den Bericht des Biologen Larry Wolf (1975) von der Syracuse University, und bezüglich der wichtigen Rolle von Bienenwachs bei der Bestimmung des Paarbildungs-Systems der im Himalaja lebenden Honiganzeiger siehe Cronin und Sherman (1977). Stephen Emlen und Lewis Oring (1977) lieferten einen Bericht über auf Ressourcen basierende Paarbildungs-Systeme im allgemeinen und hoben hervor, daß Sozialsysteme anhand der örtlich gegebenen Umwelt-Ressourcen vorausgesagt werden könnten. Gerontokratie und Polygynie bei australischen Eingeborenen beschreibt Rose (1968). Der Entomologe Randy Thornhill (1976) aus New Mexico diskutiert das Gefressenwerden des Männchens durch das Weibchen als einen besonders dramatischen Aspekt der elterlichen Investition.

Das sonderbare Werbeverhalten von Tanzfliegen beschrieb Kessel (1955). Menstruationszyklen und kognitive Leistung behandeln Kopell *et al.* (1969), homosexuelle Paarung bei Seemöwen die Biologen George und Molly Hunt (1977), und das Werbeverhalten bei Ringeltauben und die Vermeidung des Betrogenwerdens auf seiten des Männchens die Psychologen Erickson und Zenone (1976) von der Duke University. Die Scheidung bei Kittiwakes beschreibt der britische Biologe Coulson (1966). Der Ethologe Randall Eaton berichtete über die Sexualität bei Löwen in einem Manuskript, das anläßlich eines Symposions über die Soziobiologie, Ökologie und Erhaltung der Raubkatzen der Welt veröffentlicht wurde. Jungfräulichkeits-Beschauer bei den Buhaya werden in F. Lorimers Buch *Culture and Human Fertility* (1954) beschrieben.

*4. Elternschaft: Mörderische Affen, väterliche Murmeltiere und Sexismus (Fortsetzung)*

Margaret Meads Beschreibung des Alptraums der Arapesch und die späteren Zitate sind ihrem Buch *Male and Female* (1949) entnommen. Colin Turnbull ist ein Anthropologe, der sich auf afrikanische Völker spezialisiert hat. Sein Bericht über die Ik (1973) ist eine gute Lektüre, wenngleich sie kaum dazu angetan ist, den Glauben an die Menschheit zu fördern. Der Ökologe Eric Pianka (1970) von der University of Texas verfaßte eine gute technische Diskussion der r- und K-Selektion, und der Biologe Richard Alexander von der University of Michigan schrieb einen langen, ausführlichen Artikel für die *Annual Review of Ecology and Systematics 1974* unter dem Titel »The Evolution of Social Behavior«. Dieser Artikel deutet die Möglichkeit der elterlichen Manipulation an und erörtert die Evolution der Menopause und viele andere für dieses Kapitel und dieses Buch relevante Fragen. Der Anthropologe Marvin Harris diskutierte die offensichtliche Korrelation zwischen Kindestötung und Krieg sowohl in seinem Artikel in der *New York Times* (1977b) als auch in seinem Buch *Cannibals and Kings* (1977a).

Wodinsky (1977) berichtete über die Augendrüse, die Fortpflanzung und die Langlebigkeit bei Kraken. Bezüglich der evolutiven Bedeutung »spontaner« Fehlgeburten siehe das Kapitel von William Bernds und David Barash »Early Termination of Parental Investment: A General Theory for Mammals, Including Humans« in: *Evolutionary Biology and Human Social Behavior* (1979). Harry Powers wichtige Studie aus dem Jahre 1975 über das fehlende Elternverhalten bei Nichteltern unter Hüttensängern war vielleicht die erste, die zeigte, daß elterliche Betreuung eng gebunden ist an das Vorhandensein gemeinsamer Gene. Die gräßlichen Einzelheiten über den Kindermord bei Hulmans samt Farbfotos sind in dem faszinierenden Buch *The Langurs of Abu* (1977) der Anthropologin Sarah Hrdy von der Harvard University zu finden. Mein eigener Bericht »The Ecology of Paternal Behavior in the Hoary Marmot: An Evolutionary Interpretation« (1975) erörtert die adaptive Flexibilität des Vaterverhaltens bei Murmeltieren. Über ein ähnliches Verhaltensmuster bei Orang-Utans berichtete ein Jahr zuvor (1974) der britische Ethologe John MacKinnon, und noch zehn Jahre früher stellte Jared Verners Abhandlung »The Evolution of Polygyny in the Long-billed Marsh Wren« (1964) die praktische und theoretische Bedeutung der Flexibilität des männlichen Elternverhaltens fest.

Die britischen Ethologen Deag und Crook (1971) schlugen als erste den Ausdruck *agonistic buffering* für die selbstsüchtige Verwendung der Jungen als Schutzschild durch die männlichen Magots oder Berbermakaken (oft fälschlich Berber-»Affen« genannt) vor. Rothchilds und Wolfs Buch *The Children of the Counterculture* (1976) beschreibt die eher negativen Folgen der »antiautoritären« Kindererziehung. Alice Rossi (1977) zeigt, daß nicht alle Soziologinnen leugnen, daß die Biologie etwas mit dem unterschiedlichen Verhalten von Männern und Frauen zu tun hat. Ihre Abhandlung »A Biosocial Perspective on Parenting« erschien in einer hochinteressanten Ausgabe der wissenschaftlichen Zeitschrift *Daedalus*, die ganz »der Familie« gewidmet war. Geschlechtsrollen in israelischen Kibbuzim werden beschrieben in dem Buch der einzelgängerischen Soziologen Lionel Tiger und Joseph Shepher (1975). Meine Informationen über afrikanische Fruchtbarkeitsrituale verdanke ich Turnbulls *Man in Africa* (1977), das einen Überblick über die Anthropologie Afrikas bietet.

Ich glaube, daß Richard Alexander (1974) der erste war, der eine evolutionistische Behandlung des Systems des Avunkulats vorschlug – er ist ein Beispiel für die Soziobiologen, die sich in zunehmendem Maße dem Studium des *Homo sapiens* zuwenden. Der israelische Ethologe Amotz Zahavi scheint regelmäßig geistvolle und herausfordernde Ideen zu produzieren. Er war es, der (1977) die Ansicht äußerte, daß Paarbindungen durch Verhalten »getestet« werden, und er war es auch, der einmal die Ansicht aussprach, daß der Schmuck männlicher Tiere speziell selektiert wurde, weil er eine *Garantie* für den Erfolg darstellt: ein Pfau, zum Beispiel, der sein Leben lang imstande ist, seine riesige Schleppe von Schwanzfedern zu tragen, muß tatsächlich ein Pfau von hoher Qualität sein, und daher sind die Weibchen vielleicht dahingehend selektiert, solche Männchen zu bevorzugen!

Robert Trivers' Bericht »Parent-Offspring-Conflict« (1974) ist eines der wichtigsten und anregendsten Werke der theoretischen Soziobiologie. Er sollte von jedem gelesen werden, der sich für dieses Thema interessiert. In ihrem Überblick über »Mammals in Which Females Are Larger than Males« (1976) diskutiert die Ethologin Katherine Ralls vom National Zoo in Washington, D. C., auch die »Super-Mama«-Hypothese. Die besondere Zuneigung der Eltern zum jüngsten Kind wird schließlich erörtert von dem Soziologen Bert Adams (1972) und in dem Buch der Psychologen Sears, Macoby und Levin: *Patterns of Child Rearing* (1957).

Die einen Meilenstein setzende Pionierarbeit über die Genetik des Altruismus leistete der britische Entomologe und Evolutionsgenetiker William D. Hamilton (1964), der gegenwärtig an der University of Michigan arbeitet und ein willkommenes Beispiel für die Abwanderung von Wissenschaftlern darstellt! Erweiterungen seiner Arbeit erschienen in seinem Buch aus dem Jahre 1975, in dem Kapitel mit dem Titel »Innate Social Aptitudes of Man: An Approach from Evolutionary Genetics«. Mary Jane West Eberhard, eine Studentin Richard Alexanders an der Michigan University, die derzeit an der Valle-Universität in Cali, Kolumbien, tätig ist, schrieb 1975 eine Abhandlung mit dem Titel »The Evolution of Behavior by Kin Selection«. Starke quantitative Beweise für die Gültigkeit der Verwandtschafts-Selektion bei Ameisen erbrachten Trivers und Hare (1976). Bezüglich Alarmrufen bei Backenhörnchen siehe Dunford (1977), und eine besonders eindrucksvolle Studie über Verwandtschafts-Selektion und Alarmrufe, diesmal beim Beldingschen Bakkenhörnchen, ist der Artikel von Paul Sherman »Nepotism and the Evolution of Alarm Calls« in *Science* (1977). Der Genetiker Glayde Whitney (1976) von der Florida State University vertrat die Ansicht, daß weibliche Säugetiere genetisch prädisponiert sind, altruistischer zu sein als Männchen, und die Biologen David Hirth und Dale McCullough (1977) verglichen altruistisches Alarmrufen bei männlichen und weiblichen Hirschen. Der Anthropologe Jeffrey Curland (1977) studierte das Sozialverhalten japanischer Affen für seine Doktordissertation und lieferte den bisher detailliertesten Bericht über die Verwandtschafts-Selektion bei einer freilebenden Primatenart.

Über den gemeinsamen Besitz eines Weibchens bei tasmanischen Hühnern schrieben Maynard Smith und Ridpath (1972). Polyandrie beim Menschen und einen Überblick über die Gesellschaftssysteme der Welt findet man bei Murdock (1957). Pierre van den Berghe und David Barash (1977) erörtern die Familienstruktur des Menschen im Licht der inklusiven Tauglichkeit. Polyandrie beschreiben ferner Goldstein (1971) bei den tibetischen Tre-ba und Berreman (1962) bei den Pahari in Indien. Das Zitat bezüglich der traditionellen chinesischen Familienstruktur ist Margery Wolf (1968) entnommen. Ich danke Gary Becker dafür, daß er mich auf dieses Zitat aufmerksam machte. Sein demnächst erscheinendes Buch über die Ökonomie menschlicher Familien wird einen eindeutig soziobiologischen Anstrich haben. Das Buch des hervorragenden Anthropologen Evans-Pritchard (1940) ist das klassische Werk über das Volk der Nuer im

Sudan. Daten, die die Zunahme der Auto-Immunität mit dem Altern belegen, erscheinen in einem Artikel von Whittingham *et al.* (1969) in den wenig bekannten *Australasian Annuals of Medicine.* Ich danke Gene Roberts dafür, daß er mich darauf aufmerksam machte.

Der holländische Soziologe Harry Hoetink (1973) entwickelte die Idee des »somatischen Normbildes« im Zusammenhang mit seinen Studien über Rassismus in der Karibik. Ich danke dem Historiker George Frederickson von der University of Illinois dafür, daß er mich auf die möglichen Parallelen zwischen der Arbeit Hoetinks und den Voraussagen der Verwandtschafts-Selektion hinwies (wenngleich er selbst von diesen Parallelen weniger beeindruckt ist als ich).

Was den reziproken Altruismus anbetrifft, ist Trivers (1971) eine unerläßliche Lektüre. Ebenso wichtig ist Alexander (1975), der die Rolle der auf das Individuum wirkenden Selektion bei der Gestaltung menschlichen Verhaltens besonders hervorhebt. Die Arbeit Alexanders, die etwa zur selben Zeit wie und unabhängig von E. O. Wilsons *Sociobiology* veröffentlicht wurde, faßt die Schwächen anderer Einstellungen zur natürlichen Auslese und zum Verhalten zusammen und zeigt außerdem, daß die Soziobiologie um die Mitte der siebziger Jahre eine Idee darstellte, für die die Zeit offensichtlich reif war. Eine sehr lesbare Erörterung der Gruppen-Selektion – einer theoretischen Möglichkeit, deren Argumente durch Computer-Modelle in zunehmendem Maße verschleiert wurden – ist E. O. Wilsons 1973 in der populärwissenschaftlichen Zeitschrift *BioScience* erschienener Artikel, und eine Darstellung des Phänomens der »Helfer am Nest« findet sich in dem ausgezeichneten Buch von Jerram Brown (1975).

Ruth Benedict beschrieb die Potlatches der Kwakiutl in ihrem sehr einflußreichen Buch *Patterns of Culture* (1934), das auch als gemeinverständliche Einführung in die durch die Begriffe »Kultur und Persönlichkeit« charakterisierte Schule der Anthropologie dienen kann. Bronisław Malinowskis umfangreiches Buch *The Argonauts of the Western Pacific* ist das klassische Nachschlagewerk über den Kula-Handel (ein rituelles, von magisch-mythischen Vorstellungen durchdrungenes Tauschsystem der Südost-Melanesier; Anm. d. Übers.). Die Studien der Anthropologen Ted und Nancy Graves über Altruismus auf den Cook-Inseln wurden in einer Abhandlung dargestellt, die 1975 bei der Tagung der »American Anthropological Association« vorgelegt und mit einem Preis ausgezeichnet wurde. Richard Alexanders Schrift aus dem Jahre 1971 stellte Mutmaßungen an über die Rolle des Kannibalismus und des Krieges in der Evolution des Menschen und besonders der raschen Evolution des menschlichen Gehirns. Michael Ghiselin wurde aus seinem Buch *The Economy of Nature and the Evolution of Sex* (1974) zitiert. Bezüglich der »Hebammen-Hypothese« über die Evolution des menschlichen Gehirns siehe das Buchkapitel des Staatswissenschaftlers Roger Masters (1979) von der Dartmouth University. Der Sozialpsychologe Donald Campbell stellte in dem Vortrag mit dem Titel »On the Conflicts Between Biological and Social Evolution and Between Psychology and Moral Tradition«, den er 1975 als Vorsitzender vor der American Psychological Association hielt, die Vermutung an, daß die Soziobiologie der menschlichen Selbstsucht soziale Zwänge nötig gemacht haben könnte. Die Ausgabe des *American Psychologist* vom Mai 1976 brachte einige Antworten auf diese provokante Idee.

### *6. Konkurrenz: Kampf, Männergruppen und Krieg*

Der mit dem Nobelpreis ausgezeichnete Ethologe Konrad Lorenz präsentiert in seinem vielgelesenen Buch *Das sogenannte Böse* (1963) die klassische ethologische Ansicht über die Aggression samt »arterhaltendem Wert« und anderen Irrtümern. Singh (1969) schreibt über »städtische« Affen in Indien in einem Artikel in *Scientific American*, während Robert Farentinos über »Social Dominance and Mating Activity in the Tassel-Eared Squirrel« (1972) berichtet. Das Buch des Ethologen John Paul Scott (1958) behandelt die Rolle der Erfahrung bei der Aggression bei Tieren, und der Psychiater Dollard *et al.* (1939) befassen sich mit der Rolle der Frustration. Den Geschlechtswechsel bei Lippfischen beschreibt der australische Biologe D. R. Robertson (1972), und der Psychoanalytiker Alfred Adler wird aus seinem 1932 erschienenen Buch mit dem fesselnden Titel *What Life Should Mean to You* zitiert.

Eine ausgezeichnete Darstellung des aggressiven Wettbewerbs und der sozialen Dominanz in einem soziobiologischen Rahmen findet sich in dem Buchkapitel der Harvarder Anthropologen Joseph Popp und Irven DeVore (1979). Hall und Mayer (1967) berichten über »Social Interactions in a Group of Captive Patas Monkeys«, und der Ethologe Eibl-Eibesfeldt (1961) beschreibt die ritualisierte, turnierähnliche Natur von Kommentkämpfen bei Tieren. Die britischen Evolutionsbiologen John Maynard Smith und G. R. Price (1973) wandten als erste die Spieltheorie auf aggressive Begegnungen an, so wie der Sozialpsychologe Solomon Asch (1951) als erster die Konformität experimentell untersuchte und der Soziologe Stanley Milgram (1963) Forschungen über den Gehorsam gegenüber der Autorität einleitete. Das Zitat des Anthropologen William Laughlin stammt aus seinem Buchkapitel »Hunting: An Integral BioBehavioral System and Its Evolutionary Importance« (1968).

Lionel Tigers umstrittenes Buch *Men in Groups* (1969) erörtert auch die Unterrepräsentation der Frauen in der Politik und die Nkrumah-Episode. Der sonderbare Brauch des Cicisbeismus bei den Birom in Nigeria wurde in einer Abhandlung beschrieben, die bei der polemischen Tagung der American Anthropological Association in Washington, D. C., vorgelegt wurde (Smedley 1976). Die Mead-Zitate sind ihrem Buch (1949) entnommen; das Kalahari-Zitat stammt aus Marshall (1960), und die beiden Mundurucu-Zitate stammen aus Murphy (1957). William Durhams Artikel (1976a) ist eine wertvolle Lektüre für alle, die an der Anwendung der Soziobiologie auf den primitiven Krieg interessiert sind.

### *7. Zu einer Evolutionsbiologie des Geistes und Anmerkungen über Biologie und Kultur*

»What the Frog's Eye Tells the Frog's Brain« ist ein mittlerweile berühmt gewordener Artikel des Biologen Jerome Lettvin *et al.* (1959) vom MIT. Kluckhohn und Murray führen die Hierarchien der Einzigartigkeit des Menschen an in dem von ihnen herausgegebenen Band *Personality in Nature, Society and Culture* (1948). Nachdem ich über Immanuel Kant und Soziobiologie geschrieben hatte, zeigte ich das Manuskript der Wissenschaftshistorikerin Carolyn (Iltis) Merchant. Sie wies mich darauf hin, daß der an der Universität in Berkeley arbeitende Molekularbiologe Gunther Stent (1975) viele ähnliche Fragen angeschnitten hatte. Bezüglich der Wirkung des Fiebers auf das Überleben siehe Bernheim und Kluger (1976) und Kluger *et al.* (1975). Stengels Buch *Suicide and Attempted Suicide* (1964) ist ein elementares Nachschlagewerk, das auch Unterschiede in bezug auf Männer und Frauen behandelt. Der tasmanische Psychiater Scott Henderson (1974) vertrat unabhängig von anderen ebenfalls die Ansicht, daß die Depression ein um Fürsorge bittendes Verhalten beim Menschen ist. Ich verdanke diesen Hinweis Maggie Scarf. Weissman und Klerman (1977) sichten das Beweismaterial für Unterschiede zwischen Männern und Frauen in bezug auf Depressionen und kommen zu dem Schluß, daß diese Unterschiede tatsächlich vorhanden und allgemein gültig sind. (Gerald Klerman ist derzeit Leiter der »U.S. Alcoholism; Drug Abuse and Mental Health Administration«.)

Ich danke E. O. Wilson (1977) für das Zitat von Niels Bohr. Der unkonventionelle Anthropologe Robin Fox (1975) beschreibt in seiner Essaysammlung die Kultur als eine biologische menschliche Adaptation. Der israelische Soziologe Joseph Shepher (1971) berichtet über die »Inzest-Vermeidung« bei Kibbuz-Bewohnern. Der Gedanke, daß Vertrautheit »Verachtung brütet« und somit einen Mechanismus der Inzest-Vermeidung darstellt, wurde erstmals 1891 von Westermarck ausgesprochen. Der Anthropologe Arthur Wolf beschreibt das sexuelle Scheitern der *Shim-pua*-Ehen – bei denen die zukünftige Braut schon als Kind adoptiert wird – in seinem Artikel »Childhood Association, Sexual Attraction and the Incest-Taboo« (1966). LaBarre (1954) schreibt über die Farnblüte der Kaschuben, Sparganose, den Krokodil-Clan der Dinka, polynesische Heckflossen und die sibirischen Korjaken. Ein Artikel von N. Kretchmer (1972) in *Scientific American* faßt das Problem der Laktase und Laktose zusammen. Der Psychologe Abraham Maslow diskutiert seine Ideen über hierarchische menschliche Bedürfnisse in seinem Buch *Toward a Psychology of Being* (1962). Der Anthropologe William Durham (1976b) entwickelt die Vorstellung, daß Menschen vorzugsweise ein Verhalten wählen, das ihre Tauglichkeit erhöht, in seinem Artikel »The Adaptive Significance of Cultural Behavior«, der in der Fachzeitschrift *Human Ecology* erschien.

### *8. Politik: Ein Dickicht*

Einige polemische Kritiken an der Soziobiologie finden sich bei Allen *et al.* (1975, 1976), Antworten darauf bei Wilson (1976) und Barash (1978). Der Anthropologe Marshall Sahlins kritisiert die Soziobiologie in seinem Buch *The Use and Abuse of Biology* (1976). Harold Fishbein ist der Kinderpsychologe, der die »Absprache der Gene« in seinem Buch *Evolution, Development and Children's Learning* (1976) diskutiert. Das den Sozialdarwinismus betreffende Zitat stammt aus Himmelfarbs Buch *Darwin and the Darwinian Revolution* (1959). H. Marcuse wird aus seinem Buch *One Dimensional Man* (1964) zitiert. Medvedevs *The Rise and Fall of T. D. Lysenko* dokumentiert diese Tragödie der sowjetischen Wissenschaft und zeigt, was geschehen kann, wenn man Politik und Wissenschaft allzu frei miteinander vermengt.

# Literaturverzeichnis


Abele, Lawrence G. und Sandra Gilchrist, »Homosexual Rape and Sexual Selection in Acanthocephalan Worms«, in: *Science*, 197:81–83, 1977.

Adams, Bert N., »Birth Order: A Critical Review«, in: *Sociometry*, 35:411–439, 1972.

Adler, Alfred, *What Life Should Mean to You*, Allen & Unwin, London 1932. Dt. Ausg.: *Wozu leben wir?*, Fischer Taschenbuch Nr. 6708 (dt. Erstausg.).

Alexander, Richard D., »The Search for an Evolutionary Philosophy of Man«, Proceedings of the Royal Society of Victoria, 84:99–120, 1971.

– »The Evolution of Social Behavior«, in: *Annual Review of Ecology and Systematics*, 5:325–383, 1974.

– »The Search for a General Theory of Behavior«, in: *Behavioral Science*, 20:77–100, 1975.

Allen, L. *et al.*, »Against Sociobiology«, in: *New York Review of Books*, 13. Nov. 1975.

– »Sociobiology – Another Biological Determinism«, in: *BioScience*, 26:182–186, 1976.

Asch, Solomon, »Effects of Group Pressure upon the Modification and Distortion of Judgment«, in: *Groups, Leadership and Men* (Guetzkow, Hrsg.), Carnegie Press, Pittsburgh 1951.

Barash, David P., »The Ecology of Paternal Behavior in the Hoary Marmot *(Marmota caligata)*: An Evolutionary Interpretation«, in: *Journal of Mammalogy*, 56:612–615, 1975.

– »The Male Response to Apparent Female Adultery in the Mountain Bluebird, *Sialia currucoides*: An Evolutionary Interpretation«, in: *American* Naturalist, 110:1097–1101, 1976.

– *Sociobiology and Behavior*, Elsevier, New York 1977a.

– »Sociobiology of Rape in Mallards *(Anas platyrhynchos)*: Responses of the Mated Male«, in: *Science*, 1977:788–789, 1977b.

– »Sociobiology: Evolution as a New Paradigm for Behavior«, in: *Sociobiology and Human Nature: An Interdisciplinary Critique and Defense* (Gregory und Silvers, Hrsg.), Jossey-Bass, San Francisco 1978.

Benedict, Ruth, *Patterns of Culture*, Houghton Mifflin, Boston 1934. Dt.: *Urformen der Kultur*, Rowohlt Taschenbuch, Reinbek bei Hamburg 1955.

Bernds, William P. und David P. Barash, »Early Termination of Parental Investment: A General Theory for Mammals, Including Humans«, in: *Evolutionary Biology and Human Social Behavior* (Chagnon und Irons, Hrsg.), Duxbury, North Scituate, Mass., 1979.

Bernheim, Harry A. und M. Kluger, »Fever: Effect of Drug-Induced Anti-Pyresis on Survival«, in: *Science*, 193:237–239, 1976.

Berreman, G. D., »Pahari Polyandry: a Comparison«, in: *American Anthropologist*, 64:60–75, 1962.

Breland, K. und M. Breland, »The Misbehavior of Organisms«, in: *American Anthropologist*, 16:681–684, 1961.

Brown, Jerram L., *The Evolution of Behavior*, W. W. Norton, Nw York 1975.

Bruyn, G., »Huntington's Chorea: Historical, Clinical and Laboratory Synopsis«, in: *Handbook of Clinical Neurology* (Vinken und Bruyn, Hrsg.) Bd. 6, Elsevier, New York 1968.

Campbell, Donald T., »On the Conflicts Between Biological and Social Evolution and Between Psychology and Moral Tradition«, in: *American* Psychologist, 30:1103–1126, 1975.

Chagnon, Napoleon, *Yanomamo: The Fierce People*, Holt, Rinehart & Winston, New York 1968.

Chagnon, N. und W. Irons (Hrsg.), *Evolutionary Biology and Human Social Behavior*, Duxbury, North Scituate, Mass., 1979.

Chomsky, Noam, *Language and Mind*, Harcourt Brace Jovanovich, New York 1972. Dt.: *Sprache und Geist*, Suhrkamp, Frankfurt 1973.

Connell, Joseph H., »The Influence of Interspecific Competition and Other Factors on the Distribution of the Barnacle, *Chthalamus stellatus*«, in: *Ecology*, 42:710–723, 1961.

Coughlin, William J., »The Great *Mokusatsu* Mistake«, in: *Harper's Magazine*, CCVI:31–40, 1953.

Coulson, J. C., »The Influence of the Pair-Bond and Age on the Breeding Biology of the Kittiwake Gull, *Rissa tridactyla*«, in: *Journal of Animal Ecology*, 35:269–279, 1966.

Cox, Cathleen R. und Burney J. LeBoeuf, »Female Incitation of Male Competition: a Mechanism in Sexual Selection«, in: *American Naturalist*, 111:317–335, 1977.

Cronin, Edward W. und Paul W. Sherman, »A Resource Based Mating System: the Orange-Rumped Honeyguide«, in: *The Living Bird*, 15:5–32, 1977.

Dawkins, Richard, *The Selfish Gene*, Oxford Univ. Press, London 1976.

Deag, J. M. und J. H. Crook, »Social Behavior and ›Agonistic Buffering‹ in the Wild Barbary Macaque, *Macaca sylvanus*«, in: *Folia Primatologica*, 15:183–200, 1971.

DeVore, Irven (Hrsg.), *Sociobiology and Human Behavior*, Harvard University Press, Cambridge 1978.

Dilger, William, »The Behavior of Lovebirds«, in: *Scientific American*, 206:88–89, 1962.

Dobzhansky, Theodosius, *Genetics of the Evolutionary Process*, Columbia University Press, New York 1974.

Dollard, J. *et al.*, *Frustration and Aggression*, Yale University Press, New Haven 1939.

Dunford, Christopher, »Kin Selection for Ground Squirrel Alarm Calls«, in: *American Naturalist*, 111:782–785, 1977.

Durham, William H., »Resource Competition and Human Aggression, Part I: a Review of Primitive War«, in: *Quarterly Review of Biology*, 51:385–415, 1976a.

– »The Adaptive Significance of Cultural Behavior«, in: *Human Ecology*, 4:89–121, 1976b.

Eaton, Randall L., »Why Some Felids Copulate So Much«, in: *The World's Cats* (Easton, Hrsg.), Carnivore Research Institute, Seattle 1976.

Ehrman, Lee und Peter Parsons, *Behavior Genetics*, Sinnauer, Sunderland, Mass., 1976.

Eibl-Eibesfeldt, I., »The Fighting Behavior of Animals«, in: *Scientific American*, 205:112–121, 1961.

– *Ethologie, die Biologie des Verhaltens*, Akademische Verlagsanstalt, Frankfurt 1966.

Emlen, Stephen T. und Lewis W. Oring, »Ecology, Sexual Selection, and the Evolution of Mating Systems«, in: *Science* 197:215–223, 1977.

Erickson, Carl J. und P. G. Zenone, »Courtship Differences in Male Ring Doves: Avoidance of Cuckoldry?«, in: *Science* 192:1353–1354, 1976.

Evans-Pritchard, E. E., *The Nuer, A Description of the Modes of Livelihood and Political Institutions of a Nilotic People*, Clarendon, Oxford 1940.

– *The Institutions of Primitive Society*, Free Press, Glencoe, Ill., 1954.

Farentinos, Robert C., »Social Dominance and Mating Activity in the Tassel-Eared Squirrel *(Sciurus abeati)*«, in: *Animal Behavior*, 20:316–326, 1972.

Fishbein, Harold D., *Evolution, Development and Children's Learning*, Goodyear, Pacific Palisades, Cal., 1976.

Fisher, Ronald A., *The Genetical Theory of Natural Selection*, Clarendon, Oxford 1930.

Fox, Robin, *Encounter with Anthropology*, Harcourt Brace Jovanovich, New York 1975.

Ghiselin, Michael T., *The Economy of Nature and the Evolution of Sex*, University of California Press, Berkeley 1974.

Goldstein, M. C., »Stratification, Polyandry and Family Structure in Central Tibet«, in: *Southwestern Journal of Anthropology*, 27:64–74, 1971.

Hall, K. R. L. und B. Mayer, »Social Interactions in a Group of Captive Patas Monkeys«, in: *Folia Primatologica*, 5:213–236, 1967.

Hamilton, William D., »The Genetical Theory of Social Behavior: I and II«, in: *Journal of Theoretical Biology*, 7:1–52, 1964.

– »Innate Social Aptitudes of Man: An Approach from Evolutionary Genetics«, in: *Biosocial Anthropology* (Fox, Hrsg.), Wiley, New York 1975.

Hardin, Garrett, *Nature and Man's Fare*, Holt, Rinehart & Winston, New York 1959.

Harris, Marvin, *Cannibals and Kings*, Random House, New York 1977a.

– »Why Men Dominate Women«, in: *New York Times Magazine*, 13. Nov. 1977b.

Henderson, S., »Care-Eliciting Behavior in Man«, in: *Journal of Nervous and Mental Disease*, 159:172–181, 1974.

Hess, Eckard H. und James Polt, »Pupil Size as Related to Interest Value of Visual Stimuli«, in: *Science*, 132:349 ff.

Himmelfarb, Gertrude, *Darwin and the Darwinian Revolution*, Doubleday, New York 1959.

Hirth, David H. und D. R. McCullough, »Evolution of Alarm Signals Ungulates with Special Reference to White-Tailed Deer«, in: *American Naturalist*, III:31–42, 1977.

Hoetink, H., *Slavery and Race Relations in the Americas*, Harper & Row, New York 1973.
Hrdy, Sarah B., »Male-Male Competiton and Infanticide Among the Langurs *(Presbytis entellus)* of Abu, Rajasthan«, in: *Folia Primatologica*, 22:19–58, 1974.
– *The Langurs of Abu*, Harvard University Press, Cambridge, Mass., 1977.
Hunt, George L. und Molly W. Hunt, »Female-Female Pairing in Western Gulls *(Larus occidentalis)* in Southern California«, in: *Science*, 196:1466–1467, 1977.
Janzen, Daniel, »A Note on Optimal Mate Selection by Plants«, in: *American Naturalist*, 111:365–371, 1977a.
– »Why Fruits Rot, Seeds Mold and Meat Spoils«, in: *American Naturalist*, III:691–713, 1977b.
Jenni, Donald A., »Evolution of Polyandry in Birds«, in: *American Zoologist*, 14:129–144, 1974.
Kessel, E. L., »The Mating Activities of Balloon Flies«, in: *Systematic Zoology*, 4:97–104, 1955.
Kluckhohn, Clyde und H. A. Murray (Hrsg.), *Personality in Nature, Society and Culture*, Alfred A. Knopf, New York 1948.
Kluger, Matthew J., D. Ringler und M. Avner, »Fever and Survival«, in: *Science*, 188:166–168, 1975.
Kopell, B. S. *et al.*, »Variations in Some Measures of Arousal During the Menstrual Cycle«, in: *Journal of Nervous and Mental Disease*, 148:180–187, 1969.
Kretchmer, Nathan, »Lactose and Lactase«, in: *Scientific American*, 227:70–78, 1972.
Kurland, Jeffrey A., »Kin Selection in the Japanese Monkey«, in: *Contributions to Primatology*, 12:1–145, 1977.
LaBarre, Weston, *The Human Animal*, University of Chicago Press, Chicago 1954.
Laughlin, William S., »Hunting: an Integrating BioBehavioral System and Its Evolutionary Importance«, in: *Man the Hunter* (Lee und DeVore, Hrsg.) Aldine, Chicago 1968.
LeBoeuf, Burney J., »Male-Male Competition and Reproductive Success in Elephant Seals«, in: *American Zoologist*, 14:163–176, 1974.
Lee, Richard und Irven DeVore (Hrsg.), *Man the Hunter*, Aldine, Chicago 1968.
Lettvin, J. Y. *et al.*, »What the Frog's Eye Tells the Frog's Brain«, in: *Proceedings of the Institute of Radio Engineers*, 47:1940–1951, 1959.
LeVine, Robert, *Culture, Behavior and Personality*, Aldine, Chicago 1973.
Lévi-Strauss, Claude, *Tristes Tropiques*, Paris 1955, dt.: *Traurige Tropen* in zwei verschiedenen Übersetzungen: Kiepenheuer & Witsch, Köln 1974, und Suhrkamp, Frankfurt 1978.
Lorenz, Konrad, *Das sogenannte Böse – Zur Naturgeschichte der Aggression*, Dr. G. Borotha-Schoeler Verlag, Wien 1963.
Lorimer, F., *Culture and Human Fertility*, UNESCO, Zürich 1954.
McGregor, D., *The Human Side of Enterprise*, McGraw-Hill, New York 1960.
MacKinnon, J., »The Behavior and Ecology of Wild Orang-utans *(Pongo pygmeus)*«, in: *Animal Behavior*, 22:3–74, 1974.

Maddi, Salvadore, *Personality Theories*, Dorsey, Homewood, Ill., 1968.
Malinowski, Bronisław, *Argonauts of the Western Pacific*, E. P. Dutton, New York 1922.
Marcuse, Herbert, *One Dimensional Man*, Beacon Press, Boston 1964. Dt.: *Der eindimensionale Mensch*, Luchterhand, Neuwied 1967.
Marshall, L., »Kung Bushmen Bands«, in: *Comparative Political Systems* (Cohen und Middleton, Hrsg.), Natural History Press, Garden City 1960.
Maslow, Abraham, *Toward a Psychology of Being*, Van Nostrand, Princeton 1962.
Masters, Roger D., »Of Marmots and Men: Human Altruism and Animal Behavior«, in: *Sympathy, Altruism and Helping Behavior*, (Whispe, Hrsg.), Academic, New York 1979.
Maynard Smith, John, *The Theory of Evolution*, Penguin, Baltimore 1966.
– und M. G. Ridpath, »Wife Sharing in the Tasmanian Native Hen, *Tribonyx mortierii:* A Case of Kin Selection?«, in: *American Naturalist*, 106:447–452, 1972.
– und G. R. Price, »The Logic of Animal Conflict«, in *Nature*, 246:15–18, 1973.
Mead, Margaret, *Male and Female*, Morrow, New York 1949. Dt.: *Mann und Weib*, Stuttgart 1955.
Medvedev, Z. A., *The Rise and Fall of T. D. Lysenko*, Columbia University Press, New York 1969.
Milgram, Stanley, »Behavioral Study of Obedience«, in: *Journal of Abnormal and Social Psychology*, 67:371–778, 1963.
Money, John und Anke A. Ehrhardt, *Man and Woman, Boy and Girl*, Johns Hopkins University Press, Baltimore 1972.
Moody, Paul A., *Introduction to Evolution*, Harper & Row, New York 1970.
Murdock, George P., »World Ethnographic Sample«, in: *American Anthropologist*, 59:664–687, 1957.
– *Culture and Society*, University of Pittsburgh Press, Pittsburgh 1965.
Murphy, R. F., »Intergroup Hostility and Social Cohesion«, in: *American Anthropologist*, 59:1018–1035, 1957.
Orians, Gordon H., »On the Evolution of Mating Systems in Birds and Mammals«, in: *The American Naturalist*, 103:589–603, 1969.
Pianka Eric R., »On r- and K-Selection«, in: *The American Naturalist*, 104:292–297, 1970.
Platt, John R. (Hrsg.), *New Views on the Nature of Man*, University of Chicago Press, Chicago 1965.
Popp, Joseph L. und I. DeVore, »Aggressive Competition and Social Dominance Theory«, in: *Perspectives on Human Evolution*, 1979.
Power, Harry W., »Mountain Bluebirds: Experimental Evidence Against Altruism«, in: *Science*, 189:142–143, 1975.
Radloff, L., »Sex Differences in Depression: the Effects of Occupation and Marital Status«, in: *Sex Roles*, 1:249–269, 1975.
Ralls, K., »Mammals in Which Females Are Larger than Males«, in: *Quarterly Review of Biology*, 51:245–276, 1976.
Robertson, D. R., »Social Control of Sex Reversal in a Coral-Reef Fish«, in: *Science*, 177:1007–1009, 1972.

Rose, Frederick G. G., »Australian Marriage, Land-Owning Groups and Initiations«, in: *Man the Hunter* (Lee and DeVore, Hrsg.), Aldine, Chicago 1968.

Rossi, Alice S., »A Biosocial Perspective on Parenting«, in: *Daedalus*, 106:1–32, 1977.

Rothchild, J. und S. B. Wolf, *Children of the Counterculture*, Doubleday, New York 1976.

Sagan, Carl, *The Dragons of Eden*, Random House, New York 1977.

Sahlins, Marshall, *The Use and Abuse of Biology*, University of Michigan Press, Ann Arbor 1976.

Scott, John P., *Aggression*, University of Chicago Press, Chicago 1958.

Sears, Robert R., E. Macoby und H. Levin, *Patterns of Child Rearing*, Row Peterson, Evanston, Ill., 1957.

Sharpe, Roger und Paul A. Johnsgard, »Inheritance of Behavioral Characteristics in F2 Mallard and Pintail Hybrids«, in: *Behavior*, 27:259–272, 1966.

Shepher, Joseph, »Mate Selection among Second Generation Kibbutz Adolescents and Adults: Incest Avoidance and Negative Imprinting«, in: *Archives of Sexual Behavior*, 1:293–307, 1971.

Sherman, Paul W., »Nepotism and the Evolution of Alarm Calls«, in: *Science*, 197:1246–1253, 1977.

Sigusch, V. und G. Schmidt, »Lower-Class Sexuality: Some Emotional and Social Aspects in West German Males and Females«, in: *Archives of Sexual Behavior*, 1:29–44, 1971.

Silvers, Anita und M. Gregory (Hrsg.), *Sociobiology and Human Values*, Jossey-Bass, San Francisco 1978.

Singh, S. D., »Urban Monkeys«, in: *Scientific American*, 221:108–115, 1969.

Smedley, A., »Birom Cicisbeism«, der American Anthropological Association, Washington, D. C., 1976 vorgelegte Abhandlung.

Smith, J. R. und L. G., *Beyond Monogamy*, Penguin, Baltimore 1974.

Stengel, E., *Suicide and Attempted Suicide*, Penguin Books, Middlesex, England, 1964.

Stent, Gunther, »Limits to the Scientific Understanding of Man«, in: *Science*, 187:1052–1057, 1975.

Thornhill, R., »Sexual Selection and Parental Investment in Insects«, in: *American Naturalist*, 110:153–163, 1976.

Tiger, Lionel, *Men in Groups*, Random House, New York 1969.

– und Robin Fox, *The Imperial Animal*, Holt, Rinehart and Winston, New York 1971.

– und Joseph Shepher, *Women in the Kibbutz*, Harcourt Brace Jovanovich, New York 1975.

Towers, B. E., »Parental Adjustment to Childhood Leukemia«, in: *Psychosomatic Medicine*, 18:9–14, 1974.

Trivers, Robert L., »The Evolution of Reciprocal Altruism«, in: *Quarterly Review of Biology*, 46:35–57, 1971.

– »Parental Investment and Sexual Selection«, in: *Sexual Selection and the Descent of Man* (Campbell, Hrsg.), Aldine, Chicago 1972.

– und D. E. Willard, »Natural Selection of Parental Ability to Vary the Sex Ratio of Offspring«, in: *Science*, 1979:90–92, 1973.

– »Parent-Offspring Conflict«, in: *American Zoologist*, 14:249–264, 1974.
– und H. Hare, »Haploidiploidy and the Evolution of the Social Insects«, in: *Science*, 191:249–263, 1976.
Turnbull, Colin, *The Forest People*, Doubleday, Garden City 1967.
– *The Mountain People*, Simon & Schuster, New York 1973.
– *Man in Africa*, Doubleday, New York 1977.
Van den Berghe, Pierre L., *Man in Society*, Elsevier, New York 1975.
– und D. P. Barash, »Inclusive Fitness Theory and Human Family Structure«, in: *American Anthropologist*, 79:809–823, 1977.
Verner, J., »The Evolution of Polygyny in the Long-Billed Marsh Wren«, in: *Evolution*, 18:252–261, 1964.
Weissman, M. M. und G. L. Klerman, »Sex Differences and the Epidemology of Depression«, in: *Archives of General Psychiatry*, 34:98–111, 1977.
West Eberhard, Mary J., »The Evolution of Social Behavior by Kin Selection«, in: *Quarterly Review of Biology*, 50:1–33, 1975.
Westermarck, E., *The History of Human Marriage*, MacMillan, New York 1891.
Whitney, Glayde, »Genetic Substrates for the Initial Evolution of Human Sociality. I. Sex Chromosome Mechanisms«, in: *American Naturalist*, 110:867–875, 1976.
Whittingham, Senga *et al.*, »Autoantibodies in Health Subjects«, in: *Australasian Annals of Medicine*, 18:130–134, 1969.
Williams, George C., *Adaptation and Natural Selection*, Princeton University Press, Princeton 1966.
Wilson, Edward O., »Group Selection and Its Significance for Ecology«, in: *BioScience*, 23:631–638, 1973.
– *Sociobiology: The New Synthesis*, Harvard University Press, Cambridge 1975.
– »Academic Vigilantism and the Political Significance of Sociobiology«, in: *BioScience*, 26:183–190, 1976.
– »Biology and the Social Sciences«, in: *Daedalus*, 106:127–140, 1977.
– *On Human Nature*, Harvard University Press, Cambridge 1978.
Wodinsky, Jerome, »Hormonal Inhibition of Feeding and Death in *Octopus*: Control by Optic Gland Secretion«, in: *Science*, 198:948–951, 1977.
Wolf, Arthur, »Childhood Association, Sexual Attraction and the Incest Taboo«, in: *American Anthropologist*, 68:883–898, 1966.
Wolf, Larry L., »Prostitution Behavior in a Tropical Hummingbird«, in: *Condor*, 77:140–144, 1975.
Wolf, Margery, *The House of Lim*, Prentice-Hall, New York 1968.
Zahavi, Amotz, »The Testing of a Bond«, in: *Animal Behavior*, 25:246–247, 1977.

# Namen- und Sachregister